21世纪高等学校计算机系列规划教材

多媒体技术与应用

齐俊英 主编

清华大学出版社
北京

内容简介

本书参照高等学校计算机基础教学基本要求中《多媒体技术及应用》课程的教学大纲进行编写，将培养应用创新能力的目标融会、贯穿于教材之中，以“够用、实用”为原则，精简传统教材中理论过多、专业性过强的内容。本书从多媒体技术基础知识入手，首先介绍了多媒体基础理论，接着讲述了当今流行的多媒体著作软件 Authorware；系统讲解了 Photoshop CS2、动画基础与制作软件 Flash MX、音频制作软件 Cool Edit Pro、数字视频软件 Premiere Pro 以及光盘制作与刻录软件的使用方法，并提供了实验安排和上机实训指导。经过理论和实践，达到由不懂到掌握再灵活应用。

本书可作为高等院校各专业“多媒体技术应用”课程的教材使用，也可以作为对多媒体技术的应用感兴趣的读者的自学用书。

图书在版编目(CIP)数据

多媒体技术与应用/齐俊英主编. —北京：清华大学出版社，2013（2015.7 重印）
21 世纪高等学校计算机系列规划教材
ISBN 978-7-302-29844-1

Ⅰ. ①多… Ⅱ. ①齐… Ⅲ. ①多媒体技术－高等学校－教材 Ⅳ. ①TP37

中国版本图书馆 CIP 数据核字(2012)第 197149 号

责任编辑：梁 颖 薛 阳
封面设计：杨 兮
责任校对：胡伟民
责任印制：李红英

出版发行：清华大学出版社
网 址：http://www.tup.com.cn，http://www.wqbook.com
地 址：北京清华大学学研大厦 A 座 邮 编：100084
社 总 机：010-62770175 邮 购：010-62786544
投稿与读者服务：010-62776969，c-service@tup.tsinghua.edu.cn
质 量 反 馈：010-62772015，zhiliang@tup.tsinghua.edu.cn
课 件 下 载：http://www.tup.com.cn，010-62795954
印 装 者：北京鑫海金澳胶印有限公司
经 销：全国新华书店
开 本：185mm×260mm **印 张**：21 **字 数**：525 千字
版 次：2013 年 7 月第 1 版 **印 次**：2015 年 7 月第 3 次印刷
印 数：4001～5000
定 价：35.00 元

产品编号：046653-01

出版说明

随着我国改革开放的进一步深化，高等教育也得到了快速发展，各地高校紧密结合地方经济建设发展需要，科学运用市场调节机制，加大了使用信息科学等现代科学技术提升、改造传统学科专业的投入力度，通过教育改革合理调整和配置了教育资源，优化了传统学科专业，积极为地方经济建设输送人才，为我国经济社会的快速、健康和可持续发展以及高等教育自身的改革发展做出了巨大贡献。但是，高等教育质量还需要进一步提高以适应经济社会发展的需要，不少高校的专业设置和结构不尽合理，教师队伍整体素质亟待提高，人才培养模式、教学内容和方法需要进一步转变，学生的实践能力和创新精神亟待加强。

教育部一直十分重视高等教育质量工作。2007 年 1 月，教育部下发了《关于实施高等学校本科教学质量与教学改革工程的意见》，计划实施"高等学校本科教学质量与教学改革工程(简称'质量工程')"，通过专业结构调整、课程教材建设、实践教学改革、教学团队建设等多项内容，进一步深化高等学校教学改革，提高人才培养的能力和水平，更好地满足经济社会发展对高素质人才的需要。在贯彻和落实教育部"质量工程"的过程中，各地高校发挥师资力量强、办学经验丰富、教学资源充裕等优势，对其特色专业及特色课程(群)加以规划、整理和总结，更新教学内容、改革课程体系，建设了一大批内容新、体系新、方法新、手段新的特色课程。在此基础上，经教育部相关教学指导委员会专家的指导和建议，清华大学出版社在多个领域精选各高校的特色课程，分别规划出版系列教材，以配合"质量工程"的实施，满足各高校教学质量和教学改革的需要。

本系列教材立足于计算机公共课程领域，以公共基础课为主、专业基础课为辅，横向满足高校多层次教学的需要。在规划过程中体现了如下一些基本原则和特点。

(1) 面向多层次、多学科专业，强调计算机在各专业中的应用。教材内容坚持基本理论适度，反映各层次对基本理论和原理的需求，同时加强实践和应用环节。

(2) 反映教学需要，促进教学发展。教材要适应多样化的教学需要，正确把握教学内容和课程体系的改革方向，在选择教材内容和编写体系时注意体现素质教育、创新能力与实践能力的培养，为学生的知识、能力、素质协调发展创造条件。

(3) 实施精品战略，突出重点，保证质量。规划教材把重点放在公共基础课和专业基础课的教材建设上；特别注意选择并安排一部分原来基础比较好的优秀教材或讲义修订再版，逐步形成精品教材；提倡并鼓励编写体现教学质量和教学改革成果的教材。

(4) 主张一纲多本，合理配套。基础课和专业基础课教材配套，同一门课程可以有针对不同层次、面向不同专业的多本具有各自内容特点的教材。处理好教材统一性与多样化，基本教材与辅助教材、教学参考书，文字教材与软件教材的关系，实现教材系列资源配套。

(5) 依靠专家，择优选用。在制定教材规划时依靠各课程专家在调查研究本课程教材建设现状的基础上提出规划选题。在落实主编人选时，要引入竞争机制，通过申报、评审确定主题。书稿完成后要认真实行审稿程序，确保出书质量。

繁荣教材出版事业，提高教材质量的关键是教师。建立一支高水平教材编写梯队才能保证教材的编写质量和建设力度，希望有志于教材建设的教师能够加入到我们的编写队伍中来。

21世纪高等学校计算机系列规划教材
联系人：魏江江 weijj@tup.tsinghua.edu.cn

前言

多媒体技术是一门应用前景十分广阔的计算机应用技术，目前在各个领域正在发挥着重要的作用。“多媒体技术及应用”是高等学校重要的计算机基础课程之一，2006年，“多媒体技术及应用”被教育部高等学校非计算机专业计算机基础教学指导分委员会列入六门核心课程之一，越来越多的院校和专业将其列入必修课程或限选课程，多媒体技术的应用成为新世纪人才的必备技能之一。

本书是根据高等学校计算机基础教学发展战略研究报告暨计算机基础课程教学基本要求中“多媒体技术及应用”课程的教学大纲编写的。作者多年从事计算机基础课程的教学，充分了解非计算机专业学生对多媒体技术的需求。

多媒体技术涉及的理论是很多很深的，如声音处理、压缩技术、数字图像处理、数字视频处理、模式识别、存储技术等，这些内容在一门课程中无法讲透。而且针对非计算机专业的学生来说注重应用而不是象计算机专业的学生注重理论知识。所以本教材定位在多媒体技术的应用，对理论知识不做深入的研究和学习。应用部分选择介绍最常用的处理方法和技术，在实践部分介绍最常用的软件的应用并注重能力的培养。

本书的目的是使非计算机专业的学生了解多媒体信息表示和处理的基本原理，掌握常用多媒体素材的制作方法与处理技术，在理解多媒体应用设计原理的基础上能够使用专业创作工具，进行多媒体作品的设计与开发。本书分为两部分，第一部分为理论知识，分别为多媒体技术基础、多媒体素材的数字化、平面图像处理——Photoshop、动画基础与制作——Flash、数字音频处理——Cool Edit Pr、数字视频处理——Premiere Pro、多媒体应用系统的制作——Authorware 及光盘制作与刻录；第二部分为实践部分，分别为前面各章节对应的实验，对应学生上机实验课的内容。

本书适合高等院校非计算机专业 48 学时、32 学时或 56 学时教学使用。针对不同专业可适当作调整。

本书由齐俊英主编并统稿。本书分为两部分，第一部分为理论知识，第二部分为实验部分。全书各章节分工如下：第一部分第 1、2、3、6、7、8 章和第二部分由齐俊英编写，第一部分中第 4 章和第 5 章由王焱编写。

本书在编写和策划、出版过程中得到了许多领导和同事们的关心及帮助，在此表示感谢。本书在编写过程中参考了许多正式出版和非正式出版的相关著作及网络资源，向这些著作的作者们致以衷心的谢意。

由于编者水平有限，书中难免存在许多不足之处，敬请广大读者批评指正。

编　者

2013 年 4 月

第一部分

第二部分

第 一 部 分

第1章

多媒体技术基础

多媒体技术经过30多年的发展已经深入人心，是计算机技术中普及程度很高、各行各业利用程度很高的一种技术，变成了一种实用的技术，给人类的工作和生活带来了深刻的变化。

本章介绍多媒体的基本概念，多媒体技术的形成，以及多媒体计算机系统，多媒体创意设计和多媒体产品制作过程，了解多媒体技术的应用和发展历史。

1.1 多媒体技术的形成

随着计算机软、硬件技术的进一步发展，计算机的处理能力越来越强，计算机的应用领域得到进一步拓展，应用需求也大幅度增加，这在很大程度上促进了多媒体技术的发展和完善。多媒体技术由当初的单一媒体形式逐渐发展到目前的动画、文字、声音、视频、图像等多种媒体形式。归纳起来，目前的多媒体技术主要在以下4个方面得到迅速发展。

(1) 计算机系统自身的多媒体硬件和软件配置，以及相关的新技术发展迅速。

(2) 将多媒体技术与网络通信技术、家用电器制造技术、视频音频设备的智能化技术相结合，从而产生全新的广义上的多媒体技术，在办公自动化、生活消费、教育手段、咨询、影视娱乐等多方面发挥了重要作用。

(3) 在工业控制技术中融入多媒体技术，使工业过程的可控性、控制的可视性、控制数据的可读性、人机界面的易识别性等多方面得到提高。

(4) 在医学上，多媒体技术的引入，使医药研制、疗效确认、医疗诊断、病理信息的交换、远程手术等方面得到进一步的发展。

在多媒体技术的早期应用中，是以存储和处理巨大的信息量作为代价的。随着多媒体技术和相关技术的发展，针对多媒体数据的压缩技术应运而生，例如，用来解决音乐数据压缩问题的MP3技术、解决视频数据压缩的MPEG技术等。数据压缩技术的不断发展和完善，使计算机能够处理更多的媒体形式。目前的多媒体计算机能够处理和播放音乐、VCD活动影像、DVD高清晰度活动影像，并能够完成文字自动识别、语音自动识别等功能。

1.1.1 多媒体技术的社会需求

社会需求是促进多媒体技术产生和发展的重要因素。可以说，包括计算机本身在内，一切科学技术的发展都离不开社会需求这一重要条件。社会需求随着人类文明的发展而不断增长，刺激着各个领域中的科学技术不断地进步和发展。

多媒体技术的社会需求主要体现在以下几个方面。

(1) 图形和图像处理的需要。图形和图像是人们辨识事物最直接和最形象的形式，很多难以理解和描述的问题用图形或图像表示，就能起到一目了然的作用。多媒体技术首先要解决的问题就是图形和图像的处理问题。

(2) 大容量数据存储的需要。随着计算机处理范围的扩大，被处理的媒体种类不断增加，信息量也不断加大，如何保存和处理大量的信息，成为多媒体技术需要解决的又一个问题。

(3) 音频信号和视频信号处理的需要。使用计算机处理并重放音频和视频信号，是人们对多媒体技术提出的新要求。经过多年的发展，计算机能够对音频和视频信号进行采集、数字化处理和重放，并能够对重放的过程和模式进行控制。

(4) 界面设计的需要。计算机与用户之间的操作层面称为界面，它是计算机与人类沟通的重要渠道。在计算机发展的早期阶段，人们忽视了界面设计问题，这使得没有相当经验和技术的人无法使用计算机。随着计算机应用的拓展和普及，界面采用了图形、声音、动画等多种形式，并安排了交互性控制按钮，使操作变得容易和亲切。

(5) 信息交换的需要。在现代社会中，信息是至关重要的。为了满足人们对信息流动和交换的渴求，计算机被连接在一起，形成网络，互相之间进行信息传递和交换。今天，国际互联网络的发展，促进了多媒体技术在网络中的广泛应用。

(6) 高科技研究的需要。在高科技研究领域中，航空、航天技术首屈一指。而这一技术与计算机技术是密切相关的。如果没有计算机技术，人类走入太空几乎是不可能的。正是由于多媒体技术的迅速发展，使人们能够在飞往太空之前模拟太空中的各种状况和条件，并且在航天轨道计算与模拟、星际旅行的实现、星系的演变等各个方面建立虚拟实境，从而保证研究工作顺利进行。

(7) 娱乐与社会活动的需要。人类不仅从事科学研究与技术工作，还需要参加娱乐或其他社会活动，使用常规设备和技术已经不能满足需求。目前，人们利用多媒体技术能够满足各种各样的娱乐和社会活动的需求。在娱乐业，影视娱乐的噱头几乎被电脑特技所囊括，而电脑特技实际上就是多媒体技术的一个分支。在社会活动方面，人们为了使更多的人了解自己，创造了人类独有的广告业。广告业的兴起，带动起更为兴旺的商业活动。

除了上述主要的社会需求外，在医学、交通、工业产品制造，以及农业等多方面也都构成社会需求，全方位的社会需求使多媒体技术的应用领域更为广泛，其发展将永无止境。

1.1.2 多媒体的技术背景

多媒体技术是建立在计算机技术基础上的，其技术背景无疑是针对计算机技术而言的，所以计算机技术是实现多媒体技术的必要条件和保证。多媒体的主要技术背景体现在以下几个方面。

(1) 多媒体计算机的硬件条件。要实现多媒体技术，计算机不仅需要大容量存储器。处理速度快的CPU(中央处理器)、CD-ROM、高效声音适配器以及视频处理适配器等多种硬件设备，而且需要相关的外围设备，例如用于获取数字图像的数码照相机、扫描仪和视频摄像机,以及用于输出的打印机、投影机等。

(2) 数据压缩技术。在多媒体技术的发展过程中,数据压缩技术是关键技术,它解决了大量多媒体信息数据压缩存储的问题。CD-ROM 的应用、VCD 和 DVD 光盘的使用都是数字压缩技术具体应用的成果。正是由于对图像文件、音乐文件、视频文件的数据压缩,才使这些原本数据量非常大的文件得以轻松地保存和进行网络间传送。

(3) 多媒体的软件条件。多媒体技术的应用离不开计算机软件,在广泛的应用领域中,人们编制了内容广泛、使用方便的软件。借助计算机软件,人们才能在多领域、多学科中使用计算机,从而充分地利用多媒体技术解决相关问题。今天,计算机软件的发展速度远高于计算机硬件的发展速度,并且有软件功能部分地取代硬件功能的趋势。

(4) 相关技术的支持。在多媒体技术中,没有相关技术的支持也是不行的。在多媒体技术涉及的广泛领域中,每一种应用领域都有其独特的技术特点和条件。将相关技术融合进计算机多媒体技术中,或者与之建立某种有机的联系,是多媒体技术能否成功应用的关键。

1.1.3 多媒体技术的基本特征

多媒体技术所涉及的对象是媒体,而媒体又是承载信息的载体,因而又被称为"信息载体"。所谓多媒体的基本特性,也就是指信息载体的多样性、交互性、集成性、实时性、非线性和协同性等几个方面。

1. 信息载体的多样性

多媒体技术所涉及的是多样化的信息,信息载体自然也随之多样化。多种信息载体使信息在交换时有更灵活的方式和更广阔的自由空间。多样化的信息载体包括:

(1) 磁盘介质、磁光盘介质和光盘介质。

(2) 调动人类听觉的语音。

(3) 调动人类视觉的静止图像和动态图像。

信息载体主要应用在计算机的信息输入和信息输出上,多样化信息载体的调动使计算机具有拟人化的特征,使其更容易操作和控制,更具有亲和力。

2. 信息载体的交互性

交互性是指用户与计算机之间进行数据交换、媒体交换和控制权交换的一种特性。多媒体信息载体如果具有交互性,将能够提供用户与计算机间进行信息交换的机会。事实上,信息载体的交互性是由需求决定的,多媒体技术必须实现这种交互性。

根据需求,信息交互具有不同层次。简单的低层次信息交互的对象主要是数据流,由于数据具有单一性,因此交互过程较为简单。较复杂的高层次信息交互的对象是多样化信息,其中包括作为视觉信息的文字、图像、图形、动画、视频信号,以及作为听觉信息的语音、音响等。多样化信息的交互模式比较复杂,可在同一属性的信息之间进行交互动作,也可在不同属性之间交叉进行交互动作。

3. 信息载体的集成性

信息载体的集成性是指处理多种信息载体集合的能力。硬件应具备与集成信息处理能力相匹配的设备和配置,软件应具备处理集成信息的操作系统和应用程序。信息载体的集成性主要体现在以下两方面。

(1) 多种信息的集成处理。在众多的信息中,每一种信息有自己的特殊性,同时又具有共性。多种信息集成处理的关键是把信息看成一个有机的整体,采用多途径获取信息、统一格式存储信息、组织与合成信息等手段,对信息进行集成化处理。

(2) 处理设备的集成。多媒体信息的处理离不开计算机设备。把不同功能、种类的设备集成在一起,使其完成信息处理工作,是处理设备的集成所面临的问题。信息处理设备的集成化,带来了许多问题,例如急剧增加的信息量、输入输出通道单一化、网络通信带宽不足等问题。为了解决这些问题,必须提高设备的档次和工作稳定性,例如采用能够处理多媒体信息的高速并行 CPU、增加信息存储容量、增加输入输出的通道数目、增加网络带宽等措施。

4. 信息载体的实时性

信息载体的实时性是指在多媒体系统中声音及活动的视频图像、动画之间的同步特性,即实时地反映它们之间的联系。因此,多媒体技术必须提供对这些媒体实时处理的技术,例如支持视频会议系统和可视电话等。

5. 信息载体的非线性

多媒体技术的非线性特点将改变人们传统循序性的读写模式。以往人们读写方式大都采用章、节、页的框架,循序渐进地获取知识,而多媒体技术将借助超文本链接(Hyper Text Link)的方法,把内容以一种更灵活、更具变化的方式呈现给读者,用户可以按照自己的目的和认知特征重新组织信息,增加、删除或修改节点,重新建立链接。

6. 信息载体的协同性

每一种媒体都有其自身规律,各种媒体之间必须有机地配合才能协调一致。多种媒体之间的协调以及时间、空间和内容方面的协调是多媒体的关键技术之一。

1.2 多媒体技术的基本概念

1.2.1 媒体与多媒体

1. 媒体

媒体又称媒介,它是信息表示、信息传递和信息存储的载体。传统的媒体,如报纸、杂志、广播、电影和电视等,都是以各自的媒体形式进行传播。在计算机领域中,媒体有两种含义:一是指存储信息的实体,如磁盘、光盘、磁带、半导体存储器等,中文中常译为媒质;二是指表示和传递信息的载体,如数字、文字、声音、图形、图像、动画和视频等。

2. 媒体的分类

从严格意义上讲,媒体是承载信息的载体,是信息的表示形式。媒体客观地表现了自然界和人类活动中的原始信息。利用计算机技术对媒体进行处理和重现,并对媒体进行交互性控制,这就构成了多媒体技术的核心内容。

媒体一般可以分为 6 种类型。

(1) 感觉媒体

感觉媒体是指直接作用于人类的感觉器官,使人能直接产生感觉的一类媒体。人们主要是通过视觉媒体(例如文本、图形和图像、动画),以及听觉媒体(例如语言、音乐、自然界的各种声音来感知信息的)。

（2）表示媒体

表示媒体是为了加工、处理和传输感觉媒体而人为研究、构造出来的一种媒体，计算机数据格式是表示媒体用于定义信息的表达特征。表示媒体有多种编码方式，例如ASCII编码、图像编码、声音编码、视频编码等。

（3）显示媒体

显示媒体是指人们获取信息或者再现信息的物理手段，可分为两种类型：一种是输入显示媒体，例如键盘、鼠标、光笔、话筒、扫描仪、数码照相机和摄像机等；另一种是输出显示媒体，例如显示器、打印机和投影仪等。

（4）存储媒体

存储媒体用于存放表示媒体，以便计算机随时处理和调用这些信息编码。这类媒体有软盘、硬盘、CD-ROM光盘、磁带、半导体芯片等。

（5）传输媒体

传输媒体用于连续数据信息的传输。例如电缆、光纤、微波、红外线等传输媒体。

（6）信息交换媒体

信息交换媒体用于存储和传输全部的媒体形式，可以是存储媒体、传输媒体或者是两者的某种结合。例如内存、网络、电子邮件系统、Web浏览器等都属于信息交换媒体。

目前，计算机多媒体技术能够对其中的部分媒体进行处理。随着多媒体技术的不断发展，所能处理的媒体类型将越来越多。

3. 多媒体

“多媒体”一词译自英文multimedia，而该词又是由multiple和media复合而成的。多媒体对应的一词是单媒体（Monomedia），从字面上看，多媒体就是由单媒体复合而成的。

多媒体技术从不同的角度有着不同的定义。比如有人定义“多媒体计算机是一组硬件和软件设备，结合了各种视觉和听觉媒体，能够产生令人印象深刻的视听效果。在视觉媒体上，包括图形、动画、图像和文字等媒体，在听觉媒体上，则包括语言、立体声响和音乐等媒体。用户可以从多媒体计算机同时接触到各种各样的媒体来源”。还有人定义多媒体是“传统的计算媒体——文字、图形、图像以及逻辑分析方法等与视频、音频以及为了知识创建和表达的交互式应用的结合体”。概括起来就是：多媒体技术，即是计算机交互式综合处理多媒体信息——文本、图形、图像和声音，使多种信息建立逻辑连接，集成为一个系统并具有交互性。简言之，多媒体技术就是具有集成性、实时性和交互性的计算机综合处理声文图信息的技术。多媒体在我国也有自己的定义，一般认为多媒体技术指的就是能对多种载体上的信息和多种存储体上的信息进行处理的技术。

4. 媒体元素

多媒体应用的根本目的是以自然习惯的方式，有效地接受计算机世界的信息，信息通过媒体展现。多媒体元素就是指多媒体应用中可以显示给用户的媒体组成。目前，多媒体大多只利用了人的视觉和听觉，即使在“虚拟现实”中也只用到触觉，而味觉、嗅觉尚未集成进来。媒体元素一般包括文本、图形、图像、声音、动画和视频等。

（1）文本

文本就是习惯使用的文字集合，是人和计算机交互的主要形式，而且不仅仅在计算机领域，传统上，人们通过书本、报纸、信函等进行交流。文本作为计算机文字处理的基础，也是多媒体应用的基础。在人机交互中,文本主要有两种形式:非格式化文本和格式化文本。

(2) 图像

有的资料将图像定义为"凡是能被人类视觉系统所感知的信息形式或人们心目中的有形想象"。在媒体展示时,无论是传统的文字,还是图形、视频,最终都是以图像的形式出现,更确切地讲是以"像素点"的形式展现。与像素点对应的数字图像称为位图(bitmap)图像(简称位图),这是数字图像最基本的一种格式。

除了位图外,还有其他许多格式的图像(包括压缩格式),实际上不同的设备都有自己默认的图像格式,各种格式的图像可以互相转换。

(3) 图形

图形也称为矢量图(Vector Graphic),它们是由诸如直线、曲线、圆或曲面等几何图形(称为图形)形成的从点、线、面到三维空间的黑白或彩色几何图形。这些几何图形可以被删除、增加、移动、修改、倾斜或延伸,还有像灰度、颜色、填充图案或透明度等属性。

图形可以通过图形编辑器产生,也可以由程序生成。

(4) 音频

音频有时也泛称为声音,除语音、音乐外,还包括各种音响效果。数字化后,计算机中保存声音文件的格式有多种,常用的有两种:波形音频文件(Waveform Audio Format,WAV)和数字音频文件(Musical Instrument Digital Interface,MIDI)。波形音频文件是真实声音数字化后的数据文件;数字音频文件又称乐器数字接口,与图形文件格式相类似,是以一系列指令来表示声音的,可看成是声音的符号表示。

(5) 动画

动画是利用人的视觉暂留特性,快速播放一系列连续运动变化的图形图像,也包括画面的缩放、旋转、变换、淡入淡出等特殊效果。通过动画可以把抽象的内容形象化,使许多难以理解的教学内容变得生动有趣。合理使用动画可以达到事半功倍的效果。

(6) 视频

视频具有时序性与丰富的信息内涵,常用于交代事物的发展过程。视频非常类似于我们熟知的电影和电视,有声有色,在多媒体中充当起重要的角色。

1.2.2 多媒体关键技术

多媒体技术是利用计算机对文字、图像、图形、动画、音频、视频等多种信息进行综合处理、建立逻辑关系和人机交互作用的产物。

真正的多媒体技术所涉及的对象是计算机技术的产物,而其他的单纯事物,如电影、电视、音响等,均不属于多媒体技术的范畴。

多媒体个人计算机采用了很多高新技术,主要包括以下几项:

(1) 数据压缩技术。在多媒体信息中,数字化图片和数字化音频信息的数据量非常大,尤其是要求较高的场合,数据量会更大。在多媒体技术发展的整个历程中,如何有效地保存和处理如此大量的数据一直是人们重点研究的课题。为了快速传输数据、提高运算处理速度和节省更多的存储空间,数据压缩成了关键技术之一。

人们对数据压缩技术的研究和探讨已经有 50 多年的历史了,从早期的 PCM(脉冲编码调制)技术,到今天被广泛采用的 JPEG 静态图像压缩技术、MPEG 动态图像压缩技术和

PX64kbit/s电视电话会议图像压缩技术，人们一直在进行不懈的努力。近年来，基于知识的编码技术、分形编码技术、小波编码技术等压缩技术也有很好的应用前景。

目前，一些相对成熟的压缩算法和压缩手段已经标准化和模块化，并被制作成软件或写入大规模集成电路中，使用起来极为方便。

(2) 集成电路制造技术。解决数据压缩问题的关键，是压缩算法的大量计算问题，计算机在进行繁重而大量的计算时，将会中央处理器的全部资源，甚至需要使用中型计算机或大型计算机才能完成。而集成电路制作技术的发展，使具有强大数据压缩功能的专用大规模集成电路问世。这种集成电路能够以一条指令完成以往需要多条指令才能完成的处理，为多媒体技术的进一步发展创造了有利条件。

(3) 存储技术。一方面，多媒体信息的保存依赖数据压缩技术；另一方面，则要仰仗存储技术。存储技术的变革一直没有停滞，人们先后使用的存储介质和设备有：纸带穿孔、磁芯、磁带、光盘、磁光盘等。随着多媒体技术的发展，光盘存储技术也逐步走向成熟，光盘存储器也从单一的CD-ROM存储器发展到M. O. 、CD-R、CD-RW、DVD-R、DVD-RW存储器等。激光存储技术的进步，使多媒体信息的保存问题得到解决。与此同时，低成本、大容量的存储介质也对多媒体技术的发展起到了促进作用。

(4) 操作系统软件技术。要具备多媒体数据的处理能力，就必须有优良的操作系统。操作系统的工作模式必须是实时的、多任务的，这样才能出路声音、动态图像等实时信息。其中，操作系统在处理声音信号时，以86KB/s的速率进行实时处理；而在处理动态图像信号时，则以25帧/s或30帧/s的速率进行实时处理。目前广泛使用的中文版Windows XP就是这样的操作系统。该系统运行稳定、支持多媒体的各项功能，并且还在不断地完善。

1.2.3 流媒体技术

流媒体技术也称流式媒体技术。所谓流媒体技术就是把连续的影像和声音信息经过压缩处理后放上网站服务器，让用户一边下载一边观看、收听，而不要等整个压缩文件下载到自己的计算机上才可以观看的网络传输技术。该技术先在使用者端的计算机上创建一个缓冲区，在播放前预先下载一段数据作为缓冲，在网路实际连线速度小于播放所耗的速度时，播放程序就会取用一小段缓冲区内的数据，这样可以避免播放的中断，也使得播放品质得以保证。

流媒体技术不是一种单一的技术，它是网络技术及视/音频技术的有机结合。在网络上实现流媒体技术，需要解决流媒体的制作、发布、传输及播放等方面的问题，而这些问题则需要利用视音频技术及网络技术来解决。

Internet的迅猛发展和普及为流媒体业务发展提供了强大的市场动力，流媒体业务正变得日益流行。流媒体技术广泛应用于多媒体新闻发布、在线直播、网络广告、电子商务、视频点播(VOD)、远程教育、远程医疗、网络电台、实时视频会议等互联网信息服务的方方面面。流媒体技术的应用将为网络信息交流带来革命性的变化，对人们的工作和生活产生深远的影响。

1.2.4 虚拟现实技术

虚拟现实技术(Virtual Reality Technology，VR)，又称灵境技术，VR是一项综合集成技术，涉及计算机图形学、人机交互技术、传感技术、人工智能等领域，它用计算机生成逼真的三维视、听、嗅觉等感觉，使人作为参与者通过适当装置，自然地对虚拟世界进行体验和交互作用。使用者进行位置移动时，电脑可以立即进行复杂的运算，将精确的3D世界影像传回产生临场感。该技术集成了计算机图形(Computer Graphics,CG)技术、计算机仿真技术、人工智能、传感技术、显示技术、网络并行处理等技术的最新发展成果，是一种由计算机技术辅助生成的高技术模拟系统。

概括地说，虚拟现实是人们通过计算机对复杂数据进行可视化操作与交互的一种全新方式，与传统的人机界面以及流行的视窗操作相比，虚拟现实在技术思想上有了质的飞跃。

虚拟现实中的“现实”是泛指在物理意义上或功能意义上存在于世界上的任何事物或环境，它可以是实际上可实现的，也可以是实际上难以实现的或根本无法实现的。而“虚拟”是指用计算机生成的意思。因此，虚拟现实是指用计算机生成的一种特殊环境，人可以通过使用各种特殊装置将自己“投射”到这个环境中，并操作、控制环境，实现特殊的目的，即人是这种环境的主宰。

早在20世纪70年代便开始将虚拟现实用于培训宇航员。由于这是一种省钱、安全、有效的培训方法，现在已被推广到各行各业的培训中。目前，虚拟现实已被推广到不同领域中，得到广泛应用。

1. 科技开发上

虚拟现实可缩短开发周期，减少费用。例如克莱斯勒公司1998年初便利用虚拟现实技术，在设计某两种新型车上取得突破，首次使设计的新车直接从计算机屏幕投入生产线，也就是说完全省略了中间的试生产。由于利用了卓越的虚拟现实技术，使克莱斯勒避免了1500项设计差错，节约了8个月的开发时间和8000万美元的费用。利用虚拟现实技术还可以进行汽车冲撞试验，不必使用真的汽车便可显示出不同条件下的冲撞后果。

虚拟现实技术已经和理论分析、科学实验一起，成为人类探索客观世界规律的三大手段。用它来设计新材料，可以预先了解改变成分对材料性能的影响。在材料还没有制造出来之前便知道用这种材料制造出来的零件在不同受力情况下是如何损坏的。

2. 商业上

虚拟现实常被用于推销。例如建筑工程投标时，把设计的方案用虚拟现实技术表现出来，便可把业主带入未来的建筑物里参观，如门的高度、窗户朝向、采光多少、屋内装饰等，都可以感同身受。它同样可用于旅游景点以及功能众多、用途多样的商品推销。因为用虚拟现实技术展现这类商品的魅力，比单用文字或图片宣传更加有吸引力。

3. 医疗上

虚拟现实应用大致上有两类。一是虚拟人体，也就是数字化人体，有了这样的人体模型医生更容易了解人体的构造和功能。另一是虚拟手术系统，可用于指导手术的进行。

4. 军事上

利用虚拟现实技术模拟战争过程已成为最先进的多快好省的研究战争、培训指挥员的方法。也是由于虚拟现实技术达到很高水平，所以尽管不进行核试验，也能不断改进核武器。战争实验室在检验预定方案用于实战方面也能起巨大作用。1991年海湾战争开始前，美军便把海湾地区各种自然环境和伊拉克军队的各种数据输入计算机内，进行各种作战方案模拟后才定下初步作战方案。后来实际作战的发展和模拟实验结果相当一致。

5. 娱乐上

娱乐上应用是虚拟现实最广阔的用途。英国出售的一种滑雪模拟器，使用者身穿滑雪服、脚踩滑雪板、手拄滑雪棍、头上载着头盔显示器，手脚上都装着传感器。虽然在斗室里，只要做着各种各样的滑雪动作，便可通过头盔式显示器，看到堆满皑皑白雪的高山、峡谷、悬崖陡壁，一一从身边掠过，其情景就和在滑雪场里进行真的滑雪所感觉的一样。

6. 教育上

(1) 虚拟校园

虚拟校园是虚拟现实技术在教育领域最早的具体应用，虽然大多数虚拟校园仅仅实现校园场景的浏览功能，但虚拟现实技术提供的浏览方式，全新的媒体表现形式都具有非常鲜明的特点。天津大学早在1996年，在SGI硬件平台上，基于VRML国际标准，最早开发了虚拟校园，使没有去过天津大学的人，可以领略这所近代史上久负盛名的大学。随着网络时代的来临，网络教育迅猛发展，尤其是在宽带技术将大规模应用的今天，国内一些高校已经开始逐步推广，使用虚拟校园模式。

(2) 虚拟教学

在虚拟教学方面，可以应用教学模拟进行演示、探索、游戏教学。利用简易型虚拟现实技术表现某些系统(自然的、物理的、社会的)的结构和动态，为学生提供一种可供他们体验和观测的环境。建立教学模拟的关键工作是创建被模拟对象(真实世界)的模型，然后用计算机描述此模型，通过运算产生输出。这些输出能够在一定程度上反映真实世界的行为。教学模拟是一种十分有价值的CAI模式，在教学中有广泛的应用。例如中国地质大学开发的地质晶体学学习系统，利用虚拟现实技术演示它们的结构特征，直观明了。

(3) 虚拟培训

虚拟现实技术的特点在虚拟培训方面表现得比较突出。虚拟现实技术的沉浸性和交互性，使学生能够在虚拟学习环境中扮演一个角色，全身心地投入学习，这非常有利于学生的技能训练。利用沉浸型虚拟现实系统，可以做各种各样的技能训练，对高职技能性教学有着无比强大的推动作用。西南交通大学开发的TDS-JD机车驾驶模拟装置可模拟列车启动、运行、调速及停车全过程，可向司机反馈列车运行过程中的重要信息。如每节车辆的车钩力或加速度、列车管压力波传递过程等，进行特殊运行情况下的事故处理，有完善的训练结果评价及合理的评分标准。它在国内首先采用计算机成像及Windows界面，是国内市场占有率最高的模拟装置，可任意进行列车编组，可选择任意线路断面，可在有场景条件下模拟操纵，也可在无场景情况下进行。

7. 工业上

工业仿真、安全生产应急演练、三维工厂设备管理、虚拟培训等都是虚拟现实技术在工业方面的应用。下面针对几个比较典型的实例来表述虚拟现实技术的工业方面的应用情况。

(1) 石油行业

石油行业三维数字化系统是近几年来随着信息技术的飞速发展，石油需求的急剧增加和经济信息全球化的逐步加深而出现的一项新技术。它在能源行业的信息交流和管理决策中发挥着越来越重要的作用。

利用虚拟现实技术构建能源安全作业虚拟仿真训练系统，提供多人在线交互式训练功能。推行封闭式演示、指南式向导操作和开放式自由操作的培训模式，开发能源安全作业虚拟仿真训练系统，能有效地解决了能源安全作业培训的成本、安全和效果问题。

构建一个全面的三维仿真信息化系统，在此系统内进行设备管理、管线管理、安全应急演练等，构建作业区三维环境，附加作业区周围方圆百千米 GIS 数据，包括卫星影像图及 DEM 高程数据等。在此基础上创建设备及管线数据，实现设备及管线的信息查询、测量分析、飞行控制等操作。

（2）航天行业

① 机场环境模拟

基于 Converse Earth 虚拟地球构建机场三维场景，在其上叠加卫星影像、高程数据、矢量数据，使用 Converse Earth Editor 创建机场三维模型，真实再现停机坪、候机厅、油库、航加站等场所。

② 机场运维

实现信息化管理，实现物品三维化管理，系统功能界面和三维界面无缝对接，单击三维可查询信息，单击二维条目和定位三维模型；飞机调度三维可视化展现，将调度模块嵌入三维系统内，实时了解当前飞机的飞停状态，并进行三维实时表现。GPS 跟踪通过读取来自定位系统的实时位置信息来驱动加油车、操作员动态变化，具有很强的立体表现效果，是二维 GPS 管理系统所不具备的。

③ 卸油站、油库、航加站一体化信息管理及安全应急演练

应急模拟演练：提供虚拟的演练场景，在虚拟环境中，根据预案，对灾害现场和灾害过程进行模拟仿真，提供多人在线的演练手段，为参训者在计算机上提供生动逼真演练各项应急救援任务的虚拟环境，并考核演练结果，达到良好的培训效果。

④ 工艺培训方面

通过对工艺流程的界面仿真，操作仿真，数据仿真，为参训者在计算机上提供供油工艺流程动态演示培训环境。

(3)电力行业

三维电力输电网络信息系统采用 3DGIS 融合 VR 的思路，利用数字地形模型、高分辨率遥感影像构建基础三维场景能够真实再现地形、地貌，采用创建三维模型再现输电网络、变电站、输电线路周边环境、地物的空间模型。电力设备可通过传感器将现场状态进行虚拟现实再现，同时实现三维查询功能，二维网页和三维场景进行无缝连接，实现二、三维一体化管理，为领导及工作人员提供全方位、多维、立体化的辅助决策支持，从而减少处理事故所需时间，减少经济损失。

系统实现了各种分析功能，如停电范围分析、最佳路径分析，当停电事故发生时，系统能快速计算出影像范围，标绘出事故地点及抢修最优路线。当火灾发生时绘制火灾波及范围及对重要设备的影响程度，推荐最佳救援方式。

虚拟现实发展前景十分诱人，而与网络通信特性的结合，更是人们所梦寐以求的。在某种意义上说它将改变人们的思维方式，甚至会改变人们对世界、自己、空间和时间的看法。它是一项发展中的、具有深远影响的新技术。利用它，我们可以建立真正的远程教室，在这间教室中我们可以和来自五湖四海的朋友们一同学习、讨论、游戏，就像在现实生活中一样。使用网络计算机及其相关的三维设备，我们的工作、生活、娱乐将更加有情趣。

虚拟现实向人们描绘了未来的生活片段，很美妙。由此用户也可以发挥自己丰富的想象力，在我们的电脑前就可以实现与大西洋底的鲨鱼嬉戏；参观非洲大陆的天然动物园；感受古战场的硝烟与刀光剑影；还可以体验开国大典的庄严和东方巨人站立起来的壮志豪情……。

1.3 多媒体计算机系统

多媒体计算机系统一般由以下 3 部分组成。

- 多媒体硬件系统
- 多媒体软件系统
- 多媒体开发工具

只有具备了以上 3 部分，才能基本构成一个多媒体计算机系统，才具备开发各种应用的基础。如果从硬件和软件的角度进一步对其构成进行细分，可分成 6 个层次，第一层是多媒体外围设备，第二层是多媒体计算机硬件系统，第三层是多媒体核心系统，第四层是媒体制作平台与工具，第五层是创作、编辑软件，第六层是应用系统。在每一层内容上都要考虑多媒体的特性及相应软件和硬件配置。

构建一个多媒体计算机系统，硬件是基础，软件是灵魂。多媒体软件的主要任务是将硬件有机地组织在一起，使用户能够方便地使用多媒体数据。它除了具有一般软件的特点之外，常常要反映多媒体技术的特有内容。一般来说，各种与多媒体有关的软件系统都可以叫多媒体软件，但实际上常将许多专门软件系统单独分出来，像多媒体数据库、超媒体系统等，多媒体软件常指那些公用的软件工具及系统。多媒体软件可划分成不同的层次和类别，其划分没有绝对的标准。按其功能可划分为 5 类，多媒体驱动软件、多媒体操作系统（操作环境）、多媒体数据准备软件、多媒体编辑创作软件和多媒体应用软件。

1.3.1 多媒体计算机的硬件设备

1. 多媒体个人计算机——MPC

(1) 多媒体个人计算机的组成

多媒体个人计算机（Multimedia Personal Computer，MPC），是能够输入、输出并综合处理文字、声音、图形、图像、视频和动画等多种媒体信息的计算机。它将计算机软、硬件技术，数字化声像技术和高速通信网络技术等结合起来构成一个整体，使多媒体信息的获取、加工、处理、传输、存储和展示集于一体。简单地说，MPC 就是一种具有多媒体信息处理功能的个人计算机，如图 1.1.1 所示。

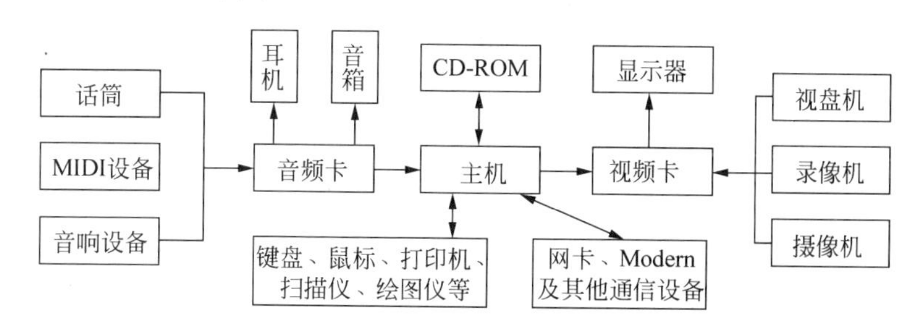

图 1.1.1 多媒体个人计算机的组成

MPC 与一般 PC 机的主要区别在于 MPC 具有对音频、图形、图像和视频等信息的处理能力。具体地说有以下几个方面。

① 音频信号处理功能：标准的 MPC 有一块音频处理卡，它具有丰富的音频信号处理功能，包括录制、处理和重放声波信号以及用 MIU 技术合成音乐的功能等。

② 图形功能：MPC有较强的图形处理功能，在VGA显示硬件和Windows软件的配合下，MPC可以产生色彩丰富、形象逼真的图形，并可以在此基础上实现一定程度3D动画效果。

③ 图像处理功能：MPC通过VGA接口卡和显示器可以生动、逼真地显示静止图像。

④ 视频处理功能：MPC对视频图像的处理功能较强，能实时录制和压缩视频图像，并能高质量地播放已压缩好的视频图像。

(2) 多媒体计算机的硬件标准

1990年Microsoft公司联合一些主要的PC机厂商和多媒体产品开发商成立的MPC联盟(Multimedia PC Marketing Council)，其主要目的是建立多媒体计算机硬件系统的最低功能标准，利用Microsoft的Windows操作系统，以PC现有的广大市场为基础，推动多媒体计算机技术的发展，制定了MPC规范1.0版本，确定了多媒体PC硬件配置的最低要求。

MPC 1.0要求的硬件平台标准为时钟频率16 MHz的386微处理器，2MB RAM，30MB硬盘，单倍速的光驱，8位量化精度的数字音频。MPC 1.0的推出，得到了当时许多硬件厂商的支持，他们的共同参与发展了多媒体系统的标准操作平台。MPC标准也受到了软件开发商的广泛支持，因为随着MPC标准的推出，以往他们面临的缺乏统一硬件平台无法发展通用软件的困境消除了。因而，以后的几年中，很多多媒体套装软件纷纷推出。1993年5月，MPC联盟又对MPC 1.0进行了修改，制定了第二代多媒体PC平台标准MPC 2.0。

MPC 2.0提高了硬件平台标准，将微处理器提高到486，时钟频率为25MHz，RAM为4 MB，硬盘为160MB，双倍速的光驱，音频取样、量化的精度为16位。MPC 2.0标准的颁布使软、硬件厂商再次获得新的机遇，许多厂商纷纷推出各种多媒体软、硬件产品来支持MPC 2.0的标准。1994年1月，MPC联盟允许凡经检验符合MPC 2.0标准的CD-ROM驱动器、音频卡等产品，可以使用MPC识别标志。

MPC的第三代标准是1995年6月制定的。MPC 3.0提供全屏幕、全动态视频及增强版的CD音质的视频及音频硬件标准，MPC 3.0并不是要取代MPC 1.0、MPC 2.0标准，而是制定了一个更新的操作平台，可以执行增强的多媒体功能。由于多媒体视频硬件的快速发展，MPC 3.0将视频播放的功能纳入MPC规范，采用MPEG-1标准，以直接存取帧缓冲器、分辨率为352×240、速度为30帧/秒的15位/像素的视频为标准。MPC三代标准比较如表1-1-1所示。

表1-1-1 MPC三代标准比较

项目	MPC 1.0	MPC2.0	MPC 3.0
CPU	80386SX 16 MHz	80486SX 25 MHz	Pentium 75 MHz
RAM	2 MB	4 MB	8 MB
硬盘	30 MB	160 MB	540 MB
CD-ROM驱动器	数据传输速率：150kb/s 最大寻址时间：1s 符合CD-DA标准	数据传输速率：300kb/s 最大寻址时间：0.4s 符合CD-ROM XA标准	数据传输速率：600kb/s 最大寻址时间：0.25s 符合CD-ROM XA标准
音频	取样频率：11.025 kHz 量化精度：8位 MIDI合成	取样频率：44.1 kHz 量化精度：16位 8调复音MIDI合成	波形表合成技术 量化精度：16位 MIDI播放
显示器	VGA：640×480 16色	Super VGA：640×480 65 536色	可进行颜色空间转换和缩放，可直接进行帧存取，以15位/像素，352×240分辨率，30帧/秒播放视频

续表

项目	MPC 1.0	MPC2.0	MPC 3.0
视频播放	没有要求	没有要求	MPEG-1 硬件或软件播放，播放上述分辨率视频时，支持同步的音频、视频流，不丢失帧
I/O 端口	MIDI 接口 串行接口 并行接口 游戏杆接口	同 MPC 1.0	同 MPC 1.0

值得特别指出的是，MPC 标准只是提出了对系统的最低要求，是一种参照标准，并且三个标准之间并不完全是取代关系。从表 1-1-1 可以看出，MPC 标准从 MPC 1.0 到 MPC 3.0的发展，是向更高性能微处理器，更大容量存储器，更快运算速度以及更高质量音、视频规格的方向发展。

(3) 多媒体计算机的主要特征

MPC 的主要特征，一般可归纳为以下几点。

① 具有 CD-ROM 驱动器。CD-ROM 是多媒体技术普及的基础，它是最经济、最实用的数据信息载体。

② 输入手段丰富。多媒体计算机的输入手段很多，用于输入各种媒体内容。除了常用的键盘和鼠标以外，一般还具备扫描输入、手写输入和文字识别输入等。

③ 输出种类多、质量高。多媒体计算机可以多种形式输出多媒体信息。例如，音频输出、投影输出、视频输出，以及帧频输出等。

④ 显示质量高。由于多媒体计算机通常配备先进的高性能图形显示卡和质量优良的显示器，因此图像的显示质量比较高。高质量的显示品质为图像、视频信号、多种媒体的加工和处理提供了不失真的参照基准。

⑤ 具有丰富的软件资源。多媒体计算机的软件资源必须非常丰富，以满足多媒体素材的处理及其程序的编制需求。

2. 多媒体功能卡

(1) 音频卡

音频卡是多媒体计算机的应有部件，又称声卡、音效卡、声音适配卡。声卡在多媒体技术的发展中曾起开路先锋的作用。早在 20 世纪 80 年代，就已经出现了声卡的雏形。第一块被广大用户接受并被大量应用在 PC 上的声卡是由加拿大 Adlab 公司研制生产的"魔奇音效卡"(Magic Sound Card)。在众多厂商生产的声卡中，比较有影响力的是新加坡 Creative 公司的 Sound Blaster 系列产品。Sound Blaster 系列声卡以其优质的声响效果受到人们的广泛认同，占据了全球多媒体市场上的很大份额，也使 Creative 公司的 Sound Blaster 系列以及后来的 Sound Blaster Pro 成为重要的声效标准。如图 1.1.2 所示。

图 1.1.2 音频卡

随着应用需求的进一步增长，现在大多数主机板上集成了声卡的功能，声卡不单独存在。与单独的声卡相比，集成在主机板上的"声卡"不论从抗干扰能力，声音处理效果和功能种类上，都略逊一筹。在开发多媒体产品时，语音和音乐是重要的媒体形式，声卡和相应的软件为开发者提供了处理声音的工具和手段，使声音像图像和文字那样，可以被随心所欲地加工和修改。

① 声卡的基本功能

a 进行 A/D(模/数)转换。将作为模拟量的音频信号或保存在介质中的音频信号经过变换，转化成数字化的音频信号，这就是模/数转换(Analog to Digital Converter)。经过模/数转换的数字化音频信号以文件形式保存在计算机中，可以利用音频信号处理软件对其进行加工、处理和播放。

b 完成 D/A(数/模)转换。把数字化音频信号转换成作为模拟量的音频信号，这就是数/模转换(Digital to Analog Converter)。转换后的音频信号通过声卡的输出端，送到音频信号还原设备，例如耳机、音箱，这样，就可以聆听到声音了。

c 实时动态地处理数字化音频信号。利用声卡上的数字信号处理器(DSP)对数字化音频信号进行处理，它可减轻 CPU 的负担。该处理器可以通过编程来完成高质量音频信号的处理，并可加快音频信号处理速度。该处理器还可用于音乐合成、制作特殊的数字音响效果等。

d 立体声合成。经过数/模转换的数字化音频信号保持原有的声道模式，即 STEREO 模式或 MONO 模式。声卡具备两种模式的合成运算功能，并可将两种模式互相变换。

e 输入、输出。利用声卡的输入端子和输出端子，可以将模拟信号引入声卡，然后转换成数字量。还可以将数字信号转换成模拟信号送到输出端子，驱动音响设备发出声音。

② 声卡的结构

声卡由数据总线驱动器、总线接口和控制器、数字声音处理器、混合信号处理器、接口电路以及多个音乐合成器等部件构成，各部件之间的关系和信号传递方式如图 1.1.3 所示。

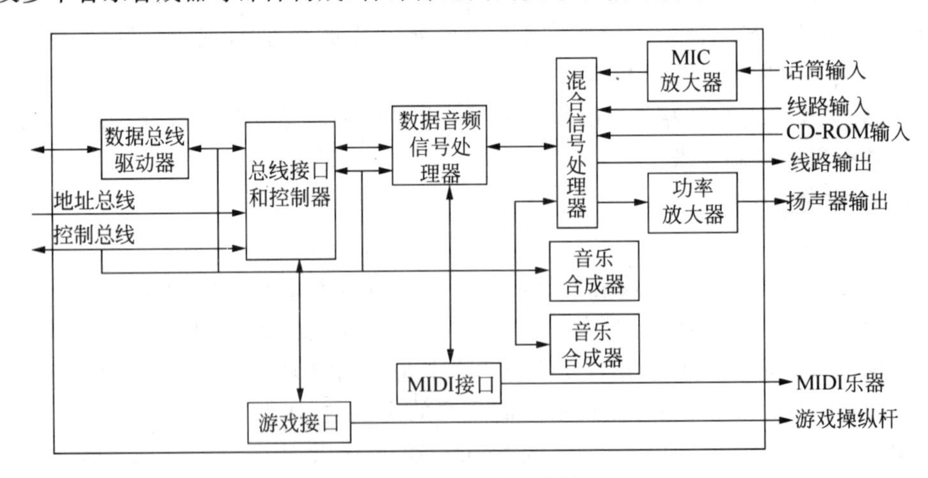

图 1.1.3　声卡的结构

声卡的工作原理框图主要由以下几个部分组成。

a 声音的合成与处理，这是声卡的核心部分，它由数字声音处理器、调频(FM)音乐合成器及乐音数字接口(MIDI)控制器组成。这部分的主要任务是完成声波信号的模/数(A/D)和数/模(D/A)转换，利用调频技术控制声音的音调、音色和幅度等。

b 混合信号处理器：混合信号处理器内置数字/模拟混音器，混音器的声源有以下几种信号，如 MIDI 信号、CD 音频、线路输入、麦克风等。可以选择一个声源或几个不同的声源进行混合录音。

c 功率放大器：由于混合信号处理器输出的信号功率还不够大，不能推动扬声器或音箱，所以一般都有一个功率放大器作为功率放大，使得输出的音频信号有足够的功率。

d 总线接口和控制器：总线接口有多种，早期的音频卡为 ISA 总线接口，现在的音频卡一般是 PCI 总线接口。总线接口和控制器是由数据总线双向驱动器、总线接口控制逻辑、总线中断逻辑及直接存储器访问(Dircct Memory Access，DMA)控制逻辑组成。

(2) 视频卡

视频卡是一种专门用于对视频信号进行实时处理的设备，又叫“视频信号处理器”。视频卡插在主机板的扩展插槽内，通过配套的驱动软件和视频处理应用软件进行工作。视频卡可以对视频信号(激光视盘机、录像机、摄像机等设备的输出信号)进行数字化转换、编辑和处理，以及保存数字化文件。

视频卡一般具有以下 4 个基本特性。

① 视频输入特性。支持 PAL 制式、NTSC 制式和 SECAM 制式的视频信号模式，利用驱动软件的功能，可选择视频输入的端口。

② 图形与视频混合特性。以像素点为基本单位，精确定义编辑窗口的尺寸和位置，并将 256 色模式的图形与活动的视频图像进行叠加混合。

③ 图像采集特性。将活动的视频信号采集下来，生成静止的图像画面。图像可采用多种格式的文件进行存储。

④ 画面处理特性。对画面中显示的图像或视频信号进行多种形式的处理，例如，按照比例进行缩放；对视频图像进行定格，然后保存画面或调入符合要求的图像；对画面内容进行修改和编辑，改变图像的色调、饱和度、亮度以及对比度等。

视频卡是在多媒体计算机中用于处理视频信息的功能插卡。视频卡将影像和动画引进到了计算机系统，是普通计算机向多媒体计算机系统升级的一个不可或缺的功能插卡。目前，尽管市场上视频卡产品的种类很多，各种产品实现的功能也不相同，但是依据它们实现的功能可以将视频卡产品分为以下几类。

① 视频采集卡

视频采集卡(图 1.1.4)用于将摄像机、录像机等设备播放的模拟视频信号经过数字化的采集，以文件形式存储起来。通常视频采集卡通过输入模拟的复合视频信号，可以在视窗内显示、播放视频画面。有些视频采集卡只能采集数字式的静止画面，这类视频采集卡也称为视频叠加卡。大多数视频采集卡不仅能够捕捉静止画面，而且还可以捕捉动态画面，其中有一类视频采集卡是用于专业级动态视频的采集、编辑和回放，具有硬件视频压缩功能。

② 视频压缩/解压缩卡

视频压缩/解压缩卡用于将静止和动态的视频图像按照 JPEG 或 MPEG 标准进行压缩，或者将已经压缩好的数字化的视频解压缩还原成影像。目前，市场上的视频压缩/解压缩卡的典型产品是 MPEG 解压卡。

图 1.1.4　视频采集卡

③ 视频输出卡

视频输出卡将计算机中加工处理的数字式视频信号重新编码后转换为 PAL、NTSC 或者 SECAM 制式的模拟视频信号，供在录像带上记录或通过电视机播放。使用这类产品可以在电视机上观看计算机画面，或用录像机录制计算机演示过程。这类产品分为外置和内置的两种，内置产品是一块功能插卡，插入计算机主板的 I/O 扩展槽中；外置产品是一只类似于肥皂盒大小的编码盒。

④ 视频接收卡

视频接收卡将从电视节目中捕捉到的视频图像进行转换处理，使其能够与计算机生成的文字及图形叠加在一起，送显示器显示。使用这类产品可以利用计算机收看电视节目，不过目前市场上销售的电视接收卡通常只能接收有线电视的电视信号。

视频卡的种类还有很多，大多数视频卡具有多种功能，各视频卡之间既有不同点，也有相同点，其功能互相交错。在选择视频卡时，应注意该视频卡具有的功能和实用性。

3. 多媒体信息获取设备

开发一个多媒体产品，从素材的收集和整理，媒体数字化处理，到产品的保存、打印输出和演示，除了具备一台基本配置的多媒体计算机外，还需要一些专门完成特定工作的设备。由于这些设备不属于多媒体计算机的基本配置，因此被叫做“扩展设备”。扩展设备几乎包括了所有对多媒体产品的开发起一定作用的设备，只要经济条件允许，都可以纳入多媒体计算机的系统配置清单中。在多媒体产品的开发过程中，具有代表性的扩展设备有扫描仪、数码相机、触摸屏等。

(1) 扫描仪

扫描仪(Scanner)是 20 世纪 80 年代出现的一种光机电一体化的高科技产品，它可以通过扫描将图片、文稿等转换成计算机能够识别和处理的图像文件。这里的图片可以是照片、绘画、插图等。

图 1.1.5 扫描仪

如图 1.1.5 所示，扫描仪由 3 个部分组成：光学成像部分、机械传动部分、转换电路部分。这 3 部分相互配合，将反映光学特征的光学信号转换为电信号，再由电信号转变为计算机可以识别的数字信号。光学成像部分包括光源、光路和镜头，用于生成被扫描图像的光学信息。机械传动部分包括控制电路、步进电机、扫描头、导轨等，用于控制扫描仪的机械动作。转换电路部分包括光电转换部件、模/数转换处理电路，这部分是扫描仪的核心，用于将光学信号转换为相应的电信号。

① 扫描仪的工作原理

扫描仪是通过被扫描介质的反射光或透射光来捕获图像的，其工作原理如图 1.1.6 所示。因为被扫描图片的深色区域反射较少的光，这些光线经过光学系统采集后，聚焦在电荷耦合器件(Charge Coupling Device，CCD)上，CCD 可以检测到图像的每一区域的反射光的总和，然后将这些光信号变换为电信号，由模/数转换器将电信号转换为相应的数字信号，传输到计算机。机械传动机构在控制电路的控制下带动装有光学系统和 CCD 的扫描头扫描全部的图片或图片的指定范围。图片的每一部分都由光学信号转变为计算机能够识别的数据。最后，控制操作的扫描软件将输入的数据还原为图像。

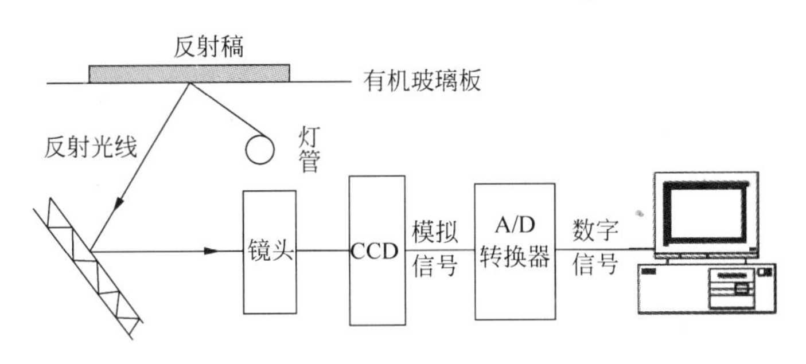

图 1.1.6 扫描仪的工作原理

② 扫描仪的分类

扫描仪的种类很多，按照产品的外观，可分为手持式扫描仪、平板式扫描仪、滚筒式扫描仪等。手持式扫描仪小巧，便于携带，价格低廉，但精度不够高，幅面也不大；平板式扫描仪是目前流行的家用和商用扫描仪；滚筒式扫描仪多为工程设计单位使用，用于扫描大幅面的工程制图。

扫描仪按使用的接口形式可分为并行、SCSI、通用串行总线(Universal Serial Bus)接口等。并行接口连接于计算机的打印端口，方便快捷，但数据传输速率相对较低；SCSI 多用于专业级扫描仪，需要配置专门的 SCSI 卡，特点是数据传输速率较高；USB 接口是一种伴随 ATX 主板和 Windows 98 新兴起来的接口，具有支持热插拔、即插即用和较高的数据传输速率等特点。

③ 扫描仪的技术指标

扫描仪的性能指标主要有分辨率、灰度级、色彩数、扫描速度和扫描幅面等。

a 扫描仪分辨率

扫描仪分辨率表示扫描仪的精度，体现扫描仪对图像细节的表现能力。分辨率习惯以像素/英寸(Dot Per Inch，DPI)来表示，即每英寸长度上所含有的像素个数。扫描仪的水平分辨率取决于 CCD 元件的数量，一般由 CCD 的数目除以扫描仪的横幅英寸数而得到；垂直分辨率取决于取样率，即 CCD 每前进一英寸感受到的光信号的次数。通常，扫描仪的垂直分辨率会比水平分辨率高一倍。将水平与垂直分辨率联合起来就构成了扫描仪的分辨率。一般而言，扫描仪的分辨率越高，图像的像素越多，质量越好，但转换后的文件越大。目前市场上分辨率为 600×1200dpi 的扫描仪比较普及，1200×2400dpi 的扫描仪正在兴起，生产厂商正在研制 2400×4800dpi 的扫描仪。600×1200dpi 的扫描仪可满足一般用户基本要求。

b 扫描仪灰度级

扫描仪灰度级表示图像的亮度层次范围，即图像颜色的深浅，灰度级越多，扫描图像的层次越丰富。通常有 16 级(4 位)灰度和 256 级(8 位)灰度两种，也有一些手持式扫描仪只有 2 级灰度，即只能区分黑与白。

c 扫描仪色彩数

扫描仪色彩数表示彩色扫描仪所能产生的颜色范围，通常用每个像素的颜色的数据位(bit)来表示。例如真彩色图像指 24 位颜色，可表示 2^{24} 种不同的颜色。彩色扫描仪的色彩数一般在 16～36 位之间，位数越多，扫描得到的图像色彩越鲜艳、越真实。实际上，彩色扫描仪的扫描图像是以红、绿、蓝(RGB)三原色合成而形成的,图像中每一点的颜色都是以这三原色的灰度来表示。以24位真彩色为例,每一种红、绿、蓝原色的灰度为8位,即256级灰度,这三种原色合成以后即可得到像素的24位真彩色。24位的彩色扫描仪在扫描灰度图像时可达到256级灰度。

d 扫描速度

扫描速度是衡量扫描仪性能优劣的一个重要指标。在保证扫描精度的前提下,扫描速度越高越好。扫描速度主要与扫描分辨率、扫描颜色模式和扫描幅面有关,扫描分辨率越低,幅面越小,单色,扫描速度越快。在600dpi、256级灰度等级的条件下,扫描一幅图像所需的时间一般为1~3min,最快的不到1min。

e 扫描幅面

扫描幅面表示扫描仪可以接受的最大原稿尺寸。手持式扫描仪的最大幅面宽度为10.5cm,平板式扫描仪的幅面通常为A4或A4加长,而滚筒式扫描仪的幅面范围是A3~A0。

(2) 数码相机

数码相机(Digital Camera,DC)是一种采用CCD(电荷耦合元件,Charge Coupled Device)或互补金属氧化物(Complementary Metal Oxide Semiconductor,CMOS)半导体做感光器件,将所摄景物以数字方式记录在存储器中的照相机。数码相机中保存的照片不是实际的影像,而是一个个数字文件,其存储体不是传统的胶片,而是数字化存储器件。用数码相机拍摄的图像可以通过计算机的串行口或SCSI、USB接口从相机传送到计算机中,利用计算机进行处理或在Internet上发布。因此,数码相机在多媒体系统中也是一种十分有用的图像输入设备。

① 数码相机的结构特点

数码相机其实是一台能够独立工作的微型计算机。它使用CCI阵列,把来自CCD阵列的电压信号送到模/数转换器(Analog-to-Digital Converter,ADC),变换成图像的像素值。与在扫描仪中CCI阵列排成一条线不同,在数码相机中,CCD阵列排成一个矩阵网格分布在芯片上,形成一个对光线极其敏感的单元阵列,因而相机可以一次拍摄一整幅图像,而不像扫描仪那样逐行地慢慢扫描图像。

数码相机系统具有镜头、取景器、图像传感器、LCD显示屏、图像数据存储扩展设备接口、图像数据传输接口、供电系统以及核心处理器等8个主要部件,有的数码相机甚至已经将数字音频合成到整个系统中来。在这些部件中,除了光学取景器以外,基本上都和数码相机的电子系统产生直接的关系。数码相机的结构如图1.1.7所示。

数码相机的光学镜头分定焦镜头(固定焦距)和变焦镜头(可变焦距)两大类。经济型数码相机多采用定焦镜头,高级一些的数码相机一般采用单只变焦镜头,专业数码相机则采用可更换镜头结构,使用多只定焦镜头组合或多只变焦镜头,并且允许根据需要使用多种滤光镜片。数码相机的光学镜头基本上采用传统的制作工艺,在镜头镀膜和特性方面则更适合数码成像的需要。经济型数码相机采用独立的取景框,在与被摄物距离很近的情况下,看到的景物与实际拍摄到的景物存在视觉偏差,一般采取在取景框上加画修正线的权宜之策。高级数码相机和专业数码相机一般采用单镜头反光方式,把镜头中的摄取的实际影像反射到取景框中,使观察到的影像与实际影像一致。

数码相机内部的光电耦合元件CCD,其作用与扫描仪中使用的CCD相同,负责把可见

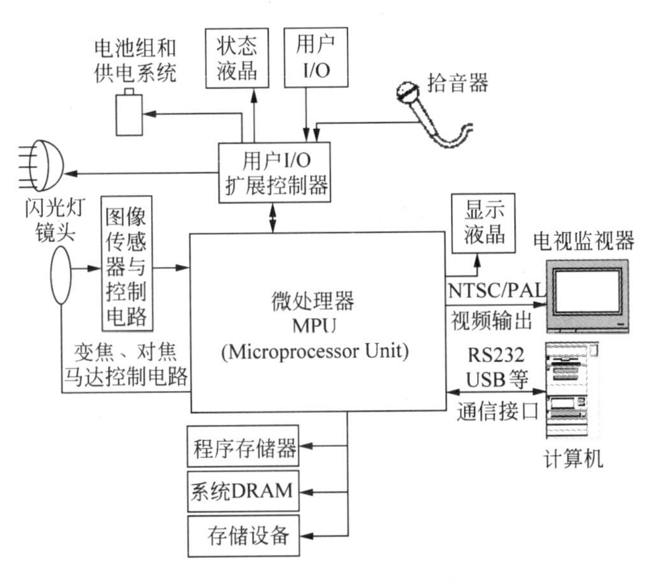

图 1.1.7　数码相机的结构

光转换成电信号。CCD光敏单元(像素)的数量是衡量数码相机性能优劣的重要指标,数量越多,色彩还原越好,图像质量越好。

译码器是数码相机中的关键部件,其作用是把CCD感应到的电信号转换成数字信号进而保存到数码相机内置的存储器中。

数码相机中存储器的作用是保存数字图像数据。存储器可以分为内置存储器和可移动存储器(或称为外置存储器),内置存储器为半导体存储器(芯片),用于临时存储图像,高级一些的数码相机可使用多种容量值的卡,从4MB到128MB不等。容量越大,储存的数码照片越多、照片分辨率越高。一般而言,在不更换存储器的情况下,拍摄高分辨率照片,保存的照片数量相应地少一些,这是由于高分辨率照片的数据量较大的缘故。

数据接口是数码相机的输出端口,其作用是把拍摄的数字照片传送到计算机主机中。早期的数码相机采用串行通信接口完成数据的传送,速度较慢。目前几乎所有数码相机都采用支持热插拔的USB接口。最新的数码相机开始采用IEEE 1394高速数字通信接口。

电源为数码相机中的CCD、自动对焦镜头的电机伺服系统、存储器、LCD取景器等部件提供能量。电源的类型有:普通电池、Ni-MH可充电电池、NP-80可充电锂电池和交流电源适配器等。电源类型对数码相机的使用影响很大,由于数码相机电力消耗大,采用容量小的电池固然体积小巧,但拍摄几张照片后,电池就消耗殆尽。一般情况下,使用可充电锂电池的数码相机拍摄照片多、使用时间长。

② 数码相机的性能指标

数码相机的性能指标可分两部分,一部分指标是数码相机特有的,而另一部分与传统相机的指标类似,如镜头、快门速度、光圈大小及闪光灯工作模式等。下面简单介绍数码相机特有的性能指标。

a 分辨率。分辨率是数码相机最重要的性能指标。数码相机分辨率的高低决定了拍摄出来的图像质量的高低。数码相机拍摄的图像的绝对像素数取决于相机内CCD芯片上光敏元件的数量,数量越多则分辨率越高,所拍摄图像的质量也就越高,相片文件的容量也越大。目前,一般数码相机的 CCD 具有 1400 万像素左右,高级数码相机和专业数码相机达到 2100 万像素以上。

b 存储卡的类型。存储卡的作用是保存拍摄的数码照片,存储卡主要有 3 种,PCMCIA 卡、SmartMedia 卡和 CompactFlash 卡等,其中 PCMCIA 卡体积较大,已较少使用。不同机型配备不同容量的存储卡。但高级数码相机也可使用不同容量的存储卡。存储卡中的信息在断电后仍能长时间存留,但不宜靠近强磁场和强电场。存储卡的容量决定了照片数量的多少和照片分辨率的高低。大容量的存储卡固然好,但价格比较贵。

c 显示屏的类型。大多数数码相机除了光学观景窗以外,还配备彩色液晶显示屏(Liquid Crystal Display,LCD),供使用者预览照片内容和构图,这不同于普通照相机。不同型号的数码相机,其 LCD 彩色显示屏的尺寸和像素数量各有不同。大尺寸的 LCD 显示屏虽然观看方便,但耗电量也大。

d 色彩位数。这一指标描述数码相机对色彩的分辨能力,它取决于 CCD 的光电转换精度。目前几乎所有的数码相机的色彩位数都达到了 24b,可以生成真彩色的图像。某些高档数码相机甚至达到了 32b。

e 数据输出接口。数码相机的接口主要有 4 种,串行通信接口、USB 接口、IEEE 1394 接口和 Video 接口(支持 NTSC 制式和 PAL 制式)。大多数码相机都提供 USB 串行接口,高档相机则提供两种以上的接口。通过这些接口和电缆,就可将数码相机中的影像数据传递到计算机中保存或处理。有些数码相机还提供了 TV 接口,可以在没有计算机和显示器的情况下通过电视机观看照片。

f 连续拍摄。连续拍摄不是数码相机的强项。由于"电子胶卷"将数据记录到内存的过程并不是太快,故拍完一张照片之后不能立即拍摄下一幅照片。两张照片之间需要等待的时间间隔就成为了数码相机的另一个重要指标。越是高级的数码相机,间隔越短,也就是说连续拍摄的能力越强。低档数码相机通常不具备连续拍摄的能力,高档的数码相机连拍速度一般为 5 幅/秒左右。

(3) 触摸屏

触摸屏(Touch Panel)技术产生于 20 世纪 70 年代,最先应用于美国的军事,此后,该项技术逐渐向民用转移,并且随着电子技术、网络技术的发展和互联网应用的普及,新一代触摸屏技术和产品相继出现,其坚固耐用、反应速度快、节省空间、易于交流等许多优点得到大众的认同。目前,这种最为轻松的人机交互技术已经被推向众多领域,除了应用于个人便携式信息产品之外,还广泛应用于家电、公共信息(如电子政务、银行、医院、电力等部门的业务查询等)、电子游戏、通信设备、办公室自动化设备、信息收集设备及工业设备等。触摸屏的引入改善了人与计算机的交互方式。

触摸屏基本原理:触摸屏的本质是传感器,它由触摸检测部件和触摸屏控制器组成。触摸检测部件安装在显示器屏幕前面,用于检测用户触摸位置,接收后送触摸屏控制器;触摸屏控制器的主要作用是从触摸点检测装置接收触摸信息,并将它转换成触点坐标传送给 CPU,同时能接收 CPU 发来的命令并加以执行。

触摸屏的种类,根据安装方式分为,外挂式、内置式、整体式和投影仪式。外挂式:一个框架,固定到显示器屏幕前面,随时拆卸。内置式:固定在显示器内部。整体式:与显示器作为一体配置。投影仪式:安装在投影屏前。

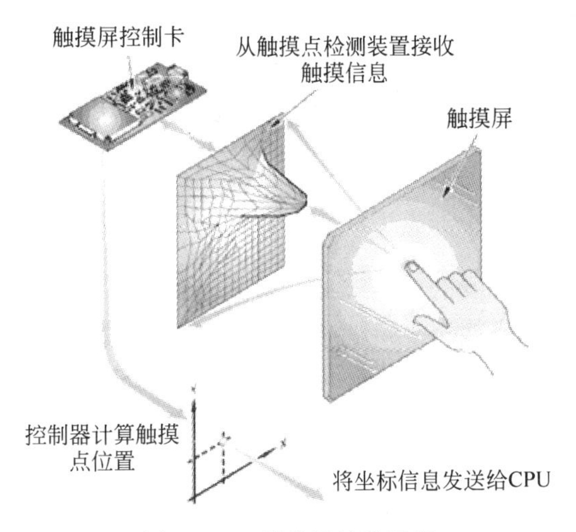

图 1.1.8 触摸屏触摸原理

根据传感器的类型，触摸屏大致被分为红外线式、电阻式、表面声波式和电容式触摸屏 4 种。

红外线式触摸屏：红外线式触摸屏在显示器的前面安装一个电路板外框，电路板在屏幕四边排布红外发射管和红外接收管，一一对应形成横竖交叉的红外线矩阵。用户在触摸屏幕时，手指就会挡住经过该位置的横竖两条红外线，因而可以判断出触摸点在屏幕的位置。任何触摸物体都可改变触点上的红外线而实现触摸屏操作。红外触摸屏不受电流、电压和静电干扰，适宜某些恶劣的环境条件。其主要优点是价格低廉、安装方便、不需要卡或其他任何控制器，可以在各档次的计算机上应用。

电阻式触摸屏：电阻触摸屏的主要部分是一块与显示器表面非常配合的电阻薄膜屏，在强化玻璃表面分别涂上两层 OTI 透明氧化金属导电层。利用压力感应进行控制。当手指触摸屏幕时，两层导电层在触摸点位置就有了接触，电阻发生变化。在 X 和 Y 两个方向上产生信号，然后传送到触摸屏控制器。控制器侦测到这一接触并计算出(X,Y)的位置，再根据模拟鼠标的方式运作。电阻式触摸屏不怕尘埃、水及污垢影响，能在恶劣环境下工作。但由于复合薄膜的外层采用塑胶材料，抗爆性较差，使用寿命受到一定影响。

表面声波式触摸屏：表面声波是一种沿介质表面传播的机械波。该种触摸屏的角上装有超声波换能器。能发送一种高频声波跨越屏幕表面，当手指触及屏幕时，触点上的声波即被阻止，由此确定坐标位置。表面声波触摸屏不受温度、湿度等环境因素影响，分辨率极高，有极好的防刮性，寿命长，透光率高，能保持清晰透亮的图像质量，最适合公共场所使用。但尘埃、水及污垢会严重影响其性能，需要经常维护，保持屏面的光洁。

电容式触摸屏：这种触摸屏是利用人体的电流感应进行工作的，在玻璃表面贴上一层透明的特殊金属导电物质，当有导电物体触碰时，就会改变触点的电容，从而可以探测出触摸的位置。但用戴手套的手或手持不导电的物体触摸时没有反应，这是因为增加了更为绝缘的介质。电容触摸屏能很好地感应轻微及快速触摸、防刮擦、不怕尘埃、水及污垢影响，适合恶劣环境下使用。但由于电容随温度、湿度或环境电场的不同而变化，故其稳定性较差。

4. 多媒体信息存取设备

信息爆炸造成的直接"后果"就是人们对存储需求的进一步提高。根据记录方式不同，信息存储装置大致可以分为磁、光两大类。其中磁记录方式历史悠久，应用也很广泛。而采用光学方式的记忆装置，因其容量大、可靠性好、存储成本低廉等特点，越来越受到世人瞩目。从磁介质到光学介质是信息记录的飞跃，多媒体是传播信息的最佳方式，光介质则是多媒体信息存储与传播的最佳载体。无论是磁介质还是光介质，目前都在各自的领域发挥着巨大作用。

(1) 硬盘驱动器

硬盘也称为温盘，其盘片及磁头均密封在金属盒中，构成一体，不可拆卸，千万别打开硬盘驱动器的金属盖，更不能直接用手指触摸盘片，因为硬盘盒内空气洁净度很高，如果有空气中的尘埃或汗液掉到硬盘的磁片上，就有可能造成硬盘部分空间永久损坏。硬盘的盘片是表面涂有一层很薄的磁性材料的铝合金片或高强度玻璃片，一般在 1～8 片之间，甚至更多。不工作时，硬盘的磁头贴在盘片上，或停放在盘片外磁头专用停放架上，而在读写期间，硬盘的磁头不接触盘片，这种结构提高了硬盘的可靠性和耐磨性。

① 硬盘的基本结构与工作原理

如图 1.1.9 所示，硬盘主要由盘片、磁头、盘片转轴及控制电机、磁头控制器、数据转换器、接口及缓存等几个部分组成。

图 1.1.9　硬盘内部结构

硬盘的工作原理是利用特定的磁粒子的极性来记录数据。磁头在读取数据时，将磁粒子的不同极性转换成不同的电脉冲信号，再利用数据转换器将这些原始信号变成计算机可以使用的数据，写的操作正好与此相反。另外，硬盘中还有一个存储缓冲区，这是为了协调硬盘与主机在数据处理速度上的差异而设的。

② 硬盘的性能指标

硬盘的性能指标主要包括转速、容量、平均寻道时间、缓存、传输速度和硬盘接口等，下面分别介绍。

a 转速

以每分钟多少转来衡量硬盘的转速，单位是 r/min(round per minute 或者 revolutions per minute)。转速越快，硬盘取得及传送数据的速度也就越快。目前，硬盘转速主要为 5400 r/min、7200 r/min 和 10000 r/min。

b 容量

硬盘上信息的存储是以圆的形式存在的，每一个圆就是一个磁道，半径方向单位长度内的磁道数目称为道密度 Dt，而沿圆周单位长度上的信息比特数称为位密度 Db，面密度 Da 为道密度与位密度的乘积，即 $Da = Dt \times Db$，Da 越大表明一个盘片上能存储的信息量就越大。现在市场上硬盘容量大都在 320～750GB 之间，个人选取多大的硬盘根据实际情况来定。

c 平均寻道时间

指的是磁头到达目标数据所在磁道的平均时间，它直接影响硬盘的随机数据传输速度。磁头平均寻道时间除了和单碟容量有关外，最主要的决定因素是磁头动力臂的运行速度。目前主流的硬盘都达到了 9ms 以下，作为一般用户不必过分深究此项参数。

d 缓存

指在硬盘内部的高速存储器。其大小也会直接影响到硬盘的整体性能。缓存容量越大就可以容纳越多的预读数据。这样系统等待的时间被大大缩短。目前硬盘的高速缓存一般为 8MB～64MB。

e 传输速度

分为内传输速度与外传输速度，内传输速度是从硬盘到缓存的传输速度，外传输速度是从缓存到通信接口的传输速度，内传输速度更能反映硬盘的实际表现，通常以每秒多少兆字节为单位。目前，最快的传输速度已达 300MB/s 以上。

f 硬盘接口

从整体的角度上，硬盘接口分为 IDE、SATA、SCSI、光纤通道和 SAS 五种，IDE 接口硬盘多用于家用产品中，也部分应用于服务器，SCSI 接口的硬盘则主要应用于服务器市场，而光纤通道只在高端服务器上，价格昂贵。SATA 是种新生的硬盘接口类型，还正处于市场普及阶段，在家用市场中有着广泛的前景。在 IDE 和 SCSI 的大类别下，又可以分出多种具体的接口类型，又各自拥有不同的技术规范，具备不同的传输速度，比如 ATA100 和 SATA，Ultra160 SCSI 和 Ultra320 SCSI 都代表着一种具体的硬盘接口，各自的速度差异也较大。

(2) CD-ROM 和 DVD 驱动器

对于大容量的多媒体作品，光盘是目前最理想的存储载体。现在，光盘驱动器已成为 MPC、笔记本 PC 乃至普通 PC 的标准装备，一般都采用“内置”的形式，安装在计算机机箱的内部。随着 DVD 光盘的推广使用，近几年生产的 MPC 越来越多地用 DVD 光驱取代 CD-ROM 光驱，且通常采用内置驱动器的形式。

激光头和驱动电机是光驱中两个最重要的部件。光盘是利用反射光的强弱来区分“1”、“0”两种信号的，所以激光束使用的功率会直接影响光头的读盘能力。但是，过分提高光头的功率又会缩短光头的寿命。读盘时，首先要搜寻光道，这时光头将沿着光盘的半径方向来回移动。光盘内部结构如图 1.1.10 所示。

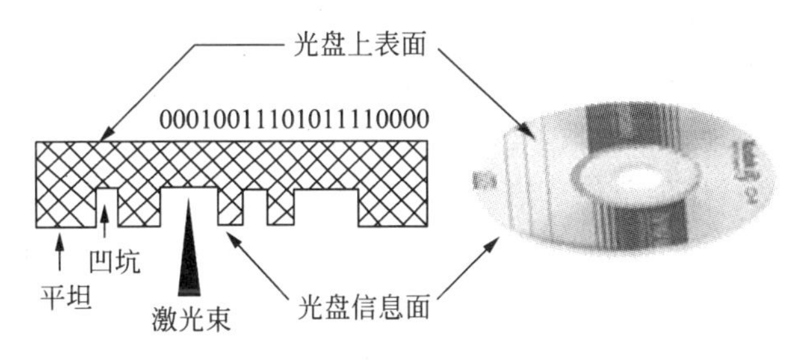

图 1.1.10 光盘内部结构

① 光盘驱动器的组成

光盘用驱动电机带动旋转。高倍速光驱使用的电机转速已接近 10 000r/min，若散热和防震问题解决得不好，运行时将引起升温和噪声。因此，有的公司在光驱中采用多道光束来代替传统的单道光束，让光驱一次就读出多个光道的信息，使较低的电机转速也能实现较高的倍速。

早期的(低倍速)光驱均遵守“恒线速”(Constant Line Velocity，CLV)的运行方式，即驱动电机在光道内、外圈采用不同的转速，内圈的设计转速高于外圈。但是对高倍速光驱来说，这种方式就行不通了。因为这时光盘外圈需要的转速已经接近电机的极限，内圈的转速不可能再提高。换句话说，此时驱动电机只能以"恒角速"(Constant Angular Velocity, CAV) 的方式运行，为了保持恒定的数据传输速率，磁道内圈的信息记录密度必须高于外圈。而光道内、外圈的信息记录密度总是一样的。因此，外圈光道虽可实现光驱标称的最大数据传输速率，内圈光道却低于此数。有些公司在光驱数据传输速率后如实地标出 MAX 或 TOP 等字样，就包含这个意思。光驱内部结构如图 1.1.11 所示。

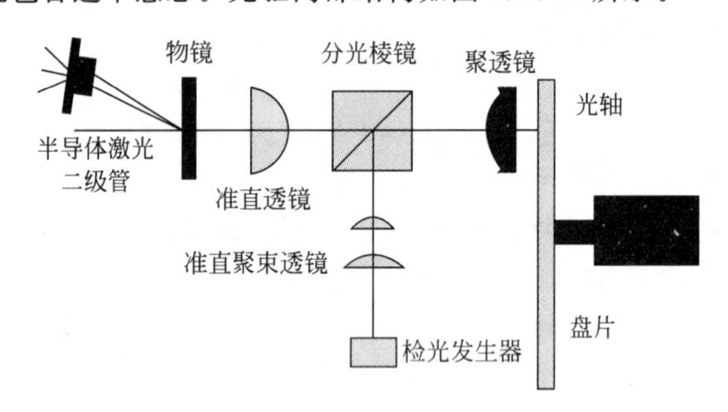

图 1.1.11 光驱的内部结构

② 光驱的主要技术指标

目前市场上光盘驱动器的品牌很多。了解它们的主要技术指标，可以更好地选购需要的光驱。用户在选用光盘驱动器时，应特别注意其数据传输率和接口类型。

a 数据传输率(Data Transfer Rate)。数据传输率是指驱动器每秒最多可传输多少千字节(KB/s)或兆字节(MB/s)，即单位时间内光驱可从盘片向计算机传送的数据量。它是直接影响多媒体播放质量的重要因素。按照数据传输率分类，CD-ROM 光驱可分为单倍速(150KB/s)与多倍速(150KB/s×倍速数)两大类。DVD 光盘驱动器的数据传输率更高，其第一代数据传输率已达到 1MB/s 以上，目前经常使用的为 16XDVD。

b 平均访问时间(Average Access Time)。CD-ROM 驱动器在从盘片上读取数据的时候，特别是在读取某些多媒体应用程序的数据时，光学头需要从一个轨道移动到另一个轨道上读取数据，而不是简单地顺序读取。平均访问时间就是指驱动器平均检索一条信息的时间。平均访问时间用毫秒作为单位。这个指标对衡量驱动器运行是否繁重非常重要，它反映了驱动器内部许多零部件的协调工作能力，希望这个值越小越好。目前 CD-ROM 驱动器的平均访问时间一般为 0.5～1s。

c 数据缓存容量(DataBuffer Capacity)。类似于主板上的缓冲存储器，用于将读取的数据暂时保存，然后进行一次性的传输和转换。目的是缓解 CD-ROM 驱动器与计算机其他部分速度不匹配的矛盾。现在 CD-ROM 驱动器的缓存容量一般为 256KB 或 512KB。一般而言，缓存容量越大，CD-ROM 驱动器工作速度越快。

d 平均无故障时间(Mean Time Before Failure, MTBF)。这是一项关于电子信息产品可靠性的指标，单位是开机小时(Power On Hours, POH)。如果一个 CD-ROM 驱动器的 MTBF 为 25 000 POH，就是说这个驱动器开机 25 000h 是不会有故障的。

e 误码率(Error Rate)。这是一个衡量 CD-ROM 驱动器数据传输正确率的指标，一般为 10-12～10-16。采用复杂的纠错编码可以使误码率降低。

f 接口(Interface)。目前,CD-ROM 驱动器的接口主要使用 PATA 接口、SATA 接口和 SCSI 接口。相比较而言,使用 SCSI 的 CD-ROM 驱动器占用较少的 CPU 资源,对于同样的任务,性能自然要好得多。但是,由于大多数主板上只有 PATA 接口、SATA 接口,使用 SCSI 接口需要另行购买。

g 纠错能力。CD-ROM 驱动器的纠错能力,说得通俗一点就是它的读盘能力。举例说,若将一张受过损伤的盘片放进纠错能力强弱不同的两个驱动器中,纠错能力较弱的驱动器可能无法读出其中的内容,而纠错能力较强的驱动器却仍然可以正常地进行读出。纠错能力取决于 CD-ROM 驱动器内部的几个重要的伺服系统的精确度和可靠性,是 CD-ROM 驱动器的一项很重要的技术指标。这是因为纠错能力的强弱在运行具体应用程序时就会体现出来,如果遇到盘片的人为损坏或文件记录不好的情况,纠错能力强的驱动器停顿片刻即可继续读下去,而纠错能力弱的驱动器则会造成应用程序错误甚至死机的情况。随着数据读取技术趋于成熟,大多数主流 CD-ROM 驱动器产品的纠错能力都是可以接受的。有些产品通过调大激光头发射功率来达到纠错的目的,使用一定时间以后,激光头老化,性能就会大幅度下降。部分优秀产品采用了先进的容错技术和良好的伺服系统,加上中等功率的激光发射,在读盘能力较强的前提下,始终保持良好的表现,这样的 CD-ROM 驱动器才是真正的“超强纠错”。

(3) DVD 技术介绍

DVD(Digital Video Disk),即数字视频光盘或数字视盘技术是 1995 年完成标准化方案的,该技术的发展给多媒体技术的应用与推广提供了强有力的支持。DVD-ROM 光盘原称为“数字视盘”(Digital Video Disc),后来又改称为“数字通用光盘”(Digital Versatile Disc),仍简称 DVD。

DVD-ROM 技术类似于 CD-ROM 技术,但可提供更高的存储容量。从表面上看,DVD 盘与 CD/VCD 盘也很相似,其直径为 80mm 或 120mm,厚度为 1.2mm。但实质上,两者之间有本质的差别。按单/双面与单/双层结构的各种组合,DVD 可以分为单面单层、单面双层、双面单层和双面双层 4 种物理结构。相对于 CD-ROM 光盘 650MB 的存储容量,DVD-ROM 光盘的存储容量可达到 17GB。CD 的最小凹坑长度为 0.834μm,道间距为 1.6μm,采用波长为 780nm～790nm 的红外激光器读取数据,而 DVD 的最小凹坑长度仅为 0.4μm,道间距为 0.74μm,采用波长为 635nm～650nm 的红外激光器读取数据,因而可读取更小的凹坑和更密的光道。在传统的 CD-ROM 驱动器上不能读取 DVD 盘片。但有些公司对 DVD 光驱的激光头做了特别设计,使之能兼容 CD-ROM 的盘片。此外,DVD 光驱的激光头还可在上、下方向稍微移动,以便读取在上、下两个层面上记录的信息。

DVD 的视频采用 MPEG-2 视频标准,NTSC 制式的画面大小为 720×480 像素,PAL 制式的画面大小为 720×576 像素。DVD 电影一般为 NTSC 制式的,帧速为每秒 30 帧。它与电视一样,一帧也是由两场组成的,因而 DVD 的场率为每秒 60 场。DVD 把字幕与画面分离开来,字幕单独存放,不与画面混合编码,而是使用覆盖的方法叠加在画面上。这与 VCD 先把字幕加到画面上再做编码压缩的处理方法是完全不同的。由于 DVD 采用将字幕与画面分离的方法,因而字幕与画面互不干扰,两者的质量都得到了保证。而且,由于字幕独立处理,因而可以提供多种字幕,例如现在的 DVD 电影,可以提供多达 32 种文字的字幕。

DVD 的加密是以地区划分的，它把全球分为 6 个地区，不同的地区采用不同的加密方法，因而不同地区的 DVD 互相不兼容。不同的地区互相看不到对方的 DVD 中的内容。DVD 加密的方法是把 MPEG-2 数据流加密或变换顺序。虽然 DVD 采取了加密措施，但 DVD 的文件系统依然与 ISO9660 相一致。

CD

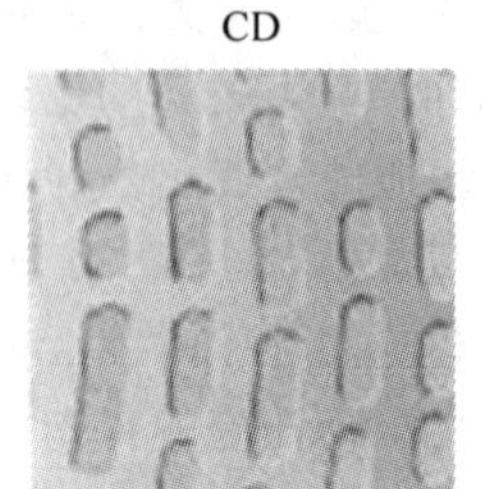

DVD

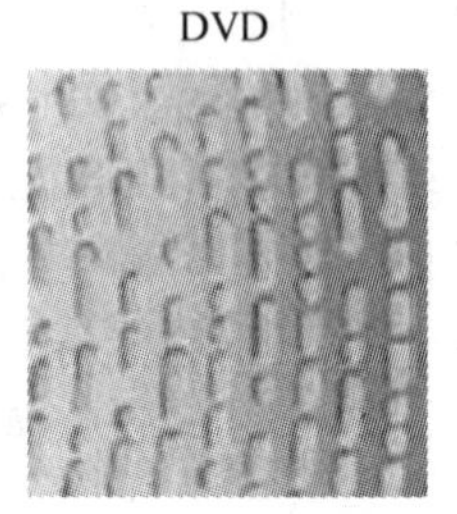

图 1.1.12 CD 与 DVD 的内部结构比较

DVD 的声音分为两大类，一类是 NTSC 制式的，另一类是 PAL 制式的。NTSC 制式采用杜比 AG-3 压缩标准，通道数从单声道到 5.1 声道，可选择 MPEG-2 做辅助选择。PAL 制式采用 MPEG-2 标准，通道数从单声道到 7.1 声道，可选杜比 AG-3 作为辅助选择。我国采用的是 PAL 制式。

DVD 的画面质量、声音质量与 VCD 的相比，都得到了进一步的提高，可达到广播级的质量。目前 DVD 技术主要应用于娱乐，DVD 电影已成为 DVD 技术应用中最多、最普及的一个方面。目前，DVD-ROM 已取代 CD-ROM，成为计算机数据存储的标准设备。

(4) 光盘的标准

表 1-1-2 光盘常用标准表

标准名	别名	公布年份	适用范围
CD-DA	红皮书	1982	适用于存储高保真音乐的激光唱盘
CD-ROM	黄皮书	1983	遵循 ISO9660 标准，可分别存储文本、声音等不同类型的数据
CD-I	绿皮书	1987	可交互表达音频、视频、文本等数据，适用于电视机、音响等家电产品
CD-R	橙皮书	1990	可重写光盘，包括只能写一次的 CD-WO 与可多次擦除重写的 CD-MO 两种标准
V-CD	白皮书	1993	VCD 影碟，当采用 MPEG-1 标准压缩后，每张光盘可存储约 74 分钟的电影节目
DVD-Video	SD/MMCD	1995	适用于存储电影节目的光盘，一般采用 MPEG-2 压缩标准，在电影存储上有不可替代的优势

1.3.2 多媒体计算机的系统软件

1. 素材制作软件

(1) 文本编辑软件

目前比较常用的文字处理软件有记事本、Word、WPS，用户可以根据自己的情况来选用。需要注意的是，这些软件生成的文件格式要能被多媒体集成软件所支持。建议使用 Windows 自带的文本编辑软件——记事本来编辑文本，因为它生成的是纯文本格式文件，几乎所有的多媒体集成软件全能使用，省去许多不必要的麻烦。

(2) 图形图像素材制作软件

在多媒体制作中，图形图像的创作要依赖于相应的软件，常见的文字特效，如浮雕字、阴影字、立体字、水晶字，还有图像的特效，如光线的处理、轮廓的处理、立体化处理在很多图像处理软件如 Photoshop、Painter、PhotoImpact 中都可以实现。图像处理软件具备常用的绘图工具，主要用于技术创作、绘图、图片处理，还有出色的滤镜特效，能够将一张平白无奇的图片制作出神奇的效果。目前知名的图像处理软件如 Photoshop、Painter 等除了自带的滤镜外，还支持一些外挂的专业滤镜特效软件，像 KPT 等。而图形软件着重于“设计”，适合于广告、海报、封面设计，如 Designer、Illustrator 等，一般不提供太多的特效处理，要高质量的作品，多半需具备一些美工基础。作为平面图形设计软件，CoreDRAW 包含了丰富而强大的图形绘制、文本处理、自动跟踪、分色以及特效处理等功能，同时提供了增强型的用户界面，充分利用了 Windows 9x/2000 的高级功能，不仅使图形处理更快，而且制作的图形素材可以在其他 Windows 9x 应用软件中进行复制、剪切和粘贴。CoreDRAW 也是一个集作图、图像处理、动画编辑制作及桌面出版等功能于一体的功能强大的套装软件包。它有各种直观的工具，如推拉、拉链和扭曲，再加上立体化、封套、调和、透明、填充和变换等工具能创作多种变形效果。还有当前主流的网页图形软件 Fireworks，它可以创建从简单图形按钮到复杂变换效果的任何内容，生成的矢量图在网页上应用极广，并且处理位图的能力也不差，尤其在优化图像方面表现尤为突出。

(3) 音频素材采集与制作软件

通过 Windows 自带的“录音机”软件可以录制、播放波形文件并且可以对其进行简单的混音、裁剪等编辑工作。但是录音机程序并不是音频处理的最好软件，其他的音频编辑软件如 SoundForge、WaveEdit、CoolEdit、GoldWave 等都具有高品质的音乐采样能力、完美的声音与音效处理效果，其中 GoldWave 是一种进行音频素材采集与制作的软件，它集音频录制与编辑于一体，功能强大，不仅是一个录音程序，可以很方便地制作 CAI 课件的背景音乐、音效、录制 CD、转换音乐格式等，而且还具有各种复杂的音乐编辑和特效处理功能。该软件不需要安装，只要运行程序文件夹中的可执行程序即可。Ulead 公司的 Audio Editor 功能也比较完善，同时一些声卡自带的声音处理软件也很方便。还有 Creative WaveStudio，又称“录音大师”，可在 Windows 环境下录制、播放和编辑 8 位(磁带质量)和 16 位(CD 质量)的波形数据。“录音大师”不但可以执行简单的录音，还可以运用众多特殊效果和编辑方式，例如反向、添加回音、剪切、复制和粘贴等，制作出独一无二的声音效果。

在多媒体素材制作中，背景音乐通常使用 MIDI 文件来制作，同波形文件相比，MIDI 文件更小，MIDI 制作在硬件上需要有具备 MIDI 接口的乐器，采用 MIDI 编辑软件，计算机可以自动地记录下乐器上的曲谱，完成记谱的功能。常用的 MIDI 编辑软件有 CakeWalk、MIDI Orchestrator 等。

(4) 视频动画素材制作软件

随着计算机视频技术的发展，涌现出一些优秀的视频编辑软件，如非线形编辑软件 Adobe Premiere，Ulead 公司的 Media Studio 等，这些软件都支持数字视频和音频格式，可以对影片、动画、位图、声音等进行编辑，添加滤镜效果及特效，并生成 AVI 或其他多种格式的输出文件。

二维动画制作软件是将一系列画面连续显示以达到动画效果。一般只要由软件本身提供的各类工具产生关键帧，安排显示的次序和效果，再组合成所需的动画即可完成。目前比较流行的二维动画制作软件有 Animator Studio、Flash 等。Animator Studio 是由美国

Autodesk 公司推出的能够在 PC 上创作动态高分辨率图像的二维图像制作级动画软件包 Autodesk Animator Studio 中的一个程序，主要用于绘制或编辑图像以及动画生成。

Flash 也是一种二维动画编辑软件，它特有的向量图形技术使最终生成的 SWF 文件非常小，即使是全屏幕播放的动画也不会增加文件大小，插入到网页里不需要考虑网络是否拥挤，即使是每秒几十字节的传输速度也可以流畅地观看，广泛用于网络传输。在 Flash 中，任何图像或图形都可以成为互动按钮，生成交互式动画效果。还可以轻松地制作变形动画和动作动画，中间过渡过程由软件自动生成。Flash 还支持同步播放 WAVE、AIFFH 和 MP3 声音文件。

常见的三维动画创作软件有 3D Studio MAX、Cool3D、Xara3D、Poser 3 等。三维动画制作过程由建模开始，首先实现二维造型，然后进行三维放样，有丰富的贴图和材质，还可以架设灯光、摄像机等，来模拟三维场景。尤其在 3D Studio MAX 中内置的反向动力学特性使得 3D Studio MAX 中造型与动画的集成化程度是其他动画软件无法实现的。

2. 多媒体播放软件

除了 Windows 自带的 Windows Media Player，人们还经常根据自己的需要及爱好使用一些其他的多媒体播放软件。

(1) Windows Media Player

这是一款 Windows 默认的媒体播放器，所以大多数人使用频率最高的媒体播放器还是 Media Player。它支持目前大多数流行的文件格式，在 7.0 以后的版本上还支持了 MPEG-4 格式的多媒体文件。Media Player 在播放网络上的多媒体文件时采用的是一边下载一边播放的方法。

在 8.0 以后的版本则更为现代、精美，并且能够根据自己的爱好更换其外观。它所支持的文件格式包括：Audio Files(wav、snd、au、…)、MIDI Files、MP3 Files(mp3、m3u)、MPEG Files(mlv、mp2、mpa、…)、Video Files(avi)、NetShow Files、QuickTime Files、RealMedia Flies。

不过在功能增强、界面美化的同时，它的体积和系统资源占用率也有了相当大的提高，在一些配置较低的电脑上运行可能会有些吃力。Windows Media Player 11 提供了搜索、播放、任何地点享受数字媒体高品质的体验。但是现在仍然处在早期开发阶段，因此该技术的发布仅是 Windows XP 终端到终端的数码媒体体验最终发布的基础。

(2) Realone Player & RealPlayer

同为 RealNetworks 旗下的两款产品，Realone Player 和 RealPlayer 都有着不少相同之处。而后续产品，RealPlayer 则有着更多优秀的功能，它能够播放 RealAudio 和新的 RealAudio 以及在网上收听收看实时 Audio、Video 和 Flash。其次，它还是一款优秀的网页浏览器，可以用它来一边上网冲浪，一边享受美妙的音乐。

作为 RealNetworks 公司最新版的产品，它和 Realone 都支持了高级 CD 刻录功能，可以把所喜欢的音乐刻录到 CD 上，这样，就可以随时随地地欣赏音乐了。

(3) My MPC 暴风影音

这是对 Windows Media Player 补充和完善的一款多媒体播放器，暴风影音支持常见的绝大多数格式的影音文件，包括了 RealMedia、QuickTime、MPEG-4、MPEG-2、VP3、VP6、AC3、DTS、OGG/OGM、Matroska、APE、FLAC 等。

在计算机上与 Media Player 9 一起即可完成当前绝大多数流行影音文件、流媒体、影碟等的播放而不需要安装其他的多媒体软件。

(4) QuickTime

该款软件除了播放 MP3 外，还支持对 MIDI 格式音乐的播放。并且可以收听/收看网络播放，支持 HTTP、RTP 和 RTSP 标准。该软件还支持主要的图像格式，如 JPEG、BMP、PICT、PNG 和 GIF。该软件的其他特性还有：支持数字视频文件，包括 MiniDV、DVCPro、DVCam、AVI、AVR、MPEG-1、OpenDML 以及 Macromedia Flash 等。QuickTime 支持同时开启多个多媒体窗口，可以再观看一部影片的同时浏览其他影片、音乐及图片文件。

(5) 豪杰超级解霸

在家庭媒体播放方面，豪杰超级解霸可以说是第一位，它完美的兼容性使其成为许多发烧友的首选。它支持 DVD、VCD、RM、ASF、WMA、MOV 等上百种视音频格式。新版本全新支持了网络流媒体，使得在线播放随心所欲。

此外，豪杰超级解霸还包含了音频解霸。它的功能绝不逊色于任何一款专业播放器。它具有超强纠错能力、HDFT 增益滤波技术、背景播放技术、软接线技术、影音转换格式技术等，更加强大易用。

(6) Winamp

听 MP3 也许最多的人想到的会是 Winamp，它大概是世界上最流行、最通用的音乐播放器。数字音乐可以说是被 Winamp 带动起来了。不管是刚开始听 MP3，或是一个玩 Winamp 的高手，在 Winamp 里面都有玩不尽的乐趣。Winamp 可以根据人们的爱好随意更换。很多人只知道 Winamp 是播放音频的专业软件，其实它不仅可以播放 MP3 文件，而且还能播放 WAV、WMA、VOC 和 CD。

(7) WinDVD

作为 DVD 播放的昔日霸主，WinDVD 是一款功能强大的 DVD 播放器。它的界面设计更加简洁流畅，按钮一看就会。它组合了多种标准消费型 DVD 播放器的功能，可以播放 DVD 或 VCD，WinDVD 会自动确定 DVD 驱动器中的光盘类型并使用正确的播放方式，无需再手动设置。另外 WinDVD 在一些操作上也有了一些改进，如当用户单击了缩小按钮后，WinDVD 就会退出到全景模式。

(8) 千千静听

这是国内自主开发的一款免费音频媒体播放器，它拥有自主研发的音频引擎，其具有资源占用低、运行效率高、扩展能力强等优点。支持 MP3/mp3PRO、WMA、APE、MPC、OGG、WAVE、CD、RM 等音频格式以及支持所有格式到 WAVE、MP3、APE、WMA 等格式的转换。支持同步歌词滚动显示和拖动定位播放，并且歌词自动搜索、下载，如果觉得歌词有错误需要编辑的话，千千静听也可以易如反掌地对歌词进行编辑。

(9) Foobar

Foobar 凭借强劲的高码率文件格式支持，逐渐蚕食了不少 Winamp 的市场份额。Foobar 的作者舍弃了华丽的界面和丰富多彩的插件，而只坚持音质至上的开发原则，终于赢得了许多音乐爱好者的青睐。

(10) PowerDVD

CyberLink PowerDVD XP 是台湾讯连科技所开发的高品质的影音光碟播放程序。今天用户所熟悉的PowerDVD系列软件有发布新版本PowerDVD 6。它可以让多媒体个人计算机具备播放高品质电影或进行卡拉OK欢唱的功能,能提供高解析度的MPEG-2视讯及细腻的AC-3环绕音效与Video CD的播放功能,也具有影响截取的功能,支持多国语言。以及具有卓越的视频技术、高保真音质和支持多种格式的影音文件等优点。

3. 多媒体数据库

多媒体数据库是数据库技术与多媒体技术结合的产物,多媒体数据库的性能与数据模型直接有关。多媒体数据库不是对现有的数据进行界面上的包装,而是从多媒体数据与信息本身的特性出发,考虑将其引入到数据库中之后而带来的有关问题。关系数据库(RDB)适合于处理传统商业数据,它只能对多媒体数据库提供有限的支持,难以达到完善的多媒体数据库的要求,FoxPro、Access、Paradox、Sybase、Oracle等一批扩展关系型多媒体数据库的出现,使扩展关系数据的方法上了一个新台阶。这些关系数据库在不同程度上引入了新的数据类型来描述多媒体数据,再加上一些新技术,使得这一批数据库管理系统一定程度上满足了多媒体管理的需求。随着数据库技术的继续发展,人们提出了面向对象数据库这样的概念。在多媒体环境下,采用面向对象的概念,每个实体都被模型化为对象,每个对象都是某个类的实例,支持抽象数据类型ADT和继承性。多媒体数据类型采用扩充其语义的分类、聚集、联合、归纳和综合5种数据抽象。它用多媒体查询语言(MSQL)进行管理、维护、提供检索服务。目前只有少数面向对象数据库走向商品化,进入市场。较成熟的有Serrio logic公司的GemStone,Ontologic公司的Ontos,Graphael公司的Gbase等。它们都采用面向对象的概念,支持并发控制、恢复、动态模式修改和事务管理、有限授权及有效查询。

但是,面向对象数据库现在仍处于研究阶段,无论在理论上还是在实践上都存在很多问题,完全成熟的面向对象数据库管理系统可能还要过几年才能出现。

多媒体数据库从本质上来说,要解决3个问题。第一是信息媒体的多样化,不仅仅是数值数据和字符数据,要扩大到多媒体数据的存储、组织、使用和管理。第二要解决多媒体数据集成或表现集成,实现多媒体数据之间的交叉调用和融合,集成粒度越细,多媒体一体化表现才越强,应用的价值也才越大。第三是多媒体数据与人之间的交互性。没有交互性就没有多媒体,要改变传统数据库查询的被动性,能以多媒体方式主动表现。目前在国内开发多媒体数据库系统首先必须能处理汉字,还要求可以处理声、文、图等多媒体信息,应用系统可以直接编译成.exe文件。

4. 多媒体平台软件

在制作多媒体产品的过程中,通常先利用专门软件对各种媒体进行加工和制作。当媒体素材制作完成之后,再使用某种软件系统把它们结合在一起,形成一个互相关联的整体。该类软件系统还提供操作界面的生成、添加交互控制、数据管理等功能。完成上述功能的软件系统被称为“多媒体平台软件”。所谓“平台”是指把多种媒体形式置于一个平台上,进而对其进行协调控制和各种操作。

(1) 多媒体平台软件的种类

完成多媒体平台功能的软件有很多种,高级程序设计语言、专门用于多媒体素材连接的专用软件,还有既能运算、又能处理多媒体素材的综合类软件等都能实现平台的作用。

比较常见的多媒体平台软件有。

① Visual Basic——一种高级程序设计语言。它由Basic语言发展而来,运行在

Windows 环境下。人们通常把 Visual Basic 简称为 VB。该程序语言通过一组称为“控件”的程序模块完成多媒体素材的连接、调用和交互性程序的制作。使用该语言开发多媒体产品，主要工作量是编制程序。程序使多媒体产品具有明显的灵活性。但是，没有编程经验的人要想在短时间内使用 VB 并不是件容易的事。

② Authorware——专用多媒体制作软件。该软件使用简单、交互性强。它具有大量的系统函数和变量，能很方便地实现程序跳转、重新定向的功能。多媒体程序的整个开发过程均可在该软件的可视化平台上进行，程序模块结构清晰、简捷，采用鼠标拖拽就可以轻松地组织和管理各模块，并对模块之间的调用关系和逻辑结构进行设计。

③ Macromedia Director——多媒体开发专用软件。该软件操作简便，采用拖拽式操作就能构造媒体之间的关系、创建交互性功能。通过适当的编程，可完成更为复杂的媒体调用关系和人机对话方式。

④ PowerPoint——办公系列软件。它由微软公司开发，运行在 Windows 环境中。人们通常把用 PowerPoint 制作的多媒体演示成品，简称为 PPT。设计和制作 PPT 多媒体演示成品无需专业的程序设计思想和手段，具有一般计算机实用知识的人就能很容易地掌握它。使用该软件开发的多媒体产品具有一定的灵活性、丰富的演示功能和良好的视觉效果。但是，优秀的 PPT 也需要建立在深入地熟悉和掌握该软件的基础上。

(2) 多媒体平台软件的作用

多媒体平台软件是多媒体产品开发进程中最重要的系统，它是多媒体产品是否成功的关键。其主要作用有：

① 控制各种媒体的启动、运行与停止。

② 协调媒体之间发生的时间顺序，进行时序控制与同步控制。

③ 生成面向用户的操作界面，设置控制按钮和功能菜单，以实现对媒体的控制。

④ 生成数据库，提供数据库管理功能。

⑤ 对多媒体程序的运行进行监控，其中包括计数、计时、统计事件发生的次数等。

⑥ 对输入输出方式进行精确的控制。

⑦ 对多媒体目标程序打包，设置安装文件、卸载文件，并对环境资源以及多媒体系统资源进行监测和管理。

1.4　多媒体创意设计

多媒体技术是一门科学，多媒体制作是一种计算机专业知识，多媒体创意则是一个涉及美学、实用工程学和心理学的问题。在经济不发达的年代，人们往往注重解决最基本、最现实的问题，对创意设计并不重视。但随着经济的发展、科学技术的进步和人们对美、对功能的追求，创意设计的作用和影响已经不可忽视，所谓“七分创意、三分做”，就形象地说明了这个道理。

1.4.1　创意设计的作用

多媒体创意设计是制作多媒体产品最重要的环节，是一门综合学科。其主要作用是：

(1) 产品更趋合理化——程序运行速度快、可靠，界面设计合理，操作简便而舒适。

(2) 表现手段多样化——多媒体信息的显示富于变化,不同媒体间的关系协调而错落有致。

(3) 风格个性化——产品不落俗套,具有强烈的个性。

(4) 表现内容科学化——多媒体产品提供的信息要符合科学规律,阐述要准确、明了,概念要清晰、严谨。

(5) 产品商品化——产品开发的目的是为了应用,在创意设计中,商品化设计的比重很大。没有完美的商品化设计,就得不到消费者应有的重视。

1.4.2 创意设计的具体体现

多媒体创意设计工作繁多而细致,主要表现在以下几个方面:

(1) 在平面设计理念的指导下,加工和修饰所有平面素材,例如图片、文字、界面等。

(2) 文字措辞具有感染力和说服力,语言流畅、准确。

(3) 动画造型逼真、动作流畅、色彩丰富、画面调度专业化。

(4) 声音具有个性,音乐风格幽雅,编辑和加工符合乐理规律。

(5) 界面亲切、友好,画面背景和前景色彩庄重、大方,搭配协调。

(6) 提示语言礼貌、生动,文字的字体、字号与颜色适宜。

(7) 操作模式尽量符合人们的习惯。

1.4.3 创意设计的实施

在进行创意设计时,主要完成以下 3 个方面的工作。

1. 技术设计

技术设计是指利用计算机技术实现多媒体功能的设计。其内容包括:规划技术细节、设计实施方法、对技术难点提出解决方案。

2. 功能设计

功能设计是指利用多媒体技术规划和实现面向对象的控制手段。主要内容包括:规划多媒体产品的功能类型和数量,完成菜单结构设计和按钮功能设计,实现系统功能调用和数据共享,避免功能重叠和交叉调用,处理系统错误,增加附加功能,改善产品形象。

3. 美学设计

美学设计是指利用美学观念和人体工程学观念设计产品。主要解决的问题是:界面布局与色调,界面的视觉冲击力和易操作性,媒体个性的表现形式,设计媒体之间的最佳搭配方式和空间显示位置,产品光盘装潢设计和外包装设计,使用说明书和技术说明书的封面设计、版式设计。

以上 3 项设计涉及的专业知识比较广泛,需要设计群体的共同努力才能完成。在设计过程中,应广泛征求使用者各方面的意见,不断修改和完善设计方案,使多媒体产品更具有科学性,更贴近使用者的要求。

1.5 多媒体产品制作过程

多媒体产品的制作分几个阶段,每个阶段完成一个或几个特定的任务。下面将按照多媒体产品开发的顺序简要介绍各个阶段的工作。

1. 产品创意

多媒体产品的创意设计是非常重要的工作，从时间、内容、素材，到各个具体制作环节、程序结构等，都要事先周密筹划。产品创意主要有以下各项工作。

(1) 确定产品在时间轴上的分配比例、进展速度和总长度。

(2) 撰写和编辑信息内容，包括教案、讲课内容、解说词等。

(3) 规划用何种媒体形式表现何种内容，包括界面设计、色彩设计、功能设计等。

(4) 界面功能设计，包括按钮和菜单的设置、互锁关系的确定、视窗尺寸与相互之间的关系等。

(5) 统一规划并确定媒体素材的文件格式、数据类型、显示模式等。

(6) 确定使用何种软件制作媒体素材。

(7) 确定使用何种平台软件。如果采用计算机高级语言编程，则要考虑程序结构、数据结构、函数命名及其调用等问题。

(8) 确定光盘载体的目录结构、安装文件，以及必要的工具软件。

(9) 将全部创意、进度安排和实施方案形成文字资料，并制作脚本。

在产品创意阶段，工作的特点是细腻、严谨。切记：任何小的疏忽，都有可能使后续的开发工作陷入困境，有时甚至要从头开始。

2. 素材加工与媒体制作

(1) 录入文字，并生成纯文本格式的文件，如.txt格式。

(2) 扫描或绘制图片，并根据需要进行加工和修饰，然后形成脚本要求的图像文件。

(3) 按照脚本要求，制作规定长度的动画或视频文件。在制作动画过程中，要考虑声音与动画的同步、画外音区段内的动画节奏、动画衔接等问题。

(4) 制作解说和背景音乐。按照脚本要求，将解说词进行录音，可直接从光盘上经数据变换到背景音乐。在进行解说音和背景音混频处理时，要保证恰当的音强比例和准确的时间长度。

(5) 利用工具软件，对所有素材进行检测。对于文字内容，主要检查用词是否准确、有无纰漏、概念描述是否严谨等；对于图片，则侧重于画面分辨率、显示尺寸、色彩数量、文件格式等方面的检查；对于动画和音乐，主要检查二者时间长度是否匹配、数字音频信号是否有爆音、动画的画面调度是否合理等几项内容。

(6) 数据优化。这是针对媒体素材进行的，其目的有三：其一，减少各种媒体素材的数据量；其二，提高多媒体产品的运行效率；其三，降低光盘数据存储的负荷。

(7) 制作素材备份。此项工作十分重要。素材的制作要花费很多心血和时间，应多复制几份保存，否则会因一时疏忽而导致文件损坏或丢失。

3. 编制程序

在多媒体产品制作的后期阶段，要使用高级语言进行编程，以便把各种媒体进行组合、连接与合成。与此同时，通过程序实现全部控制功能，其中包括：

(1) 设置菜单结构。主要确定菜单功能分类、鼠标单击菜单模式等。

(2) 确定按钮操作模式。

(3) 建立数据库。

(4) 界面制作,包括窗体尺寸设置、按钮设置与互锁、媒体显示位置、状态提示等。

(5) 添加附加功能。例如,趣味习题、课间音乐欣赏、简单小工具、文件操作功能等。

(6) 打印输出重要信息。

(7) 帮助信息的显示与联机打印。

程序在编制过程中,通常要反复进行调试,修改不合理的程序结构,改正错误的数据定义和传递方式,检查并修正逻辑错误等。

4. 产品制作与包装

无论是多媒体程序,还是多媒体模块,最终都要成为成品。成品是指具备实际使用价值、功能完善而可靠、文字资料齐全、具有数据载体的产品。

成品的制作大致包括以下内容:

(1) 确认各种媒体文件的格式、名字及其属性。

(2) 进行程序标准化工作,包括确认程序运行的可靠性、系统安装路径自动识别、运行环境自动识别、打印接口识别等内容。

(3) 系统打包。打包是指把全部系统文件进行捆绑,形成若干个集成文件,并生成系统安装文件和卸载文件。

(4) 设计光盘目录的结构,规划光盘的存储空间分配比例。如果采用文件压缩工具压缩系统数据,还要规划释放的路径和考虑密码的设计问题。

(5) 制作光盘。需要低成本制作时,可采用 5in 的 CD-R 激光盘片;CD-RW 可读写激光盘片的成本略高于 CD-R 盘片,但由于 CD-RW 盘片可重新写入数据,因此为修改程序或数据提供了方便。

(6) 设计包装。任何产品都需要包装,它是所谓"眼球效应"的产物。当今社会越来越重视包装的作用,包装对产品的形象有直接影响,甚至对产品的使用价值也起到了不可低估的作用。设计优秀的包装并非易事,需要专业知识和技巧。

(7) 编写技术说明书和使用说明书。技术说明书主要说明软件系统的各种技术参数,包括媒体文件的格式与属性、系统对软件环境的要求、对计算机硬件配置的要求、系统的显示模式等;使用说明书主要介绍系统的安装方法、寻求帮助的方法、操作步骤、疑难解答、作者信息,以及联系方式等。

1.6 多媒体技术的应用和发展

多媒体技术的应用领域非常广泛,几乎遍布各行各业及人们生活的方方面面。由于多媒体技术具有直观、信息量大、易于接受和传播迅速等显著特点,因此,多媒体应用领域的拓展十分迅速。近年来,随着国际互联网的兴起,多媒体技术也渗透到国际互联网上,并随着网络的发展和延伸,不断地成熟和进步。目前,多媒体技术的应用领域有:教育与培训、办公自动化、出版与图书、商业与营销、网络与通信、娱乐与仿真等。

1.6.1 教育与培训

世界各国的教育学家们正努力研究用先进的多媒体技术改进教学与培训。以多媒体网络教学课件、虚拟课堂、虚拟实验室、数字图书馆、多媒体技能培训系统为核心的现代教育技术使教学手段丰富多彩，使计算机辅助教学(CAI)、计算机辅助学习(CAL)、计算机化教学(CBI)、计算机化学习(CBL)、计算机辅助训练(CAT)、计算机管理教学(CMI)如虎添翼。大量的实践已证明多媒体教学系统有如下效果：学习效果好；说服力强；教学信息的集成使教学内容丰富，信息量大；感官媒体交互，学习效率高；各种媒体与计算机结合可以使人类的感官与想象力相互配合，产生前所未有的思维空间与创造资源。

1.6.2 办公自动化

办公自动化是指采用先进的数字影像和多媒体计算机技术，把文件扫描仪、图文传真机及文件微缩系统等现代办公设备综合管理起来，以影像代替纸张，用计算机代替人工操作，构成了全新的办公自动化系统，这是当今办公自动化的一个新的发展方向。

多媒体技术为办公室增加了控制信息的能力和充分表达思想的机会，许多应用程序都是为提高工作人员的工作效率而设计的，从而产生了许多新型的办公自动化系统。

1.6.3 出版与图书

国家新闻出版总署对电子出版物的定义为“电子出版物，是指以数字代码方式将图、文、声、像等信息存储在磁、光、电介质上，通过计算机或类似设备阅读使用，并可复制发行的大众传播媒体”。该定义明确了电子出版物的重要特点。电子出版物的内容可分为电子图书、辞书手册、档案资料、报刊杂志、教育培训、娱乐游戏、宣传广告、信息咨询、简报等。

E-book、E-newspaper、E-magazine等电子出版物具有容量大、体积小、成本低、检索快、易于保存和复制，能存储图文声像的特点。过去人们看到的纸介质的东西，没有声音、图像，其表现形式是静止的，而多媒体光盘具有更活泼、更有趣、更容易让人接受的特点，特别是信息的交互性不仅能向读者提供信息，而且能接受读者的反馈。用多媒体创作工具可以制作各种电子出版物及各种教材、参考书、导游和地图、医药卫生手册、商业手册等，市场是巨大的，发展前景是非常可观的。

1.6.4 商业与营销

在商业和公共服务中，多媒体将扮演一个重要的角色。多媒体信息系统(Multimedia Information System，MIS)使得人们查询信息更为方便快捷、获取信息更加生动、丰富。互动的多媒体正越来越多地承担着向客户、职员和大众发布信息的任务。它以一种新方式来进行宣传、设计和销售等活动，同时还能提高机构的效率和使用的乐趣。人们可在越来越多的地方，如酒店、酒楼、办公室、博物馆，甚至飞机上，找到多媒体技术的应用。如商业广告、产品演示、影视创作、家居设计与装潢、多媒体影像簿的制作等。

1.6.5 网络与通信

在通信工程中的多媒体终端和多媒体通信也是多媒体技术的重要应用领域之一。当前计算机网络已在人类社会进步中发挥着重大作用。随着“信息高速公路”的开通，电子邮件已被普遍采用。多媒体通信有着极其广泛的应用，对人类生活、学习和工作产生了深刻的影响，如信息点播(Information Demand)和计算机协同工作系统(Computer Supported Cooperative Work)。通过桌上多媒体信息系统，人们可以远距离点播所需信息，而交互式电视和传统电视不同之处在于用户在电视机前可对电视台节目库中的信息按需选取，即用户主动与电视进行交互来获取信息。而计算机协同工作CSCW系统是指在计算机支持的环境中，一个群体协同工作以完成一项共同的任务，其应用于工业产品的协同设计制造、远程医疗诊断、多媒体视频会议、不同地域位置的同行们进行学术交流，师生间的协同式学习等。

1.6.6 娱乐与仿真

多媒体技术促进了通信、娱乐与计算机的融合。它是解决常规电视数字化及高清晰度电视(High Definition Television，HDTV)切实可行方案。采用多媒体技术能使一台个人计算机具有录音电话机、可视电话机、图文传真机、立体声音响设备、电视机和录像机等多种功能，即完成通信、娱乐和仿真的功能，它大大丰富了人们的文化生活。电子游戏、各种视频节目为人们提供了丰富多彩的精神食粮。同样，多媒体技术的优势在于它把复杂的事物变得简单，把抽象的东西变得具体，因此可用于军事遥感、核武器模拟、战场模拟、(三维)游戏等仿真领域。

总的看来，多媒体技术的应用正向两个方向发展：一是网络化发展趋势，与宽带网络图像等技术相互结合，使多媒体技术进入科研设计、企业管理、办公自动化、远程教育、远程医疗、检索咨询，文化娱乐、自动测控等领域；二是多媒体终端的部件化、智能化和嵌入化，提高计算机系统本身的多媒体性能，开发智能化家电。

1.7 多媒体技术的发展历史

多媒体技术的发展是各类需求的结果，是计算机技术不断成熟和发展的结果。在多媒体技术的整个发展进程中，有以下几个具有代表性的阶段。

(1) 1984年，美国Apple公司开创了计算机处理图像的先河，在世界上使用Bitmap(位图)概念对图像进行描述，从而实现了对图像进行简单处理、存储，以及相互之间的传送等。苹果公司对图像进行处理的计算机是该公司自行研制和开发的Apple(苹果)牌计算机，其操作系统为Macintosh，也有人把“苹果”计算机直接叫做Macintosh计算机。在当时，Macintosh操作系统首次采用了先进的图形用户界面，体现了全新的Window(窗口)概念和Icon(图标)程序设计理念，并且建立了新型的图形化人机接口标准。

(2) 1985年，美国Commodore公司将世界上第一台多媒体计算机系统展现在世人面前，该计算机系统被命名为Amiga。并在随后的Comdex'89展示会上，展示了该公司研制的多媒体计算机系统Amiga的完整系列。

同年，计算机硬件技术有了较大的突破，为解决大容量存储的问题，激光只读存储器CD-ROM问世，为多媒体数据的存储和处理提供了理想的条件，并对计算机多媒体技术的发展起到了决定性的推动作用。在这一时期，CD-DA技术(Compact Disk Digital Audio)也已经趋于成熟，使计算机具备了处理和播放高品质数字音响的能力。这样，在计算机的应用领域中又多了一种媒体形式，即音乐处理。

(3) 1986年3月,荷兰PHILIPS(飞利浦)公司和日本SONY(索尼)公司共同制定了CD-I(Compact Disc Interactive)交互式激光盘系统标准,使多媒体信息的存储规范化和标准化。CD-I标准允许一片直径5in(英寸)的激光盘上存储650MB的数字信息,用户可以通过读取光盘中的内容来进行播放。

(4) 1987年3月,美国RCA公司推出了交互式数字视频系统DVI(Digital Video Interactive)技术标准。它以计算机技术为基础,使用光盘来存储和检索静止图像、活动图像、声音和其他数据,使多媒体信息的存储规范化和标准化,使计算机处理多媒体信息具备了统一的技术标准。

同年,美国Apple公司开发了Hyper Card(超级卡),该卡安装在苹果计算机中,使其具备了快速、稳定处理多媒体信息的能力。

(5) 1990年11月,美国Microsoft(微软)公司和包括荷兰PHILIPS(飞利浦)在内的一些计算机技术公司成立了"多媒体个人计算机市场协会(Multimedia PC Maketing Council)"。该协会的主要任务是对计算机的多媒体技术进行规范化管理和制定相应的标准。该标准对计算机增加多媒体功能所需的软硬件规定了最低标准的规范、量化指标,以及多媒体的升级规范等进行了规范。

(6) 1991年,多媒体个人计算机市场协会提出MPC 1标准。从此,全球计算机业界共同遵守该标准所规定的各项标准,促进了MPC的标准化和生产销售,使多媒体个人计算机成为一种新的流行趋势。

(7) 1993年5月,多媒体个人计算机市场协会公布了MPC 2标准。该标准根据硬件和软件的迅猛发展状况做了较大的调整和修改,尤其对声音、图像、视频和动画的播放、Photo CD做了新的规定。此后,多媒体个人计算机市场协会演变成多媒体个人计算机工作组(Multimedia PC Working Group)。

(8) 1995年6月,多媒体个人计算机工作组公布了MPC 3标准。该标准为适合多媒体个人计算机的发展,进一步提高了软件、硬件的技术指标。更为重要的是,MPC 3标准规定了视频压缩技术MPEG的技术指标,使视频播放技术更加成熟和规范化,并且制定了采用全屏播放、使用软件进行视频数据解压缩等技术标准。

同年,有美国Microsoft(微软)公司开发的Windows 95操作系统问世,使多媒体计算机更容易操作,功能更为强劲。随着视频音频压缩技术日趋成熟,高速的奔腾系列CPU开始武装个人计算机,个人计算机市场占据主导地位,多媒体技术得到了蓬勃发展。另外,国际互联网的兴起,也促进了多媒体技术的发展,更新更高的MPC标准相继问世。

习题1

1. 多媒体技术有哪些社会需求?
2. 什么是流媒体?
3. 媒体的类型有哪些?各自具有什么特点?
4. 多媒体技术有哪些基本特性?

5. 素材制作软件和平台软件有什么区别？
6. 在进行多媒体产品制作时，需要考虑哪些重要问题？
7. 多媒体创意设计有哪些作用？有哪些具体体现及怎么样实施创意设计？
8. 多媒体技术的主要应用领域有哪些？
9. MPC是指什么？
10. 视频卡一般具有哪些基本特性？
11. 多媒体产品的制作过程是什么？
12. 媒体元素有哪些？
13. 多媒体的关键技术有哪些？

第2章 多媒体素材的数字化

现实世界的声音、视频、图像、温度、压力等多种形式的信息可以通称为模拟信号，模拟信号是典型的时间连续、幅度连续的信号。而在信息世界中的信号则称为数字信号。要把现实世界中的模拟信号在计算机中处理，首先要解决数字化问题——模拟信号转换为数字信号。模拟信号和数字信号波形对比如图 1.2.1 所示，模拟信号和数字信号的转换如图 1.2.2所示。

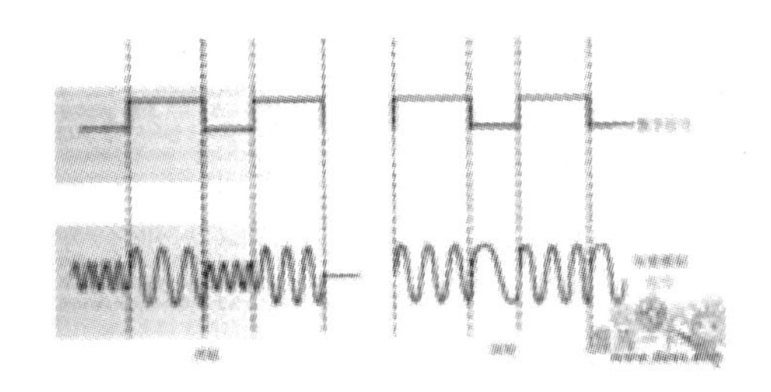

图 1.2.1　模拟信号和数字信号波形的对比

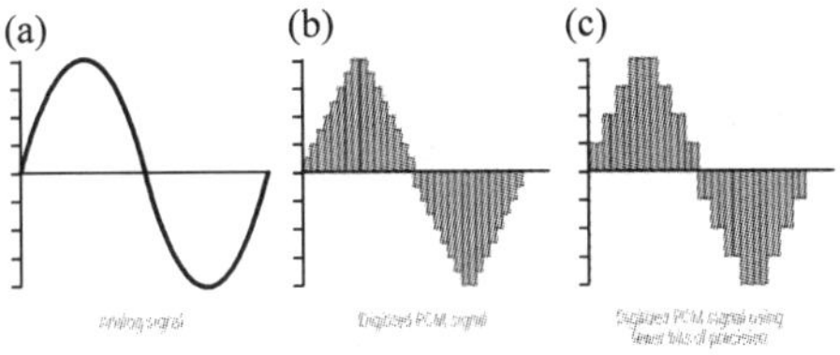

(a)　(b)　(c)

图 1.2.2　模拟信号和数字信号的转换

本章通过介绍多媒体设备、素材采集方法和素材保存的体系架构，从使用的角度给出多媒体硬件接口的相关内容、多媒体素材的采集方法和存储方式。详细介绍了音频素材、视频素材和图像素材的概念和常见的多媒体设备，并结合多媒体设备的使用，讲述了常见的各种素材的采集方法。对于多媒体素材的保存，引出了光盘设备和移动存储卡，并给出了多媒体数据的压缩存储方法与标准。

2.1　音频素材及音频设备

2.1.1　数字音频

声音媒体是较早引入计算机系统的多媒体信息之一，从早期的利用计算机内置喇叭发声，发展到利用声卡在网络上拨打网络电话，声音一直是多媒体计算机中重要的媒体信息。在软件或多媒体作品中使用数字化声音是多媒体应用最基本、最常用的手段。通常所讲的数字化声音是数字语音、声响和音乐的总称。在多媒体作品中可以通过声音直接表达信息、制造某种效果和气氛、演奏音乐等。逼真的数字声音和悦耳的音乐，拉近了计算机与人的距离，使计算机不仅能播放声音，而且能“听懂”人的声音是实现人机自然交流的重要方面之一。

模拟音频和数字音频在声音的录制和播放方面有很大不同。模拟声音的录制是将代表声音波形的电信号转换到适当的媒体上，如磁带或唱片，播放时将记录在媒体上的信号还原为波形。模拟音频技术应用广泛，使用方便，但模拟的声音信号在多次重复转录后，会使模拟信号衰弱，造成失真。数字音频就是将模拟的（连续的）声音波形数字化（离散化），将一些连续平滑变化的模拟信号，即连续的波峰波谷状的信号通过模拟/数字转换器来转变为计算机能够理解的 0 和 1 序列串，以便利用数字计算机进行处理和加工，然后再使用数字/模拟转换器将二进制信号还原为模拟信号，以更友好的方式展示给用户。

2.1.2 音频设备——声卡

作为多媒体计算机的象征，声卡远不如其他计算机硬件来得长久。早期的计算机在人们心目中只是一种纯粹的计算工具，唯一需要声音的地方只是某些警告或提示信号。多媒体应用的流行刺激了声卡的产生和发展，计算机喇叭发出的单调的蜂鸣声早已不能令人满意，用户需要体验与现实一样的音效，于是产生了专门处理音效的硬件——声卡。

声卡不仅能够使游戏和多媒体应用发出优美的声音，也能帮助人们创作、编辑和打印乐谱，还可以用它弹奏钢琴、录制和编辑数字音频等。

1. 声音的本质

人们之所以能听到声音，是由于两个或多个物体相互碰撞，释放出一种能量波——声波。声波强行改变环境中的空气压力，人耳会侦测到这种压力的变化，而人脑将其解释成声音。声波会向所有方向发散，就像石头掉进池塘里泛起的涟漪。

用麦克风录音时，空气压力的变化会使麦克风的震动膜片产生与人耳类似的震动，这些细微的震动又会转换成电流的改变。

从本质上讲，所有声卡都采用类似的发声方式，只不过是运用相反的工作原理，其任务是产生声波。声波在计算机里的原始形态是电流的变化，这些变化会被音频放大器放大，使喇叭产生震颤，这些震颤当然又会造成空气压力的变化，最终形成人耳所能听到的声音。

2. 声卡的性能指标和分类

(1) 采样的位数

声卡的主要作用之一是对声音信息进行录制与回放，在这个过程中采样的位数和采样的频率决定了声音采集的质量。采样位数可以理解为声卡处理声音的解析度。这个数值越大，解析度就越高，录制和回放的声音就越真实。

计算机中的声音文件是用数字 0 和 1 来表示的。所以在计算机上录音的本质就是把模拟声音信号转换成数字信号，反之，在播放时则是把数字信号还原成模拟声音信号输出。声卡的位是指声卡在采集和播放声音文件时所使用数字声音信号的二进制位数。声卡的位客观地反映了数字声音信号对输入声音信号描述的准确程度。8 位代表 2 的 8 次方，16 位则代表 2 的 16 次方。一段相同的音乐信息，16 位声卡能把它分为 64KB 个精度单位进行处理，而 8 位声卡只能处理 256 个精度单位，造成了较大的信号损失，最终的采样效果自然是无法相提并论的。如今市面上主流产品都是 16 位以上的声卡，将来多媒体数字音频的采样位数会随着计算机技术的发展而不断升高。

(2) 采样的频率

采样频率是指录音设备在一秒钟内对声音信号的采样次数，采样频率越高声音的还原就越真实越自然。在当今的主流声卡上，采样频率一般共分为 22.05kHz、44.1kHz、48kHz 三个等级，22.05kHz 只能达到 FM 广播的声音品质，44.1kHz 则是理论上的 CD 音质界限，48kHz 则更加精确一些。对于高于 48kHz 的采样频率人耳已无法辨别，所以在计算机上没有多少使用价值。

(3) 调频

声卡中被广泛采用的音乐合成技术称为“调频”，或称 FM。该技术是 20 世纪 70 年代早期由斯坦福大学的 John Chowning 博士发明的。FM 合成器通过产生一个正弦波来发出声音，这种正弦波又称为“载波”。将这个波与另一个波形(调拨)叠加，若两个波形在频率上接近，就会产生一个复杂的新波形。通过同时控制载波与调拨，就可生成不同的音色，或者说模拟出不同的乐器音色。尽管 FM 技术在 20 世纪 80 年代曾风靡一时，但在今天的“波表合成”技术面前，却显得非常单调乏味。

(4) 波表技术

波表的英文名称为 Wave Table，从字面翻译就是“波形表格”的意思。其实它是将各种真实乐器所能发出的所有声音(包括各个音域、声调)录制下来，保存为一个波表文件。播放时，根据 MIDI 文件记录的乐曲信息向波表发出指令，从“表格”中逐一找出对应的声音信息，经过合成、加工后回放出来。由于它采用的是真实乐器的采样，所以效果自然要好于 FM。一般波表的乐器声音信息都以 44.1kHz、16b 的精度录制，以达到最真实回放效果。

(5) 声卡的声道数

声卡所支持的声道数是衡量声卡档次的重要指标之一，从单声道到最新的环绕立体声，下面一一详细介绍。

① 单声道

单声道是比较原始的声音复制形式，早期的声卡采用的比较普遍。当通过两个扬声器回放单声道信息的时候，我们可以明显感觉到声音是从两个音箱中间传递到我们耳朵里的。这种缺乏位置感的录制方式用现在的眼光看自然是很落后的，但在声卡刚刚起步时，已经是非常先进的技术了。

② 立体声

单声道缺乏对声音的位置定位，而立体声技术则彻底改变了这一状况。声音在录制过程中被分配到两个独立的声道，从而达到了很好的声音定位效果。这种技术在音乐欣赏中显得尤为有用，听众可以清晰地分辨出各种乐器来自的方向，从而使音乐更富想象力，更加接近于临场感受。立体声技术广泛运用于自 Sound Blaster Pro 以后的大量声卡，成为了影响深远的一个音频标准。时至今日，立体声依然是许多产品遵循的技术标准。

③ 准立体声

准立体声声卡的基本概念就是：在录制声音的时候采用单声道，而放音有时是立体声，有时是单声道。采用这种技术的声卡也曾在市面上流行过一段时间，但现在已经销声匿迹了。

④ 四声道环绕

人们的欲望是无止境的，立体声虽然满足了人们对左右声道位置感体验的要求，但是随着技术的进一步发展，大家逐渐发现双声道已经越来越不能满足我们的需求。由于 PCI 声卡的出现带来了许多新的技术，其中发展最为神速的当数三维音效。三维音效的主旨是为人们带来一个虚拟的声音环境，通过特殊的 HRTF 技术营造一个趋于真实的声场，从而获得更好的游戏听觉效果和声场定位。而要达到好的效果，仅仅依靠两个音箱是远远不够的，所以立体声技术在三维音效面前就显得捉襟见肘了，但四声道环绕音频技术则很好的解决了这一问题。

四声道环绕规定了 4 个发音点：前左、前右，后左、后右，听众则被包围在这中间。同时还建议增加一个低音音箱，以加强对低频信号的回放处理(这也就是如今 4.1 声道音箱系统广泛流行的原因)。就整体效果而言，四声道系统可以为听众带来来自多个不同方向的声音环绕，可以获得身临各种不同环境的听觉感受，给用户以全新的体验。如今四声道技术已经广泛融入于各类中高档声卡的设计中，成为未来发展的主流趋势。

⑤ 5.1 声道

5.1 声道已广泛运用于各类传统影院和家庭影院中，一些比较知名的声音录制压缩格式，譬如杜比 AC-3(Dolby Digital)、DTS 等都是以 5.1 声音系统为技术蓝本的。其实 5.1 声音系统来源于 4.1 环绕，不同之处在于它增加了一个中置单元。这个中置单元负责传送低于 80Hz 的声音信号，在欣赏影片时有利于加强人声，把对话集中在整个声场的中部，以增加整体效果。相信每一个真正体验过 Dolby AC-3 音效的朋友都会为 5.1 声道所折服。

千万不要以为 5.1 已经是环绕立体声的顶峰了，更强大的 7.1 系统已经出现了。它在 5.1 的基础上又增加了中左和中右两个发音点，以求达到更加完美的境界。由于成本比较高，没有广泛普及。

3. 声卡的安装和使用

声卡的安装比较简单，首先断掉计算机电源，再放掉手中静电，打开主机箱，将声卡插入主板上相应空闲的功能扩展槽中。插好后，安装好固定螺丝并盖好主机箱，启动计算机，进入操作系统。系统会提示发现新的硬件设备，如果声卡的芯片为主流产品，操作系统会自带其驱动程序，系统会自动识别声卡种类并安装完成。如果操作系统为带有声卡芯片的驱动系统，系统会提示安装驱动程序，插入驱动程序盘或选择相应驱动所在的路径，系统就自动完成安装。一般而言，声卡安装成功的标志是屏幕右下角出现小喇叭。安装成功后，可双击屏幕右下角的小喇叭标志，进行音量调节。

2.1.3 音频素材的采集

1. 利用声卡进行录音采集

音频素材最常见的采集方法就是利用声卡进行录音采集。如果使用麦克风录制声音，需要把麦克风首先和声卡连接，即将麦克风连线插头插入声卡的 MIC 插孔。如果要录制其他音源的声音，如磁带、广播等，需要将其他音频的声音输出接口和声卡的 Line In 插孔连接。连接完成后，需要在音量调节中正确设置将要录制声音的来源和音量。

可以使用 Windows 操作系统自带的“录音机”程序录音。

2. 从光盘中采集

除了用录音的方式采集音频素材之外，还可以从 VCD 电影光盘或者 CD 音乐盘中采集需要的音频素材。

3. 连接 MIDI 键盘采集

对于 MIDI 音频素材的采集，可以通过 MIDI 输入设备弹奏音乐，然后让音序器软件自动记录，最后在计算机中形成音频文件，完成数字化的采集。

2.1.4 音频素材的保存格式

数字音频信息在计算机中以文件的形式保存，存储声音信息的文件可以有多种格式，如WAV、MIDI、MP3、RM、WMA等。

1. WAV格式

WAV格式是微软公司开发的一种声音文件格式，也叫波形声音文件，是最早的数字音频格式，被Windows平台及其应用程序广泛支持。WAV格式支持许多压缩算法，支持多种音频位数、采样频率和声道，采用44.1kHz的采样频率，16位量化位数，因此WAV的音质与CD相差无几，但WAV格式对存储空间需求太大不便于交流和传输。

2. MIDI格式

这是目前最成熟的音乐格式，实际上已经成为一种产业标准。作为音乐工业的数据通信标准，MIDI能指挥各音乐设备的运转，而且具有统一的标准格式。能够模仿原始乐器的各种演奏技巧，甚至无法演奏的效果，而且文件的长度非常小。MIDI的主要限制是缺乏重现真实自然的能力，但采用波形表法进行音乐合成的声卡可以使MIDI音乐的质量大大提高。

3. MOD格式

其扩展名为MOD、ST3、XT、S3M、FAR、669等。该格式的文件里存放乐谱和乐曲使用的各种音色样本，具有回放效果明确，音色种类无限等优点。但它也有一些致命弱点，以至于现在已经被逐渐淘汰，目前只有MOD迷及一些游戏程序中尚在使用。

4. MP3格式

这是现在最流行的声音格式文件，因其压缩率大，在网络可视电话通信方面应用广泛，但和CD唱片相比，音质不能令人非常满意。

5. VOC格式

这是Creative公司波形音频文件格式，也是声霸卡(Sound Blaster)使用的音频文件格式，主要用于DOS程序。每个VOC文件由文件头块(Header Block)和音频数据块(Data Block)组成。文件头包含一个表示版本号和一个指向数据块起始的指针。数据块分成各种类型的子块。如声音数据静音标识ASCII码文件重复的结果及终止标志、扩展块等。它与波形文件相似，可以方便地互相转换。

6. CMF格式

这是Creative公司的专用音乐格式，和MIDI差不多，只是音色、效果上有些特色，专用于FM声卡，但其兼容性也较差。

7. RA格式

这种格式可谓是网络的灵魂，强大的压缩量和极小的失真使其在众多格式中脱颖而出。与MP3相同，它也是为了解决网络传输带宽资源而设计的，因此主要目标是压缩比和容错性，其次才是音质。

8. CDA格式

这是唱片采用的格式，又叫“红皮书”格式，记录的是波形流，音色绝对纯正、高保真。但缺点是无法编辑，文件太大。

9. RMI 格式

这是 Microsoft 公司的 MIDI 文件格式，它可以包括图片标记和文本。

10. PCM 格式

模拟音频信号，经模数转换（A/D 变换）直接形成的二进制序列，该文件没有附加的文件头和文件结束标志。在声霸卡提供的软件中，可以利用 VOC-HDR 程序，为 PCM 格式的音频文件加上文件头，而形成 VOC 格式。Windows 的 Convert 工具可以把 PCM 音频格式的文件转换成 Microsoft 的 WAV 格式的文件。

11. WMA 格式

WMA 就是 Windows Media Audio 的缩写，Microsoft 公司自己开发的 Windows Media Audio 技术，它支持音频流式播放。WMA 格式的可保护性极强，甚至可以限定播放机器、播放时间基本法次数，具有相当的版权保护能力，它比起 MP3 压缩技术，WMA 无论从技术性能（支持音频流）还是压缩率（比 MP3 高一倍）都超过了 MP3 格式。用它来制作接近 CD 品质的音频文件，其体积仅相当于 MP3 的 1/3。

从播放形式上，RA 和 WMA 都支持“音频流”播放，即可以一边下载一边收听，而不需要等整个压缩文件全部下载到自己机器后才可以收听。

2.2 图像素材及采集

图像的数字化过程是指计算机通过图像数字化设备（扫描仪、数字照相机）把图像输入到计算机中，经过采样、量化，把图像转变成计算机能接收的存储格式。

2.2.1 数字图像

图形图像作为一种视觉媒体，早已成为人类信息传输、思想表达的重要方式之一。计算机图形技术实际上是绘图技术与计算机技术相结合而形成的。在计算机出现以前，图像处理主要依靠光学、照相、相片处理和视频信号处理等模拟的处理。随着多媒体计算机的产生与发展，数字图像代替了传统的模拟图像技术，形成了独立的“数字图像处理技术”。多媒体技术借助数字图像处理技术得到迅猛发展，同时又为数字图像处理技术的应用开拓了更为广阔的空间。

1. 图形与图像

计算机屏幕上显示出来的画面与文字，通常有两种方法：一种方法称为矢量图形或几何图形，简称图形（Graphics）；另一种描述画面的方法叫做点阵图像或位图图像，简称图像（Image）。

图形是用一个指令集合来描述的。这些指令描述构成一幅图的所有直线、圆、圆弧、矩形、曲线等的位置、维数和大小、形状、颜色。显示时需要相应的软件读取这些指令，并将其转变为屏幕上所显示的形状和颜色。

图像是指在空间和亮度上已经离散化的图像。可以把一幅位图图像理解为一个矩形，矩形中的任一元素都对应图像上的一个点，在计算机中对应于该点的值为它的灰度或颜色等级。这种矩形的元素就称为像素，像素的颜色等级越多则图像越逼真。因此，图像是由许多像素组合而成的。

计算机上生成图像和对图像进行编辑处理的软件通常称为绘画软件，如 Photoshop、PhotoImpact 和 PhotoDraw 等。它们的处理对象都是图像文件，它是由描述各个像素点的图像数据再加上一些附加说明信息构成的。位图图像主要用于表现自然景物、人物、动植物和一切引起人类视觉感受的景物，特别适合于逼真的彩色照片等。通常图像文件总是以压缩的方式进行存储的，以节省内存和磁盘空间。

2. 彩色空间与位平面

彩色空间是指彩色图像所使用的彩色描述方法(也叫彩色模式)。常用的彩色空间有 RGB(红绿蓝)空间、CMYK(青橙黄黑)空间和 YUV(亮度、色差)空间。

位平面是指彩色图像的各个彩色成分的所有像素构成的一个集合。如 RGB 空间中的彩色图像有 3 个位平面，即 R、G、B 平面。

分辨率是影像位图质量的重要因素，分为屏幕分辨率、图像分辨率、显示器分辨率和像素分辨率。在处理位图图像时要理解这 4 者之间的区别。

(1) 屏幕分辨率

屏幕分辨率是指某一种显示方式下，计算机屏幕上最大的显示区域，以水平的和垂直的像素数表示。如 VGA 方式为 640×480，SVGA 方式为 1024×768。

(2) 图像分辨率

图像分辨率是指数字化图像的大小，以水平和垂直的像素点表示。当图像分辨率大于屏幕分辨率时，屏幕上只能显示图像的一部分，此时要求相应的软件具有卷屏功能。

(3) 显示器分辨率

显示器分辨率指显示器本身所能支持各种显示方式下最大的屏幕分辨率，通常它用像素之间的距离来表示，即点距。点距越小，同样的屏幕尺寸可显示的像素点就越多，自然分辨率就越高。如点距为 0.28mm 的 14 英寸显示器，它的分辨率即为 1024×768。

(4) 像素分辨率

像素分辨率指一个像素的宽和长的比例(也称为像素的长宽比)，在像素分辨率不同的机器间传输图像时会产生意想不到的畸变。

3. 图像深度

图像深度是指图像中可能出现的不同颜色的最大数目，它取决于组成该图像的所有位平面中像素的位数之和，即位图中每个像素所占的位数。如图像深度为 24，则位图中每个像素有 24 个颜色位，可以包含 6 772 216 种不同的颜色，称为真彩色。

由于生成一幅图像的位图时，要对图像中的色调进行采样，因此调色板也随之产生。调色板是包含不同颜色的颜色表，其颜色位数依图像深度而定。

如果显示器的图像深度小于图像的图像深度时，一般选择最好的调色板替代所有的调色板。

4. 静态图像的获取

常用图像获取的方式有以下几种：

(1) 用一些绘图软件创建数字图像。目前 Windows 环境下的大部分图像编辑软件都具有一定的绘图功能。

(2) 从屏幕上抓取图像，然后把它加到画图程序或应用程序中。

(3) 用数字设备获取图像。目前可与计算机相连的数字设备包括数字相机和数字摄像机。

(4) 用扫描仪及数字转换设备获取图像。这种方式是将模拟图像转换成数字图像数据,即图像数字化,要经过采样、量化,A/D 转换。

(5) 利用现成的图像库。目前存储在 CD-ROM 光盘上和 Internet 上的数字图像库越来越多,这些图像内容丰富,图像尺寸和图像深度可选范围也较广。

除了自己绘制和利用光盘已有的图像数据以外,最常用到的图像获取方式是用扫描仪扫描图像和用摄像机捕获图像。随着技术的改进和应用的推广,数码相机的方式也越来越普及。

2.2.2 图像素材的保存格式

数字图像可以在计算机中以多种文件格式存放,主要有 PSD、TIFF、JPEG、BMP、GIF 等。

1. BMP 格式

BMP 是标准的 Windows 和 OS/2 的图形和图像的基本位图格式,有压缩和非压缩之分,一般作为图像资源使用的 BMP 文件都是不压缩的。BMP 支持黑白图像、16 色和 256 色的伪彩色图像以及 RGB 真彩色图像。

2. PCX 格式

PCX 是使用游程长编码(RLE)方法进行压缩的图像文件格式,压缩比适中,压缩和解压缩的速度都比较快,支持黑白图像、16 色和 256 色的伪彩色图像、灰度图像以及 RGB 真彩色图像,是微型计算机上使用最广泛的图像文件格式之一。

3. GIF 格式

GIF 是压缩图像存储格式,它使用 LZW 压缩方法,压缩比较高,文件长度较小。支持黑白图像、16 色和 256 色的彩色图像,主要用于在不同的平台上进行图像交流和传输。

4. TIF 格式

TIF 格式是工业标准格式,支持所有图像类型。文件分成压缩和非压缩两大类。非压缩的 TIF 文件是独立于软硬件的,但压缩文件较复杂。压缩方法有很多种,且是可扩充的。非压缩的 TIF 文件具有良好的兼容性,又可选择压缩存储,所以是许多图像应用的软件所支持的主要文件格式之一。

5. JPG 和 PIC 格式

JPG 和 PIC 格式都是使用 JPEG 方法坚持图像数据压缩。这两种格式的最大特点是文件非常小,而且可以调整压缩比,非常适用于要处理大量图像的场合。它是一种有损压缩的静态图像文件存储格式,支持灰度图像、RGB 真彩色图像和 CMYK 真彩色图像。

6. PCD 格式

PCD 格式是 Photo-CD 的专用存储格式,文件中含有从专业摄影照片到普通显示用的多种分辨率的图像,所以数据量非常大。

7. PSD 文件格式

这是 Photoshop 图像处理软件的专用文件格式,文件扩展名是. psd,可以支持图层、通道、蒙板和不同色彩模式的各种图像特征,是一种非压缩的原始文件保存格式。扫描仪不能直接生成该种格式的文件。PSD 文件有时容量会很大,但由于可以保留所有原始信息,在图像处理中对于尚未制作完成的图像，选用 PSD 格式保存是最佳的选择。

2.3　视频素材及视频设备

2.3.1　数字视频

数字视频就是先用摄像机之类的视频捕捉设备，将外界影像的颜色和亮度信息转变为电信号，再记录到存储介质(如录像带)。播放时，视频信号被转变为帧信息，并以每秒约 30 帧的速度投影到显示器上，使人类的眼睛认为它是连续不间断地运动着的。电影播放的帧频大约是每秒 24 帧。如果用示波器来观看，未投影的模拟电信号看起来就像脑电波的扫描图像，由一些连续锯齿状的波峰和波谷组成。为了存储视觉信息，模拟视频信号的波峰和波谷必须通过模拟/数字转换器来转变为数字的 0 或 1，这个转变过程就是视频捕捉(或采集过程)。如果要在电视机上观看数字视频，则需要数模转换器将二进制信息解码成模拟信号，才能进行播放。数字视频与模拟视频信号相比最大的优点就是可以不失真的进行无限次的拷贝和处理。

广义的视频文件细分起来，又可以分为两类，即动画文件和影像文件。动画文件指由相互关联的若干帧静止图像所组成的图像序列，这些静止图像连续播放便形成一组动画，通常用来完成简单的动态过程演示；影像文件主要指那些包含了实时的音频、视频信息的多媒体文件，其多媒体信息通常来源于视频输入设备，由于同时包含了大量的音频、视频信息，影像文件往往相当庞大。

1. 动态图像

人的眼睛有一种视觉暂留的生物现象，即人们观察的物体消失后，物体映像在眼睛的视网膜上会保留一个非常短暂的时间(大约 0.1s)。利用这一现象，将一个系列中物体移动或形状改变很小的图像，以足够快的速度连续播放，人眼就会感觉画面变成了连续活动的场景。

动态图像就是指连续地随时间变化的一组图像，又是将它称为视频或运动图像。在动态图像中，一幅幅单独的图像称为帧(frame)，而每秒钟连续播放的帧个数称为帧频，单位是帧/秒。典型的帧频是 24 帧/秒、25 帧/秒和 30 帧/秒，这样的视频图像看起来才能达到顺畅和连续的效果。

2. 电视制式

电视制式实际上是一种电视显示标准。不同的制式对视频信号的解码方式、色彩处理方式以及屏幕扫描频率的要求都有所不同，因此如果计算机系统处理的视频信号与类型的视频信号设备制式不同，播放时图像的效果就会明显下降，有的甚至根本没有图像。

下面简要介绍几种常见的彩色电视制式。

(1) NTSC 制式。NTSC 是 National Television Systems Committee 的缩写，意思是“(美国)国家电视标准委员会”。NTSC 负责开发一套美国标准电视广播传输和接收协议。

NTSC 制式是最早的彩电制式，1952 年由美国国家电视标准委员会制订。它采用正交平衡调幅的技术方式，故也称为正交平衡调幅制。美国、加拿大等大部分西半球国家以及中国的台湾、日本、韩国、菲律宾等均采用这种制式。其优点是解码线路简单、成本低。

每秒 29.97 帧(简化为 30 帧)，电视扫描线为 525 线，偶数场在前，奇数场在后，标准的数字化 NTSC 电视标准分辨率为 720×480 像素，24 比特的色彩位数，画面的宽高比为 4：3 或 16：9。

(2) PAL 制式。PAL(Phase Alternation Line)制式，它是当时的西德在 1962 年制订的彩色电视广播标准，它采用逐行倒相正交平衡调幅的技术方法，也克服了 NTSC 制相位敏感造成色彩失真的缺点。西德、英国等一些西欧国家，新加坡、中国大陆及香港、澳大利亚、新西兰等国家采用这种制式。其优点是对相位偏差不敏感，并在传输中受路多径接收而出现重影彩色的影响较小，是最成功的一种彩电制式，但电视机电路和广播设备比较复杂。

PAL 电视标准规定，每秒 25 帧，电视扫描线为 625 线，奇数场在前，偶数场在后，标准的数字化 PAL 电视标准分辨率为 720×576，24 比特的色彩位数，画面的宽高比为 4：3，PAL 电视标准用于中国、欧洲等国家和地区，PAL 制电视的供电频率为 50Hz，场频为每秒 50 场，帧频为每秒 25 帧，扫描线为 625 行，图像信号带宽分别为 4.2MHz、5.5MHz、5.6MHz等。

(3) SECAM 制式。SECAM 制式，又称塞康制，SECAM 是法文 Sequential Colour Avec Memoire 的缩写，意为"按顺序传送彩色与存储"，是一个首先用在法国的模拟彩色电视系统，系统化一个 8MHz 宽的调制信号。

SECAM 制式的帧频每秒 25 帧，每帧 625 行。隔行扫描，画面比例 4：3，分辨率为 720×576，约 40 万像素，亮度带宽 6.0MHz；彩色幅载波 4.25MHz；色度带宽 1.0MHz(U)，1.0MHz(V)；声音载波 6.5MHz。

(4) HDTV。HDTV 是 High Definition Television 的简称，翻译成中文是"高清晰度电视"的意思，HDTV 技术源于 DTV(Digital Television)"数字电视"技术，HDTV 技术和 DTV 技术都是采用数字信号，而 HDTV 技术则属于 DTV 的最高标准，拥有最佳的视频、音频效果。它是目前正在蓬勃发展的电视标准，尚未完全统一。但一般认为：每帧扫描在 1000 行以上，宽度比是 16：9，逐行扫描，有较高的扫描频率，传送的信号全部数字化。

2.3.2 视频设备介绍

1. 显示卡

(1) 显示卡概述

影像在交由计算机处理的时候都是以二进制数字方式存在的。在完成处理后，计算机必须把这些数字信号转换成模拟信号，才能够让人们识别。完成这一转换功能的部件即显示卡，或简称显卡，在显示器上显示的任何东西都要先经过它的处理。

(2) 显示卡的相关基本指标

显示卡的种类繁多，但有三项最基本的指标与显示卡息息相关，即最大分辨率、色深和刷新频率。

① 分辨率

它代表了显示卡在显示器上所能描绘的点的数量，一般以横向像素点×纵向像素点数来表示，例如，640×480、1024×768 等。

② 色深(颜色数)

指显示卡在当前分辨率下能显示的色彩数量，一般以多少色或多少位来表示，例如，常见的 256 色或 8 位、32 位的真彩色等。

③ 刷新率

它是指影像在显示器上更新的速度，也即是影像每秒钟在屏幕上出现的帧数，单位是Hz。目前大部分流行的显示卡都能在800×600的分辨率下达到85Hz的刷新率。刷新率越高，屏幕上图像的闪烁感就越小，图像就越稳定，视觉效果也越好。

(3) 显示卡的基本结构

显示卡分为专业型和娱乐型两类。显示卡的结构归纳起来主要由显示芯片、显示内存、RAMDAC、VGA BIOS等几个重要的部件组成，此外还包括一些连接插座和插针等。

① 显示芯片

通常在显示卡上能见到的那颗最大的芯片或是贴着大散热片的芯片就是显示芯片。显示卡的性能主要取决于它。可以把显示芯片想象成专门用来处理图像的CPU，它可以处理软件指令以完成某些特定的绘图功能。一般的娱乐型显示卡都采用单芯片设计的显示芯片，而高档专业型显示卡的显示芯片则采用多个显示芯片组合的方式。

早期的图形芯片作用比较简单，每件事都由CPU去处理，它们只是起一个传递显示信息的作用，这样就降低了显示速度，增加了CPU的工作量。随着图形操作系统Windows的出现，这种弊端越来越严重，于是出现了图形加速卡。现在大部分显示卡都有加速芯片，这些芯片有图形处理功能。安装有此类芯片的显示卡常称为三维加速卡。玩三维游戏经常需要高性能的三维显示卡才能满足游戏的显示要求。

同声卡一样，选购显示卡的时候也是先选择显示芯片的种类，再选择显示卡的品牌。著名的研发显示芯片的厂商和种类有3DFX、nVIDIA、ATI、MATROX、MGA和Intel等。

② 显示内存

显示内存用来暂存显示芯片处理的数据，一般在屏幕上看到的图像数据都是存放在显示内存里的，它的大小直接影响到显示卡可以显示的颜色多少和可以支持的最高分辨率。显存越大，显示卡性能越好，各项指标越高。现在的显示卡一般都是32MB或者64MB。显存的种类也很多，如，SDRAM、VRAM、RDRAM和SGRAM，它们的访问速度和性能差别也很大。

③ RAMDAC

它实际是一个数/模转换器，它负责将显存中的数字信号转换成显示器能够接收的模拟信号。它的转换速度以MHz来表示，其转换速度越快，影像在显示器上的刷新频率也越高，从而图像也越稳定。

④ VGA BIOS

它包含了显示芯片和驱动程序间的控制程序、产品标识等信息，这些信息一般由显示卡厂商固化在ROM芯片里，这个芯片即VGA BIOS。早期的BIOS数据是无法由用户自行修改的，但新式的显卡大多可通过专业程序来改写，以便用户对显示进行升级。

⑤ 显示器插座

计算机所处理的信息最终都要输出到人们能够看得见的显示器屏幕上，显示卡在其间担负着转换的任务。显示卡的VGA插座与普通显示器相连，有些显示卡上还有DVI插座，它是数字输出端口，可与液晶显示器相连。

⑥ 总线接口

显示卡必须与主板交换数据才能工作，因此必须把它插在主板上才行，因而也就有与之对应的总线接口。显示卡的总线接口类型主要分为ISA、VESA、PCI、AGP四种。现在主要使用的显示卡是后两种,其他的已经逐渐被淘汰。

显示卡的安装和声卡的安装方法类似,显示卡安装成功后,可以在“控制面板”的“显示”项中正确设置显示卡的分辨率、颜色数和刷新率。

2. 显示器

显示器是计算机的主要输出设备。

(1) 显示器的分类和原理

按照显示器的显示色彩分类,可分为单色显示器和彩色显示器。单色显示器已经成为历史,很难见到。按照显示器的显示方式分类,可分为传统的采用电子枪产生图像的CRT(Cathode-Ray-Tube阴极射线管)显示器和LCD(Liquid Crystal Display)液晶显示器。

CRT显示器的显示系统和电视机类似,主要部件是显像管(电子枪)。在彩色显示器中,通常是3个电子枪,索尼Trinitron则是3个电子枪在一起,也称为单枪。显像管的屏幕上涂有一层荧光粉,电子枪发射出的电子击打在屏幕上,使被击打位置的荧光粉发光,从而产生了图像,每一个发光点又由红、绿、蓝3个小的发光点组成,这个发光点也就是一个像素。由于电子束是分为3条的,它们分别射向屏幕上的这3种不同的发光小点,从而在屏幕上出现绚丽多彩的画面。对于CRT显示器屏幕的类型来说,一般根据采用显像管的不同,可以分为球面显像管、平面直角显像管和现在很流行的纯平显像管。

而LCD显示器也称平板显示器。在现在的应用中,LCD基本上分为无源阵列彩显DSTN-LCD(俗称伪彩显)和薄膜晶体管有源阵列彩显TFT-LCD(俗称真彩显)。DSTN显示屏不能算是真正的彩色显示器,因为屏幕上每个像素的亮度和对比度不能独立的控制,它只能显示颜色的深度,与传统的CRT显示器的颜色相比相距甚远,因而也被叫做伪彩显。

TFT(Thin Film Transistor)显示屏达到每个液晶像素点都是由集成在像素点后面的薄膜晶体管来控制,使每个像素点都能保持一定电压,从而可以做到高速度、高亮度、高对比度的显示,TFT显示屏是目前最好的LCD彩色显示设备之一,是现在笔记本和台式机上的主流显示设备。

(2) 显示器的技术指标

① 点距

它是指显像管水平方向相邻同色荧光粉像素的间距,常见的点距有0.26mm、0.28mm两种,性能更好的有0.25mm或0.24mm。点距越小则屏幕越清晰。

② 分辨率

它是指构成一个影像的像素总和,常见的有640×480、1024×768等,分辨率越高,影像越精细。

③ 扫描频率

扫描频率分为水平扫描频率和垂直刷新频率两种。垂直扫描频率也叫场频,它是指每秒钟整个屏幕重写刷新的次数,单位是赫兹(Hz)。水平扫描频率也叫行频,它是指显示器屏幕每秒钟扫描的行数,单位是千赫兹(kHz)。

④ 最大可视区域

最大可视区域代表着显示器可以显示图像的最大范围,它一般是指屏幕左下角到右上角的长度。不同品牌的显示器,即使尺寸相同,它们的最大可视区域也有不一样。一般,一台 14 英寸的显示器的实际显示尺寸大约在 12 英寸左右，而 17 英寸的显示器则在 15～16.1 英寸之间。

显示器的功耗和辐射问题也非常值得关注。早期的显示器都有很强的辐射，由于它与电视机比和人的距离更近，因此对人的伤害也大。近年来相继推出了显示器低辐射标准，如像 TCO95、TCO99、MPRII 等标准，其中以 TCO99 标准最为严格。现在的显示器中符合能源之星标准的显示器待机时只有几十瓦的功率。

3. 投影仪

(1) 投影仪概述

投影仪是一种应用十分广泛的大屏幕影像设备。它可以应用于临时会议、技术讲座、网络中心、指挥监控中心，还可以与计算机、工作站等进行连接，或接录像机、电视机、影碟机以及实物展台等。

投影仪主要技术指标有 CRT、LCD 和 DLP 三大类型。CRT 和 LCD 投影仪采用透射式投射方式，DLP 采用反射式投射方式。当前投影仪分类主要是根据其核心成像原理，一般分为：LCD 投影仪、DLP 投影仪和 CRT 投影仪。

LCD 技术和 DLP 技术分别是日、美不同技术流派的产物，LCD(液晶)投影仪的优点是分辨率高(达到 XGA 标准)、价格便宜、亮度高、画面均匀，通常采用 UHP 冷光源，图像色彩丰富，画面层次感好，缺点是需要良好的散热条件，可广泛应用于教学、大型会场演示、商务办公、多媒体影院及移动办公等领域；DLP 投影仪的优点是体积小巧、可以胜任长时间连续工作，对散热的要求不高，画面对比度高(可达 400∶1)，缺点是分辨率不高、色彩不够丰富；CRT 投影仪的优点是显示的图像色彩丰富，还原性好，具有丰富的几何失真调整能力，缺点是图像分辨率与亮度互相制约，CRT 投影仪一般体积较大。

(2) 主要技术指标

① 亮度

亮度是一个比较重要的技术参数，用流明来表示。投影仪的亮度表现受环境影响很大，如果环境较亮，则必须选择高亮度的投影仪。另外，投影仪的亮度还受画面尺寸的影响，在同样的亮度下，画面越大，亮度越暗。

② 分辨率

投影仪的分辨率是描述图像清晰程度的技术参数，直接影响到画面的品质。由于投影仪经常连接计算机使用，所以应确保投影仪的分辨率能适应所用的计算机，如果投影仪的分辨率低于计算机显示的分辨率，就不能播放视频图像。目前市场上应用最多的是 800×600 和 1024×768 分辨率的投影仪。

③ 灯泡寿命

对于 CRT 投影仪来说，投影仪的灯泡寿命是一个重要的参数。灯泡分为三种：金属卤素灯，特点是价格便宜但半衰期短，一般使用 2000 个小时左右亮度会降低到原先的一半左右；UHE 灯泡，特点是价格适中，在使用 2000 个小时以前亮度几乎不衰减，由于发热量低，习惯上被称为冷光源，UHE 灯泡是目前中档投影仪中广泛采用的理想光源；UHP 高能灯，特点是使用寿命长，一般可以正常使用 4000 个小时以上，并且亮度衰减很小，UHP 灯泡也是一种理想的冷光源，灯发热较少，亮度衰减慢，但价格昂贵，一般应用于高档投影仪上。

4. 数码摄像机

(1) 数码摄像机概述

所谓数码摄像机是将光信号通过CCD转换成电信号,再经过模拟/数码转换,以数码格式将信号存储在数码摄像带、刻录光盘或者存储卡上的一种摄像记录设备。英文名为Digital Video,缩写为DV,最小的数码摄像机只有手掌大小,价格一般也只有万元左右,但用它拍摄出来的影像却非常清晰。数码摄像机的关键是将视频信号经过数字化处理成0和1信号并以数字记录的方式,通过磁鼓螺旋扫描记录在6.35mm宽的金属视频录像带上。

1998年,第一部家用数码摄像机横空出世,它让人们能够更加简单地进行摄像操作。日本的两大摄像机制造商松下和索尼联合全球50多家相关企业联合开发出新的DV格式数码摄像机。因此目前市场上的数码摄像机的产品,这两家占到了大多数。它一经问世,就以其与专业水平毫无二致的图像、接近激光唱盘的音质和能够与计算机联机并进行编辑的特性受到使用者的好评。经过几年的发展,在国外,越来越多的人用它来拍片子,特别是纪录片;而在国内,越来越多的人手里有了它。数码摄像机已经民用化,取代模拟的摄像机进入了更多人的家庭,留住人们美好生活的片段。

与模拟摄像相比,如果有剪接、编辑、翻录要求的话,那么数码摄像机的优势就会显现无遗。模拟录像带翻录10来次就无法使用了,而数码摄像机仍然能够保持原有的质量不受损。数码摄像机与普通摄像机比较,它主要有以下优点。

① 图像分辨率高

数码摄像机的图像、声音质量以及功能都不是模拟式小型摄像机所能比拟的,它的图像清晰度超过500线,是常规8mm和VHS模拟制式图像的两倍,真正实现了"纤毫毕现"的梦想。

② 色彩及亮度带宽高

数码摄像机的色彩及亮度带宽比普通摄像机高6倍,而色彩、亮度带宽是影像精确度的首要决定因素。

③ 可无限次翻录

这种特性得益于优异的数字记录特性和强力误差矫正系统,配合金属录像带,即使经过多次备份,也历久如新,效果依然出色。

④ 数码输出端子

大多数数码摄像机采用的IEEE 1394数码输出端子可方便地将视频图像直接传输到计算机,没有图像和音频的劣化,只需一根电缆,便可将视频、音频、控制等信号进行数据多工传输,且该端子具有热插拔功能,可在多种设备之间进行数据传输。

(2) 相关性能指标和参数

① CCD部件

CCD的中文名为电耦合元件,它是目前许多光学设备,如数码照相机、扫描仪等的核心部件。它的作用是将光信号变为电信号。对于数码摄像机来说,同样也是如此,CCD部件就如同是它的眼睛。它的尺寸和数量直接决定了数码摄像机的性能,同时由于CCD部件较为昂贵,因此也就影响了产品的价格。尺寸上来说,CCD的大小一般有1/4英寸、1/3英寸、1/2英寸,CCD的尺寸越大,成像的像素也就越多,画质也就越好,当然价格也就随之上升了。从数量上来看,则有3CCD和单CCD之分。CCD的数量影响到的是画质色彩的还原能力。3CCD 可以将三原色的组合充分地展示还原出来，当然价格也比单 CCD 的产品贵上许多。

② 有效像素

有效像素是影响数码摄像机的价格的一个重要指标。不过和数码相机目前三四百万，甚至上千万的像素相比，数码摄像机无需这么高的有效像素。由于数码摄像机的图像是动态的效果，视觉效果可以利用图像补偿效果的影响，更何况电视机的分辨率也只有 500～600 线，不像数码相机那样需要打印输出。因此目前数码摄像机产品的有效像素在 100～600 万之间。当然，随着有效像素的增加，产品的价格也会随之上升。

③ 变焦倍数

变焦倍数是数码摄像机另一个重要的技术指标。变焦倍数越大就意味着摄像机能够在不同的距离拍摄出不同远、近效果的图像的能力越强。这里指的变焦倍数是光学变焦倍数，而不是数码变焦倍数。

④ 数码摄像机的规格

数码摄像机可以分为三种规格：MiniDV、Digital8 和 DV，同时也使用三种不同类型的数码录像带。MiniDV 的体积最小，一只手便可以掌握和操作，在家庭用户中 MiniDV 是最受欢迎的产品；Digital8 的体积要比 MiniDV 略大一些，但是它的功能性和成像质量则要比 MiniDV 更胜一筹，是 Sony 公司力推的产品；DV 机属于专业级的产品，虽然功能性和性能上都是类型中最好的，但是它的体积非常的大，价格也是最贵的。

视频采集设备还有触摸屏、视频采集卡等等，在前面第 1 章第三节对触摸屏和视频采集卡已有介绍，在此不再赘述。随着计算机技术和相关技术的发展，视频设备也不断地发展和推陈出新。

2.3.3　视频素材的采集

要从模拟视频设备（如录像机、电视机等）中采集信息，需要安装和使用视频采集卡来完成从模拟信号向数字信号的转换。把模拟视频设备的视频输出和声音输出分别连接到视频采集卡的视频输入和声音输入口，就可以启动相应的视频采集和编辑软件进行捕捉和采集。有些采集卡不带压缩功能，是先将影像采集到计算机中存放文件尺寸巨大的.avi 类型的文件，然后再利用压缩软件进行漫长的压缩。而现在性能比较好的采集卡都带有实时压缩功能，一边采集，一边实时压缩，采集完成的同时也就实时压缩完毕。

要从数码设备（如数码摄像机）中采集视频素材，虽然可以仿照模拟设备采用视频采集卡来完成，但最好的方式是通过硬件的数字接口将数码设备与计算机连接，启动相应的软件采集压缩。由于视频数据量大，目前数码摄像机和计算机影像交换大多使用的是 IEEE 1394 接口，如果计算机上没有集成 IEEE 1394 接口，可以通过安装 IEEE 1394 接口卡来给计算机增加 IEEE 1394 接口，然后通过该接口完成数码摄像机和计算机的连接，最后启动相应的视频采集和编辑软件进行采集和编辑。对于视频的采集和处理工作，Ulead 公司出品的 Video Studio 软件就可以轻松地完成视频编辑。

对于 VCD 或者 DVD 光盘中的影片，也可以截取片段作为视频素材，这也需要专用的视频编辑软件来完成。

2.3.4 视频素材的保存格式

数字视频在计算机中存放有多种格式，常见的视频格式有 MPEG/MPG、AVI、MOV、ASP、RM 和 WMV 等。

1. MPEG/MPG

采用 MPEG 方式压缩的视频文件。MPEG(Motion Pictures Experts Group)是目前最常见的视频压缩方式，它采用帧间的压缩技术，可对包括声音在内的运动图像进行压缩。它包括了 MPEG-1、MPEG-2 和 MPEG-4 在内的多种视频格式。MPEG-1 是大家接触得最多的，目前被广泛地应用在 VCD 的制作和一些视频片段下载，通常 99%的 VCD 都是用 MPEG-1 格式压缩的；MPEG-2 则是应用在 DVD 的制作方面，同时在一些 HDTV(高清晰度电视)和一些高要求视频编辑、处理上面也有相当的应用；MPEG-4 是一种新的压缩算法，使用这种算法的 ASF 格式可以把一部 120 分钟长的电影压缩成 300MB 左右的视频流，供在网上看，其他的 DIVX 格式也可以压缩到 600MB 左右，但其图像质量比 ASF 要好很多。MPEG 的平均压缩比为 50∶1，最高可达 200∶1，压缩效率之高由此可见一斑。

另外，除 *.mpeg 和 *.mpg 之外，部分采用 MPEG 格式压缩的视频文件还以 DAT 为扩展名，对于这些文件，用户应注意不要与同名的 *.dai 数据文件相混淆。

2. AVI

对视频文件采用的一种有损压缩方式，支持 256 色和 RLE 压缩。该方式的压缩率较高，并可将音频和视频混合到一起使用，因此尽管画面质量不太好，但其应用范围仍然非常广泛。AVI 文件目前主要应用在多媒体光盘上，用来保存电影、电视等各种影像信息，有时也出现在因特网上，供用户下载、欣赏新影片的精彩片段。它是 Microsoft Video 的标准动态影像。在 Windows 系统的媒体播放器即可播放 AVI 文件。

3. MOV

MOV 是 Apple(苹果)公司创立的一种视频格式，它是图像及视频处理软件 QuickTime 所支持的格式，在很长的一段时间里，它都只是在苹果公司的 MAC 机上存在，随着个人多媒体计算机近几年的飞速普及，Apple 公司不失时机地推出了 QuickTime 的 Windows 版本。QuickTime 能够通过因特网提供实时的数字化信息流、工作流与文件回放功能，它还为多种流行的浏览器软件提供了相应的 QuickTime Viewer 插件，能够在浏览器中实现多媒体数据的实时回放。该插件的“快速启动”(FastStart)功能，可以令用户几乎在发出请求的同时便收看到第一帧视频画面，而且该插件可以在视频数据下载的同时播放视频图像。

4. ASF

它是 Advanced Streaming Format 的缩写，是 Microsoft 公司推出的高级流媒体格式，也是一个因特网上实时传播多媒体的技术标准，它的主要优点包括本地或网络回放、可扩充的媒体类型、部件下载以及扩展性等。由于它使用了 MPEG-4 的压缩算法，所以压缩率和图像的质量都很不错。它应用的主要部件是 NetShow 服务器和 NetShow 播放器，有独立的编码器将媒体信息编译成 ASF 流，然后发送到 NetShow 服务器，再由 NetShow 服务器将 ASF 流发送给网络上的所有 NetShow 播放器，从而实现单路广播或多路广播。

5. RM

RM 格式是 Real Networks 公司开发的一种新型流式视频文件格式，又称 Real Media，是目前因特网上最流行的跨平台的客户/服务器结构多媒体应用标准,其采用音频/视频流和同步回放技术实现了网上全宽带的多媒体回放。在 RealAudio 规范中主要包括三类文件,RealAudio、RealVideo 和 RealFlash。RealAudio 用来传输接近 CD 音质的音频数据,RealVideo 用来传输连续视频数据,而 RealFlash 则是 RealNetworks 公司与 Macromedia 公司新近合作推出的一种高压缩比的动画格式。RealPlayer 是在网上收听收看实时音频、视频和动画的最佳工具。只要用户的线路允许,使用 RealPlayer 可以不必下载完音频/视频内容就能实现网络在线播放,更容易上网查找和收听、收看各种广播、电视。

6. WMV

这又是一种独立于编码方式的在因特网实时传播多媒体的技术标准,Microsoft 公司希望用其取代 QuickTime 之类的技术标准以及 WAV/AVI 之类的文件。WMV 的主要优点包括本地或网络回放、可扩充的媒体类型、部件下载、可伸缩的媒体类型、流的优先级化、多语言支持、环境独立性、丰富的流间关系以及扩展性等。

2.4 USB 和 IEEE 1394

前面介绍的多媒体设备,一些是卡式的多媒体部件,需要安装在计算机的功能扩展槽中,如声卡、显示卡、视频采集卡等。但还有一些多媒体设备,如数码照相机、数码摄像机、扫描仪等,它们和计算机的连接则是通过高速的、方便的 USB 或者 IEEE 1394 接口。

2.4.1 USB 接口

通用串行总线(Universal Serial Bus,USB)是连接外部装置的一个串口汇流排标准,在计算机上使用广泛,但也可以用在机顶盒和游戏机上,补充标准 On-The-Go(OTG)使其能够用于在便携装置之间直接交换资料。

目前的计算机、DVD、电视机等很多数字设备都有 USB 接口,USB 的接口是 4"针"的,其中 2 根为电源线、2 根为信号线,设备接口为方形,接计算机端为长方形。USB 接口的针数比串口、并口、游戏口都要少,接口体积也要小很多。

USB 有很多特点,主要有以下 4 个方面。

(1) 可以热插拔。这就让用户在使用外接设备时,不需要重复"关机将并口或串口电缆接上再开机"这样的动作,而是直接在电脑工作时,就可以将 USB 电缆插上使用。

(2) 携带方便。USB 设备大多以"小、轻、薄"见常,对用户来说,同样 20GB 的硬盘,USB 硬盘比 IDE 硬盘要轻一半的重量,在想要随身携带大量数据时,当然 USB 硬盘会是首要之选了。

(3) 标准统一。大家常见的是 IDE 接口的硬盘,串口的鼠标键盘,并口的打印机扫描仪,可是有了 USB 之后,这些应用外设统统可以用同样的标准与个人电脑连接,这时就有了 USB 硬盘、USB 鼠标、USB 打印机等。

(4) 可以连接多个设备。USB 在个人电脑上往往具有多个接口,可以同时连接几个设备,如果接上一个有 4 个端口的 USB HUB 时,就可以再连上 4 个 USB 设备,以此类推,尽可以连下去,将家中的设备都同时连在一台个人电脑上而不会有任何问题(注:最高可连接至 127 个设备)。

2.4.2 IEEE 1394接口

1. IEEE 1394的基本介绍

IEEE 1394接口是苹果公司开发的串行标准，中文译名为火线接口(Fire Wire)。同USB一样，IEEE 1394也支持外设热插拔，可为外设提供电源，省去了外设自带的电源，能连接多个不同设备，支持同步数据传输。

IEEE 1394分为两种传输方式：Backplane模式和Cable模式。Backplane模式最小的速率也比USB 1.1最高速率高，分别为12.5Mb/s、25Mb/s、50Mb/s，可以用于多数的高带宽应用。Cable模式是速度非常快的模式，分为100Mb/s、200Mb/s和400Mb/s几种，在200Mb/s下可以传输不经压缩的高质量数据电影。

1394b是1394技术的升级版本，是仅有的专门针对多媒体——视频、音频、控制及计算机而设计的家庭网络标准。它通过低成本、安全的CAT5(5类)实现了高性能家庭网络。1394a自1995年就开始提供产品，1394b是1394a技术的向下兼容性扩展。1394b能提供800Mb/s或更高的传输速度，虽然市面上还没有1394b接口的光储产品出现，但相信在不久之后也必然会出现在用户眼前。

相比于USB接口，早期在USB 1.1时代，1394a接口在速度上占据了很大的优势，在USB 2.0推出后，1394a接口在速度上的优势不再那么明显。同时现在绝对多数主流的计算机并没有配置1394接口，要使用必须要购买相关的接口卡，增加额外的开支。目前单纯1394接口的外置式光储基本很少，大多都是同时带有1394和USB接口的多接口产品，使用更为灵活方便。

IEEE 1394的原来设计，是以其高速传输率，容许用户在电脑上直接通过IEEE 1394界面来编辑电子影像档案，以节省硬盘空间。在没有IEEE 1394以前，编辑电子影像必须利用特殊硬件，把影片下载到硬盘上进行编辑。但随着硬盘空间愈来愈便宜，高速的IEEE 1394反而取代了USB 2.0成为了外接电脑硬盘的最佳界面。

1394a所能支持理论上最长的线长度为4.5米，标准正常传输速率为100Mb/s，并且支持多达63个设备。

2. IEEE 1394的特点

(1) 高速率

IEEE 1394-1995中规定速率为100Mb/s到400Mb/s。IEEE 1394b中更高的速度是800Mb/s到3.2Gb/s。其实400Mb/s就几乎可以满足所有的要求。现在通常可能达到的物理流LSI速度是200Mb/s。另外，实际传输的数据一般都要经过压缩处理，并不是直接传输原始视频数据。因此可以说，200Mb/s已经是能够满足实际需要的速度。但对多路数字视频信号传输来说，传输速率总是越高越好、永无止境。

(2) 实时性

IEEE1394的特点是利用等时性传输来保证实时性。在这一点上，SSA，FiberChannel及Ultra SCSI也都与IEEE 1394具有同样的性能。

(3) 采用细缆，便于安装

4根信号线与2根电源线构成的细缆使安装十分简单，而且价格也比较便宜。但接点间距只有4.5米，似乎略显不足，所以也有人在探讨延伸接点间距的方法。已发表的实验品

POF 可以将接点间距延长至 70 米。

（4）总线结构

IEEE 1394 是总线，不是 I/O。向各装置传送数据时，不是像网络那样用 I/O 传送数据，而是按 IEEE 1212 标准读写列入转换的空间。总之，从上一层看，IEEE 1394 是与 PCI 相同的总线。

1394 总线和常见的 USB 总线的不一样之处在于 1394 是一个对等的总线，对等总线就是说，任何一个总线上的设备都可主动地发出请求。有点像圆桌会议一样，大家地位平等。而 USB 总线上的设备，则都是等待主机发送请求，然后做相应的动作。因而 1394 设备更加智能化一些，当然因此也变得复杂一些，成本高一些。1394 总线的这个特性决定了 1394 可以是脱离以桌面主机为中心的束缚，对于数字化家电来说，1394 更加有吸引力。

1394 总线的拓扑结构和 USB 是一样的，是树形结构。树形结构就是所有的连接在一起的设备不能形成一个环（圈）。否则就可能不能正常工作。不过 1394b 提出了一个避免环状结构的方法，在即使设备连接形成一个圆圈时，也能保证正常工作。1394 和 USB 这类串行总线和 PCI 这类并行总线不一样，1394 和 USB 这类总线，两个设备之间如果必须经过第三个设备，那么数据必须也从第三个设备穿过，也就是说第三个设备也要参与传输。而 PCI 这类并行总线，就像一条大马路铺到各家的门口，两个设备如果商量好传输数据，并申请到了总线，就可以直接在两个设备间传输，不用经过第三家。当然更本质的区别是，1394 是串行的，而 PCI 是并行的。

1394 总线上的设备之间也会选举一些设备作为总线的管理，做些额外的工作，如下所示。

根节点：主要是在总线仲裁中做最终的判定。

同步资源管理器：主要是在同步传输中，管理带宽，或者提供总线的拓扑结构和有限的电源管理。

总线管理器：可以设置根节点，提供总线拓扑结构，优化网络的响应时间，和更高级的电源管理。

（5）热插拔

能带电插拔。增删新装置，不必关闭电源，操作非常简单。

（6）即插即用

增加新装置不必设定 ID，可自动予以分配。SCSI 使用者必须设定 SCSI 地址，而 IEEE 1394 的使用者不需要任何相关知识，操作非常简单，接上就可以用。

实际上，每当有新的设备接入某个 1394 端口时，整个总线将会进行一个“欢迎仪式”，这个是总线自发的，和 PC 主机没有特殊的关系，学名叫做“总线复位”（bus reset）。这个过程，所有设备重新给自己起名字（节点标识，NODE ID），新的设备趁机为自己取个名字。1394 的起名字的机制很简单，从 0 开始往上，最多到 62。一般叶子节点的 ID 小，树根的 ID 最大。这个仪式结束后，大家又是各自干各自的事情了。1394 的 bus reset 是很平常的事情，短的只要 1μs，长的要 160μs，而 USB 下，却跟凤凰涅槃一样隆重而冗长，至少在 USB 2 下，一个端口复位要 150ms，而一个 bus reset 就要复位所有连接设备的 port，所以在连接 4 个设备时必须 600ms 以上的时间。这个并无好坏之分，只是各自的工作方式不一样而已。

（7）应用

IEEE 1394 的应用不仅限于单一的计算机接口领域。它所具有的高速、宽带的特征，特别是等时传输的能力，不仅可应用于计算机，而且在家电领域也大有用武之地。同时，也不要以为 IEEE 1394 只能应用于家庭局域网这种小范围。有关与 ATM 间的网桥连接的研究正在进行之中，远程宽带应用也已经有了成型的设想。IEEE 1394 的应用大致可分为三部分，一是数码录像机、摄录一体机等家电产品，二是打印机、扫描仪等计算机外设，三是硬盘、DEV-ROM 等微机内部外设。

IEEE 1394 的推广首先受到了家电厂家的关注，因为其传输速率达到 100Mb/s 到 400Mb/s，可以对未经压缩的数字图像进行实时传送，而且既可以建立与微机的连接，也可以不经微机直接连接家用电器。1996 年，由 50 多个家电厂商组成的数码摄录机论坛将 IEEE 1394 作为数字视频/音频的标准接口。也就是说，与数码摄录机和数字广播相应的数字电视接收机也采用此标准。索尼公司推出了两款 NTSC 制式的数码摄录机，备有 IEEE 1394 标准的数字音频、视频接口，这是 IEEE 1394 在全球应用的第一步。1997 年 11 月，有关防止非法复制的技术标准确定后，带有 IEEE 1394 接口的摄录机和 DVD 可以上市了。欧洲数字电视广播公司已经决定在遥控设备和其他外设上采用 IEEE 1394 标准的总线。索尼公司在其数字家电产品中全面采用了 IEEE 1394 接口，实现了数字化和网络化。其他家电公司也在利用 IEEE 1394 方面取得了进展，如柯达公司生产出了第一台支持 IEEE 1394 的数码相机；精工-爱普生公司备有 IEEE 1394 接口的彩色打印机可以不通过计算机，直接与数码相机或摄录机连接打印出彩色照片。

计算机厂家对 IEEE 1394 的反应似乎要迟一些，但是一些主要厂家已开始行动了。Intel 公司 1997 年底决定在外设芯片(逻辑 LSI)中集成 IEEE 1394 电路。美国微软公司已在 Windows 98 中支持 IEEE 1394 端口，并开发了支持数码摄录机、数码录像机的设备驱动软件。另一种以 Intel 和 Microsoft 等几家公司共同倡导的被称为设备舱位(Device Bay)的技术也正在出现。Device Bay 将通过现今的两种标准 USB 和 IEEE 1394 连接各种设备。可见，这些新标准都有望获得广泛的使用。

总之，IEEE 1394 既是新一代接口，又是新一代总线；既是计算机外设接口标准，又是家电接口标准；作为用户友好的多媒体连接方式，它可广泛地用于家庭、移动环境及办公室。作为面向音频/视频的低费用数字接口，数字电视、多媒体、CD-ROM(MMCD-ROM)家庭网络等新的音频/视频产品将是 IEEE 1394 最初的市场。IEEE 1394 还将逐渐改善现存的 SCSI 扫描设备、CD-ROM、磁带机、打印机等，从而在根本上消除家庭走向多媒体的障碍。

2.5 多媒体素材的存储设备

2.5.1 光盘和光盘驱动器

多媒体的素材采集到计算机后，就可以利用计算机强大的功能进行加工和处理了。但是，多媒体信息的数据量庞大，仅靠计算机硬盘的存储空间是远远不够的，因此，大容量光盘存储器成为多媒体系统的必备标准部件之一。

1. 光盘

随着 VCD、DVD 以及多媒体计算机的普及，光盘越来越多的进入千家万户。光盘以其存储量大、工作稳定、密度高、寿命长、便于携带、价格低廉以及应用多样化等特点已成为多媒体系统普遍使用的设备，因此，光盘作为日益深入社会生活的重要信息媒体，大大方便了家庭的娱乐与学习。

(1) 光盘的原理

光盘是用极薄的铝质或金质音膜加上聚氯乙烯塑料保护层制作而成的。与软盘和硬盘一样，光盘也能以二进制数据的形式存储文件和音乐信息。要在光盘上存储数据，首先必须借助计算机将数据转换成二进制，然后用激光将数据模式烧制在扁平的、具有反射能力的盘片上。激光在盘片上刻出的小坑代表1，空白处代表0。

在从光盘上读取数据的时候，定向光束(激光)在光盘的表面上迅速移动。从光盘上读取数据的计算机或激光唱盘机会观察激光经过的每一个点，以确定它是否反射激光。如果它不反射激光(那里有一个小坑)，那么计算机就知道它代表一个1。如果激光被反射回来，计算机就知道这个点是一个0，然后，这些成千上万、或者数以百万计的1和0又被计算机或激光唱盘机恢复成音乐、文件或程序。

(2) 光盘的分类和标准

光盘自1980年诞生以来，衍生出各种类型的光盘和各类型的标准规格书，这些标准规格书封面皆以颜色作为分类，包括了红、黄、绿、橘、白及蓝皮书，这些标准规格是荷兰飞利浦(Philips)与日本索尼(Sony)联合相关的公司所共同制定的世界标准。

① CD-DA

CD-DA简称为数字音乐光盘，红皮书定义CD-DA(Digital Audio)规格。这是Philips与Sony公司在1980年制定的，以后所有其他规格的光盘片均是以此为基础而发展。

数字音乐光盘片播放时间可达74分钟。Audio CD音乐以44.1kHz为采样频率单位，而每个采样单位转换数字信号都有一个16位范围的值。Audio CD光盘片的主要功能只是提供播放音乐，而且是循序播放，每首歌都是从头开始播到尾，因此红皮书的规格在当时是很单纯完整的，其最主要的目的就是提供一个标准的播放规格，所有的CD光盘片可以在所有的CD音响上来播放音乐。

② CD-ROM

CD-ROM简称为只读式光盘，黄皮书定义CD-ROM(Compact Disc-Read Only Memory)的规格。Philips与Sony在1983年发表了黄皮书。黄皮书是以红皮书为基础，存在CD片上的数据可分为两种，一种为正确性要求较低的音乐或图形数据，可容许一些Byte的错误，另一种是正确性要求非常严格的计算机数字或文字数据是不允许有错误的位数据。

黄皮书定义了2种不同类型的数据结构：Mode-1与Mode-2，Mode-1代表CD-ROM数据含有错误修证码(288 B)，每个扇区则存放2048 B的数据。Mode-2的数据则取消错误修证码，将那些空间省下来，因此每个扇区可以多存放288 B，总共有2336 B，因此Mode-2较适合存放图形、声音或影音数据。现在大部分的CD-ROM计算机用光盘片，包括程序、计算机游戏、百科全书或共享软件等，都是采用Mode-1方式存放数据。其他的光盘片，如Photo CD、CD-I及Video CD等，则是采用Mode-2方式来存放。

CD-ROM具有强大的功能及合理的价位，能够存储650MB左右的数据，对图形、数字影像信号及声音档案的储存均非常理想，光盘片本身有良好的保护，不易受到刮伤及灰尘的影响，但是无法像一般的磁盘片及硬盘机随意读/写，对于CD-ROM光盘片，数据是无法任意删除及重复写入的。

③ CD-I

电子出版物的一种。中文习称交互式光盘。它的功能与CD-ROM类似，但除了以影像、声音、图形和计算机数据形式存在的多种媒体的信息融合为一体，传达给使用者外，使用者还能够以交互方式索取到有意义的信息。CD-I在数据库、游戏、百科全书、教育和许多商业领域广泛应用。

除了播放CD-I光盘，CD-I光盘驱动器还可以播放音乐光盘（CD-DA）、CD＋图像光盘（CD＋G）、相片光盘（Photo-CD）。如果插入数字影像卡，它能播放卡拉OK光盘（Karaoke CD）和影像光盘（Video CD）。

CD-I技术由荷兰的飞利浦公司和日本的索尼公司合作开发。两家公司的主要目标是研制一项世界标准，以使CD-I光盘能在世界各地CD-I播放机上运行。为此，他们公布了CD-I完整功能性规范，通常称为绿皮书。

④ 可擦写光盘

橘皮书定义（CD-Recordable）的标准格式，简称为可记录式光盘。它可分为CD-MO（part-I）、CD-R（part II）、CD-RW（part III）三类，CD-MO因无法普及早已退出市场，因此，现以CD-R及CD-RW为现在使用最为广泛的存储媒体。

CD-R为可记录式光盘，可单次写入数据于光盘，但必须搭配CD-R光盘烧录器及烧录软件才可写入。可写入计算机数据或者音乐，但写入后的数据不能更改及删除，对于数据的保存有较高的安全性。CD-R盘片根据材质可分为金盘、绿盘、蓝盘和白盘等，它们各自的读/写能力都略有差别。

CD-W是可复写式光盘，它可重复写入及抹除光盘的数据，必须使用CD-RW光盘烧录器及专门烧录软件才可写入。它的使用寿命是可擦写1000次，它的使用弹性比CD-R更大，对于变化性较大数据，CD-RW是很不错的选择。

⑤ Video-CD

Video-CD简称为激光唱盘，也俗称“小影碟”，白皮书定义了（Video-CD）的标准格式。

用于播放影视节目的家用电器。1993年问世。通常的Video-CD机外形同普通录像机差不多，可以直接同家用电视机相连。与录像机不同的是，该机上播放的影视节目不是被记录在录像磁带上，而是被压制在直径120毫米的光盘上。

按照一般电视播放标准，一分钟电视节目需要100兆字节的存储空间，如不做特殊的技术处理，一张120毫米的光盘仅能存储5分钟的电视节目。为了使一张光盘能存储更多的电视节目，所有的Video-CD都用了一种叫做MPEG的数据压缩技术，以使一张光盘可以存储和播放74分钟的活动影视画面。

MPEG标准共有3个图像质量等级，分别称为MPEG-1，MPEG-2，MPEG-4。其中MPEG-1的图像质量相当于一般的VHS录像机，约可达到280线的分辨率；MPEG-1相当于广播级录像机的标准，可达到400线的分辨率；MPEG-2则相当于高清晰度电视（HDTV）的图像质量标准。通常，家用的Video-CD，只能达到MPEG-1标准的图像质量，但其音响效果可达到CD唱机的水平。

Video-CD的格式已得到世界主要电子生产厂商的联合支持，成为了一种事实上的工业标准。

⑥ Enhanced-CD

加强型光盘(E-CD)是一个光盘(CD)格式,它使光盘能够在CD机或支持多媒体的设备,例如交互式CD,DVD光驱,或CD光驱中播放,在这些地方附加的材料能被显示。加强型光盘,技术上称为刻记多分区,用来指有光驱数据附加的任何音频CD。大多数的音频CD只使用大约值60分钟的光盘的空间;加强型光盘利用不用的空间在音频CD上附加额外数据。唱片艺术家已经开始使用加强型光盘技术,把影片剪辑,艺术剖面,抒情诗,面谈,动画,奖励的材料,甚至游戏放在CD上。加强型光盘的规范在蓝皮书里有描述,它是1988年飞利浦公司和索尼公司橘皮书的补充,它想要为刻记多分区格式单独做一个定义。因为光盘被刻记(从最初的录音副本压进),它们不是使用者可记录的。被叫做附加新格式CD的蓝皮书,详细说明了两个录音事件,一个用来录制音频数据,另一个用来录制所包括的其他数据。像所有的CD格式一样,加强型光盘是以最初的红皮书规范为基础的。加强型光盘有时被称为CD-Extra,CD-Plus,stamped multisession,或简单地称为蓝皮书格式。E-CD格式是为克服混合模式CD的一些问题而设计的,它也是有一些对音频和其他数据分离的轨道组成。混合模式的光盘经常要对扬声器损害负责,当CD播放器试图读数据轨道时,就会产生很大的静电噪声。因为加强型光盘数据和音频轨道是被写在不同的分区,数据轨道可以对CD机不可见,所以只有音频轨道被播放。

⑦ DVD光盘

DVD是Digital Video Disc的缩写,意思是"数字电视光盘(系统)",这是为了与VCD相区别。实际上DVD的应用不仅仅是用来存放视频数据,它同样可以用来存储其他类型的数据。从外观和尺寸方面来看,DVD盘与VCD没有什么差别,但不同的是DVD盘光道之间的间距由原来的1.6μm缩小至0.74μm,而记录信息的最小凹凸坑长度由原来的0.83μm缩小至0.4μm。这使单面单层的DVD盘的存储容量可提高到4.7GB,它的容量是CD-ROM的7倍,而且DVD驱动器具有向下的兼容性,即可以读取CD-ROM的光盘。而DVD的盘片可做到双面双层,存储容量最高可达17GB。

2. 光盘驱动器

光盘驱动器在第一章已经介绍过,在此不再复述。

2.5.2 常用存储卡

随着数字产品的普及,俗称为"存储卡"的移动存储介质也如计算机配件中的光盘、软盘一样,成为消费者购买的热点产品。

存储卡有个很漂亮的中文名字叫"闪存",是一种新型的EEPROM(电可擦编程只读存储器)内存。闪存的历史并不长,从首次问世到现在只有短短的10年时间,在这10年中,发展出了各种各样的闪存。除标准规格的CF卡、SM卡、MMC卡以外,还有各个厂商自定标准的闪存规格,如索尼公司的记忆棒、松下公司的SD卡等。

1. CF卡

CF格式由来已久,被SanDisk公司在1994年首次制造出来。CF卡的全称是Compact Flash,Compact意指"小型的,轻便的",对比于PCMICA接口的"普通Flash"要小得多,并且可以通过专用的适配器转接在PCMICA接口上(也就是今天我们所说的PCMICA接口读卡器)。当年CF卡主要使用在笔记本电脑上做外存储器用,保存珍贵的资料,扩充系统的内存容量。时至今日 CF 的接口已经发展了很大的改进，提出了带 I/O 功能的 CF II 接口标准，并提高了接口的传输速度，支持 CF 接口的外设，CF 卡仅仅是 CF 接口外设的一种而已。CF 大小为 43mm×36mm×3.3mm，50 Pins。体积约 PCMCIA 卡的 1/4，重量小于 128g，支持 3.3V 与 5V 两种操作电压。

CF 的体积相对较大，对于当今的大多数超轻薄卡而言的确是大了点，但正由于 CF 的大体积，当今闪存卡上的容量纪录往往是在 CF 接口上得到突破的，现在最大的 CF 闪存卡的容量已经超过了 100GB，同时，正式因为 CF 接口的高速和大容量，使得 CF 卡在专业和准专业领域上得到了保留。

2. SD 卡

SD 卡全称为 Secure Digital 卡，SD 卡标准的面世相对而言比 CF 要晚，根据 MMC 为基础所开发的 Secure Digital(SD)，是由日本的 Matsushita Electronic(松下电器)、Toshiba(东芝)以及美国的 SanDisk 公司联合开发，其改进主要是在增添了版权保护的功能，提高了传输速度和增加了写保护机制等，其主要引脚的定义与 MMC 卡并没有太大的区别。SD 具有较高的兼容性，较小的体积和不错的数据传输速度，成为了当今的时尚数码相机和部分可拍照手机的标准配置。

SD 接口是当今世界上被采用得最多的闪存卡接口，比早于其开发成功的 CF 卡还要多，市面上主流的 PDA，数码相机，MP3 的闪存卡，烧录卡接口大多为 SD 卡。同时仿照 CF Ⅱ接口的成功经验，SD 接口也开发成为了新一代的 SDIO 接口，通过 SD 卡的总线连接其他外设，例如无线网卡，摄像头等，在 PDA 领域得到的广泛的应用，也使 SD 卡取代了 CF 卡成为了当今最常见的存储卡。

3. MMC 卡

MMC 卡全称为 Multi Media Card，由 SanDisk 与 Siemens AG/Infineon Technologies AG(也就是原本西门子 Siemens AG 公司的记忆事业部 Infineon)所联合开发，且于 1997 年 11 月发表，Size：24mm×32mm×1.4mm，重量 2g。1998 年成立 MMCA(MMC 卡协会)，走向标准化，MMC 卡的兼容性方面不及 SD 卡的好，数据传输速度受到硬件的限制，不适合做高速的数据传输，所以，实行新一代的标准，MMC Plus 势在必行，MMC 卡必须提高传输速度，才会有生存的空间。

4. MiniSD 卡

MiniSD 是 SD 卡的一大改进，随着智能手机和高像素拍照手机的不断兴起，仅仅靠手机的内存恐怕难以胜任储存照片和音乐电影文件的需求，正因如此，MiniSD 和 RSMMS 两种新格式作为 SD 卡和 MMC 卡的缩小版，正式开始投放市场。MiniSD 与 RSMMC 的区别在于 MiniSD 上依然保留着 SD 卡的绝大部分特性，包括版权保护，而 RSMMC 则仅仅是 MMC 卡在体积上的缩小，并没有改进传输速度和其他特性。

5. TF 卡

TF 是小卡，SD 是大卡，都是闪存卡的一种。TF 卡尺寸最小，可经 SD 卡转换器后，当 SD 卡使用。利用适配器可以在使用 SD 作为存储介质的设备上使用。TransFlash 主要是为照相手机拍摄大幅图像以及能够下载较大的视频片段而开发研制的。TransFlash 卡可以用来储存个人数据，例如数字照片、MP3、游戏及用于手机的应用和个人数据等，还内设版权保护管理系统，让下载的音乐、影像及游戏受保护；新型 TransFlash 还备有加密功能，保护个人数据、财政记录及健康医疗文件。

MicroSD 卡是一种极细小的快闪存储器卡，其格式源自 SanDisk 创造，原本这种记忆卡称为 T-Flash，及后改称为 TransFlash；而重新命名为 MicroSD 的原因是因为被 SD 协会(SDA)采立。另一些被 SDA 采立的记忆卡包括 MiniSD 和 SD 卡。

其主要应用于移动电话，但因它的体积微小和储存容量的不断提升，现在已经使用于 GPS 设备、便携式音乐播放器和一些快闪存储器盘中。

它的体积为 15mm×11mm×1mm，差不多相等于手指甲的大小，是目前最细小的记忆卡。现时 MicroSD 卡提供 128MB、256MB、512MB、1GB、2GB、4GB、8GB、16BG 和 32GB 的容量。

2.6 多媒体数据的压缩

2.6.1 多媒体数据压缩技术基础

1. 多媒体数据压缩的必要性

多媒体计算机技术是面向三维图形、立体声和彩色全屏幕运动画面的处理技术。多媒体计算机面临的是数字、文字、语音、音乐、图形、动画、静态图像、电视视频图像等多种媒体承载的由模拟量转换为数字量的吞吐、存储和传输的问题。数字化了的视频和音频信号的数据量是非常大的。例如，一幅分辨率为 640×480 的真彩色图像(24b/像素)，它的数据量约为 7.37MB。若要达到每秒 25 帧的全动态显示要求，每秒所需的数据量为 184MB，而且要求系统的数据传输率必须达到 184MB/s。对于数字化的声音信号，若采样精度为每样本 16b，采样频率为 44.1kHz，则双声道立体声声音每秒将有 176KB 的数据量。从以上例子可见，数字化信息的数据量是非常大的，对数据量的存储、信息的传输以及计算机的运行速度都增加了极大的压力。这也是多媒体技术发展中首先要解决的问题，不能单纯用扩大存储容量、增加通信干线的传输率的办法解决。数据压缩技术是个行之有效的方法。通过数据压缩手段把信息数据量降下来，以压缩形式存储和传输，既节约了存储空间，又提高了通信干线的传输效率。

2. 多媒体信息的数据量

多媒体信息具有注重表达、保持高质量的模拟程度、还原迅速等突出的特点，这意味着要使用大量的数据来描述多媒体信息。未经压缩处理的多媒体数据对信息传输、演示以及保存都构成了非常不利的因素。那么，多媒体信息的数据量是如何计算的呢？现在以文本、图像、音频和视频信息为例进行介绍。

(1) 文本。主要用于演示。假设屏幕的显示分辨率为 1024×768 像素，屏幕上的字符为 16×16 点阵，每个字符用 4 个字节表示，则显示一屏字符所需要的存储空间为：

$$(1024/16)\times(768/16)\times 4\text{B}=12\,288\text{B}$$

(2) 图像。图像由像点构成，假定一幅图像显示在 1024×768 像素分辨率的屏幕上，颜色位数为 8b，则满屏幕像点所占用的空间为：1024×768×8=6291456(b)=768KB

(3) 音频。数字音频的数据量由采样频率、采样精度、声道数量 3 个因素决定。假定需要还原的模拟声音频率是 22 050Hz，这个频率已经达到人耳听觉的上限，则其数字采样频率为 44 100Hz，采样精度为 16b，双声道立体声模式，1min 所需数据量为：

$$44\,100\text{Hz}\times 16\text{b}\times 2(\text{双声道})\times 60(\text{秒})=10\,584\text{KB}\approx 10.33\text{MB}$$

按照一首乐曲或歌曲的长度为 4 分钟计算，对应的音频数据量约为 40MB。

(4) 视频。我国采用带宽为 5MHz 的 PAL 制式视频信号，扫描速度 25 帧/秒，样本宽度 24b，采样频率最低 10MHz，则一帧数字化图像所占用的最少存储空间为：

$$10\text{MHz}(\text{采样频率})\div 25\ \text{帧/秒}(\text{扫描速度})\times 24\text{b}(\text{样本宽度})=9.6\text{Mb}=1.2\text{MB}$$

按照每秒钟显示 25 帧画面计算，每秒钟的数据量为：1.2MB×25＝30MB。

由此可见，多媒体信息的数据量是很大的。如果不对如此大量的数据做任何形式的压缩处理，信息的保存、传输和携带都将成为很大问题。

3. 数据压缩的条件

能够进行数据压缩是有条件的，只有具备了一定的条件才能进行压缩。数据压缩的条件主要表现在以下几个方面。

(1) 数据冗余度

音频信号和视频信号等原始数据通常存在很多用处不大的空间，这种空间越多，数据的“冗余度”也越大。通过数据的压缩，可以把这些不用的空间去掉。

(2) 人类不敏感因素

一般而言，人类对某些频率的音频信号不敏感，在数据压缩时，可去掉这些不敏感成分，减少数据量。另外，人眼存在视觉掩盖效应，即对亮度比较敏感，而对边缘的强烈变化并不敏感，如果对表现边缘的复杂数据进行适当压缩，也可减少数据量。

(3) 信息传输与存储

信息承载在数据上进行传输和存储，在传输和存储前后需要对数据进行压缩处理。数据在存储和传输之前，首先进行数据有损压缩或者数据无损压缩，待传输到目的地或读出数据时，再进行数据还原，进行数据的解压缩过程。如果数据被有损压缩，则解压缩后的数据仍然有损。例如，JPEG 格式的图像数据经过有损压缩和解压缩，如果选择适当的压缩比，其质量仍能保持相当高的水平，损失的像素和颜色不易察觉。

4. 多媒体数据的冗余类型

人们研究发现，图像数据表示中存在着大量的冗余。通过去除那些冗余数据可使原始图像数据极大地减少，图像数据压缩技术就是研究如何利用图像数据的冗余性来减少图像数据量的方法。因此，数据压缩的起点是分析其冗余性。常见的一些图像数据冗余有以下几种类型。

(1) 空间冗余。在同一幅图像中，规则物体和规则背景(规则是指表面有序的而不是完全杂乱无章的排序)的表面物理特性具有相关性，这些相关性的光成像结果在数字化图像中就表现为数据冗余。这是在图像数据中经常存在的一种冗余。例如，在一幅静态图像中，物体上或背景中有一块颜色均匀的区域，这样就存在着很大的空间冗余，因为这些像素都可以用几种颜色来表示，其数据是完全一样或十分接近的，没有必要像原始图像中那样逐点描述。这样完全一样或十分接近的数据都可以压缩，不影响视觉上的图像质量。

(2) 时间冗余。这是语音或序列图像中常见的冗余。在图像序列中，相邻序列图像之间有很强的相关性，一帧图像中的某物体或场景可由其他帧图像中的物体或场景重构出来，利用这种帧间运动补偿可以将图像数据的速率大大压缩。同理，在语音中，尤其是浊音段，在相当长的时间段内，语音信号表现出很强的周期性，并且由于人在讲话时，发音的音频是一个连续和渐变的过程，而不是一个完全时间上独立的过程，因而存在着很大的数据冗余。

(3) 信息熵冗余。信息熵是指一组数据所携带的信息量少于数据本身所反映出来的数据冗余。从编码的角度讲，是指在信源的符号表示过程中由于未遵循信息论意义上的编码原则而造成的冗余，这种冗余可以通过熵编码来压缩。

(4) 结构冗余。在有些图像中的物体表面有着明显的纹理结构，往往存在着数据冗余，这种冗余称为结构冗余。如条纹图案等，在结构上存在着较强的相似性，也就存在着结构冗余。已知纹理结构的分布模式，可以通过某一过程生成图像。

(5) 知识冗余。有许多图像或文字数据的理解与某些知识有相当大的关系。例如，人脸的图像就有固定结构，眼睛在上方，鼻子在中间，嘴巴在下方等，这些规律性的结构可由经验知识得到；有些成语和英文单词等，知道前面的大部分，后面的也就知道了，在这种情况下后面的文字就不携带任何信息量了。这就是知识冗余。

(6) 视觉冗余。事实表明，人类的视觉系统由于受生理特性的限制，对图像场的注意是非均匀的和非线性的，特别是人眼并不是对图像的任何变化都能感觉到。在记录原始的图像数据时，对于人眼看不见的或不能分辨的部分数据进行记录显然是不必要的，或者说对图像的压缩或量化而使图像发生了一些变化，但这些变化如果人眼不能察觉，则仍认为图像是完好的。事实上，人类视觉的一般分辨能力为 2^6 灰度等级，而一般图像的量化所采用的是 2^8 灰度等级，从而存在着视觉冗余。

(7) 听觉冗余。人耳对不同频率的声音的敏感性是不同的，不能察觉所有频率的变化，因此对有些频率的声音不必特别注意，从而存在着听觉冗余。

(8) 其他冗余。如图像的空间非正常特性所带来的冗余。

针对上述各种冗余类型，人们已经提出了各种方法来对多媒体数据进行压缩。随着对人类的感知系统和多媒体数据的进一步研究，人们可能会发现更多的冗余类型，使图像数据压缩的范围越来越大，从而推动多媒体技术的进一步发展。

2.6.2 多媒体数据压缩方法的分类

数据压缩的核心是计算方法，不同的计算方法，产生不同形式的压缩编码，以解决不同数据的存储与传送问题。实际上，数据冗余类型和数据压缩的算法是对应的，一般根据不同的冗余类型采用不同的编码形式，随后是采用特定的技术手段和软硬件，以实现数据压缩。

数据的压缩处理一般分两个过程。

(1) 编码过程。该过程将原始数据进行压缩，形成压缩编码，然后将压缩编码数据进行传送和存储。

(2) 解码过程。该过程将原有编码数据进行解压缩，还原成原始数据，提供使用。

编码过程与解码过程是成对出现的过程，其计算方法严格配套。数据经过编码和解码过程，应不会产生很大损失，否则数据压缩就失去了实际意义。

数据压缩算法一般按照应用原则进行分类，即考虑解码后的数据与压缩前的原始数据是否完全一致。如果完全一致，意味着数据没有发生任何损失，对应的压缩算法形成的编码称为无损压缩编码。如果解码后的数据与原始数据不一致，则是有损压缩编码。

1. 无损压缩编码

无损压缩编码是无损压缩形成的编码，该编码在压缩时不丢失数据，还原后的数据与原始数据完全一致。无损压缩具有可恢复性和可逆性，不存在任何误差。

无损压缩编码基于信息熵原理，属于可逆编码。可逆是指压缩的数据可以不折不扣地还原成原始数据。典型的可逆编码有：霍夫曼编码、算术编码、行程编码等。

可逆编码与被处理的信息熵有关，其压缩比一般不高，这主要是由于该编码方法必须保证数据“无损”，必要的数据量比较大的缘故。

可逆编码一般用于严格要求、不允许丢失数据的场合。例如，医疗诊断中的成像系统、声音鉴别系统、星际探测的图像传送、卫星通信、全球定位系统、传真、网络通信等。

2. 有损压缩编码

有损压缩编码是有损压缩形成的编码，该编码在压缩时舍弃部分数据，还原后的数据与原始数据存在差异，有损压缩具有不可恢复性和不可逆性。

有损压缩编码属于不可逆编码，种类繁多，主要有预测编码、PCM 编码、量化与矢量量化编码、频段划分编码、变换编码、知识编码、基于分层处理的分层编码等。

2.6.3 静态图像 JPEG 压缩编码技术

为了在进一步提高静态图像压缩比的同时，还能保证图像的基本质量，人们研究制订了 JPEG 静态图像压缩标准，这是国际通用标准，目前已经商品化。

JPEG 静态图像压缩标准对同一帧图像采用两种或两种以上的编码形式，以期达到质量损失不大而又保证较高压缩比的效果。这种采用多种编码形式的处理方式叫做“混合编码方式”，它是 JPEG 静态图像压缩技术的显著特点。

1. JPEG 标准的由来

多年来，人们一直在寻找一种压缩比大、图像质量高的压缩编码方式。1986 年，国际电报电话咨询委员会 CCITT 和国际标准化组织 ISO 共同成立了联合图像专家组(Joint Photographic Experts Group，JPEG)。该专家组从探讨图像压缩的工业标准和学术意义两个方面入手，着重研究静态图像的压缩技术，建立、健全适合彩色和单色多灰度的连续色调静态图像的压缩标准，该标准以联合图像专家组的名字命名，即 JPEG 压缩标准。

1991 年，联合专家组提出了 ISO CD 建议草案——多灰度静止图像的数字压缩标准，该标准制定了 4 种工作模式。

(1) DCT 顺序编码模式，该模式是基本操作模式，也称基本系统，所有 JPEG 编码解码器都必须支持基本系统。基本系统的编码方案是采用二维余弦变换。

(2) DCT 递增模式，该模式又叫累进模式。

(3) 无失真编码模式。

(4) 分层编码模式。

ISO CD 建议草案经过国际电子技术委员会 ISO/IEC 的标准，正式成为第 10918 号标准，并正式命名为“JPEG 高质量静止图像压缩编码标准”，简称“JPEG 标准”。

2. JPEG 压缩算法

JPEG 压缩标准适用于连续色调、多级灰度、彩色或黑白图像的数据压缩，其无损压缩比大约为 4∶1；有损压缩比在 10∶1～100∶1 之间。当有损压缩比不大于 40∶1 时，还原的图像在色彩、清晰度、颜色分布等方面与原始图像相比，误差不大，基本上保持了原始图像的风貌。

根据人类眼睛对比度变化和颜色变化比较敏感的原理，JPEG 压缩标准在对图像数据进行压缩时，着重存储亮度变化和颜色变化，舍弃人们不敏感的成分。在还原图像时，并不重新建立原始图像，而是生成类似的图像，该图像保留了人们敏感的色彩和亮度。

JPEG 压缩算法的特点：

(1) 对图像进行帧内编码，每帧色调连续，随机存取。

(2) 可在很宽的范围内调节图像的压缩比和图像保真度，解码器可参数化。

(3) 对图像进行压缩时，可随意选择期望的压缩比值，从而得到不同质量的图像。

(4) 对于硬件环境要求不高，只要有一般的 CPU 运算速度即可。

(5) 可运行四种编码模式：DCT 顺序编码模式、DCT 递增模式、无失真编码模式和分层编码模式。

JPEG 标准定义了两种基本算法，即所谓的混合编码方法。第一种基本算法是基于空间线性预测编码技术(即差分脉冲编码调制)算法，该算法属于无失真压缩算法，也叫无失真预测编码；第二种基本算法是基于离散余弦变换、行程编码、熵编码的有失真压缩算法，又叫有失真 DCT 压缩编码。

2.6.4 动态图像 MPEG 压缩编码技术

动态图像系统的播放速度一直是大问题，要想快速、连续、平滑地重现动态图像，数据量不能过大，否则由于计算机处理速度跟不上，将导致播放停顿和抖动。压缩数据量是解决动态图像速度的关键。

动态图像压缩编码技术 MPEG(Motion Picture Experts Group)诞生于 1991 年，后于 1992 年由国际电子技术委员会定为 ISO/IEC 标准，其标准案号是第 11172 号。动态图像压缩编码技术 MPEG，简称"MPEG 标准"。MPEG 标准是一个通用标准，主要针对全动态图像而设计。该标准分为 3 部分：

(1) MPEG 视频压缩。进行全屏幕动态视频图像的数据压缩，传输速率为 1.5Mb/s。

(2) MPEG 音频压缩。进行数字音频信号的压缩，传输速率是 64kb/s、128kb/s、192kb/s。

(3) MPEG 系统——MPEG 标准的算法、软件和硬件。

1. 基本原理

动态图像是一组有序排列的图像，各帧之间的相似处和相同处很多，换言之，相邻帧之间存在着冗余。有损编码技术的任务是找出帧之间的冗余，然后以帧速度进行预测和压缩。

动态图像中最常见的是视频图像和动画，视频图像的帧速度是：

- PAL 制式：25 帧/秒。
- NTSC 制式：30 帧/秒。

对于视频图像和动画，帧之间变化的内容产生动作，没有变换的内容在视觉上是静止的，有无变化是数据压缩的基本依据。

(1) 动态图像压缩主要解决的问题

在对动态图像的压缩过程中，压缩系统主要解决以下 3 个问题。

① 正确区分静止图像和动态图像。

② 提取动态图像中的活动成分。

③ 进行帧之间的预测，提供压缩的依据。压缩系统对比两帧对应位置的像点，有变化的像点运算结果为0，否则为1。通过简单的运算，即可识别图像的活动成分，并进行相应的编码，达到压缩的目的。

(2) 帧的预测编码

动态图像有很多帧组成，帧与帧之间存在冗余，帧的预测编码将把冗余舍弃，只传送和存储有效信号。随着大规模集成电路的发展，预测编码技术所需要的存储容量和运算速度都得到了保证，在很大程度上满足了对动态图像进行实时处理的需要。

有两种方法可实现对动态图像的帧进行预测编码。

① 条件像素补充法——该方法是比较两帧对应位置的像素亮度，若亮度差值超过预先规定的阈值(这就是所谓的"条件")，则认为两个像素有变化，证明像素在画面上是活动的。这时，把所有经过比较判定有变化的像素保存在缓冲存储器中，随后以恒定的速率传送出去。而那些亮度差值未超过阈值的像素，则不予处理。这样，被传送出去的只是帧之间的差值，其数据量在一定程度上减少了许多，实现了数据压缩的目的。

② 运动补偿法。该方法是 MPEG 标准采用的主要技术，此法对提高压缩比起到很大作用，特别对于可视电话系统和电视会议系统，由于画面活动内容很少，其压缩比可得到大幅度提高。运动补偿法首先跟踪画面内的活动状态，并对其进行运动向量计算，然后加以补偿，最后再利用帧间预测实现最终目的。

(3) 图像的分类

MPEG 标准根据处理图像的性质，把图像分成以下三类。

① 帧内图像(Intra pictures)。帧内图像又称"I 图像"，对于此类图像，JPEG 标准按照静止图像的模式进行压缩处理。主要利用静止图像自身的相关性进行编码，实现数据压缩的目的。帧内图像的压缩比一般不大，属于中度压缩，典型的经过压缩的像素编码为 2b。

② 预测图像(Predicted pictures)。预测图像又被称为 P 图像，该图像编码通过对最近的前一帧 I 图像或者 P 图像进行预测而得到。预测前一帧 I 图像或者 P 图像的过程叫做前向预测过程，其目的是把前面的图像作为预测下一帧图像的参照物，使图像编码的数据量减少，从而达到数据压缩的目的。

与帧内图像相比，预测图像有较高的压缩比，但由于预测图像编码用预测值取代真实值的缘故，会增加图像的失真。

③ 双向图像(Bidirestional pictures)。双向图像又被称为 B 图像，其编码过程用前一帧图像作为参照物，又可以使用后一帧图像作参照物，也可以两者同时使用，这就是"双向"的含义。

双向预测可以采用 4 种编码技术，即帧内图像编码、前向预测编码、后向预测编码、双向预测编码。双向图像的压缩方法具有以下明显的特点。

① 综合各种压缩编码的优势，最大限度地实现数据压缩，能够获得较高的压缩比。

② 能够进行多种方式的比较，减少误差。

③ 能够对两帧图像取平均值，以便减少图像切换时的噪音抖动和不稳定因素。

2. MPEG 技术标准

活动图像专家组 (Moving Picture Expert Group，MPEG) 负责开发电视图像数据和声音数据的编码、解码和它们的同步等标准。这个专家组开发的标准称为 MPEG 标准，到目前为止，已经开发和正在开发的 MPEG 标准有：MPEG-1、MPEG-2、MPEG-4、MPEG-7、MPEG-21 等。

(1) MPEG-1 标准

MPEG-1 是 MPEG 组织制定的第一个视频和音频有损压缩标准。视频压缩算法于 1990 年定义完成。1992 年底，MPEG-1 正式被批准成为国际标准。MPEG-1 是为 CD 光盘介质定制的视频和音频压缩格式。一张 70 分钟的 CD 光盘传输速率大约在 1.4Mb/s。而 MPEG-1 采用了块方式的运动补偿、离散余弦变换(DCT)、量化等技术，并为 1.2Mb/s 传输速率进行了优化。MPEG-1 随后被 Video CD 采用作为核心技术。MPEG-1 的输出质量大约和传统录像机 VCR 信号质量相当，这也许是 Video CD 在发达国家未获成功的原因。

MPEG-1 音频分三层，分别为 MPEG-1 Layer1，MPEG-1 Layer2 以及 MPEG-1 Layer3，并且高层兼容低层。其中第三层协议被称为 MPEG-1 Layer 3，简称 MP3。MP3 目前已经成为广泛流传的音频压缩技术。

MPEG-1 制定于 1992 年，为工业级标准而设计，它可针对 SIF 标准分辨率(对于 NTSC 制为 352×240；对于 PAL 制为 352×288)的图像进行压缩，传输速率为 1.5Mb/s，每秒播放 30 帧，具有 CD(指激光唱盘)音质，质量级别基本与 VHS 相当。MPEG 的编码速率最高可达 4～5Mb/s，但随着速率的提高，其解码后的图像质量有所降低。

MPEG-1 也被用于数字电话网络上的视频传输，如非对称数字用户线路(ADSL)，视频点播(VOD)，以及教育网络等。同时，MPEG-1 也可被用做记录媒体或是在 Internet 上传输音频。

MPEG-1 曾经是 VCD 的主要压缩标准，是目前实时视频压缩的主流，可适用于不同带宽的设备，如 CD-ROM、Video-CD、CD-I。与 M-JPEG 技术相比，在实时压缩、每帧数据量、处理速度上均有显著的提高。MPEG-1 可以满足多达 16 路以上，25 帧/秒的压缩速度，在 500kb/s 的压缩码流和 352 像素×288 行的清晰度下，每帧大小仅为 2k。若从 VCD 到超级 VCD，再到 DVD 的不同格式来看，MPEG-1 的 352×288 格式，MPEG-2 有 576×352、704×576 等，用于 CD-ROM 上存储同步和彩色运动视频信号，旨在达到模拟式磁带录放机(Video Cassette Recorder，VCR)质量，其视频压缩率为 26∶1。MPEG-1 可使图像在空间轴上最多压缩 1/38，在时间轴上对相对变化较小的数据最多压缩 1/5。MPEG-1 压缩后的数据传输率为 1.5Mb/s，压缩后的源输入格式(Source Input Format，SIF)，分辨率为 352 像素×288 行(PAL 制)，亮度信号的分辨率为 360×240，色度信号的分辨率为 180×120，每秒 30 帧。MPEG-1 对色差分量采用 4∶1∶1 的二次采样率。MPEG-1、MPEG-2 是传送一张张不同动作的局部画面。在实现方式上，MPEG-1 可以借助于现有的解码芯片来完成，而不像 M-JPEG 那样过多依赖于主机的 CPU。与软件压缩相比，硬件压缩可以节省计算机资源，降低系统成本。

但也存在着诸多不足。一是压缩比还不够大，在多路监控情况下，录像所要求的硬盘空间过大。尤其当 DVR 主机超过 8 路时，为了保存一个月的存储量，通常需要 10 个 80GB 硬盘，或更多，硬盘投资大，而由此引起的硬盘故障和维护更是叫人头疼。二是图像清晰度还不够高。由于 MPEG-1 最大清晰度仅为 352×288，考虑到容量、模拟数字量化损失等其他因素，回放清晰度不高，这也是市场反应的主要问题。三是对传输图像的带宽有一定的要求，不适合网络传输，尤其是在常用的低带宽网络上无法实现远程多路视频传送。四是MPEG-1的录像帧数固定为每秒25帧，不能丢帧录像，使用灵活性较差。从目前广泛采用的压缩芯片来看，也缺乏有效的调控手段，例如关键帧设定、取样区域设定等等，造成在保安监控领域应用不适合，造价也高。

(2) MPEG-2标准

MPEG-2制定于1994年，设计目标是高级工业标准的图像质量以及更高的传输率。MPEG-2所能提供的传输率在3～10Mb/s间，其在NTSC制式下的分辨率可达720×486，MPEG-2也可提供并能够提供广播级的视像和CD级的音质。MPEG-2的音频编码可提供左右中及两个环绕声道，以及一个加重低音声道。

由于MPEG-2在设计时的巧妙处理，使得大多数MPEG-2解码器也可播放MPEG-1格式的数据，如VCD。同时，由于MPEG-2的出色性能表现，已能适用于HDTV，使得原打算为HDTV设计的MPEG-3，还没出世就被抛弃了。(MPEG-3要求传输速率在20～40Mb/s间，但这将使画面有轻度扭曲)。除了作为DVD的指定标准外，MPEG-2还可用于为广播，有线电视网，电缆网络以及卫星直播(Direct Broadcast Satellite)提供广播级的数字视频。

MPEG-2的另一特点是，可提供一个较广的范围改变压缩比，以适应不同画面质量，存储容量，以及带宽的要求。对于最终用户来说，由于现存电视机分辨率限制，MPEG-2所带来的高清晰度画面质量(如DVD画面)在电视上效果并不明显，倒是其音频特性(如加重低音，多伴音声道等)更引人注目。

MPEG-2的编码图像被分为三类，分别称为I帧，P帧和B帧。

(3) MPEG-4

MPEG4于1998年11月公布，原预计1999年1月投入使用的国际标准。MPEG-4不仅是针对一定比特率下的视频、音频编码，更加注重多媒体系统的交互性和灵活性。MPEG专家组的专家们正在为MPEG-4的制定努力工作。MPEG-4标准主要应用于视像电话(Video Phone)，视像电子邮件(Video Email)和电子新闻(Electronic News)等，其传输速率要求较低，在4800～64 000b/s之间，分辨率为176×144。MPEG-4利用很窄的带宽，通过帧重建技术，压缩和传输数据，实现以最少的数据获得最佳的图像质量。

与MPEG-1和MPEG-2相比，MPEG-4的特点是其更适于交互AV服务以及远程监控。MPEG-4是第一个使你由被动变为主动(不再只是观看，允许你加入其中，即有交互性)的动态图像标准，它的另一个特点是其综合性。从根源上说，MPEG-4试图将自然物体与人造物体相融合(视觉效果意义上的)。MPEG-4的设计目标还有更广的适应性和更灵活的可扩展性。

目前，MPEG-1技术被广泛的应用于VCD，而MPEG-2标准则用于广播电视和DVD等。MPEG-3最初是为HDTV开发的编码和压缩标准，但由于MPEG-2的出色性能表现，MPEG-3只能是死于襁褓了。而我们今天要谈论的主角——MPEG-4于1999年初正式成为国际标准。它是一个适用于低传输速率应用的方案。与MPEG-1和MPEG-2相比，MPEG-4更加注重多媒体系统的交互性和灵活性。

MPEG-4目标是：① 低比特率下的多媒体通信。② 是多工业的多媒体通信的综合。

据此目标，MPEG-4引入AV对象(Audio/Visual Objects)，使得更多的交互操作成为可能。

MPEG-4 是为在国际互联网络上或移动通信设备(例如移动电话)上实时传输音/视频信号而制定的最新 MPEG 标准,MPEG-4 采用 Object Based 方式解压缩,压缩比指标远远优于以上几种,压缩倍数为 450 倍(静态图像可达 800 倍),分辨率输入可从 320×240 到 1280×1024,这是同质量的 MPEG-1 和 M-JEPG 的十倍多。

MPEG-4 使用"图层"(layer)方式,能够智能化选择影像的不同之处,是可根据图像内容,将其中的对象(人物、物体、背景)分离出来分别进行压缩,使图像文件容量大幅缩减,而加速音/视频的传输,这不仅仅大大提高了压缩比,也使图像探测的功能和准确性更充分地体现出来。

在网络传输中可以设定 MPEG-4 的码流速率,清晰度也可在一定的范围内做相应的变化,这样便于用户根据自己对录像时间、传输路数和清晰度的不同要求进行不同的设置,大大提高了系统使用时的适应性和灵活性。也可采用动态帧测技术,动态时快录,静态时慢录,从而减少平均数据量,节省存储空间。而且当在传输有误码或丢包现象时,MPEG-4 受到的影响很小,并且能迅速恢复。

MPEG-4 的应用前景将是非常广阔的。它的出现将对以下各方面产生较大的推动作用:数字电视、动态图像、万维网(WWW)、实时多媒体监控、低比特率下的移动多媒体通信、内容存储和检索多媒体系统、Internet/Intranet 上的视频流与可视游戏、基于面部表情模拟的虚拟会议、DVD 上的交互多媒体应用、基于计算机网络的可视化合作实验室场景应用、演播电视等。

当然,除了 MPEG-4 外,还有更先进的下一个版本 MPEG-7,准确来说,MPEG-7 并不是一种压缩编码方法,而是一个多媒体内容描述接口。继 MPEG-4 之后,要解决的矛盾就是对日渐庞大的图像、声音信息的管理和迅速搜索。MPEG-7 就是针对这个矛盾的解决方案。MPEG-7 力求能够快速且有效地搜索出用户所需的不同类型的多媒体材料。

MPEG-4 的优点。

① 基于内容的交互性

MPEG-4 提供了基于内容的多媒体数据访问工具,如索引、超级链接、上传、下载、删除等。利用这些工具,用户可以方便地从多媒体数据库中有选择地获取自己所需的与对象有关的内容,并提供了内容的操作和位流编辑功能,可应用于交互式家庭购物,淡入淡出的数字化效果等。MPEG-4 提供了高效的自然或合成的多媒体数据编码方法。它可以把自然场景或对象组合起来成为合成的多媒体数据。

② 高效的压缩性

MPEG-4 基于更高的编码效率。同已有的或即将形成的其他标准相比,在相同的比特率下,它基于更高的视觉和听觉质量,这就使得在低带宽的信道上传送视频、音频成为可能。同时 MPEG-4 还能对同时发生的数据流进行编码。一个场景的多视角或多声道数据流可以高效、同步地合成为最终数据流。这可用于虚拟三维游戏、三维电影、飞行仿真练习等。

③ 通用的访问性

MPEG-4 提供了易出错环境的鲁棒性,来保证其在许多无线和有线网络以及存储介质中的应用,此外,MPEG-4 还支持基于内容的可分级性,即把内容、质量、复杂性分成许多小块来满足不同用户的不同需求,支持具有不同带宽,不同存储容量的传输信道和接收端。

这些特点无疑会加速多媒体应用的发展，从中受益的应用领域有：因特网多媒体应用；广播电视；交互式视频游戏；实时可视通信；交互式存储媒体应用；演播室技术及电视后期制作；采用面部动画技术的虚拟会议；多媒体邮件；移动通信条件下的多媒体应用；远程视频监控；通过 ATM 网络等进行的远程数据库业务等。

④ MPEG-4 的技术特点

MPEG-1、MPEG-2 技术当初制定时，它们定位的标准均为高层媒体设计，但随着计算机软件及网络技术的快速发展，MPEG-1、MPEG-2 技术的弊端就显示出来了，交互性及灵活性较低，压缩的多媒体文件体积过于庞大，难以实现网络的实时传播。而 MPEG-4 技术的标准是对运动图像中的内容进行编码，其具体的编码对象就是图像中的音频和视频，术语称为“AV 对象”，而连续的 AV 对象组合在一起又可以形成 AV 场景。因此，MPEG-4 标准就是围绕着 AV 对象的编码、存储、传输和组合而制定的，高效率地编码、组织、存储、传输 AV 对象是 MPEG-4 标准的基本内容。

在视频编码方面，MPEG-4 支持对自然和合成的视觉对象的编码。(合成的视觉对象包括 2D、3D 动画和人面部表情动画等)。在音频编码上，MPEG-4 可以在一组编码工具支持下，对语音、音乐等自然声音对象和具有回响、空间方位感的合成声音对象进行音频编码。

由于 MPEG-4 只处理图像帧与帧之间有差异的元素，而舍弃相同的元素，因此大大减少了合成多媒体文件的体积。应用 MPEG-4 技术的影音文件最显著特点就是压缩率高且成像清晰。一般来说，一小时的影像可以被压缩为 350M 左右的数据，而一部高清晰度的 DVD 电影，可以压缩成两张甚至一张 650MB CD 光盘来存储。对广大的“平民”计算机用户来说，这就意味着，不需要购置 DVD-ROM 就可以欣赏近似 DVD 质量的高品质影像。而且采用 MPEG-4 编码技术的影片，对机器硬件配置的要求非常之低，300MHZ 以上 CPU，64MB 的内存和一个 8MB 显存的显卡就可以流畅地播放。在播放软件方面，它要求也非常宽松，只需要安装一个 500k 左右的 MPEG-4 编码驱动后，用 Windows 自带的媒体播放器就可以流畅地播放了。

(5) MPEG-7

随着信息爆炸时代的到来，在海量信息中，对基于视听内容的信息检索上是非常困难的。继 MPEG-4 之后，要解决的矛盾就是对日渐庞大的图像、声音信息的管理和迅速的搜索。针对这个矛盾，MPEG 提出了解决方案 MPEG-7，力求能够快速且有效地搜索出用户所需的不同类型的多媒体资料。该项工作于 1998 年 10 月提出。

这个 MPEG 家族的新成员被称为“多媒体内容描述接口”(Multimedia Content Description Interface)，简称为 MPEG-7。其目标就是产生一种描述多媒体内容数据的标准，满足实时、非实时以及推-拉应用的需求。MPEG 并不对应用标准化，但可利用应用来理解需求并评价技术，它不针对特定的应用领域，而是支持尽可能广泛的应用领域。

MPEG-7 将扩展现有标识内容的专用方案及有限的能力，包含更多的多媒体数据类型。换句话说，它将规范一组“描述子”，用于描述各种多媒体信息，也将对定义其他描述子以及结构(称为“描述模式”)方法进行标准化。这些“描述”元数据(包括描述子和描述模式)与其内容关联，允许快速有效地搜索用户感兴趣的资料。MPEG-7 将标准化一种语言来说明描述模式，即“描述定义语言”。带有 MPEG-7 数据的 AV 资料可以包含静止图像、图形、3D 模型、音频、语音、视频，以及这些元素如何在多媒体表现中组合的信息。这些通用数据类型的特例可以包含面部表情和个人化特性。

MPEG-7 的功能与其他 MPEG 标准互为补充。MPEG-1、MPEG-2 和 MPEG-4 是内容本身的表示，而 MPEG-7 是有关内容的信息，是数据的数据(data about data)。

MPEG-7 潜在的应用主要分为三大类。

第一类是索引和检索类应用，主要包括：视频数据库的存储检索；向专业生产者提供图像和视频；商用音乐；音响效果库；历史演讲库；根据听觉提取影视片段；商标的注册和检索。

第二类是选择和过滤类应用，主要包括：用户代理驱动的媒体选择和过滤；个人化电视服务；智能化多媒体表达；消费者个人化的浏览、过滤和搜索；向残疾人提供信息服务。

第三类是专业化应用，主要包括：远程购物；生物医学应用；通用接入；遥感应用；半自动多媒体编辑；教学教育；保安监视；基于视觉的控制。

(6) MPEG-21

对于不同网络之间用户的互通问题，至今仍没有成熟的解决方案。为了解决以上问题，MPEG-21 致力于为多媒体传输和使用定义一个标准化的、可互操作的和高度自动化的开放框架，这个框架考虑到了 DRM 的要求、对象化的多媒体接入以及使用不同的网络和终端进行传输等问题，这种框架还会在一种互操作的模式下为用户提供更丰富的信息。MPEG-21 标准其实就是一些关键技术的集成，通过这种集成环境对全球数字媒体资源进行增强，实习内容描述、创建、发布、使用、识别、收费管理、版权保护、用户隐私权保护、终端和网络资源撷取及事件报告等功能。

MPEG-21 的制定目的：

① 将不同的协议、标准和技术等有机地融合在一起。② 制定新的标准。③ 将这些不同的标准集成在一起。

任何与 MPEG-21 多媒体框架标准环境交互或使用 MPEG-21 数字项实体的个人或团体都可以被视为用户。从纯技术角度来看，MPEG-21 对于"内容供应商"和"消费者"没有任何区别。MPEG-21 多媒体框架标准包括如下用户需要：内容传送和价值交换的安全性；数字项的理解；内容的个性化；价值链中的商业规则；兼容实体的操作；其他多媒体框架的引入；对 MPEG 之外标准的兼容和支持；一般规则的遵从；MPEG-21 标准功能及各个部分通信性能的测试；价值链中媒体数据的增强使用；用户隐私的保护；数据项完整性的保证；内容与交易的跟踪；商业处理过程视图的提供；通用商业内容处理库标准的提供；长线投资时商业与技术独立发展的考虑；用户权利的保护，包括服务的可靠性、债务与保险、损失与破坏、付费处理与风险防范等；新商业模型的建立和使用。

习题 2

1. 模拟音频和数字音频有什么区别？
2. 声卡的性能主要是由什么决定的？
3. 存储声音的文件格式有几种？它们都有哪些优缺点？
4. 显示器的主要技术指标包括什么？
5. 投影仪的主要技术指标包括什么？

6. 数字摄像机主要有什么优点？它有哪些性能指标？
7. 视频素材一般有哪几种格式？其优缺点是什么？
8. 数字摄像机的主要技术指标是什么？
9. 怎样用 Windows 下自带的软件进行图像素材的采集？
10. USB 接口的特点是什么？IEEE 1394 接口的特点是什么？
11. 多媒体数据的冗余包括哪几类？这些冗余是怎样形成的？
12. 常用的静态图像和运动图像数据压缩的标准是什么？
13. 数码相机与光学相机的主要差别有哪些？
14. 在 MPEG 标准中，MPEG-1、MPEG-2 和 MPEG-4 分别适用哪些数据类型？
15. 扫描仪分为哪三类？
16. 图像素材主要有哪 5 种存储格式？
17. 触摸屏有哪 4 类？
18. 显示器分为哪两种？
19. 显示卡主要由哪几个部件构成？

第3章

平面图像处理——Photoshop CS2

Photoshop 是由 Adobe 公司开发的图形图像软件，是现今功能最强大、使用范围最广泛的平面图像处理软件。Photoshop 凭借其友好的工作界面、强大的功能、灵活的可扩充性已成了电子出版商、摄影师、平面广告设计师、广告策划者、平面设计者、网页及动画制作等人士必备的工具，甚至是计算机爱好者所应用的工具。

Adobe 公司推出的 Photoshop CS2 版本，在以前版本的基础上新增了许多强大的功能，包括更多的创作性选项，增加了更多可以提高工作效率的文件处理功能。Photoshop CS2 可以使用户的创意得到更大的提升，使用它可以把数码摄影图片、扫描图片、剪辑、绘画、图形以及现有任何美术作品结合在一起，通过运用各种处理手段，使之产生令人意想不到的艺术效果。

3.1 工作环境与文件操作

3.1.1 软件安装方法

（1）首先对软件进行解压缩，然后双击 setup. exe 文件，软件开始安装。

（2）根据提示选择“下一步”→“接受”→再选择三次“下一步”→单击“安装”。

（3）在弹出的激活界面中单击左下角的“激活选项”→接着选“通过软件自动激活系统进行电话激活”→“下一步”→记下激活号(共 7 组)。

（4）然后运行注册机 Keygen. exe(在软件所在的文件夹)，在 Activation Application 中选 Photoshop CS2 9.0，在 Request Code：中输入刚才所记下的激活号，单击最下面的 Generate 按钮，就可以得到授权码 Answer code(共 5 组)。

（5）返回 Photoshop CS2 激活界面，输入刚才生成的 5 组授权码，单击“激活”，激活成功。

（6）选择“下一步”→单击“完成”。

首次运行 Photoshop CS2 会要求进行网上注册，按下“不注册”即可。

3.1.2 启动程序

启动 Photoshop CS2 有多种方法，常用的方法有以下三种方法。

1. 从“程序”菜单启动

这是最常用的方法，打开“开始”菜单，选择“所有程序”→Adobe Photoshop CS2，即可启动 Photoshop CS2。

2. 双击 Adobe Photoshop CS2 的快捷方式

如果经常使用 Photoshop CS2，可以在桌面上建 Photoshop CS2 的快捷方式，双击即可进入 Photoshop CS2 工作界面。

3. 通过双击 PSD 文档启动 Photoshop CS2

启动 Photoshop CS2 以后，会弹出“欢迎屏幕”对话框，如图 1.3.1 所示。在其中显示了一些相关内容的标题，用户可以直接单击所需的标题进入相关的内容进行学习。如果不想查看新功能与高级技巧，可以关闭，也可以在教程中打开“学习基础知识”，在这里会查找到学习 Photoshop CS2 的基础知识。

图 1.3.1 “欢迎屏幕”对话框

关闭“欢迎屏幕”对话框，打开 Adobe Photoshop CS2 界面，如图 1.3.2 所示。

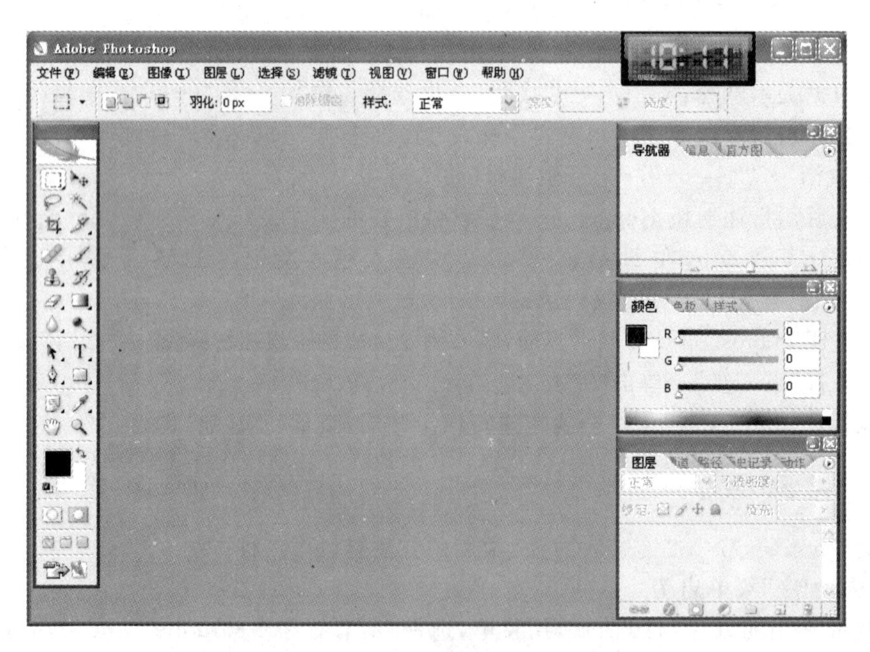

图 1.3.2 Adobe Photoshop CS2 界面

总图布局一目了然，可以改变它的摆放次序，也可以单击 Tab 键显示/隐藏工具箱，控制面板和选项栏，可以按 Shift+Tab 键显示/隐藏控制面板。还可以关闭控制面板，可以展开/折叠面板，也可以把工具箱、选项栏和控制面板拖动到屏幕的任何一个地方。

此时程序窗口中并没有画布（即图像文件），如何从中拿出一张画布来进行工作，又如何把它存放好呢?

3.1.3 新建文件

如果想利用 Photoshop 程序来绘图，制作网页或处理图像时，必须要新建一个文件或者打开一个文件。

在“文件”菜单中执行“新建”命令，弹出“新建”对话框，如图 1.3.3 所示。

对话框选项说明如下。

- “名称”选项：在该文本框中可以输入新建文件的名称，中英文均可；如果不输入自定义的名称，则程序将使用默认文件名；如果建立多个文件，则按未标题-1、未标题-2、未标题-3、…、未标题-*n* 依次给文件命名。
- “预设”选项：单击其后的下拉按钮，弹出如图 1.3.4 所示的下拉列表，用户可在其中选择所需的纸张大小；也可以在“宽度”与“高度”后面的下拉列表中选择所需的单位，如图 1.3.5 所示。

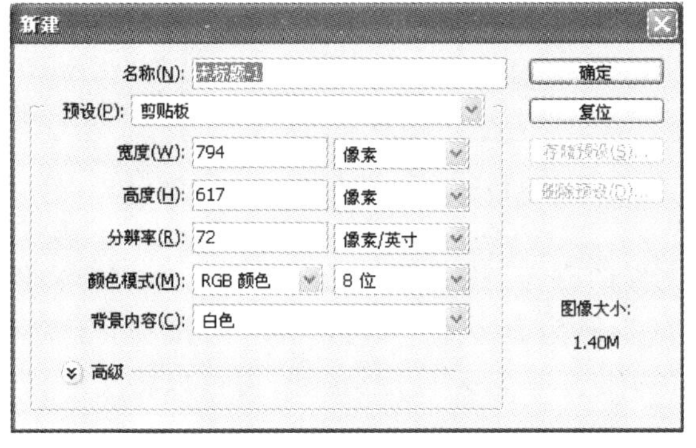

图 1.3.3 “新建”对话框

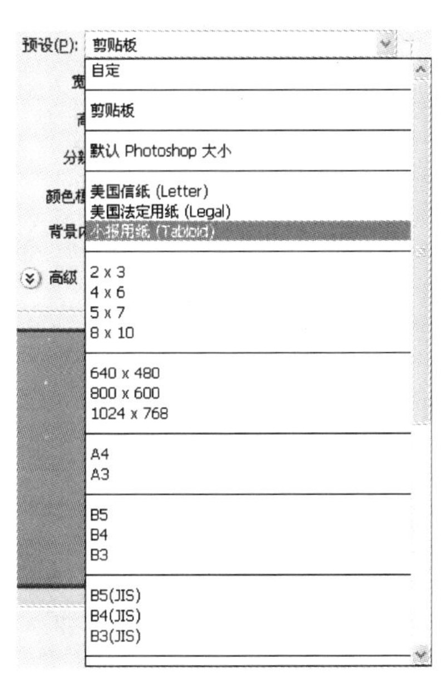

图 1.3.4 “预设”选项栏

- “分辨率”选项：在该文本框中可以输入所需的分辨率，也可以在其后的下拉列表中选择所需的单位，分辨率的单位通常使用像素/英寸和像素/厘米。
- “颜色模式”选项：在其下拉列表中可以选择图像所需的颜色模式，通常提供的图像颜色模式有位图、灰度、RGB 颜色、CMYK 颜色和 Lab 颜色。

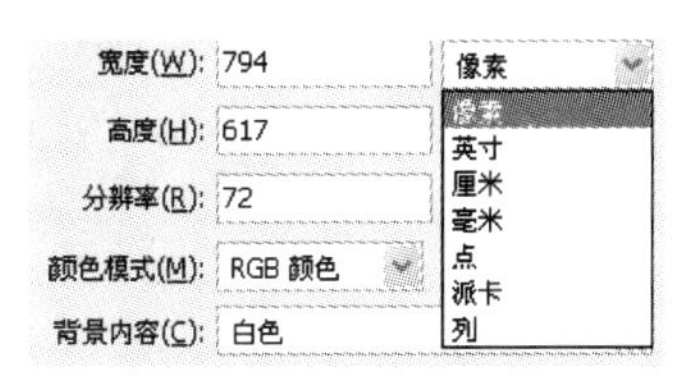

图 1.3.5 宽度和高度的选择

- “背景内容”选项：该选项也可称为背景，也就是画布颜色，通常选择白色。
- “颜色配置文件”选项：在其下拉列表中选择所需的色彩配置文件。
- “像素长宽比”选项：在其下拉列表中选择所需的像素纵横比。

3.1.4 存储文件

1. 使用存储命令

在“文件”菜单中执行“存储”命令，弹出“存储”对话框，如图 1.3.6 所示。

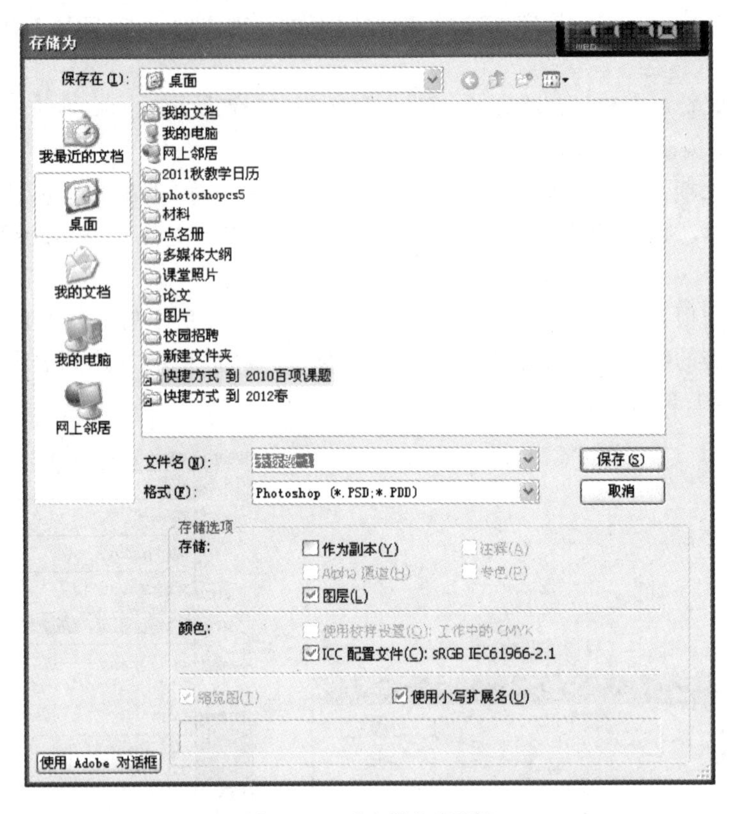

图 1.3.6 “存储”对话框

在“保存在”下拉列表中选择要存放文件的磁盘，然后在该磁盘中双击所需的文件夹。在“文件名”文本框中输入文件的名字，其他为默认值，单击“保存”按钮，接着弹出“Photoshop 格式选项”对话框，如下图 1.3.7 所示，单击“确定”按钮，便可以将文件保存到指定磁盘的文件夹中了。

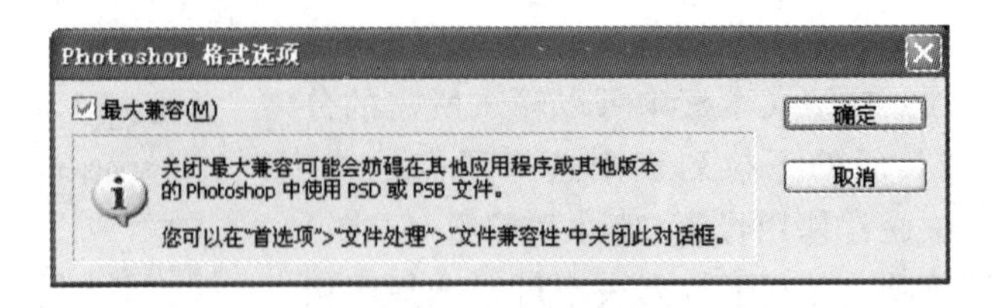

图 1.3.7 “Photoshop 格式选项”对话框

2. 使用存储命令

在菜单中执行"文件"→"存储为"命令，可在其中为文件另外命名或将其保存在另外的文件夹中。它的作用在于对保存过的文件进行备份或将文件另外命名并保存为其他文件。

3.1.5 关闭文件和退出 Photoshop 程序

1. 关闭文件

关闭文件时有两种情况：如果我们编辑的文件已经保存过，可直接在菜单中执行"文件"→"关闭"命令，即可关闭该文件；如果我们并没有将文件进行过保存，就直接关闭，那么它会弹出警告对话框，如果我们要保存文件或保存对文件的更改，请单击"是"按钮，否则单击"否"，如果不想关闭该文件请单击"取消"按钮。

2. 退出 Photoshop 程序

在菜单中执行"文件"→"退出"命令或直接单击 Photoshop 程序的标题栏上的关闭按钮，即可退出 Photoshop 程序。

3.1.6 打开文件

我们经常需要打开一些图片，来进行查看、修改、编辑和处理，那又该如何操作呢？

在菜单中执行"文件"→"打开"，即可弹出"打开"对话框，再在左边栏中单击"我的电脑"图标，显示我的电脑中的盘符。

在对话框中双击所需的盘符、文件夹，然后双击所需的文件，单击"打开"按钮，即可打开所选文件了。

如果要打开多个连续的文件，请先单击第一个文件，然后再按住 Shift 键的同时单击这一组文件中的最后一个，选择好后单击"打开"按钮即可。

如果要打开多个不连续的文件，则需在按 Ctrl 键的同时用鼠标单击所需文件，选择好后单击"打开"按钮即可。

3.1.7 菜单栏

- 文件菜单："文件"菜单的功能主要是对用户要制作或制作完成的文件进行管理，关于文件的建立、打开、存储、置入、导入、导出、页面设置、打印等命令的操作都可以在这里完成。
- 编辑菜单："编辑"菜单的作用是对 Photoshop CS2 中每一步操作结果的控制和对图像进行编辑以及对颜色、首选项进行管理等。
- 图像菜单："图像"菜单的主要功能是对图像进行色彩与色调调整，更改图像与画布大小、更改图像的颜色模式等。
- 图层菜单："图层"菜单的主要功能是对图层进行管理，如图层、图层组、调整图层等的建立、合并图层、对齐图层、分布图层等。此外它还可以对图层进行编辑，如添加图层蒙版、复制图层等。
- 选择菜单："选择"菜单的主要功能是对图像进行选择和对选区进行编辑与存储等。
- 过滤菜单："过滤"菜单的主要功能是利用这些命令可以使图像产生许多特殊的效果，而且每次用过的滤镜都排放到菜单的顶部，以便于重复使用。

- 视图菜单：利用“视图”菜单中的命令，可以对图像进行放大、缩小以及显示它的实际像素、打印尺寸等，可以对图像进行校样设置、对颜色进行校样、也可以显示网格、参考线等。
- 窗口菜单：“窗口”菜单的功能是可以显示/隐藏工具箱、选项栏、控制面板及文档窗口的排放等。
- 帮助菜单：通过“帮助”菜单可以获取一些 Photoshop 的相关帮助及一些增效工具的信息等。

3.2 工具及其选项栏

Photoshop CS2 中的工具都存放在工具箱中，而且默认状态下工具箱排放在程序窗口的左侧，用户可以把它拖动到屏幕的任何地方。

如图 1.3.8 所示是工具箱和工具箱中按住右下角有小三角的工具所弹出的工具条。

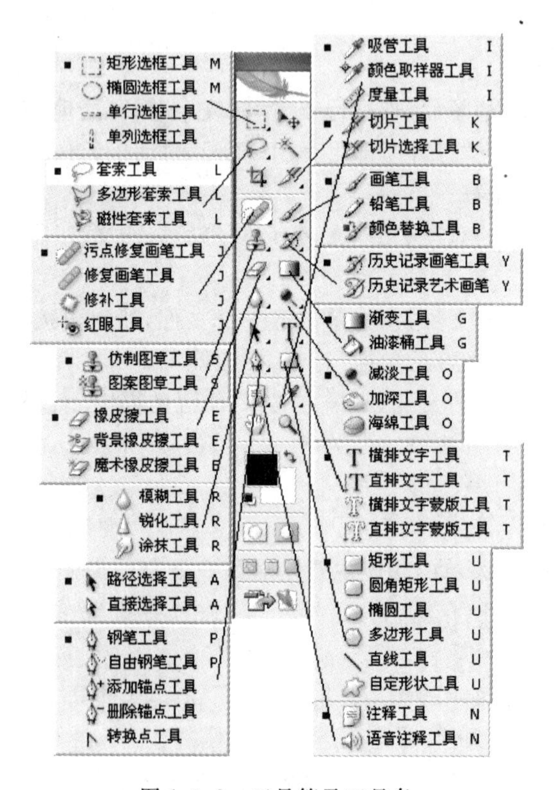

图 1.3.8 工具箱及工具条

3.2.1 选框工具

1. 矩形选框工具

(1) 作用

利用矩形选框工具可以在图像上框选出任意大小的矩形选框，约束长宽比的矩形选框或固定大小的矩形选框。

(2) 使用方法与效果

在工具箱中单击矩形选框工具,使它成为凹下状态,选项栏中就会显示它的相关选项。然后在画面中从一角单击鼠标左键向对角拖动,松开后即可得到一个矩形选框。

(3) 选项栏及其说明

- (新选区)按钮：在选项栏中选择该按钮时,可以在画面中创建新的选区,如果画面中创建新的选区,则在创建新选区的同时会取消原选区的选择。
- (添加到选区)按钮：选择该选项时可以向现有选区中添加选区。
- (从选区中减去)按钮：选择该选项时可以从已有选区中减去不需要的选区。
- (与选区交叉)按钮：选择该选项时可以选择与选区相交的选区。
- 可在 羽化: 0 px (羽化)文本框中输入所需的数值,来羽化选区。
- 可在 样式: 正常 / 正常 / 固定长宽比 / 固定大小 (样式)下拉列表中选择所需的选项,如果选择"固定大小",并在其后的"宽度"和"高度"文本框中输入所需的数值,然后在画面中单击,即可得到一个确定数值的矩形选框。

技巧：按 Shift 键的同时拖动鼠标,可以框选出一个正方形选框,按着 Alt 键的同时拖动鼠标,可以框选出以某一点为中心的矩形选框,按着 Alt＋Shift 键的同时拖动鼠标,可以框选出以某一点为中心的正方形选框。

如果画面中已经存在一个选区,按 Shift 键的同时按下鼠标左键向所需的方向拖动,到达所需的大小与形状后松开,即可框选出另一个矩形选框以添加到选区。如果按 Alt 键的同时拖动鼠标,即可从已有的选区中减去所需的选区。

注释：按下鼠标左键向所需的方向拖动,到达所需的大小与形状后再松开左键,以后将简称为拖动鼠标。

2. 椭圆选框工具

(1) 作用

利用椭圆选框工具,可以在画面中框选出任意大小的椭圆选框。

(2) 使用方法与效果

在工具箱中按住矩形选框工具按钮,弹出一工具条,在其中选择椭圆选框工具,或单击 Shift＋M 键来选择椭圆选框工具。使它成为当前工具后,选项栏中就会显示它的相关选项。然后根据需要在选项栏中设置所需的选项,设置好后即可在画面中从一点向对角拖动鼠标,得到一个椭圆选框。

(3) 选项栏及其说明

与矩形选框工具的选项栏相比,"消除锯齿"选项成为活动状态(即可用状态),勾选"消除锯齿"选项则可以绘制出比较平滑的选区,可以通过颜色填充取消选择,来查看效果,其他选项与矩形选框工具相同。

3. 单行、单列选框工具

(1) 作用

利用这两个工具,可以创建出一个像素宽度的单行或单列选区。

(2) 使用方法与效果

在工具箱中单击 (椭圆选框工具)按钮,并在弹出的工具条中选择 (单行选框工具)或 (单列选框工具)按钮,然后在画面中单击即可得到一个像素宽的选区。如果在选项栏中单击 (添加到选区)按钮,则可以再画面中单击多次,以得到多个选区。

3.2.2 移动工具

1. 作用

利用移动工具,可以将图像从一个文件中拖动到另一个文件中;也可以将选区内的内容移动到所需的地方;也可以移动当前图层中的内容到所需的地方。

2. 使用方法与效果

在工具箱中选择 移动工具,选项栏中就会显示它的相关选项,如图 1.3.9 所示。

图 1.3.9 “移动工具”选项栏

然后在图像上单击并向所需的地方拖动,松开左键后,即可把所选的内容或当前图层中的内容移动到所需的地方(同一图像另外的地方或别的图像中)。

注意:背景图层是不能移动的。

3. 选项栏及其说明

- “自动选择图层”选项:如果在选项栏中勾选“自动选择图层”复选框,则只需将鼠标指向要移动的对象,单击并向所需的地方拖动,松开后即可将所选的内容移到该处。
- “自动选择组”选项:选择该选项时可以在图像中直接单击某图层组中的内容以选择该图层组。
- “显示变换控件”选项:选择该选项时,在对象上单击就会在其周围显示定界框。用户可以将选择的对象移动到所需的位置,也可拖动四周的控制点来调整对象的大小。当调整对象大小时其界定框就变成变换框。这样,用户可以在其中输入所需的数值来进行缩放,也可以输入所需的角度来进行旋转,还可以在“设置水平斜切”或“设置垂直斜切”文本框中输入所需的数值来进行斜切等,设置好后单击✓按钮完成编辑。

3.2.3 套索工具

1. 套索工具

(1) 作用

利用套索工具,可以在图像中勾选出不规则的选区。

(2) 使用方法与效果

在工具箱中选择 套索工具,选项栏中就会显示它的相关选项,如图 1.3.10 所示。在图像上拖动鼠标(像用画笔一样),即可得到一个流动的不规则选区。

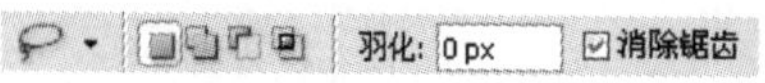

图 1.3.10 “套索工具”选项栏

(3) 选项栏及其说明

它与矩形选框工具的选项栏相似,用法也相同,只是没有了样式选项。

2. 多边形套索工具

(1) 作用

利用多边形套索工具,可以在图像中勾选出多边形的选区。

(2) 使用方法与效果

在工具箱中选择多边形套索工具,在画面中单击一点作为起点,然后移动鼠标到第二点再单击,再移动鼠标到第三点处单击,这样连续操作,直至勾选出所需的形状再返回到起点处,当指针变成状时单击,即可得到一个多边形的选区。

说明:多边形套索工具的选项栏与套索工具的选项栏相同。

3. 磁性套索工具

(1) 作用

利用磁性套索工具,可以将图像中与背景颜色相差较大的图形勾选出来,也可以勾选出不规则的选区。

(2) 使用方法与效果

在工具箱中选择磁性套索工具,选项栏中就会显示它的相关选项,如图 1.3.11 所示。在画面中某个图形的边缘上单击确定起点,然后移动指针到另一点处单击,这样连续操作,直至把整个图形勾选完成,当指针指向起点并呈状时单击,这样就可以对选区进行操作了。

图 1.3.11 “磁性套索工具”选项栏

(3) 选项栏及其说明

- “宽度”选项:如果要指定检测宽度,请在“宽度”文本框中输入所需的像素值。磁性套索工具只检测从指针开始指定距离以内的边缘。
- “边对比度”选项:可以在“边对比度”文本框中输入 1%～100%之间的一个数值来指定套索工具对图像边缘的灵敏度。如果只检测与它们的环境对比鲜明的边缘,请输入较高的数值,如果要检测低对比度边缘,请在文本框中输入较低的数值。
- “频率”选项:可在该文本框中输入 0～100 之间的数值来设置紧固点的频率。如果要更快地固定选区边缘,可在“频率”文本框中输入较高的值,否则相反。

3.2.4 魔棒工具

1. 作用

利用魔棒工具可以选取出画面中相似的像素。

2. 使用方法与效果

在工具箱中选择工具,选项栏中就会显示它的相关选项,如图 1.3.12 所示。然后在画面中单击要选择的区域,即可把颜色相近的区域选取出来。如果加大选取范围,可在“容差”文本框中输入较大的数值。

图 1.3.12 “魔棒工具”选项栏

3. 选项栏及其说明

魔棒工具的选项栏与矩形选框工具的选项栏不同的是多了“容差”、“消除锯齿”、“连续”和“对所有图层取样”几项。

- “容差”选项：在“容差”文本框中可输入0～255之间的像素值，来设置所选颜色的范围。如果输入比较小的数值，则可以选择与所单击的像素非常相似的颜色；如果输入比较大的数值，则可以选择更宽的色彩范围。
- “消除锯齿”选项：选择该选项可使选区边缘平滑。
- “连续”选项：如果要选择画面中该图层上所有相同的颜色，请不要勾选“连续”复选框。如果只选择某一个区域中相同的颜色，则可以勾选该复选框。
- “对所有图层取样”选项：如果要选择画面中所有可见图层中的颜色，可以勾选“对所有图层取样”复选框。否则，魔棒工具只选择当前图层中的颜色。

3.2.5 裁切工具

1. 作用

利用裁切工具可以裁切图像，也可以移去部分图像以突出或加强图像效果。它还可以用来制作动画效果。

2. 使用方法与效果

在工具箱中选择 裁切工具，选项栏中就会显示它的相关选项，如图1.3.13所示。

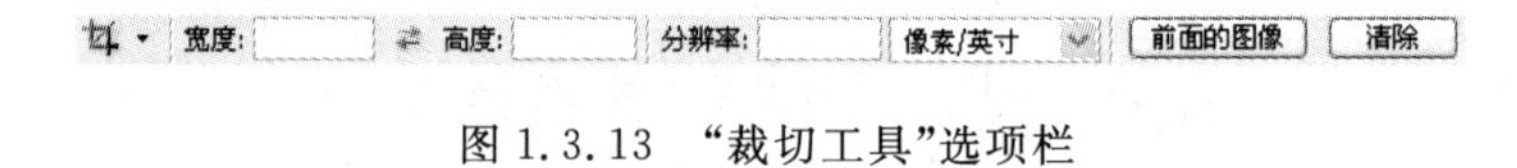

图 1.3.13 “裁切工具”选项栏

在画面中从一点向对角拖动鼠标，可以拖出一个裁切框，如果采用默认值，直接在裁切框中双击即可将裁切框之外的部分裁切掉。

3. 选项栏及其说明

如果图像有多个图层，并且在图像上拖出一个裁切框后，选项栏中“裁切区域”选项就变为活动可用状态，可以根据需要选择“删除”与“隐藏”两个选项。如果选中“删除”单选按钮，则裁切过后所选区域外的部分被裁切掉；如果选中“隐藏”单选按钮，则裁切过后所选区域外的部分只被隐藏，并不被裁切。

如果勾选“屏蔽”复选框，则可以设置裁切区域外的颜色和不透明度。

当选中“删除”单选按钮时，“透视”选项呈可用状态，该选项在处理石印扭曲时非常有用。当我们从一定角度（除平直视角）拍摄物体对象时，会发生石印扭曲，使用“透视”来进行裁切是最好不过的。

3.2.6 切片工具

1. 切片工具

（1）作用

利用切片工具，可以将图像划分成许多个功能区域，将图像保存为Web页时，每个切片作为一个独立的文件存在，文件中包含切片的设置、链接、翻转效果以及动画效果。使用切片还可以加快下载速度。此外，处理包含不同数据类型的图像时，切片工具也非常有用。

(2) 使用方法与效果

在工具箱中选择切片工具，选项栏中就会显示它的相关选项，如图 1.3.14 所示。

图 1.3.14　“切片工具”选项栏

在画面中需要划分切片的地方拖出一个矩形区域，这样就创建了一个用户切片。

(3) 选项栏及其说明

如果在画面中创建了参考线，则“基于参考线的切片”按钮就成为活动可用状态，单击即可创建基于参考线的切片。

2. 切片选取工具

(1) 作用

利用切片选取工具，可以选择所需的切片和更改所选切片的顺序。

(2) 使用方法与效果

在工具箱中选择切片选取工具，选项栏中就会显示它的相关选项，如图 1.3.15 所示。在图像中单击需选择的切片，即可使该切片处于被选状态。

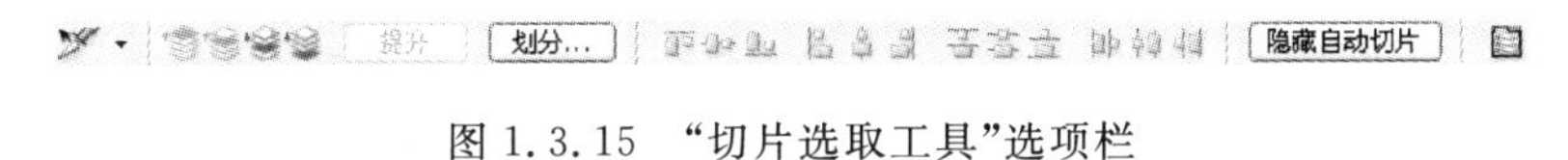

图 1.3.15　“切片选取工具”选项栏

(3) 选项栏及其说明

为置于顶层按钮，为前移一层按钮，为后移一层按钮，为置于底层按钮。如果在画面中选择的为自动切片，则“提升”按钮成为活动可用状态，单击即可将自动切片转为用户切片。单击“划分”按钮，弹出“划分切片”对话框，可在其中设定要划分的切片，设置好后单击“确定”按钮即可将选择的切片划分为指定的切片数。

3.2.7　修复画笔工具

1. 修复画笔工具

(1) 作用

使用修复画笔工具可以校正图像中的瑕疵。该工具也可以利用图像或图案中的样本来进行绘画与填充，并且还可将样本中的纹理，光照和阴影与源图像中的像素进行匹配，从而使修复过后的图像与周围环境融合。

(2) 使用方法与效果

在工具箱中选择修复画笔工具，选项栏中就会显示它的相关选项，如图 1.3.16 所示。选项栏中选中“取样”单选按钮，需按下 Alt 键的同时在画面中吸取所需的样本，然后松开 Alt 键在需要此样本的地方进行涂抹，涂抹过后所得到的图像与源图像中周围的环境融合。如果在选项栏中选中“图案”单选按钮，则可以利用预设的图案和自定的图案进行填充与绘画，所填充和绘画的对象将与周围的环境非常融合。

图 1.3.16　“修复画笔工具”选项栏

(3) 选项栏及其说明

- “画笔”选项：在选项栏中单击“画笔”后的下拉按钮，可弹出调板，可在其中设置所需的直径、硬度、间距、角度、圆度和大小。
- “模式”选项：可以根据需要在下拉列表中选择所需的混合模式。
- “取样”选项：如果选择该选项，则可以从画面中取样，然后应用所取的样对画面需要修复的地方进行修复。
- “图案”选项：如果选择该选项，单击其下拉按钮，则会弹出图案调板，可从中选择所需的图案来进行填充与绘画。
- “对齐”选项：如果勾选“对齐”复选框，不管在画面中进行多少次停止与绘画，都以第一次选择的地方为标准向周围展开；如果取消该复选框的勾选，则每次停止后而又继续绘画时，都将从每次的初始点开始应用样本进行绘画。
- “对所有图层取样”选项：勾选该复选框可以从画面中吸取所有图层的像素。

2. 污点修复画笔工具

(1) 作用

污点修复画笔工具可以快速除去照片中的污点等不理想部分。

污点修复画笔的工作方式与修复画笔类似，它使用图像或图案中的样本像素进行绘画，并将样本像素的纹理、光照、透明度和阴影与所修复的像素相匹配。与修复画笔不同的是，污点修复画笔不要求指定样本点，污点修复画笔将自动从所修饰区域的周围取样。

(2) 使用方法与效果

在工具箱中选择污点修复画笔工具，选项栏如图 1.3.17 所示，并在选项栏中选择所需的画笔、类型、模式与相关选项，然后直接在画面中需要修复的地方进行涂抹，涂抹过后所得到的图像便与源图像中周围的环境融合。

画笔: 19 模式: 正常 类型: ⊙近似匹配 ○创建纹理 □对所有图层取样

图 1.3.17 “污点修复画笔工具”选项栏

(3) 选项栏及其说明

- “类型”选项：可以选择“近似匹配”或“创建纹理”来修复图像。如果选择“近似匹配”选项，则直接采用污点周围的像素来修复图像；如果选择“创建纹理”选项，则在采用污点周围像素的同时运用纹理来修复图像。

3. 修补工具

(1) 作用

修补工具可以利用其他区域或图案中的像素来修复选中的区域。它与修复画笔工具一样，可使修复的对象与周围环境融合。

(2) 使用方法与效果

在工具箱中选择修补工具，并在如图 1.3.18 所示的选项栏中选中“源”单选按钮。然后在画面中框选出需修复的地方，将指针指向选区内单击并向所需复制地方拖动，松开左键后，即可将目标区域的内容复制到所选区域中。

(3) 选项栏及其说明

- “目标”选项：选择该选项，用户需要选取一个对象来替换目标区域的对象，并且该

修补: 源
目标
透明
使用图案

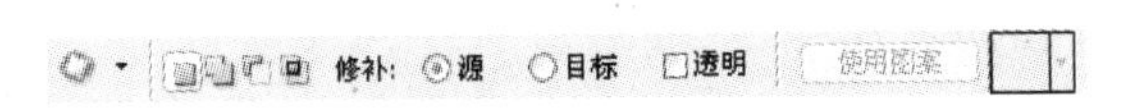

图 1.3.18 “修补工具”选项栏

对象与周围的环境非常地融合。

- “源”选项：选择该选项，用户需先选择要修复的区域，然后将选框拖动到要取样的区域，松开鼠标后即可用取样区域的颜色替换选框内的颜色。
- “使用图案”按钮：在画面中选择了一个选区后，该按钮才成为活动可用状态，单击该按钮可以为选区进行图案填充。

4. 红眼工具

(1) 作用

红眼工具可除去用闪光灯拍摄的人物照片中的红眼，也可以除去用闪光灯拍摄的动物照片中的白色或绿色反光。

(2) 使用方法与效果

在工具箱中选择红眼工具，并在选项栏中设置所需的参数，如图 1.3.19 所示，设置完成后在画面中红眼的地方单击，即可消除红眼效果。

(3) 选项栏及其说明

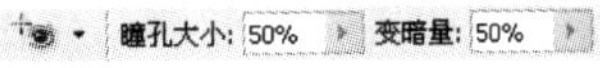

瞳孔大小: 50%
变暗量: 50%

图 1.3.19 “红眼工具”选项栏

- “瞳孔大小”选项：拖动滑块可以设置瞳孔(眼睛暗色的中心)的大小。
- “变暗量”选项：拖动滑块可以设置瞳孔的暗度。

3.2.8 画笔工具与铅笔工具

1. 画笔工具与铅笔工具

(1) 作用

利用画笔工具和铅笔工具可以模拟自然绘画，画笔工具可以绘出柔边画，铅笔工具可以绘出硬边画。

(2) 使用方法与效果

在工具箱中选择画笔工具，或按 Shift＋B 键选择铅笔工具，然后在画面中拖动鼠标即可绘画。

(3) 选项栏及其说明

画笔工具的选项栏如图 1.3.20 所示。

画笔: 13
模式: 正常
不透明度: 100%
流量: 100%

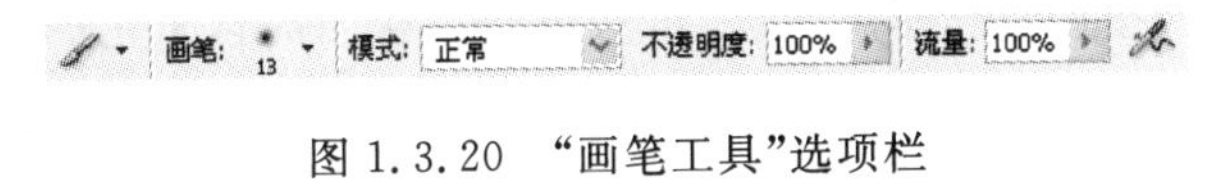

图 1.3.20 “画笔工具”选项栏

铅笔工具的选项栏如图 1.3.21 所示。

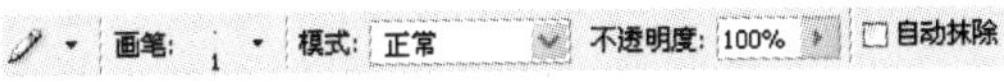

画笔: 1
模式: 正常
不透明度: 100%
自动抹除

图 1.3.21 “铅笔工具”选项栏

画笔工具与铅笔工具相同之处：

- 单击“画笔”后的下拉按钮，弹出画笔调板，可从中选择所需的笔触。如果当前没有所需笔触，可单击调板右上角的按钮，弹出下拉菜单，并在其中选择所需的选项。
- 单击“模式”后的下拉按钮，弹出下拉列表，可从其中选择绘画的混合模式。
- 在“不透明度”文本框中可以输入绘画时所需的不透明度。

画笔工具与铅笔工具的不同之处：

- 画笔工具可以根据需要设置画笔的流量。铅笔工具可以应用“自动抹除”，“自动抹除”可用于在包含前景色的区域绘制背景色，在包含背景色的区域绘制前景色。
- “不透明度”选项可以指定画笔工具、铅笔工具、仿制图章工具、图案图章工具、历史记录画笔工具、历史记录艺术画笔工具、渐变工具和油漆桶工具所应用的最大油彩覆盖量。“流量”选项可指定画笔工具应用油彩的速度。“强度”选项可指定涂抹、模糊、锐化和海绵工具所应用的描边强度。“曝光度”选项可指定减淡和加深工具所使用的曝光量。

2. 颜色替换工具

(1) 作用

颜色替换工具能够简化图像中特定颜色的替换，可以使用校正颜色在目标颜色上绘画。

注意：颜色替换工具不适用于“位图”、“索引”或“多通道”颜色模式的图像。

(2) 使用方法与效果

在工具箱中选择颜色替换工具，选项栏中就会显示相关选项，如图 1.3.22 所示。可根据需要在选项栏中选择所需的选项，再设置所需的颜色，然后在画面中需要替换颜色的地方进行涂抹，即可用所选的颜色替换涂抹区域的颜色。

图 1.3.22 “颜色替换工具”选项栏

(3) 选项栏及其说明

可在选项栏中选择所需的取样方式，如“连续”、“一次”与“背景色板”。

- (连续)按钮：选择该选项可在拖移时连续对颜色取样。
- (一次)按钮：选择该选项时，只替换包含用户第一次单击的颜色区域中的目标颜色。
- (背景色板)按钮：选择该选项时，只替换包含当前背景色的区域。

在“限制”选项下拉列表中可以选择所需的限制方式，如“不连续”、“连续”与“查找边缘”。

- “不连续”选项：选择该选项时替换出现在指针下任何位置的样本颜色。
- “连续”选项：选择该选项将替换与紧挨在指针下的颜色临近的颜色。
- “查找边缘”选项：选择该选项将替换包含样本颜色的连接区域，同时更好地保留形状边缘的锐化程度。

3.2.9 仿制图章和图案图章工具

1. 仿制图章工具

(1) 作用

利用仿制图章工具可以从图像中取样，然后将样本应用到其他图像中或同一图像的其他部分。

(2) 使用方法与效果

在工具箱中选择 仿制图章工具，选项栏中就会显示相关选项，如图 1.3.23 所示。

画笔: 21 模式: 正常 不透明度: 100% 流量: 100% ☑对齐 □对所有图层取样

图 1.3.23 “仿制图章工具”选项栏

按下 Alt 键的同时将指针指向要复制的对象再单击，以吸取该对象，然后松开 Alt 键，在画面的其他部分(或别的图像中)拖动鼠标来粘贴刚吸取的对象。

(3) 选项栏及其说明

其中“画笔”、“模式”、“不透明度”和“流量”选项和画笔工具、铅笔工具的选项栏及其说明相同。如果勾选“对齐”复选框，则不管多少次停止和继续绘画，都会以取样点为标准向四周展开。如果勾选“对所有图层取样”复选框，则可以吸取所有可视图层中的数据作为样本，然后再加以应用。如果取消“对所有图层取样”复选框的勾选则只从当前图层中取样。

2. 图案图章工具

(1) 作用

利用图案图章工具，可以使用预设图案和自定图案来进行绘画。

(2) 使用方法与效果

按 Shift+S 键选择 图案图章工具，接着在选项栏中选择所需的图案，然后在画面中拖动鼠标，即可绘制出在选项栏中选择的图案。

(3) 选项栏及其说明

图案图章工具的选项栏如图 1.3.24 所示。

画笔: 21 模式: 正常 不透明度: 100% 流量: 100% ☑对齐 □印象派效果

图 1.3.24 “图案图章工具”选项栏

其中“画笔”、“模式”、“不透明度”和“流量”选项和画笔工具、铅笔工具的选项栏及其说明相同。“对齐”选项和仿制图章工具的选项栏及其说明相同。如果勾选“印象派效果”复选框，则可以应用图案绘制出印象派效果。

3.2.10 历史记录画笔工具

1. 历史记录画笔工具

(1) 作用

利用历史记录画笔工具，可以将编辑过后的图像还原到历史记录状态或快照时的图像，也可以通过重新创建指定的源数据来绘画。

(2) 使用方法与效果

先绘制或打开一幅图像，再进行一些操作，显示历史记录面板，并在其中单击某状态前的方框出现历史记录画笔，使它作为源。在工具箱中选择历史记录画笔工具，并在如图1.3.25所示的选项栏中设置所需的选项，也可在画笔弹出式调板中选择所需的笔触，然后在画面中进行绘画，即可得到一些特殊的效果或把它还原到记录时的图像。

画笔: 21 模式: 正常 不透明度: 100% 流量: 100%

图1.3.25 “历史记录画笔工具”选项栏

2. 历史记录艺术画笔

(1) 作用

利用历史记录艺术画笔，可以使用指定历史记录状态或快照中的源数据，以特定风格进行绘画；也可以使用不同的绘画样式、大小和容差选项，并采用不同的色彩和艺术风格模拟绘画的纹理。

(2) 使用方法与效果

按Shift+Y键选择历史记录艺术画笔，此时的选项栏如图1.3.26所示。它的操作方法与历史记录画笔工具相同，只是它可以绘制出特定风格的艺术效果。

画笔: 21 模式: 正常 不透明度: 100% 样式: 绷紧短 区域: 50 px 容差: 0%

图1.3.26 “历史记录艺术画笔”选项栏

(3) 选项栏及其说明

- “样式”选项：单击后面的下拉按钮，弹出下拉列表，可从中选取所需的选项来控制绘画描边的形状。
- “区域”选项：在该文本框中可以输入所需的数值，输入的数值越大，覆盖的区域就越大，描边的数量也就越大，否则相反。
- “容差”选项：在该文本框中可以直接输入需要的容差值或拖动滑块来设置所需数值，从而限定可以应用绘画描边的区域。

3.2.11 抹除工具

1. 作用

利用橡皮擦和魔术橡皮擦工具可将图像区域抹成透明或背景色。背景色橡皮擦工具可将图层抹成透明。

2. 使用方法与效果

在工具箱中选择橡皮擦工具，或按Shift+E键选择背景橡皮擦工具或魔术橡皮擦工具，使用橡皮擦或背景橡皮擦工具都可以通过在画面中单击或拖动将图像中的区域抹成透明或背景色；而使用魔术橡皮擦工具，只需在画面中单击即可将与单击地方相同颜色区域抹成透明色或背景色。

3. 选项栏及其说明

橡皮擦工具的选项栏如图1.3.27所示。

图 1.3.27 “橡皮擦工具”选项栏

背景橡皮擦工具的选项栏如图 1.3.28 所示。

图 1.3.28 “背景橡皮擦工具”选项栏

魔术橡皮擦工具的选项栏如图 1.3.29 所示。

图 1.3.29 “魔术橡皮擦工具”选项栏

3.2.12 渐变工具

1. 渐变工具

(1) 作用

利用渐变工具可以创建多种颜色间的逐渐混合，用户可以直接选取 Photoshop 中的预设渐变或创建自己的渐变来填充对象。

(2) 使用方法与效果

在工具箱中选择渐变工具，并在如图 1.3.30 所示的选项栏中设置所需的选项，然后在画面不同的选区中拖动鼠标来创建所需的渐变。

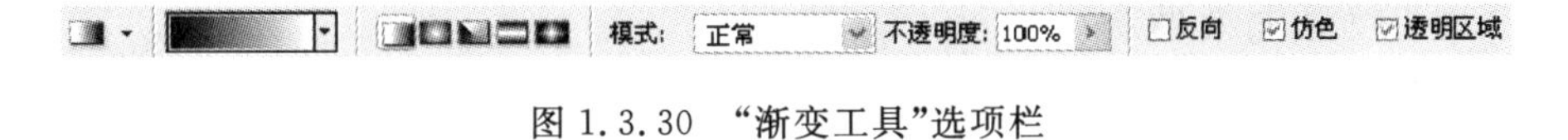

图 1.3.30 “渐变工具”选项栏

(3) 选项栏及其说明

- 为线性渐变按钮，为径向渐变按钮，为角度渐变按钮，为对称渐变按钮，为菱形渐变按钮，可选择所需的渐变方式对图像进行渐变填充。
- 在选项栏中单击（可编辑渐变）按钮，弹出“渐变编辑器”对话框，用户可以直接在“预设”栏中选择所需的渐变，也可以在渐变色条的下方单击添加色标来编辑所需的渐变。然后要改变颜色，可双击该色标，在弹出的“拾色器”对话框中设置所需的颜色，单击“确定”按钮返回到“渐变编辑器”对话框中。可以在“位置”文本框中输入所需的数值，来准确定位(也可以直接拖动色标到适当的位置)。
- 可以在渐变色条的上方单击以添加一个不透明度色标，也可以在“不透明度”文本框中输入所需的数值，来设置所需的不透明度；也可以在“位置”文本框中输入准确的数值，还可以直接拖动它到适当的位置。

设置好后单击“新建”按钮，将其存放在“预设”栏中，以便在创作中多次应用，单击“确定”按钮，完成渐变编辑，然后在画面中拖动鼠标，即可创建渐变填充。

2. 油漆桶工具

(1) 作用

利用油漆桶工具可以对图像填充所需的颜色或图案。

(2) 使用方法与效果

按 Shift＋G 键选择油漆桶工具,选项栏中就会显示它的相关选项,如图 1.3.31 所示。在画面中单击,即可将所单击的区域或与所单击地方的颜色相同的区域填充为所需的图案或颜色。

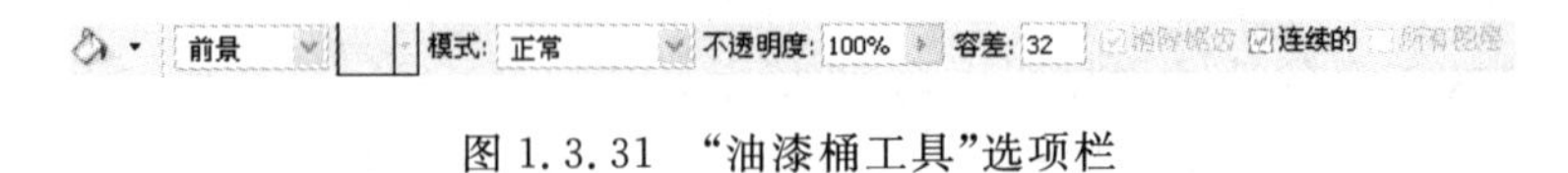

图 1.3.31 “油漆桶工具”选项栏

(3) 选项栏及其说明

- 在 图案 (填充)下拉列表中可以选择填充的源,如“前景”或“填充”。然后选择“前景”选项,则以前景色填充所单击的区域,如果选择“图案”选项,则以图案填充所单击的区域。

3.2.13 模糊工具与锐化工具

1. 模糊工具与锐化工具

(1) 作用

利用模糊工具可柔化图像中的强硬边缘或区域,以减少对比度。利用锐化工具可以聚集软边缘,以提高清晰度或聚集程度。

(2) 使用方法与效果

在工具箱中选择模糊工具,如图 1.3.32 所示。并在选项栏中设置所需的参数,设置好后在画面中所需的地方拖动,即可将拖动过的区域变模糊。按 Shift＋R 键选择工具,并在如图 1.3.32 所示的选项栏中设置所需的选项,即可将拖动过的区域锐化。

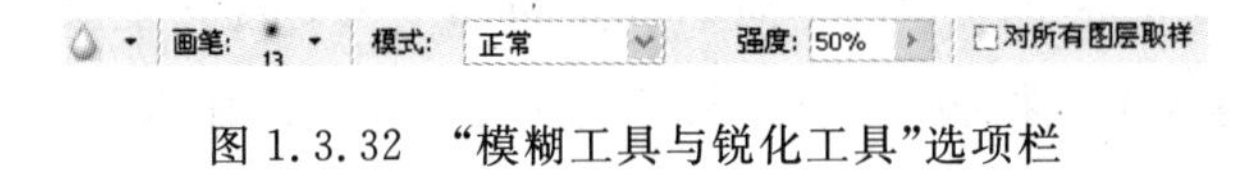

图 1.3.32 “模糊工具与锐化工具”选项栏

2. 涂抹工具

(1) 作用

利用涂抹工具可模拟在湿纸上用手指绘画的效果,并且它可以拾取开始位置的颜色,然后沿拖移的方向展开这种颜色。

(2) 使用方法与效果

在工具箱中选择涂抹工具或按 Shift＋R 键来选择它,并在如图 1.3.33 所示的选项栏中设置所需的选项或笔触,然后在画面中拖动鼠标来进行绘画或修饰。

图 1.3.33 “涂抹工具”选项栏

(3) 选项栏及其说明

- 勾选“对所有图层取样”复选框，可利用所能看到的所有图层的颜色进行涂抹。勾选“手指绘画”复选框，可以利用前景色进行涂抹。

3.2.14 减淡工具与加深工具

1. 减淡工具和加深工具

(1) 作用

减淡工具和加深工具属于色调工具，它们采用了用于调节照片特定区域的曝光度的传统摄影技术，来使图像变亮或变暗。

(2) 使用方法与效果

在工具箱中选择 减淡工具，或按 Shift+O 键选择 加深工具，并在如图 1.3.34 所示的选项栏中设置所需选项，然后对图像的色调进行减淡或加深处理。

图 1.3.34 “减淡工具”选项栏

(3) 选项栏及其说明

- 在“范围”下拉列表中可以选择要更改的区域，如“中间调”、“阴影”或“高光”。如果选择“中间调”选项，将更改灰色的中间范围；如果选择“阴影”选项，则更改暗区；如果选择“高光”选项，则更改高光亮区。

2. 海绵工具

(1) 作用

利用海绵工具可精确地改变某区域中的色彩饱和度。在灰度模式下，它通过使灰阶远离或靠近中间灰色来增加或降低对比度。

(2) 使用方法与效果

在工具箱中选择 海绵工具，并在如图 1.3.35 所示的选项栏中设置所需选项，然后在画面中需要加色或去色的区域进行拖动来达到所需的效果。

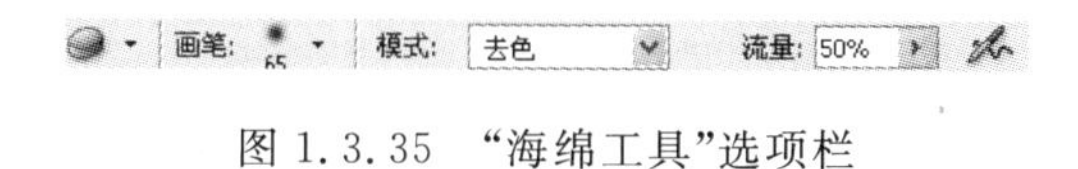

图 1.3.35 “海绵工具”选项栏

(3) 选项栏及其说明

- 可以在“模式”下拉列表中选择更改颜色的方式，如“去色”或“加色”。“去色”可以减弱颜色的饱和度，“加色”则可以增强颜色的饱和度。

3.2.15 横排文字工具与直排文字工具

1. 横排文字工具与直排文字工具

(1) 作用

利用横排文字工具和直排文字工具可以在画面中创建所需的文字，根据文字工具的不同使用方法，可以在画面中输入点文字或以段落的形式输入文字并设置格式。创建文字时，图层面板中会自动添加一个文字图层。

(2) 使用方法与效果

在工具箱中选择 T 横排文字工具，或按 Shift+T 键选择 IT 直排文字工具，然后在选项栏中设置所需的字体，字体大小、字形、字符间距、字符缩放和字体颜色等（也可以在输入文字后，选择所要格式化的文字，再在选项栏或字符面板中设置所需的选项）。

如果是输入点文字，在画面中单击出现一闪一闪的光标，然后直接输入所需的文字，输入完成后，在选项栏中单击 ✓（提交所有当前编辑）按钮。

如果是输入段落文字，则需在画面中拖出一个文本框，随即文本框中同样也出现光标，这样就可以像输入点文字一样来输入文字和设置段落格式，不过它除了可以在字符面板中设置所需的选项外，还可以根据需要在段落面板中设置所需的选项。另起一段时请按 Enter 键。

(3) 选项栏及其说明

横排文字工具和直排文字工具的选项栏如图 1.3.36 所示。

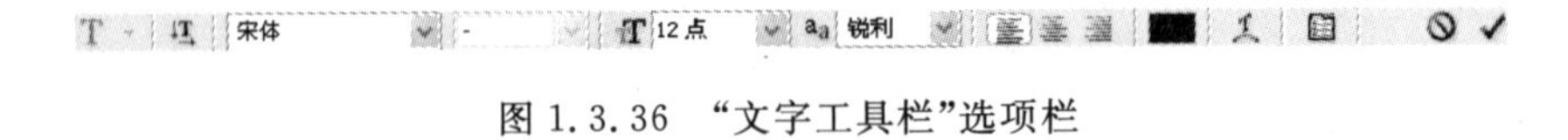

图 1.3.36 “文字工具栏”选项栏

2. 文字蒙版工具

(1) 作用

利用文字蒙版工具，可以创建基于文字形状的选区。

(2) 使用方法与效果

在工具箱中选择横排文字蒙版工具，或按 Shift+T 键选择直排文字蒙版工具，它们与横(直)排文字工具的操作方法相同，只是所创建的为选区，也不会自动生成一个文字图层，而是存在于当前图层上，用户可以直接建在当前图层上，也可以新建一个图层进行编辑。

3.2.16 钢笔工具

1. 钢笔工具

(1) 作用

利用钢笔工具可以创建或编辑直线、曲线或自由线条路径以及任意形状的路径。钢笔工具和形状工具（矩形工具、圆角矩形工具、椭圆工具、多边形工具、直线工具和自定形状工具）结合起来使用可以创建出复杂的路径和形状。

利用钢笔工具，可以创建出比自由钢笔工具更为精确的直线和平滑流畅的曲线。而且它还提供了最佳的绘图控制和最高的绘图准确度。

利用自由钢笔工具可随意绘图，就像用铅笔在纸上绘图一样。在绘制时，它会自动添加锚点。磁性钢笔工具是自由钢笔工具的选项，勾选“磁性的”复选框可以绘制与图像中定义区域的边缘对齐的路径。

(2) 选项栏及其说明

在工具箱中选择钢笔工具，并在选项栏中单击（形状图层）按钮时，显示的相关选项如图 1.3.37 所示。

图 1.3.37 “钢笔工具”选项栏

(3) 使用方法与效果

- 在工具箱中选择钢笔工具，并在选项栏中单击(形状图层)按钮。然后在画面中单击一点作为起点，再移动指针到适当的位置拖动以调整路径的形状，同时得到第二个锚点。接着再移动到第三个锚点处按下鼠标进行拖动。这样连续操作直到所需的形状时返回到起点处，指针呈时单击，即可得到一个封闭的图形。
- 可在选项栏中设置所需的样式(或颜色)，应用于绘制好的图形。

2. 调整路径工具

(1) 作用

利用添加锚点工具或删除锚点工具可选择路径，并在路径上添加或删除锚点，转换点工具可以将平滑曲线转换成尖角曲线或直线段，也可以将尖角曲线或直线段转换为平滑曲线。

(2) 使用方法与效果

在工具箱中选择添加锚点工具，在路径上单击即可添加一个锚点，将指针指向锚点时即变为直接选择工具，可用它来移动锚点到所需的地方，在路径上按下鼠标可改变路径的形状，如果指向某个锚点并单击，即可将该锚点删除。

在工具箱中选择转换点工具，如果在路径的某个锚点上按下鼠标向所需的方向拖动可将直线段转换为曲线，也可调整曲线的形状，如果在平滑曲线的节点上单击，即可将其转换为尖角曲线或直线段。

3.2.17 路径选择工具与直接选择工具

1. 作用

利用路径选择工具可以选择路径或路径中的一个组件或多个组件，也可以移动路径，对齐与分布路径组件，可以选择路径，显示锚点、方向线(也称控制杆)和方向点(也称控制点)，从而可以拖动锚点、方向线或方向点到所需的位置来调整路径的形状。

路径不必是由一系列线段连接起来的一个整体，它可以包含多个彼此完全不同而且相互独立的路径组件。

2. 使用方法与效果

在工具箱中单击形状(路径形状工具)按钮，或按 Shift＋A 键出现形状(直接形状工具)，在画面中单击所要选择与编辑的路径，然后根据需要进行调整与编辑。

3. 选项栏及其说明

路径选择工具的选项栏如图 1.3.38 所示，直接选择工具没有选项栏。

图 1.3.38 “路径工具”选项栏

3.2.18 形状工具

1. 作用

利用形状工具可以在图像中绘制矩形、圆角矩形、椭圆、多边形、直线和一些预设的图形或路径。

2. 使用方法与效果

在工具箱中选择矩形工具，或按 Shift＋U 键(或在选项栏中)选择圆角矩形工具、椭圆工具、多边形工具、直线工具，并在选项栏中设置所需的选项。如单击“几何选项”按钮，会弹出相应的选项板。然后在画面中拖动鼠标，即可得到所需的形状图层、路径或填充像素。

在工具箱中选择自定形状工具，在选项栏中单击“形状”后的下拉按钮，弹出调板，可在其中选择所需的形状。如果此调板中没有所需的形状，请单击右上角的小三角形按钮，并在弹出的下拉菜单中选择“全部”命令，紧接着弹出警告对话框，单击“确定”按钮，用所选的样式替换当前调板中的样式；如果单击“追加”按钮，则将所选的样式添加到当前的调板中。

3. 选项栏及其说明

在工具箱中选择圆角矩形工具，并在选项栏中单击填充像素按钮时的选项栏如图 1.3.39 所示，其他工具的选项栏与此相似，如果选择形状图层或路径则与钢笔工具的选项栏相似。

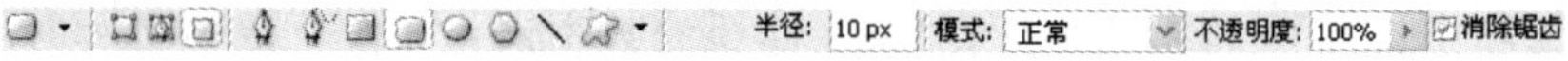

图 1.3.39 “圆角矩形工具”选项栏

3.2.19 注释工具

1. 作用

利用注释工具可在图像上创建文字或语音注释。

2. 注释工具

(1) 使用方法与效果

在工具箱中选择注释工具，并在选项栏中设置所需的选项，然后在画面中拖出一个虚框(也可以在画面中单击)，确定注释框的大小，松开鼠标后即可得到一个注释框，再在其中输入所需的相关信息，双击图标，可显示/隐藏注释框。

(2) 选项栏及其说明

在 作者: User (作者)文本框中可以输入创作者的名字或用户的姓名，在 大小: 中 (大小)下拉列表中可以选择所需的字体大小，单击 颜色: (颜色)后的色块可以设置注释框标题的颜色，如果要消除所有的注释请单击 清除全部 按钮。

3. 语音注释工具

按 Shift＋N 键选择语音注释工具，在画面中单击出现“语音注释”对话框，单击“开始”按钮，即可通过麦克风进行录音，录制完成后单击“停止”按钮完成语音注释，画面中就会显示一个语音注释符号。

3.2.20　吸管工具

1. 吸管工具

(1) 作用

吸管工具用于吸取图像中的颜色，这样可以节省我们设置颜色的时间。

(2) 使用方法与效果

在工具箱中选择 吸管工具，如图 1.3.40 所示。在选项栏中设置所需的取样大小，然后在画面中单击以吸取颜色来作为前景色，如果要设置背景色请按 Alt 键的同时再单击所需的颜色。

(3) 选项栏及其说明

如果选择“取样点”选项可吸取单击像素的精确值，如果选择“3×3 平均”和“5×5 平均”选项可吸取指定像素的平均值。

取样大小: 取样点

图 1.3.40　“吸管工具”选项栏

2. 颜色取样器工具

(1) 作用

利用它可以在图像中吸取最多 4 个位置的颜色，以便我们在信息板中获取颜色信息。将鼠标指针移到图像中需取样的位置并单击，在信息板上就会显示出所吸取颜色和指针移动时的信息。

(2) 使用方法与效果

在工具箱中选择 颜色取样器工具，选项栏就会显示它的相关信息，如图 1.3.41 所示。

取样大小: 取样点　清除

图 1.3.41　“颜色取样器工具”选项栏

在画面中需要取样的位置单击，即可在信息面板中显示出所吸取的颜色和指针移动时的信息。如果在图像中已经取样了 4 个位置的颜色，再在图像中单击，会弹出警告对话框。

(3) 选项栏及其说明

“取样大小”与吸管工具中的一样。单击“清除”按钮，可将图像中所有的取样标记清除。

3. 度量工具

(1) 作用

利用度量工具可以测量工作区域内任意两点之间的距离，也可以测量任意角的角度。

(2) 使用方法与效果

在工具箱中选择 度量工具，选项栏就会显示它的相关信息，如图 1.3.42 所示。

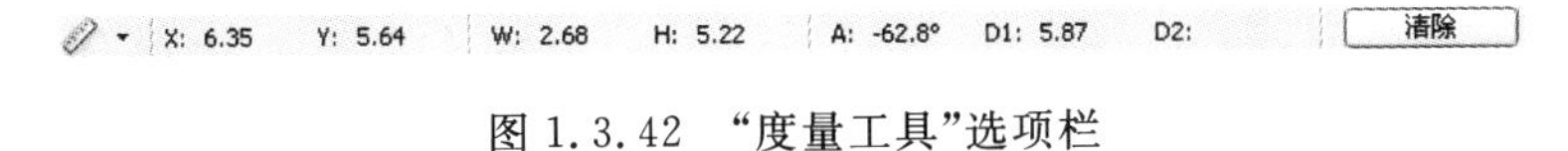

图 1.3.42　“度量工具”选项栏

在图像中确定需测量的起点，单击并向另一点拖动，到达另一起点时松开左键，在选项栏或信息面板中即会看到所测量的距离。

如果要测量角度，则需在某个角的任一边的一个点上单击并向顶点拖动，到达顶点时松开左键，再按下 Alt 键单击并向另一边的一个点拖动，到达后松开左键的同时，在选项栏和信息面板中即可查看到所测量的角度和在两条边上所移动的距离。

(3) 选项栏及其说明

X 和 Y 为起始位置。W 和 H 为在水平或垂直轴上移动距离；A 为所测量的角度，D 为移动的距离。

3.2.21 抓手工具与缩放工具

1. 作用

利用抓手工具与缩放工具可以查看到局部图像，以便修改。利用缩放工具可以放大与缩小图像，图像不能在窗口中完全显示时，可利用抓手工具搬运图像来进行观察。

2. 使用方法与效果

在工具箱中选择缩放工具，在图像上单击一下即可将图像放大一级，单击两下将图像放大两级，按下 Alt 键并单击一下，即可将图像缩小一级。

在工具箱中选择抓手工具，即可向所需的方向拖移图像。如果在使用其他工具时需要临时用到抓手工具，只需按住空格键并在图像中拖动鼠标即可。

3. 选项栏及其说明

抓手工具的选项栏如图 1.3.43 所示，缩放工具的选项栏如图 1.3.44 所示。

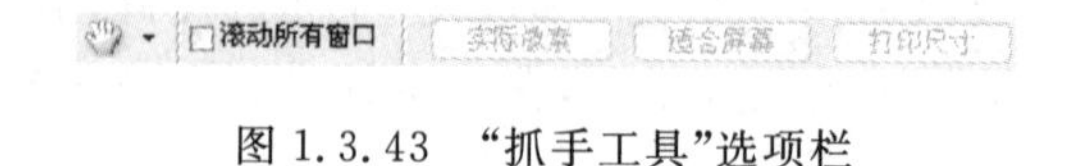

图 1.3.43 “抓手工具”选项栏

图 1.3.44 “缩放工具”选项栏

- 如果要将图像以实际像素显示，单击“实际像素”按钮。
- 如果要将图像以满屏显示，单击“适合屏幕”按钮。
- 如果要将图像以打印时的尺寸显示，单击“打印尺寸”按钮。
- 如果在放大或缩小图像的同时调整窗口大小以满屏显示，请选择“调整窗口大小以满屏显示”复选框。
- 如果程序窗口中有多个文件，并且需要同时缩放，请选择“缩放所有窗口”复选框。
- 如果在缩放时不考虑面板的存在，请选择“忽略调板”复选框。

3.2.22 前景色与背景色转换工具

1. 作用

利用前景色与背景色转换工具可以设置所需的前景色和背景色，也可将前景色和背景色设置为默认值(在图层中编辑时，前景色为黑色，背景色为白色；在 Alpha 通道中编辑时，前景色为白色，背景色为黑色)，还可以切换前景色和背景色。

2. 使用方法与效果

在工具箱中单击“设置前景色”图标，就会弹出“拾色器”对话框，可在其中拾取或设置所需的颜色，设置好后单击“确定”按钮，即可用该颜色在画面中进行绘画与编辑。如果单击“设置背景色”图标，同样会弹出“拾色器”对话框。单击按钮(或按 X 键)可转换前景色和背景色(即设置前景色与背景色为默认值)。

3.2.23　模式工具

1. 作用

利用模式工具可以转换标准模式和快速蒙版模式，快速蒙版模式对于选取不规则的区域是非常有用的。

2. 使用方法与效果

在工具箱中选择(以标准模式编辑)按钮，就可以在标准模式下工作。如果单击(以快速蒙版模式编辑)按钮，就可进入快速蒙版模式中编辑。

3.2.24　屏幕显示工具

1. 作用

利用屏幕显示工具，可以切换屏幕显示方式。

2. 使用方法与效果

在工具箱中单击标准屏幕模式按钮，即可使窗口为系统默认窗口显示。选择带有菜单栏的全屏幕模式，即可将窗口以只带菜单栏的全屏显示，按 Tab 键可隐藏工具箱，控制面板和选项栏。选择全屏幕模式，即可将窗口显示为不带标题栏、菜单栏和滚动条的全屏窗口。

3.2.25　在 Photoshop 和 ImageReady 之间的转换工具

1. 作用

利用两个工具可以在 ImageReady 和 Photoshop 应用程序之间进行转换。

2. 使用方法与效果

在 Photoshop CS2 程序的工具箱中单击按钮，可以跳转到 ImageReady CS2 程序；在 ImageReady CS2 程序的工具箱中单击按钮，可以从 ImageReady CS2 程序跳转到 Photoshop CS2 程序。

3.3　控制面板

在 Photoshop CS2 中有 17 个控制面板，分别为图层面板、通道面板、路径面板、动作面板、历史记录面板、工具预设面板、样式面板、颜色面板、色板面板、导航器面板、信息面板、字符面板、段落面板、画笔面板、动画面板、直方图面板和图层复合面板。

1. 图层面板

如果图像窗口中没有显示图层面板，请在菜单中执行“窗口”→“图层”命令，显示图层面板。如果是新建文件，则图层面板如图 1.3.45 所示。

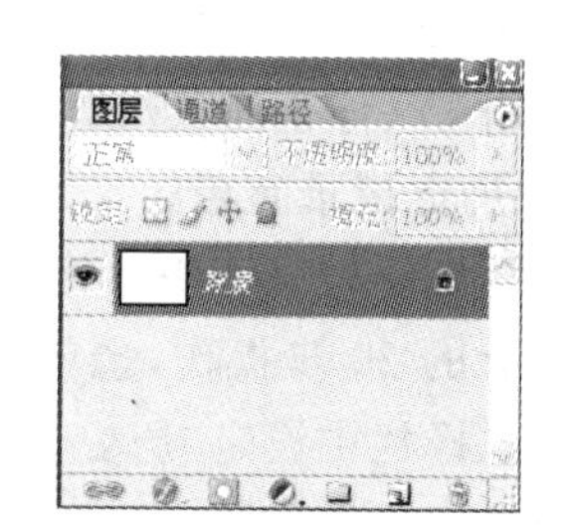

图 1.3.45　新建文件的图层面板

利用图层面板可以创建、隐藏/显示、复制/粘贴、链接/取消链接、锁定/解锁和删除图层，也可以创建、隐藏/显示、复制、链接/取消链接、删除图层组，以及更改图层顺序、管理图层、创建图层样式、创建新的填充和调整图层、创建图层蒙版等。

使用图层面板可以有选择地隐藏或显示图层、图层组和图层效果的内容，也可以为图像指定所需的不透明度。

图层面板中用于显示图层内容的缩览图位于图层旁边，编辑过后缩览图会随之更新。我们只可以在当前可用图层工作，但是当移动或变更当前图层时，会影响与之链接的所有图层，进行编辑时为了不影响某个图层，可以全部或部分锁定图层。

2. 通道面板

利用通道面板可以创建 Alpha 通道、专色通道，也可以将通道作为选区载入，将选区存储为通道以及复制、分离、合并和删除通道。

打开新图像时，会自动创建颜色信息通道。所创建的颜色通道数量是由图像的颜色模式而定的，如一个 RGB 图像文件有 4 个默认通道（即红色、绿色和蓝色通道，以及一个用于编辑图像的 RGB 混合通道）。用户可以创建多个 Alpha 通道和专色通道。

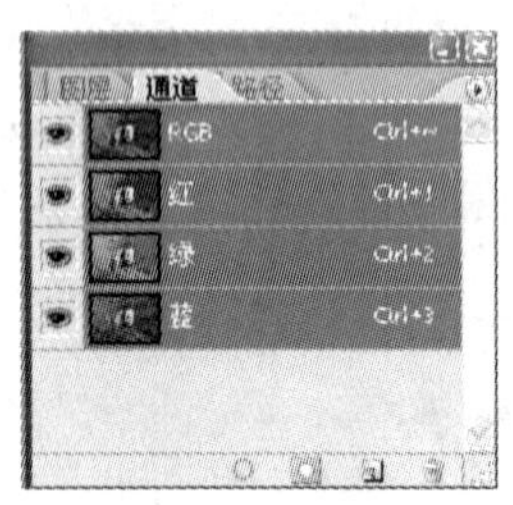

图 1.3.46　通道面板

如果通道面板没有显示在图像窗口中，在菜单中执行“窗口”→“通道”命令，即可显示通道面板，并在其中创建了一个 Alpha 通道和一个专色通道。通道面板及其说明如图 1.3.46 所示。

3. 路径面板

利用路径面板可以创建、复制和删除路径，对路径进行描边和填充，也可以将路径作为选区载入。

如果路径面板没有显示在程序窗口中，请在菜单中执行“窗口”→“路径”命令。新建或刚打开的文件没有创建路径面板。在工具箱中选择路径类工具在画面中基础绘制，会自动创建一个工作路径，也可以单击 （创建新路径）按钮新建路径。

4. 动作面板

利用动作面板可以创建出我们所需的动作，或直接利用默认动作。它可以提高我们的工作效率。

如果动作面板没有显示在窗口中，请在菜单中执行“窗口”→“动作”命令。在默认状态下执行动作面板中只有一个默认动作组。单击 小三角形按钮可展开动作或组。

如果要播放某个动作，可先选择它，然后单击面板底部的 （播放选定的动作）按钮。

如果要创建新动作，请单击 （创建新动作）按钮，弹出“新建动作”对话框，可在其中进行设置，也可直接单击“记录”按钮，开始记录接下来的每一步操作，完成操作后在动作面板中单击 （停止播放/记录）按钮，即可完成动作的创建。

5. 历史记录面板

利用历史记录面板，可以将最近在窗口中的一些操作都记录下来。系统默认状态下可记录最近的 20 步操作，也就是说只可恢复最近的 20 步操作，也可以在“首选项”对话框的“常规”选择栏中设定“历史记录状态”的步数。

历史记录是指历史记录面板中显示的一些状态或快照。只要单击某一状态或快照，即可将处理过后的图像还原到该状态或快照时的图像。

6. 工具预设面板

利用工具预设面板可以存储和重新利用工具设置。

默认状态下工具预设面板存放在选项栏的面板中，直接在其中单击“工具预设”标签，或在菜单中执行“窗口”→“工具预设”命令，显示工具预设面板。如果取消“仅限当前工具”复选框的勾选，则在其中显示所有工具预设。

7. 样式面板

利用样式面板，可以快速地为图像添加各种预设和自定的样式。

在菜单中执行“窗口”→“样式”命令显示样式面板。在样式面板的右上角单击小三角形按钮，弹出下拉菜单，可以在其中选择所需的命令，也可以将一些预设的样式添加到面板中。

如果要使“删除样式”按钮成为活动可用状态，需在某样式上单击以选择该样式。如果需要删除样式，则需拖动某样式到“删除样式”按钮上，当按钮呈凹下状态时松开左键即可。

8. 颜色面板

利用颜色面板可以设置所需的前景色和背景色。

在菜单中执行“窗口”→“颜色”命令可显示/隐藏颜色面板。在颜色面板下方的色谱上单击，可吸取所需的前景色。按住 Alt 键的同时在色谱上单击可设置所需的背景色。

9. 色板面板

可以直接在色板面板中单击所需的前景色，也可以将经常用到的前景色添加到其中，还可以将不用的色板删除。

在菜单中执行“窗口”→“色板”命令可显示/隐藏色板面板。

10. 导航器面板

利用导航器面板可缩放图像，也可以观察整体或局部图像。在菜单中执行“窗口”→“导航器”命令可显示/隐藏导航器面板。

11. 信息面板

利用信息面板可以显示指针下的颜色值的信息，以及用度量工具测量时的相关信息，也可以显示颜色取样器取样的颜色信息。

在菜单中执行“窗口”→“信息”命令可显示/隐藏信息面板。

12. 字符面板

利用字符面板可以设置所需的字符，如字体、字体大小、字符间距、水平缩放、垂直缩放、字形、文本颜色等。

在菜单中执行“窗口”→“字符”命令可显示/隐藏字符面板。

13. 段落面板

利用段落面板可以设置所需的文本对齐方式、段前间距、段后间距和缩进等。

在菜单中执行“窗口”→“段落”命令可显示/隐藏段落面板。

14. 画笔面板

利用画笔面板可以选择预设画笔和自定义画笔。

在菜单中执行“窗口”→“画笔”命令可显示/隐藏画笔面板，默认状态下画笔面板停放在选项栏的面板中(只有在选择绘画工具时它才呈活动可用状态)。如果在画笔面板的左边单击“画笔笔尖形状”选项，则显示画笔笔尖形状。

15. 动画面板

使用动画面板与图层可以创建动画帧。使用动画面板可以创建、复制、选择与移动帧、播放/停止动画与创建动画帧过渡等。

在菜单中执行"窗口"→"动画"命令可显示/隐藏动画面板。

16. 直方图面板

利用直方图面板可以显示图形在阴影(显示在直方图中左边部分)、中间调(显示在中间部分)和高光(显示在右边部分)中包含的细节是否足以在图像中进行适当地校正。

在菜单中执行"窗口"→"直方图"命令可显示/隐藏直方图面板。

可以在面板的右上角单击小三角形按钮,弹出菜单。在其中选择"全部通道视图"命令,即可将直方图面板完全展开。

17. 图层复合面板

为了向客户展开所设计的图稿,通常需要创建页面版式的多个合成图稿。使用图层复合面板,用户可以在单个 Photoshop 文件中创建、管理和查看版面的多个版本。

图层复合是图层面板状态的快照,图层复合记录 3 种类型的图层选项。图层可视性——图层显示还是隐藏;图层位置——在文档中的位置;图层外观——是否将图层样式应用于图层和图层的混合模式。

用户可以通过更改文档中的图层并更新图层复合面板中的复合来创建复合。在菜单中执行"窗口"→"图层复合"命令可显示/隐藏图层复合面板。

3.4 图层

3.4.1 关于图层、图层组

图层就好像一张一张透明的塑料薄膜,当我们在某个图层上涂上颜色(即不透明度为100%),那么它会完全覆盖下面图层的内容,如果涂上不透明度不为 100%的颜色,则会显示出下面图层中的内容,显示的程度根据我们所设置的不透明度而定。

Photoshop 程序中的新图像只有一个图层。用户添加到图像中的附加图层、图层效果和图层组的数量只受计算机内存的限制。

图层组可以组织和管理图层。用户可以使用按逻辑顺序排列图层,减少图层面板的杂乱情况,可以将组嵌套在其他组内,还可以使用组将属性和蒙版同时应用到多个图层。

3.4.2 新建图层

用户可以新建普通图层、填充图层、调整图层、形状图层、图层组和剪贴组,也可以将背景图层转换为普通图层或将普通图层转换为背景图层。

注:一幅图像只能有一个背景,无法更改背景的堆叠顺序、混合模式或不透明度。如果创建包含涂抹内容的新图像,图像没有背景图层,最下面的图层不像背景图层那样受到限制,用户可以将它移到图层面板的任何位置,也可以更改其不透明度和混合模式。

1. 利用图层面板创建新图层

(1) 按 Ctrl+N 键执行"新建"命令,"新建"对话框,在其中设定"宽度"与"高度"均为

“400像素”、“颜色模式”为“RGB颜色”，“背景内容”为“白色”，其他为默认值。单击“确定”按钮，即可新建一个文件，同时创建一个背景图层。

（2）在图层面板中单击 （创建新图层）按钮，即可创建一个新的普通图层（简称为创建一个新图层）。

2. 利用菜单命令新建图层

接着上步，也可以在菜单中执行“图层”→“新建”→“图层”命令，图层“新建图层”对话框，可在其中根据需要设置参数，如设定“颜色”为“绿色”，“模式”为“正片叠底”，其他不变。单击“确定”按钮，即可创建一个新图层。

3.4.3 添加图层内容

创建新图层的目的，是为了向图像中添加新的内容或对图像进行调整。接着3.4.2节所述。

（1）在图层面板中单击“图层1”，使它成为当前可用图层。接着在工具箱中选择画笔工具并设定前景色为R43、G141、B8，在画笔弹出式调板中选择所需的画笔，设定“主直径”为“82px”。然后在新建的文件中单击并来回拖动，得到所需的效果后松开，同时图层面板中的缩览图也随之更新。

（2）在图层面板中单击“图层2”，使它为当前可用图层，接着在工具箱中设定前景色为R18、G97、B7，再选择 自定形状工具，并在选项栏的形状弹出式调板中选择所需的形状。然后在刚新建的文件中绘制出一棵树。同时图层面板中图层2的缩览图也进行了更新。

（3）继续在画面中绘制出几棵树，在绘制的同时图层2的缩览图也随之更新。

3.4.4 创建填充图层与调整图层

使用调整图层可以对图像的颜色和色调进行调整，调整过后还可以再次对图像进行调整，用户可以创建色阶或曲线调整图层，而不是直接在图像上调整色阶或曲线。颜色和色调调整存储在调整图层中，并应用于其下面的所有图层。

使用填充图层可以用纯色、渐变或图案对图层进行填充。与调整图层不同，填充图层不影响其下面的图层。接着3.4.3节所述。

（1）在图层面板中单击 （创建新的图层或调整图层）按钮，弹出下拉菜单，在其中选择“渐变”命令。弹出对话框，可在其中根据需要设置参数，直接单击“确定”按钮，即可得到所需的效果。同时图层面板中自动添加一个填充图层。

（2）在菜单中执行“图层”→“新建调整图层”→“混合通道”命令，在弹出的“新建图层”对话框中设定“颜色”为“蓝色”，“模式”为“强光”，其他不变，设置好后单击“确定”按钮，同样会弹出“通道混合器”对话框，在其中设定“输出通道”为“红”，“常数”为“+98%”，其他不变，单击“确定”按钮，即可将画面中的图像进行调整。同时图层面板中自动添加一个调整图层。

在菜单中与在弹出面板中执行相同命令有所不同的是，在菜单中执行命令时，会弹出一个“新建图层”对话框，可以在对话框中设置该填充或调整图层的颜色、模式、不透明度，以及是否与前面的图层创建剪贴蒙版，然后再弹出与执行命令相关的对话框。在图层蒙版中执行命令不会弹出“新建图层”对话框，而是弹出与执行命令相关的对话框。

如果想重新修改填充图层或调整图层的参数，可在该填充图层或调整图层左边的缩览图上双击，然后即可在弹出的对话框中进行参数修改。

3.4.5 创建图层组

利用图层组可以很容易地把多个图层作为一组进行移动，设置应用属性以及图层调板中的混乱。可以通过两种方法创建图层组，一种是创建一个空白组，另一种是由图层创建已经包含内容的新组。

1. 创建空白组

(1) 在图层面板中单击 (创建新组)按钮，可直接创建一个组。该组中暂时没有任何内容，可以向其中添加图层或图层组。

(2) 在图层面板中单击 (创建新图层)按钮，新建一个图层，该图层即位于"组 1"中。

2. 由图层创建新组

在图层面板中单击"通道混合器 1"调整图层，再按住 Shift 键单击"图层 1"，使这 4 个图层同时选择。再在菜单中执行"图层"→"新建"→"从图层新建组"命令，在弹出的对话框中设定"颜色"为"紫色"。单击"确定"按钮，即可由这 4 个图层创建一个组，单击 按钮，展开该组，原来没有设置图层颜色的图层，自动应用了在"从图层新建组"对话框中选择的颜色。

3.4.6 创建文字图层

使用横排文字工具或直排文字工具，可以创建文字图层。接着 3.4.5 节所述。

(1) 在图层面板中单击"组 1"，使它为当前可用图层组。接着在工具箱中选择横排文字工具，并在选项栏中设定状态为"华文行楷"，字体大小为"100 点"，在画面的左下方单击并输入文字"风火林"，再在选项栏中单击 按钮，确认文字输入。同时在图层面板中自动添加了一个文字图层。

(2) 显示样式面板，并在其中右上角的小三角形按钮，弹出一个菜单，并在其中选择"Web 样式"。紧接着弹出一个警告对话框，在其中单击"追加"按钮，将"Web 样式"追加到样式面板中，再在其中单击一种样式，即可使文字应用该样式。

3.4.7 新建通过复制的图层

在 Photoshop 中可以通过"通过复制的图层"命令或"通过剪切的图层"命令将选区转换为图层。

(1) 按 Ctrl+O 键打开一个文件。在工具箱中选择椭圆选框工具，并在选项栏的"羽化"文本框中输入"20px"，然后在画面中拖出一个选框。

(2) 在菜单中执行"图层"→"新建"→"通过复制的图层"命令(或按 Ctrl+J 键)，即可由选区建立一个新的图层，画面中没有发生什么变化。

(3) 在图层面板中单击背景图层，使它成为当前图层。在工具箱中选择 渐变工具，在选项栏中单击 (菱形渐变)按钮后再单击渐变条后的下拉按钮，弹出"渐变拾色器"调板，在其中选择"色谱渐变"。然后在画面中拖动鼠标，以绘制出所需的渐变。

(4) 按 Ctrl+O 键打开另一个文件。在工具箱中选择 套索工具，并在选项栏中设定

"羽化"为"20px",然后在画面中框选出所需的区域。

(5) 在菜单中执行"图层"→"新建"→"通过剪切的图层"命令,即可将选区的内容进行剪切,并且自动新建一个图层来存放选区的内容,画面也稍稍发生了一些变化。

(6) 在菜单中执行"窗口"→"排列"→"垂直平铺"命令,将两个图层垂直平铺在程序窗口中。

3.4.8 复制图层

我们可以在图像内复制图层,也可以在图像之间复制图层。

1. 在图像之间复制图层

(1) 在工具箱中选择移动工具,在刚执行过"通过剪切的图层"命令的画面中单击并向前面打开的文件中拖动,指针呈状时松开左键,即可将该图层的内容复制到目标文件中,同时它成为当前可编辑文件。

(2) 接着移动指针到图像窗口的边框上,指针呈双向箭头形状时,单击并向右拖动,将图像窗口放大以完全显示图像。再用移动工具将复制的图层内容移至所需的位置。

2. 在图像内复制图层

在图层面板中拖动需要复制的图层至"创建新图层"按钮上,按钮呈凹下状态时,松开左键,即可复制一个图层。接着在画面中拖动图层副本的内容到适当位置。

3.4.9 更改图层顺序

如果图像文件由许多图层所组成,可以随意更改图层的顺序。需要注意的是,在更改图层的叠放顺序的同时,图像效果有可能也会随着图层顺序的变化而变化。

在图层面板中拖动所需的图层到另一图层的下方呈虚线框时,松开左键,即可完成操作。

3.4.10 栅格化图层

Photoshop 中的文字图层、形状图层、矢量蒙版等图层中包含矢量数据,如果我们想在其中应用绘画工具或滤镜,就需要将它们栅格化后才能对这些图层进行处理。

(1) 先在图层面板中激活所需图层,接着在工具箱中选择自定形状工具,并在选项栏中单击(形状图层)按钮,再在形状弹出式调板中选择所需的形状,在样式弹出式调板中选择所需的样式。然后在画面中绘制出一个相框形状,同时图层面板中创建了一个形状图层。

(2) 在菜单中执行"图层"→"栅格化"→"图层"命令,即可将形状图层栅格化。

3.4.11 合并图层

最终确定了图层的内容后,可以合并图层以缩小图像文件的大小。在合并后的图层中,所有透明区域的交叠部分都会保持透明。

1. 向下合并

如果要合并选中的图层与其下层的图层,或合并所有选择的图层,请执行"向下合并"命令或按 Ctrl+E 键。

在图层面板中选择要合并的两个图层中的上层图层，接着在菜单中执行“图层”→“向下合并”命令，即可将选中的图层与它下层的图层合并。

2. 合并可见图层

如果要合并图层面板中所有可见的图层，请执行“合并可见图层”命令或按 Ctrl+Shift+E 键。

先在程序窗口中激活要合并图层的图像，然后直接在菜单中执行“图层”→“合并可见图层”命令，即可将所有可见的图层合并。

3.4.12 链接图层

使用链接图层命令可以链接两个或更多的图层或组。链接的图层与同时选定的多个图层不同，链接的图层将保持关联，直至取消它们的链接为止。可以从链接的图层新建组，也可将链接的图层一起移动和变换等。

(1) 接 3.4.11 节所述，先按 Ctrl+Alt+Z 键撤销到合并前的状态，并在图层面板中单击“图层 2”，使它为当前活动图层，再按住 Shift 键单击“形状 1”图层，以同时选择 3 个图层。

(2) 在图层面板中单击 (链接图层)按钮，在选择的 3 个图层名称后即可出现一个链接图标，表示这 3 个图层已经被链接起来了。

提示：也可以在菜单中执行“图层”→“链接图层”命令，将选择的图层链接起来。

(3) 在工具箱中选择移动工具，在画面中单击并向左移动链接图层到合适的位置，并保存。

3.4.13 设置图层混合模式

图层的混合模式确定了其像素如何与图层中的下层像素进行混合。使用混合模式可以创建各种特殊效果。

默认情况下，组的混合模式是“穿透”，这表示组没有自己的混合属性。为组选择其他混合模式时，可以有效地更改图层各个组成部分的合成顺序，包含多个图层的组会被视为一幅单独的图像，并利用所选混合模式与图像的其余部分混合。因此，如果为图层组选取的混合模式不是“穿透”，则组中的调整图层或图层混合模式都将不会应用于组外部的图层。

注：图层没有“清除”混合模式。此外，“颜色减淡”、“颜色加深”、“变暗”、“变亮”、“差值”和“排除”模式不可用于 Lab 图像。

在图层面板中为图层指定的混合模式控制该图层与下图层进行混合的效果。用户也可用在选项栏中指定混合模式，控制图像中的像素如何受绘制或编辑工具的影响。为了更好地掌握混合模式，先了解一下结果色、基色与混合色。基色是图像中的原稿颜色；混合色是通过绘画或编辑工具应用的颜色；结果色是混合后得到的颜色。

1. 正常

选择正常模式可以在编辑或绘制每个像素时，使其成为结果色。这是默认模式。

注：在处理位图图像或索引颜色图像时，正常模式也称为阈值。

(1) 按 Ctrl+O 键打开一个图像文件，在图层面板中单击 (创建新图层)按钮，新建一个图层，设置“混合模式”为“正常”。

(2) 在工具箱中选择横排文字蒙版工具，并在选项栏中设定字体为“华文行楷”，字体大小为“36pt”,再在画面中单击并输入文字“花儿”。然后在选项栏中单击 ✔ 按钮。得到选区。

(3) 在工具箱中设定前景色为红色,按 Alt+Delete 键填充前景色,接着按 Ctrl+D 键取消选择,即可得到正常模式下的效果。

(4) 显示颜色面板,在其中单击一种颜色,得到选择样式的效果,其图层面板中添加了一个样式图标,同时混合模式已经改为“滤色”。

2. 溶解

选择溶解模式可以在编辑或绘制每个像素时,使其成为结果色。根据任何像素位置的不透明度,结果色、基色或混合色的像素随即替换。

(1) 按 Ctrl+N 键新建一个 400 像素×250 像素的 RGB 颜色模式文件,在图层面板中单击“创建新图层”按钮,新建一个图层,并在“混合模式”下拉列表中选择“溶解”。

(2) 在工具箱中选择画笔工具并设定前景色为 R9、G193、B239,在选项栏的画笔弹出式调板中选择所需的笔尖,然后在画面的上方拖动鼠标,即可得到所需的溶解效果。

(3) 设定前景色为 R116、G88、B12,在图层面板中再新建一个图层,并设定它的“混合模式”为“溶解”,然后在刚绘制的蓝色下方绘制出像沙子一样的效果。

(4) 在工具箱中选择横排文字工具,并在选项栏中设定字体为“华文行楷”,字体大小为“150pt”,再在画面中单击并输入文字“沙滩”,然后在选项栏中单击 ✔ 按钮,确认文字输入,即可得到所需的效果。

(5) 在样式面板中单击所需的样式,即可为文字添加样式。此时文字图层的“混合模式”为“正常”,然后存储。

3. 变暗

使用变暗混合模式可以使选择基色或混合色中较暗的颜色作为结果色。比混合色亮的像素被替换,比混合色暗的像素保持不变。

接着 3.4.12 节所述,在图层面板中设定文字图层的“混合模式”为“变暗”,得到所需的效果。

4. 柔光

柔光混合模式使图像颜色变亮或变暗,具体取决于混合色。此效果与发散的聚光灯照在图像上相似。

接 3.4.12 节所述,在图层面板的“混合模式”下拉列表中选择“柔光”,即可得到不同的效果。

5. 强光

选择强光混合模式,图像的复合或过滤颜色取决于混合色。此效果与耀眼的聚光灯照在图像上相似。

接 3.4.12 节所述,在图层面板的“混合模式”下拉列表中选择“强光”,即可得到不同的效果。

6. 亮光

使用亮光混合模式可以通过增加或减少对比度来加深或减淡图像中的颜色,具体取决于混合色。如果混合色(光源)比 50%灰色亮,则通过减少对比度使图像变亮。如果混合色比 50%灰色暗,则通过增加对比度使图像变暗。接 3.4.12 节所述,在图层面板的“混合模式”下拉列表中选择“亮光”，即可得到不同的效果。

7. 线性光

使用线性光混合模式可以通过增加或减少亮度来加深或减淡图像中的颜色，加深或减淡颜色的程度取决于混合色。

接 3.4.12 节所述，在图层面板的“混合模式”下拉列表中选择“线性光”，即可得到不同的效果。

8. 点光

点光混合模式根据混合色替换颜色。如果混合色(光源)比 50%灰色亮，则替换比混合色暗的像素，而不改变比混合色亮的像素。如果混合色比 50%灰色暗，则替换比混合色亮的像素，而比混合色暗的像素保持不变。这对于向像素添加特殊效果非常有用。

接 3.4.12 节所述，在图层面板的“混合模式”下拉列表中选择“点光”，即可得到不同的效果。

9. 实色混合

使用实色混合模式可以将渐变或实色图层混合成实色。接 3.4.12 节所述，在图层面板的“混合模式”下拉列表中选择“实色混合”，即可得到不同的效果。

10. 差值

使用差值混合模式可以从基色中减去混合色，或从混合色中减去基色，它具体取决于哪一个颜色的亮度值更大。与白色混合将反转基色值，与黑色混合则不产生变化。

接 3.4.12 节所述，在图层面板的“混合模式”下拉列表中选择“差值”，即可得到不同的效果。

11. 排除

排除模式可以创建一种与差值模式相似，但对比度更低的效果。与白色混合反转基色值，与黑色混合则不发生变化。

接 3.4.12 节所述，在图层面板的“混合模式”下拉列表中选择“排除”，即可得到不同的效果。

12. 色相

色相模式使用基色的亮度和饱和度以及混合色的色相创建结果色。接 3.4.12 节所述，在图层面板的“混合模式”下拉列表中选择“色相”，即可得到不同的效果。

13. 饱和度

饱和度模式使用基色的亮度和色相以及混合色的饱和度创建结果色。在无饱和度的区域上用此模式绘画不会产生变化。

接 3.4.12 节所述，在图层面板的“混合模式”下拉列表中选择“饱和度”，即可得到不同的效果。

14. 颜色

颜色模式使用基色的亮度以及混合色的色相和饱和度来创建结果色。这样可以保留图像中的灰阶，并且对于给单色图像上色和给彩色图像着色都会非常有用。

接 3.4.12 节所述，在图层面板的“混合模式”下拉列表中选择“颜色”，即可得到不同的效果。

15. 亮度

亮度模式使用基色的色相和饱和度以及混合色的亮度来创建结果色。此模式创建与颜色模式相反的效果。

接3.4.12节所述,在图层面板的“混合模式”下拉列表中选择“亮度”,即可得到不同的效果。

3.4.14 应用图层样式制作特效字

(1) 按Ctrl+O键打开一个文件,再按D键设定前景色与背景色为默认值。

(2) 在工具箱中选择横排文字工具,并在选项栏中设定字体为“华文行楷”,字体大小为“150点”,设定消除锯齿方法为 aa 锐利 。再在画面中单击并输入文字“稻花香”,并将文字移动到适当位置。然后单击选项栏中的 ✔ 按钮,确认文字输入,同时在图层面板中添加了一个文字图层。

(3) 按Ctrl键在图层面板中单击文字图层的缩览图,使文字载入选区。再单击背景图层使它为当前可用图层。

(4) 按Ctrl+J键由选区创建一个通过复制的图层,即“图层1”,再在图层面板中单击文字图层左边的眼睛图标,使它不可见,画面中的文字就被隐藏了。

(5) 在图层面板中双击“图层1”名称后的蓝色部分,弹出“图层样式”对话框,在其左边栏中勾选“投影”复选框,即可在右边显示投影的相关参数。在其中设定“距离”为“8像素”、“大小”为“13像素”,其他不变。同时画面中的图层1的内容也就添加了投影。

(6) 在“图层样式”对话框的左边栏中再勾选“斜面和浮雕”和“等高线”复选框,其他不变。同时画面中图层1的内容便添加了斜面和浮雕效果。

(7) 在“图层样式”对话框的左边栏中再勾选“描边”复选框,接着在右边的“描边”栏中设定“大小”为“1像素”。再单击“颜色”后的色块,弹出“拾色器”对话框,并在其中选择所需的描边颜色,选择好后单击“确定”按钮,返回到“图层样式”对话框中,其他参数不变,同时画面中图层1的文字也就进行了描边。

(8) 在“图层样式”对话框的左边栏中勾选“光泽”复选框,接着在右边的“光泽”栏中单击“混合模式”后的色块,弹出“拾色器”对话框。在其中选择所需的光泽颜色,选择好后单击“确定”按钮,返回到“图层样式”对话框中,其他参数不变。同时画面中图层1的文字也就添加了光泽效果。

(9) 在“图层样式”对话框的左边栏中勾选“内发光”复选框,其他参数不变,同时画面中图层1的内容便添加了发光颜色。

(10) 在“图层样式”对话框的左边栏中勾选“外发光”复选框,接着在右边的“外发光”栏中单击色块,弹出“拾色器”对话框。在其中选择所需的外发光颜色,选择好后单击“确定”按钮,返回到“图层样式”对话框中,其他参数不变。单击“确定”按钮,即可得到外发光效果,在图层面板的该图层名称后面也自动添加了一个样式图标。

3.5 通道与蒙版

Photoshop采用特殊灰度通道存储图像颜色信息和专色信息。如果图像含有多个图层,则每个图层都有自身的一套颜色通道。打开新图像时,自动创建颜色信息通道。所创建的颜色通道的数量取决于图像的颜色模式，而非其图层的数量。例如 RGB 图像有 4 个通道：红色、绿色和蓝色通道，以及一个用于编辑图像的 RGB 复合通道。也可以创建 Alpha 通道，将选区存储为灰度图像。通过 Alpha 通道可以创建并存储蒙版，这些蒙版可以处理、隔离和保护图像的特定部分。还可将 Alpha 通道内存储的选区载入 ImageReady。

此外，可以创建专色通道，指定用于专色油墨印刷的附加印版。一个图像最多可包含 58 个通道，包括所有的印刷通道和 Alpha 通道。通道所需的文件大小取决于通道中的像素信息，某些文件格式如 TIFF 和 Photoshop 格式将压缩通道信息并可节省空间。

3.5.1 新建、编辑与应用通道

可以在通道面板中单击 (创建新通道)按钮新建 Alpha 通道；也可以在通道面板的弹出式菜单中执行“新建通道”命令来新建 Alpha 通道，还可以将选区存储为 Alpha 通道。

下面以实例来讲解如何新建、编辑与应用通道。

1. 新建通道

按 Ctrl+N 键新建一个大小为 600 像素×300 像素，分辨率为 100 像素/英寸的 RGB 颜色模式的图像文件。显示通道面板，在其中单击 (创建新通道)按钮新建 Alpha1 通道。

2. 向通道中添加内容

按 D 键设定前景色与背景色为默认值(即前景色为白色，背景色为黑色)，在工具箱中选择 T 横排文字工具，并在选项栏中设定字体为“华文行楷”，字体大小为“150 点”，再在画面中单击并输入文字“幸福坊”，将文字移动到适当的位置。然后单击选项栏的 ✔ 按钮确认文字输入，即可得到文字选区。

3. 复制通道

在通道面板中拖动 Alpha1 通道到 (创建新通道)按钮上，呈凹下状态时松开左键，即可得到一个通道副本。

4. 编辑通道

(1) 在菜单中执行“滤镜”→“高斯模糊”命令，弹出“高斯模糊”对话框，在其中设定“半径”为“3.0 像素”，单击“确定”按钮，即可得到所需的效果。

(2) 按 Ctrl+F 键两次，再执行两次“高斯模糊”命令。

(3) 在通道面板中单击 RGB 复合通道，该通道为当前可编辑状态。同时 Alpha 通道将不可见，并且其内容不会显示在画面中。

5. 应用通道

(1) 在菜单中执行“滤镜”→“渲染”→“光照效果”命令，弹出“光照效果”对话框，并在其中设定光源颜色为 R251、G231、B5，环境颜色为 R148、G100、B6，接着在“纹理通道”下拉列表中选择“Alpha1 副本”，再设定“材料”为 75，“环境”为 14，“高度”为 55，然后在左边的预览框中通道光圈到适当位置与适当大小，其他参数不变，单击“确定”按钮即可。

(2) 在菜单中执行“图层”→“新建”→“通过剪切的图层”命令。新建一个通过剪切的图层，将选区的内容自动剪切并粘贴到自动新建的图层中，同时取消选择。显示图层面板，即可看到已经新建了一个图层。

(3) 在图层面板中激活背景层。在菜单中执行“滤镜”→“渲染”→“光照效果”命令，弹

出“光照效果”对话框，在其中的“纹理通道”下拉列表中选择 Alpha1，然后设定光源颜色为 R251、G167、B5，环境颜色为 R104、G72、B8，“曝光度”为 2，其他不变，单击“确定”按钮，即可得到所需的效果。

(4) 在弹出面板中激活“图层 1”，在工具箱中选择移动工具，将文字向左上方移动到适当位置。

3.5.2 使用图层/矢量蒙版

使用图层蒙版和矢量蒙版可以在同一图层上生成软硬混合的蒙版边缘。通过更改图层蒙版或矢量蒙版，可应用各种特殊效果，可以创建两种类型的蒙版：图层蒙版是与分辨率相关的位图图像，它们是由绘画或选择工具创建的；矢量蒙版与分辨率无关，并且由钢笔或形状工具创建。

在图层面板中，图层蒙版和矢量蒙版都显示为图层缩览图右边的附加缩览图。对于图层蒙版，此缩览图代表添加图层蒙版时创建的灰度通道，矢量蒙版缩览图代表从图层内容中剪下来的路径。

可以对图层蒙版进行编辑，以便向蒙版区域中添加内容或从中减去内容。图层蒙版是一种灰度图像，因此用黑色绘制的区域将被隐藏，用白色绘制的区域是可见的，而用灰度梯度绘制的区域则会出现在不同层次的透明区域中。

如果要使用图层蒙版来隐藏部分图层，用户可以应用蒙版来扔掉隐藏的部分。

矢量蒙版可在图层上创建锐边形状，如果在设计时需要边缘清晰的图像时，就可以创建矢量蒙版。使用矢量蒙版创建图层之后，可以向该图层应用一个或多个图层样式，并对这些图层样式进行编辑。

3.5.3 通道计算

计算命令用于混合两个来自一个或多个源图像的单个通道，它可以将结果应用到新图像、新通道，或现用图像的选区。不能对复合通道应用计算命令。需要注意的是，用于计算的图像必须具有相同的像素尺寸。

3.6 路径

路径是可以转换为选区或者使用颜色填充和描边的轮廓，它由一个或多个直线段或曲线段组成，锚点是标记路径段的端点，通过标记路径的锚点，可以很方便地改变路径的形状。在曲线段上，每个选中的锚点显示一条或两条方向线，方向线以方向点结束。方向线和方向点(也称为控制点)的位置决定曲线段的大小和形状，移动它们(锚点、方向线与方向点等)将改变路径中曲线的形状。可以使用路径作为矢量蒙版来隐藏图层区域，可以将路径转换为选区，还可以使用颜色填充或描边路径。

工作路径是出现在路径面板中的临时路径，用于定义形状的轮廓。

路径可以是闭合的，没有起点或终点，或是开放的，有明显的起点和终点。

路径不必是由一系列线段连接起来的一个整体，它可以包含多个彼此完全不同而且相互独立的路径组件。形状图层中的每个形状都是一个路径组件。

3.6.1 创建路径

(1) 按 Ctrl+N 键创建一个文件,在路径面板中单击 (创建新路径)按钮即可新建一个路径。

(2) 在路径面板中单击右上角的小三角形按钮,弹出下拉菜单,在其中选择"新建路径"命令。弹出"新建路径"对话框,可在其中根据需要给出路径命名,也可采用默认名称。单击"确定"按钮即可新建一个路径。

(3) 在工具箱中选择 自动形状工具,再在选项栏中单击 (路径)按钮。接着在形状弹出式调板中选择 形状,在画面中绘制出该形状即可得到一个路径,同时路径面板中"路径 2"的缩览图也发生了变化。

(4) 在路径面板中单击"路径 1",使它为当前路径,同时画面中刚绘制的手形状路径被隐藏。同样可以在该路径中添加内容。

(5) 在路径面板的灰色区域单击,可以隐藏路径在画面中的显示,按 Shift 键单击当前路径,同样也可隐藏路径。

(6) 在工具箱中选择钢笔工具,并在选项栏中单击 (路径)按钮,接着在画面中绘制出树冠的形状,同时路径面板中自动创建了一个工作路径,然后在画面中再添加一个路径组件。

3.6.2 编辑路径

可以为路径描边、填充颜色,也可以调整路径的形状。下面继续 3.6.1 节实例继续讲解。

(1) 在工具箱中选择 直接选择工具,在画面中单击表示树杆的路径组件以选择它。再单击要移动的节点,然后将其向上拖动到适当位置。

(2) 设定前景色为 R76、G51、B6,再在路径面板中单击 (用前景色填充路径)按钮,为选择的路径填充颜色。

(3) 设定前景色为 R23、G101、B7,用直接选择工具在画面中单击要填充颜色的路径组件,再在路径面板中单击 (用前景色填充路径)按钮,给路径填充颜色。

(4) 在画面的空白处单击取消路径组件的选择,再在路径面板中单击 (将路径作为选区载入)按钮,使工作路径载入选区。

(5) 在工具箱中选择 渐变工具,并在选项栏中单击 (线性渐变)按钮,接着设定"不透明度"为 100%,勾选"反向"、"仿色"与"透明区域"选项。再单击 (可编辑渐变)按钮,弹出"渐变编辑器"对话框,设置参数。色标 1 与 3 的颜色为 R12、G55、B3,色标 2 的颜色为 R102、G241、B9,中间不透明度色标的不透明度为 20%、"位置"为 52%,左右两边不透明度色标的不透明度为 100%,设置好后单击"确定"按钮。然后按 Shift 键在选区中从左向右拖动,对选区进行渐变填充后得到所需的效果。

3.6.3 存储工作路径

由于工作路径是临时路径,所以不可避免地会出现后面绘制的工作路径覆盖前面绘制的工作路径的情况。但有时我们需要重复使用一个工作路径,因此就需要对它进行存储。

接着 3.6.2 实例进行讲解:

在路径面板中单击“工作路径”,使它成为当前路径,再在面板的右上角单击小三角形按钮,在弹出的下拉菜单中选择“存储路径”命令。接着弹出“存储路径”对话框,可在其中设定路径的名称,也可采用默认名称,单击“确定”按钮即可将“工作路径”存储为“路径 3”。

3.7 动画

动画是在一段时间内显示的一系列图像或帧,每一帧较前一帧有轻微的变化,当连续、快速地显示这些帧时会产生运动的错觉。

3.7.1 创建动画

(1) 按 Ctrl+O 键打开一个文件,在菜单中执行“图像”→“图像大小”命令,并在弹出的对话框中查看该文件的大小,可得知该文件的宽度和高度。

(2) 在图层面板中新建“图层 1”,再在工具箱中选择矩形选框工具,并在选项栏的“样式”下拉列表中选择“固定大小”,再在“宽度”文本框中输入“30px”,“高度”文本框中输入“220px”,然后在画面的左上角单击得到一个选框。

(3) 按 Ctrl+R 键显示标尺栏,再在标尺栏中双击,弹出“首选项”对话框,在其中的“单位”栏中设定“标尺”为“像素”,其他为默认值。单击“确定”按钮即可将标尺的单位改为像素。

(4) 在选项栏中单击(添加到选区)按钮,再移动指针到画面的顶部。查看标尺栏,在相隔 30 像素的地方单击,即可在画面中又添加一个 30 像素×220 像素的矩形选框。

(5) 用同样的方法在画面中添加多个矩形选框。

(6) 在工具箱中选择渐变工具,并在选项栏中单击(线性渐变)按钮,再单击(可编辑渐变)按钮,弹出“渐变编辑器”对话框。在其中进行渐变编辑,设置好后单击“确定”按钮,再从画面的左边向右边拖动,松开左键后得到所需的渐变效果。

(7) 在图层面板中新建“图层 2”,再按 Ctrl+Shift+I 键执行“反向”命令,以反选选区。

(8) 按 Shift 键的同时用鼠标在画面中从选区的左边的空白处拖动。松开鼠标左键后,即可得到所需的效果。

(9) 在图层面板中新建“图层 3”,再在“渐变编辑器”对话框中将所有红色的色标改为绿色(R29、G105、B15)。单击确定按钮,然后在画面中从选区的左边向右边拖动鼠标,得到所需的效果。

(10) 在图层面板中新建“图层 4”,按 Ctrl+Shift+I 键反选选区,然后按 Shift 键用渐变工具在画面中从选区的左边向右边拖动鼠标,即可得到所需的效果。最后按 Ctrl+D 键取消选择。

(11) 显示动画面板,其中已经显示了图像的第一帧,接着在面板的下方单击(复制选中的帧)按钮,复制帧。

(12) 在图层面板中拖动“图层 4”的眼睛图标到“图层 2”的眼睛图标处,以将“图层 2”至“图层 4”隐藏。

(13) 在动画面板中单击“复制选中的帧”按钮,复制一帧,再在图层面板中单击“图层 3”左边的方框显示眼睛图标,以显示“图层 3”的内容,再单击“图层 1”左边的眼睛图标,使它不可见。

(14) 在动画面板中单击“复制选中的帧”按钮,复制一帧。在图层面板中单击“图层 2”左边的方框显示眼睛图标,以显示“图层 2”的内容,再单击“图层 3”左边的眼睛图标,使它不可见。

(15) 在动画面板中单击“复制选中的帧”按钮,复制一帧。在图层面板中单击“图层 1”左边的方框显示眼睛图标,以显示“图层 1”的内容。

(16) 在动画面板中单击“复制选中的帧”按钮,复制一帧,在图层面板中单击“图层 4”左边的方框显示眼睛图标,以显示“图层 4”的内容,再单击“图层 1”与“图层 2”左边的眼睛图标,使它不可见。

(17) 在动画面板中单击第 2 帧,使它为当前帧。再在面板是底部单击 (动画帧过渡)按钮,弹出“过渡”对话框,并在其中设定“要添加的帧”为 3,“过渡”为“上一帧”,其他为默认值。单击“确定”按钮,即可在动画面板中添加 3 帧。

(18) 在动画面板中单击第 6 帧,使它为当前帧。在面板的底部单击 (动画帧过渡)按钮,弹出“过渡”对话框,并在其中设定“要添加的帧”为 3,“过渡”为“上一帧”,其他为默认值。单击“确定”按钮,即可在动画面板中添加 3 帧。

(19) 用前面的方法在其他帧之间添加过渡帧,添加过渡帧后得到所需的效果。

(20) 在动画面板中单击最后一帧(即第 21 帧),再单击“动画帧过渡”按钮,弹出“过渡”对话框,并在“过渡”下拉列表中选择“第一帧”。双击“确定”按钮,即可在最后一帧与第一帧之间添加 3 帧。

(21) 在动画面板中单击最后一帧(即第 24 帧),接着拖动底部的滑块至第 1 帧,再按 Shift 键单击第 1 帧,以同时选择这些帧。

(22) 在动画面板中单击“0 秒”后的小三角形按钮,弹出下拉菜单,在其中选择 0.2,即可将延迟时间设为 0.2 秒。然后在动画面板中单击 (播放动画)按钮,即可在图像窗口中预览动画了。最后单击 (停止动画)按钮停止动画的播放,并将文件保存。

3.7.2 存储和导出动画

可以使用多种格式来存储动画。

GIF 标准格式用于存储动画图像以便在 Web 上查看。在 Photoshop 中,使用“存储为 Web 所有格式”对话框来选择与存储动画。在 ImageReady 中,使用“优化”面板来设置 GIF 选项。

在 ImageReady 程序中还可以用 QuickTime 影片格式和 SWF 格式来存储文件。接着 3.7.1 节继续进行讲解。

在菜单中执行“文件”→“存储为 Web 所用格式”命令,弹出对话框,在“优化的文件格式”下拉列表中选择 GIF,其他为默认值,单击“存储”按钮。紧接着弹出“将优化结果存储为”对话框,在“保存类型”下拉列表选择“HTML 和图像”,在“文件名”文本框中输入所需的文件名称,其他为默认值。单击“保存”按钮,即可将文件存储为 HTML 文件了。

3.7.3　预览动画

创建动画后，需要在IE浏览器中进行预览，以查看是否合乎所需的要求。

在任务栏中单击按钮以显示桌面，并在桌面上双击图标，打开“我的文档”窗口，双击“mot”文件，即可在IE浏览器中预览我们的动画了。

习题3

1. 图层在何种情况下自动产生？
2. 希望保留图层，应采用什么文件格式保存图像？
3. 简述滤镜的种类和作用。
4. 如何将若干个素材编辑、合成在一起，形成新的图像，并以.jpg格式保存？
5. 选框工具的作用是什么？
6. 在Photoshop CS2中有多少个控制面板？
7. 魔棒工具的作用是什么？
8. Photoshop CS2中能实现动画吗？
9. 如何使用路径？
10. 简述Photoshop中的几种色彩模式。
11. 保存图像之前为什么要合并图层？

第 4 章

动画基础与制作——Flash MX

Flash 是目前功能最强大的矢量动画制作软件之一，广泛应用于网页设计和多媒体创作等领域。

4.1 Flash MX 的应用领域

随着电脑网络技术的发展和提高，Flash 软件的版本也不断升级，性能逐步提高。因此 Flash 也越来越广泛地应用到各领域。利用 Flash 制作的动画作品，风格各异、种类繁多，目前 Flash 的应用领域主要有以下几个方面。

1. 网络动画

Flash 具有强大的矢量绘图功能，可对视频、声音进行良好的支持，同时利用 Flash 制作的动画能以较小的容量在网络上进行发布，加上以流媒体形式进行播放，使 Flash 制作的网络动画作品在网络中大量传播，并且深受闪客的喜爱。Flash 网络动画中最具代表性的作品主要有搞笑短片、MTV 和音乐贺卡等。

2. 网络广告

通过 Flash 还可以制作网络广告，网络的一些特性决定了网页广告必须具有短小、表达能力强等特点，而 Flash 可以充分满足这些要求，同时其出众的特性也得到了广大用户的认同，因此在网络广告领域得到广泛应用。网络广告一般具有超链接功能，单击它可以浏览相关的网页。

3. 在线游戏

利用 Flash 中的动作脚本语句可以编制一些简单的游戏程序，配合 Flash 强大的交互功能，可制作出丰富多彩的网络在线游戏，这类游戏操作比较简单，趣味性强，老少皆宜，深受广大网络用户的喜爱。

4. 多媒体教学

Flash 除了在网络商业应用中被广泛采用，在教学领域也发挥出重要的作用，利用 Flash 还可以制作多媒体教学课件。凭借其强大的媒体支持功能和丰富的表现手段，Flash 课件已在越来越多的教学中被采用，并且还有继续发展和壮大的趋势。

5. 动态网页

使用 Flash 制作的网页具备一定的交互功能，使得网页能根据用户的需求产生不同的网页响应，利用 Flash 制作的网页具有动感、美观及时尚等特点，由 Flash 制作的动态网页在网络中日益流行。

4.2 Flash MX 的特点简介

Flash 之所以有如此广泛的应用，受到广大网民的青睐，是因为它有许多传统动画文件不可比拟的优势，而且学习起来非常简单，用它制作的动画更适用于各种主流网页浏览器。Flash 具备以下特征。

1. 友好的操作界面，易学易用

Flash 的操作界面经过重新设计，界面更加美观，层次更加清晰，各面板布局更加合理。相对其他制作动画的程序 JavaApplelet，Flash 操作上更加方便简单，无需任何编程基础就可以轻松地制作出大量动画效果。

2. 生成的动画文件可以独立播放

利用 Flash 制作动画作品不仅可以在线观看，也可以离线观看，并同时保留其原来动画中的各种交互式操作功能。另外，Flash 可以生成一种高质量的程序文件，这种文件以.exe 结尾，可以将它理解为一个离线播放器。换句话说，浏览者不用网页浏览器也可以观看 Flash 所生成的动画文件。

3. 流媒体动画

Flash 播放器在下载 Flash 影片时采用流媒体播放形式，也就是说，在 Flash 文件还没有完全下载完毕时播放动画，即下载的同时进行播放。流媒体方式被翻译成不同的称呼，但原理都是一样的。数据在播放的过程中按照被启用的顺序排列，播放器根据这一顺序保证计算机最先需要的数据被优先调用，当计算机得到了这种动画数据就马上进行播放，不必等全部动画数据都达到本地计算机后才开始播放。

4. 文件体积较小

由于 Flash 采用的图像方式是矢量图，生成的文件相对于传统网页动画中同等面积的位图来说要小很多。

矢量图就是以数学公式或指令来描述一个图形状、颜色等因素的数据，这些数据都是以纯文本的形式存在的，所以它所占用的空间相对较小。

位图是由具有颜色特征的矩形来描述图像的，每个像素的大小是固定的，图像的大小决定其中包含像素数量的多少，而像素的数量越多，文件也就越大。也就是说，一幅位图是由无数的点组成的，放大图像实际上就是在放大像素，如果分辨率不高，图像就会模糊，出现马赛克现象。另外，在位图文件中，图像颜色的多少也会影响图像文件的大小。在矢量文件中，图形的几何形状也会影响最终图像文件的大小。在矢量文件中，图形的几何形状也会影响最终图像文件大小，但矢量图对于相同图像的位图来说还是要小很多，而且矢量图怎么放大图形都不会发生变化。

5. 可自由缩放，自动调整图像尺寸

Flash 可以根据浏览者对浏览器窗口尺寸的改变自动调整窗口中网页内容的尺寸，这样就不会因为浏览器窗口的缩小而丢失网页内容。Flash 网页动画的可缩放性为用户提供了许多方便，特别适用于制作动态地图或某些产品的细节表现，不管尺寸如何，其文件大小几乎是完全一样的。

6. 具有交互式功能的多媒体影片

Flash 影片可以通过 ActionScript 脚本语言与使用者建立交互关系，使用者可以通过键盘操作或鼠标操作与影片之间产生互动。在制作过程中，即使没有编程基础也可以制作很多交互式效果，但这些效果通常比较简单。实际上只需要熟练掌握几个基本的脚本程序，理解他们的原理，就可以制作出丰富交互式效果的 Flash 影片，实现按钮的控制等。事实证明，最常用的脚本程序就那么几个，在学习 Flash 的初级阶段已经足够应用了，在后面的章节中会详细介绍这几个基本的脚本语言。

7. 易用性

每个人都可以通过 Flash 制作出影片和动态网页，新版本虽然比早期的版本难一些，但在原来版本中可实现的操作，在新版本中同样容易实现，只是新版本中可实现的功能更多，看起来比较复杂而已。另外，Flash 软件还提供了一套完备的联机教程，通过这个教程可以立即了解软件的各种功能，许多复杂的脚本语言也可以在教程中找到，对于每条指令的含义，都叙述得十分清楚。

4.3 Flash MX 的界面简介

在启动 Flash MX 后，会出现如图 1.4.1 所示的“开始”界面。

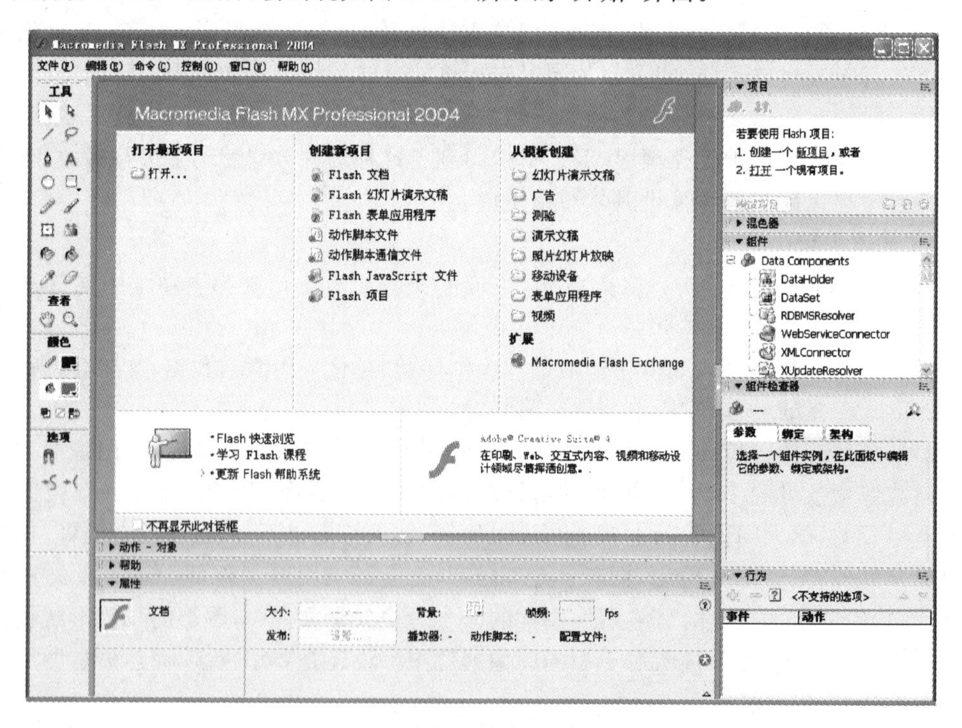

图 1.4.1 “开始”界面

选择“创建新项目”组中的“Flash 文档”命令，新建一个 Flash 文档，默认布局如图 1.4.2所示。下面将简单介绍图中所示的各部分名称及功能。

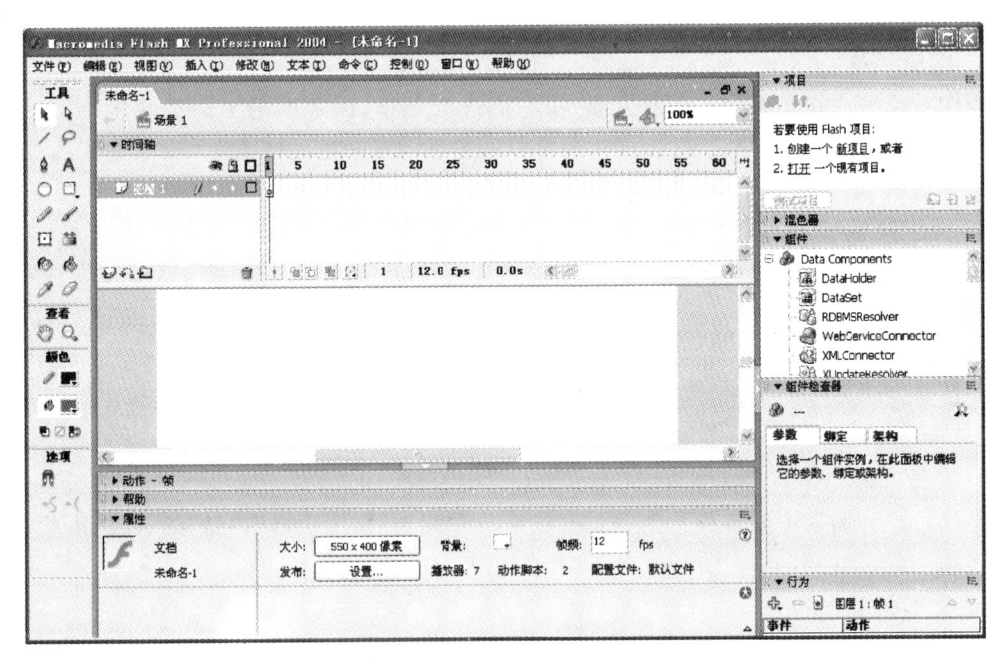

图 1.4.2 “新建文档”界面

（1）标题栏：显示当前文件名称，可以控制界面最大化、最小化，执行关闭软件等命令。

（2）菜单栏：在 Flash 中的各种操作命令根据一定的类别被分别放置在各菜单中，有的菜单还包含下一级的子菜单。

（3）工具箱：包含了各种绘图工具、文字工具及相关设置选项，所有工具都可以通过单击进行选择。

（4）时间轴：控制影片播放的地方，同时也是管理图层与图层文件夹的地方。

（5）场景：也被称为工作区，包含工作区和操作区，在这里制作 Flash 影片，绘制各种图形。

（6）编辑栏：显示当前编辑场景，控制场景中的视图比例等。

（7）控制面板组：Flash 中共包含 20 多个控制面板，各面板都有其特有的功能。另外 Flash 还将部分面板分成了 3 大类，分别为“设置面板”、“开发面板”和“其他面板”。为了节省界面空间，不使用时可以将它们关闭，使用时再通过菜单栏将它们打开。

（8）“属性”面板：显示所选元素的各种属性，也可以在“属性”面板中对所选元素进行各种设置。

4.3.1　菜单栏

Flash MX 中共包含 10 个菜单，分别为“文件”、“编辑”、“视图”、“插入”、“修改”、“文本”、“命令”、“控制”、“窗口”与“帮助”。Flash MX 的菜单栏几乎包含了除绘图命令以外的绝大多数命令，本节将简要介绍菜单栏中的各部分名称及其基本功能，具体的应用会在后面的章节中结合实际应用进行说明。

1. 文件菜单

操作对象多为整个文件，包含工作中最常用的各种命令，例如创建一个新的 Flash 文档、打开已有文档、保存文档、从外部导入文件等操作。

2. 编辑菜单

操作对象多为在场景中的各种元素，对它们进行编辑，例如取消上一步操作、重复上一步操作、复制 Flash 中的对象等。另外，还可以通过它设置一些系统参数，如设置首选参数、定义工具面板、设置缺省字体映射与快捷键等。

3. 视图菜单

用于设置场景的显示比例、尺寸，实现场景之间的切换，提供辅助线帮助 Flash 中的对象定位，如网格、标尺等。

4. 插入菜单

操作对象主要为时间轴，用于在时间轴中插入各种帧、图层以及场景，制作时间轴特效等。

5. 修改菜单

操作对象为场景中的各种元素、图层、场景与时间轴等，用于修改它们的属性、形状与对齐方式等。

6. 文本菜单

操作对象为场景中的文本，用于设置文本的字体、字形、字号等，这些设置基本可以在文字“属性”面板中完成。另外，在文本菜单中还包括了检查拼写功能，用于检查文件中文字、语言方面的错误。

7. 命令菜单

用于使用自行设置的命令，适合完成一种重复性的操作工作。例如要制作一种文字特效，并且希望整个影片中的文字都是这种效果，一个一个地去制作非常麻烦，批量处理就可以轻松解决这一问题。首先将文字特效的各个步骤记录下来，设置为一个命令，并为这个命令命名，接着选中希望运用特效的文字，在命令菜单中就会出现刚刚命名的特效命令，选择这个特效命令即可快速获得特效。另外，还可以通过命令菜单对设置的命令进行重命名与删除，这个方法类似于 Photoshop 中的动作命令。在 Flash 中，这个效果的操作过程是通过历史记录面板来实现的，而这个命令的本身就是一个 Flash JavaScript 文件，以.jsfl 为扩展名。

8. 控制菜单

用于控制场景中的动画进程，由于大部分操作都可以通过鼠标与键盘来实现，所以不太常用。控制菜单主要执行测试影片的操作，还具有静音功能。

9. 窗口菜单

用于显示或隐藏场景中的工具箱、时间轴以及各种操作面板。

10. 帮助菜单

用于显示软件的版本号，提供各种技术支持。

4.3.2 主工具栏

主工具栏在最初的界面中是隐藏的，通过执行“窗口”→“工具栏”→“主工具栏”命令将它显示在页面中。它与标准 Windows 程序中的常用工具栏没有太大区别，包括新建、打开、保存、打印、查找、剪切、复制、粘贴、撤销、重做、对齐对象、平滑、伸直、旋转与倾斜、缩放与对齐命令，如图 1.4.3 所示。再次执行“窗口”→“工具栏”→“主工具栏”命令可将它隐藏。

图 1.4.3　“主工具栏”按钮

4.3.3　工具箱

工具箱包括了 Flash 中的所有绘图工具，如图 1.4.4 所示。默认情况下工具箱位于界面左侧，按 Ctrl＋F2 快捷键可以显示/隐藏工具箱，也可以使它悬浮于界面之上，原理与主工具栏相同。熟练掌握工具箱中的各种绘图工具才能制作出内容丰富的 Flash 作品。工具箱总体可分为 4 大部分，分别为工具部分、查看部分、颜色部分与选项部分，各部分的基本功能如下。

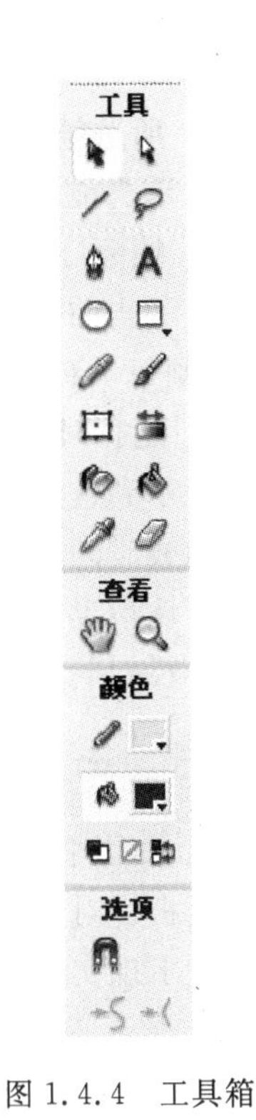

图 1.4.4　工具箱

1. 工具部分

包含相关绘图工具、修改工具与填充工具，使用时单击相应的图标就可将这个工具激活，并可以直接在场景中使用该工具。

2. 查看部分

包含两个查看工具，可以通过移动工作区和放大或缩小工作区来查看工作区以外的内容，使用时只要单击相应的图标将工具激活，就可直接在场景中使用该工具。

3. 颜色部分

包含设置图形边框及图形填充色的工具，使用时选中需要设置的图形，单击相应的图标，在弹出颜色面板中进行选择，即可改变所选图形的颜色。

4. 选项部分

根据选择的工具，出现相关的选项，可以理解为是这个工具的功能的补充，使用时只要在图 1.4.4 工具栏单击相应的图标就可将设置应用于当前所选工具，改变其属性。

4.3.4　时间轴

时间轴是显示图层与帧的地方，控制着整个影片的播放与停止，用于组织和控制文档内容在一定时间内播放的帧数。Flash 动画与传统的动画原理相同，按照画面的顺序和一定的速度播放影片，每一帧里包含各种不同的画面。这些画面分别是一组连贯动作的分解画面，按照一定顺序将这些画面在时间轴中排列，连贯起来看就好像动起来一样。时间轴上的各帧就好像电影中的胶片一样，影片的长度是由它的帧数决定的；图层就像一张透明的纸，每个层都包含一个显示在舞台中的不同图像，这些图像组成了动画的环境。如果要制作包含声音的影片，就要建立放置声音的图层。时间轴主要是由图层、帧和播放头组成，如图 1.4.5 所示。

时间轴状态栏显示在时间轴的底部，它指示所选帧的编号、当前帧频以及到当前帧为止的运行时间，其作用分别如下。

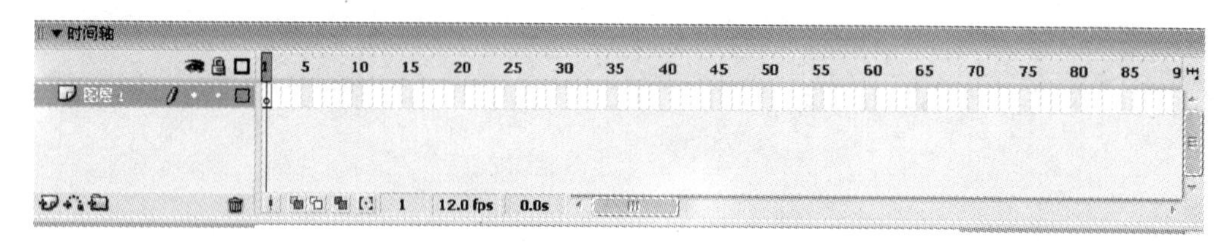

图 1.4.5 时间轴界面

1. 所选帧编号

显示当前所选帧的序号。

2. 帧频

显示当前文档的帧频，也就是动画的播放速度，单位为帧/秒，默认值为每秒 12 帧，也就是，动画每一秒钟播放 12 帧的内容。

3. 运行时间

显示到这帧为止动画运行的时间，这个时间是通过当前所选的帧数除以帧频得来的，与实际播放时间有一些差异。

默认情况下，时间轴出现在界面中间的位置，需要时可以将它悬浮于界面之上，原理与主工具栏相同。另外，还可以通过单击时间轴标题栏左上角的三角来隐藏或显示时间轴。

4.3.5 面板

Flash 共提供了 20 多个控制面板帮助用户快速执行特定的命令，例如“混色器”面板、“库”面板、“对齐”面板等。通过这些面板可以使操作更为便捷，而将所有的面板都显示在界面上是不现实的，有效地组织这些面板的显示就可以得到更多的操作空间。

1. 显示面板

单击“窗口”菜单可以看到 Flash 提供的各种面板，并将部分面板归类放在一起，再任意选择面板名称，就可将选择的面板打开。

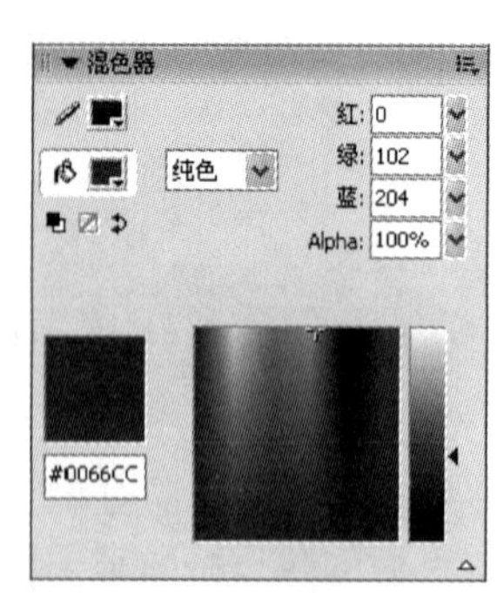

图 1.4.6 “混色器”面板

2. 隐藏面板

单击各控制面板的标题栏，即可将控制面板隐藏，这样就扩大了操作空间，再次单击控制面板标题栏即可恢复控制面板的显示，如图 1.4.6 所示。

3. 关闭面板

单击控制面板右上角的图标即可将控制面板关闭。

4.3.6 “属性”面板

“属性”面板显示 Flash 中所选对象的各种属性，具有控制面板的一般性质，同时具有它的特性。通过“属性”面板，用户可以直接修改各种对象的属性，而无需再打开相应对象的控制面板，既节约时间，又节约界面空间，各种对象的“属性”面板如下。

1. 工作区“属性”面板

当单击工作区中的空白地方时，显示文档“属性”面板，通过它可以设置文档属性与发布方式，如图 1.4.7 所示。

图 1.4.7　工作区“属性”面板

2. Flash 中绘制对象的“属性”面板

单击 Flash 中的绘制对象，“属性”面板显示其笔触颜色、笔触高度、笔触样式以及填充颜色等属性，如图 1.4.8 所示。

图 1.4.8　图形“属性”面板

3. 元件的“属性”面板

单击 Flash 中的元件，“属性”面板显示元件类型、尺寸、颜色等各种属性，如图 1.4.9 所示。

图 1.4.9　元件“属性”面板

4. 帧的“属性”面板

单击时间轴中的某一帧，“属性”面板显示相关帧的功能与各种选项，如图 1.4.10 所示。

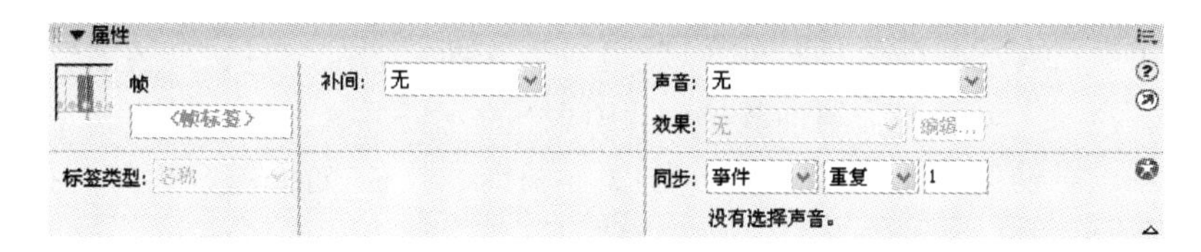

图 1.4.10　帧“属性”面板

5. 补间动画“属性”面板

单击时间轴中的运动渐变里的某一帧，“属性”面板将显示这个补间动画的类型等各种属性，如图 1.4.11 所示。

6. 文本“属性”面板

单击场景中的文本，文本“属性”面板将显示这个文本的类型、字体、字号与颜色等各种属性，如图 1.4.12 所示。

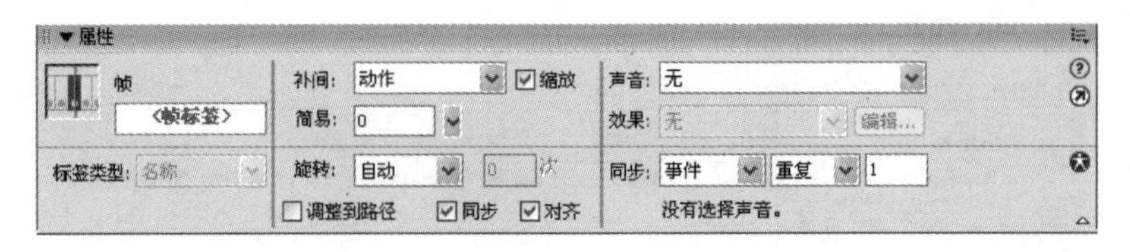

图 1.4.11 补间“属性”面板

图 1.4.12 文本“属性”面板

4.3.7 工作区和操作区

动画是在场景中制作完成的，而场景中又包括工作区与操作区，就像拍电影一样，是在一个大的摄影棚中拍摄的，这个摄影棚可以被理解为场景，而镜头对准的地方就是工作区。也就是说，工作区中显示的动画效果才是影片的实际效果，工作区以外的区域是操作区。最终的影片不会显示操作区中的对象，但操作区也是不可或缺的，它可以使画面运动更加流畅自然，画面的边缘不会消失得那么唐突。为了便于工作中的图形对位，Flash 提供了 3 种辅助工具，分别为标尺、辅助线与网格，下面将介绍这 3 个辅助工具的应用。

1. 标尺

执行“视图”→“标尺”命令，即在工作区中显示标尺，通过标尺可以确定对象位置，如移动、缩放或者旋转工作中的对象，左标尺与上标尺将分别出现表示对象宽度与高度的直线。标尺的默认单位为像素，用户可以根据需要设置标尺的度量单位。

2. 辅助线

将鼠标悬停于标尺之上，单击并拖曳鼠标到需要的位置然后释放鼠标，这个位置中就会出现一条绿色的辅助线。

如果不想对已有的辅助线进行更改，就可以将其锁定，方法为执行“视图”→“辅助线”→“锁定辅助线”命令。如果要为辅助线解锁，用同样的方法再执行一次即可。

另外还可以对辅助线的属性进行更改，例如辅助线颜色、对齐精确度等。执行“视图”→“辅助线”→“编辑辅助线”命令，弹出“辅助线”对话框，如图 1.4.13 所示。单击“颜色”后边的小方框，在弹出的颜色面板中进行选择，即可改变辅助线的颜色。单击“对齐精确度”后边的文本框，在弹出的列表中还可以选择“必须接近”与“可以远离”选项。显示辅助线与锁定辅助线与菜单栏中选项作用是一样的。

3. 网格

执行“视图”→“网格”命令，即在工作区中显示网格。网格是一组水平的线与垂直的线构成的，用于精确对齐、缩放或放置对象。网格的属性也可以更改，例如网格颜色、大小、对齐精确度等。执行“视图”→“网格”→“编辑网格”命令，弹出“网格”对话框，如图 1.4.14 所示。设置方法基本与辅助线相同，在“对齐精确度”选项中多了“总是对齐”选项，网站的默认高度与宽度为 18×18，单位为像素，用户可以根据需要自行更改，并可将这些设置保存为默认值。

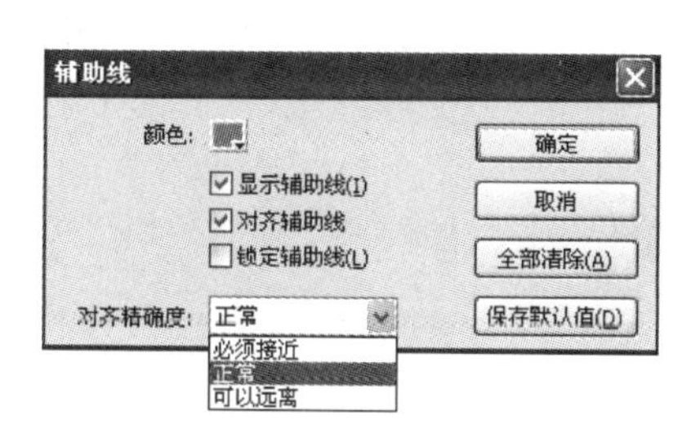

图 1.4.13 “辅助线”对话框

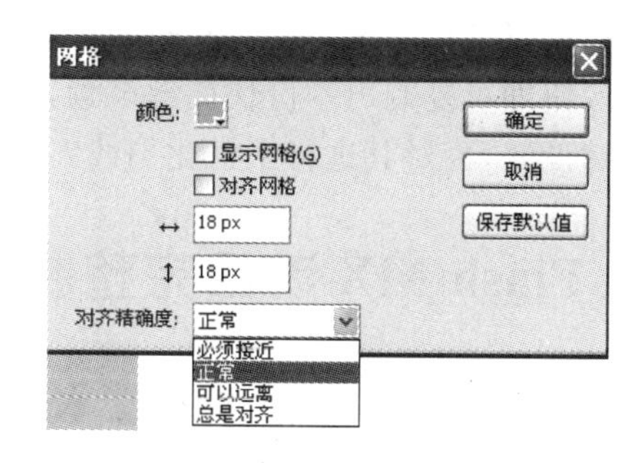

图 1.4.14 “网格”对话框

4.3.8 设置工作环境参数

Flash MX 的整体工作环境可以根据个人需要通过首选参数来设定。执行“编辑”→“首选参数”命令，弹出“首选参数”对话框，如图 1.4.15 所示。

“首选参数”对话框里包括了 Flash 中大部分参数的设定，分为“常规”、Action Script、“自动套用格式”、“剪贴板”、“绘画”、“文本”与“警告”7 个部分，选择相应的选项卡就可随意进行个性化设置，例如初学者按照默认设置就可以很方便地进行操作，如有需要可以自行设置。

4.3.9 设置快捷键

Flash 中大部分的操作命令需要通过菜单命令完成，比较常用的命令可以通过快捷键来实现，执行“编辑”→“快捷键”命令，弹出“快捷键”对话框，如图 1.4.16 所示。

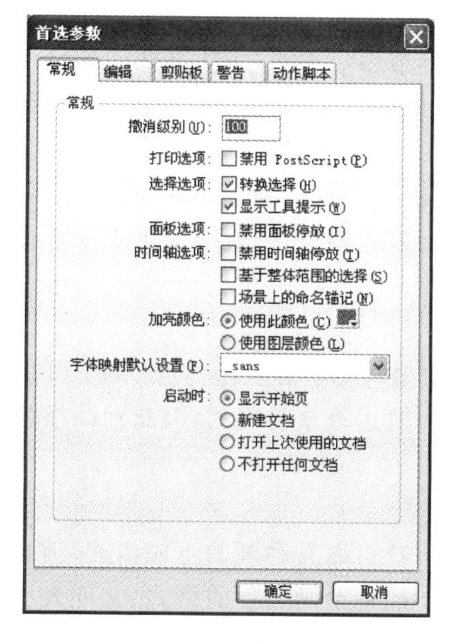

图 1.4.15 “首选参数”对话框

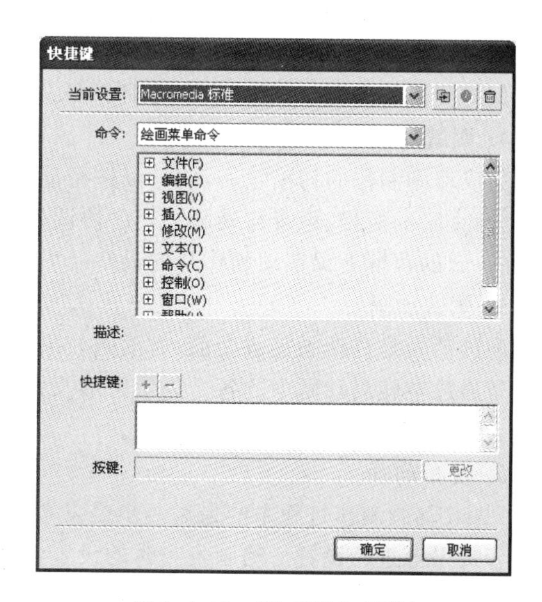

图 1.4.16 “快捷键”对话框

在快捷键对话框中包括了所有 Flash 中的快捷键设置，可以通过这个对话框来学习快捷键的使用。Flash 禁止更改快捷键的设置，如果需要自行定义某种快捷键，首先要将现有的快捷键设置进行备份，单击“复制副本”按钮，弹出“重制”对话框。定义副本的名称后单击“确定”按钮即可复制出一份快捷键设置，接着在“当前设置”后面的文本框中，选择刚刚复制的快捷键设置，再对其进行个性化更改。

4.4 Flash MX 动画完整制作流程

4.4.1 Flash 动画制作的基本流程

我们在网络上看到的 Flash 动画都是按照一定流程经过多个制作环节才制作出来的。要想制作出优秀的 Flash 动画，任何一个环节都不可忽视，其中的每个环节都会直接影响作品的质量。Flash 动画的制作流程大致可分为以下几个环节。

1. 整体策划

在制作动画之初，应先明确制作动画的目的。明确制作目的之后，就可以为整个动画进行策划，包括动画的剧情、动画分镜头的表现手法、动画片段的衔接以及为动画中出现的人物、背景和音乐等进行构思。

动画策划在 Flash 动画制作中非常重要，对整个动画的品质起着决定性的作用。

2. 搜集素材

搜集素材是完成动画策划之后的一项很重要的工作，素材的好坏决定着作品的效果。因此在收集时应注意有针对性、有目的性地搜集素材，最主要的是应根据动画策划时所拟定好的素材类型进行搜集。

3. 制作动画

Flash 动画作品制作环节中最为关键的一步是制作动画，它是利用所搜集的动画素材表现动画策划中每个项目的具体实现手段。在这一环节中应注意的是，制作中的每一步都应该保持严谨的态度，对每一个小的细节都应该认真地对待，使整个动画的质量得到统一。

4. 调试动画

完成动画制作的初稿之后，便可以进行动画的调试。调试动画主要是对动画的各个细节、动画片段的衔接、声音与动画之间的协调等进行局部的调整，使整个动画看起来自然流畅，在一定的程度上保证动画作品的最终品质。

5. 测试动画

测试动画是在动画完成之前，对动画效果、品质等进行的最后测试。由于播放 Flash 动画时是通过电脑对动画中的各个矢量图形及元件的实时运算来实现的，因此动画播放的效果很大程度上取决于电脑的具体配置。

6. 发布动画

Flash 动画制作过程中的最后一步是发布动画，用户可以对动画的生成格式、画面品质和声音效果等进行设置。动画发布时的设置将最终影响到动画文件的格式、文件大小以及动画在网络中的传输速率。

4.4.2　Flash 动画完整制作流程

在制作一个动画之前，首先要了解制作这个动画的目的，熟练掌握几个基本的操作，对于后面的操作才能得心应手。基本操作包括新建文件，设置操作界面，打开 Flash 文件与保存 Flash 文件等。下面详细介绍执行这些操作的方法。

1. 启动 Flash

双击桌面上的快捷图标或执行“开始”→“程序”→Macromedia 文件夹中的 Macromedia Flash MX 命令，即可启动 Flash MX。

2. 新建 Flash 文件

在启动 Flash MX 之后，新建 Flash 文档有 3 种方法。

(1) 在文档选项卡界面中直接单击“创建新项目”选项组中的 Flash 文档命令，即可新建一个 Flash 文档，文档的设置为默认设置。

(2) 按 Ctrl＋N 键，弹出“新建文档”对话框。选择“常规”选项卡，在类型下面的选项中选择“Flash 文档”，单击“确定”按钮，新建一个 Flash 文档。

(3) 执行“文件”→“新建” 命令，在弹出的“新建文档”对话框中新建一个 Flash 文档。

3. 设置工作区布局

不同的用户对 Flash 的操作界面有不同的要求，Flash MX 提供了自行设置操作界面的功能，允许用户根据自己的需要安排工作区布局。

首选新建一个 Flash 文档，根据需要自行设置工作区布局。设置完毕后，执行“窗口”→“保存面板布局”命令，弹出“保存面板布局”对话框。在“名称”后面输入任意文字，为这个面板布局命名，单击“确定”按钮即可完成个性化的布局设置。

再次启动 Flash MX，界面就为刚刚设置的布局，执行“窗口”→“面板设置”命令，在弹出的下一级菜单中也会发现刚刚设置的布局。

4. 设置文档属性

文档属性包括对影片大小、背景色、帧频以及标尺单位的各种设置，按 Ctrl＋J 快捷键或单击“属性”面板中“大小”后面的“550×440 像素”按钮，弹出“文档属性”对话框，如图 1.4.17 所示，在这里可以设置文档的各种属性，例如标题、描述、尺寸、背景颜色、帧频等，并可以将设置的数值设定为默认值，具体设置如下。

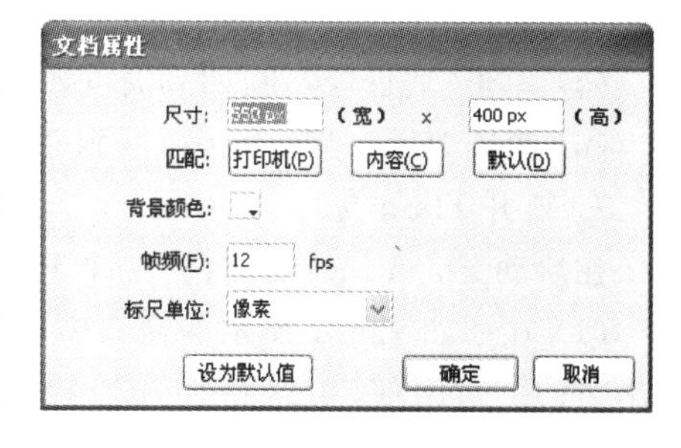

图 1.4.17　“文档属性”对话框

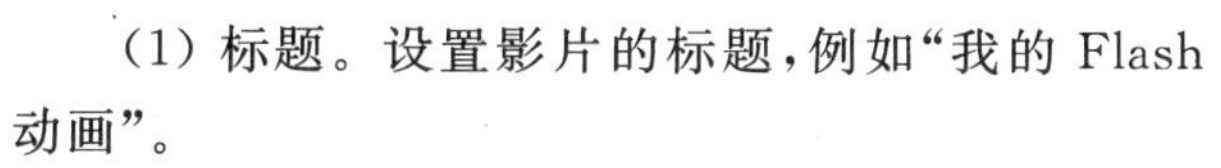

(1) 标题。设置影片的标题，例如“我的 Flash 动画”。

(2) 描述。设置对于该影片的描述，例如该影片的作者、制作日期等。

(3) 尺寸。设置影片的大小，单位为像素。默认值为 550×440 像素，可以根据需要随意进行设置，设置值的范围为 1～2880 像素之间。

(4) 匹配。根据打印机的纸张尺寸调整工作区的大小。

内容：指根据工作区中的内容调整工作区的大小。

默认：选择“默认”单选按钮，工作区的大小将使用默认值。

(5) 背景颜色。设置文档的背景颜色,单击"背景颜色"后边的小方框,在弹出的颜色面板中进行选择,此时界面中的任何颜色都可被滴管工具吸取作为背景色,也可以直接在RGB输入框中输入颜色的数值来设置背景颜色,例如红色(#FF0000)。

(6) 帧频。帧频也被称作帧速率,默认值为12,单位为f/s(帧/秒),代表每秒钟播放的帧数。一般动画的要求为每秒24帧,由于电脑显示器的特性,Flash刚好达到这个标准,用户可以自行输入需要的数值。

(7) 标尺单位。用于设置场景中标尺的单位,默认值单位为像素,另外还有厘米、毫米等单位供用户选择。

(8) 设为默认值。将当前指定的各种设置保存为默认值,其中包括文档尺寸、匹配、背景颜色、帧频、标尺单位等各种设置。新建的文件都会保持这个设置,默认值只有一个,设置新的默认值,原来的默认值就会被覆盖。

5. 制作影片

设置好文档属性对话框后,就可以制作Flash动画了,制作动画有各种方法,这里做简要介绍。

(1) 选择各种工具绘制出动画所需角色。

(2) 将这些角色安排在页面中,通过时间轴的设置使它们动起来。

(3) 也许还需要配上音乐,或为影片添加一些交互式操作。

6. 预览与控制影片

在制作影片的过程中或完毕后,通常需要预览影片,执行"窗口"→"工具栏"→"控制器"命令,弹出"控制器"面板,如图1.4.18所示。

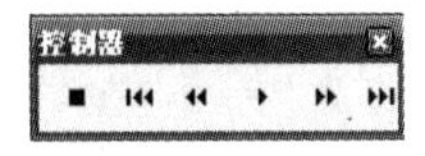

图1.4.18 控制器

(1) 单击"播放"按钮,即可预览时间轴中的影片。

(2) 在播放的过程中,单击"停止"按钮,暂停影片的播放。

(3) 单击"后退一帧"按钮,后退播放一帧。

(4) 单击"前进一帧"按钮,向前播放一帧。

(5) 单击"后退"按钮,回到时间轴起点位置。

(6) 单击"转到结尾"按钮,回到时间轴终点位置。

7. 打开Flash文件

在启动Flash MX后,打开一个Flash文档的方法有3种。

(1) 在如图1.4.1所示的窗口中,直接单击"打开最近项目"选项组中的"打开…"命令,弹出"打开"对话框,指定路径选择相应的文件,单击"确定"按钮,即可打开所选的Flash文档。

(2) Ctrl+O快捷键,弹出"打开"对话框,指定路径,选择相应的文件,单击"确定"按钮。

(3) 执行"文件"→"打开"命令,弹出"打开"对话框,指定路径,选择相应的文件,单击"确定"按钮。

8. 保存Flash文件

制作Flash的过程中应注意随时存盘。通常一个Flash并不是一次就完成的,需要将它保存起来,不断完善,下面就介绍保存Flash的方法。

(1) 保存Flash文件为源文件

执行"文件"→"保存"命令,弹出"另存为"对话框,指定保存路径并输入文件名,单击"保存”按钮，返回 Flash 编辑界面可以继续编辑 Flash 文件，此时 Flash 的标题栏与文件选项卡就会显示刚刚保存过的文件名，保存文件的扩展名为.fla。

(2) 保存 Flash 文件为模板

模板可以被反复利用，可以理解为制作一类影片的基础文件。例如用 Flash 制作一个动感相册，相册的样子是不变的，改变的只是相片，这时就可以将相册保存成模板，添加不同的照片，制作出不同的 Flash 文件。

执行“文件”→“另存为模板”命令，弹出“另存为模板”对话框，如图 1.4.19 所示。在“名称”文本框中输入文本，单击“类别”后面的倒三角，在弹出的下拉列表中选择一种类别，在“描述”文本框中输入一些描述性文字，这里可写可不写，接着单击“保存”按钮，即可将 Flash 保存成模板。

另外，Flash 本身也提供了许多模板文件，执行“文件”→“新建”命令，在弹出的“从模板新建”对话框中，选择“模板”选项卡，在“类别”列表框中选择各种模板。

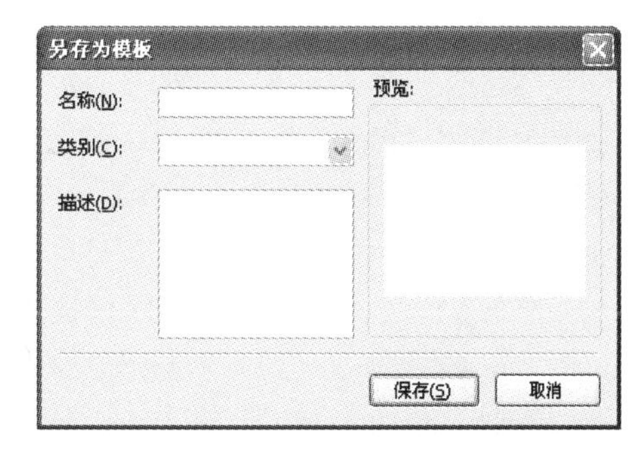

图 1.4.19 “另存为模板”对话框

(3) 将当前文件保存为模板

新建一个 Flash 文档，按 Ctrl+J 快捷键弹出“文档属性”对话框，尺寸为 550×350。在工作区中随意绘制一个图案，执行“文件”→“另存为模板命令”，弹出“另存为模板”对话框，在“名称”文本框中输入文本“例子”，单击“类别”后面的倒三角，在弹出的下拉列表中选择“幻灯片演示文稿”，在“描述”文本框中输入文字。接着单击“保存”按钮，将 Flash 保存成模板。

此时关闭这个 Flash，执行“文件”→“新建”命令，在弹出的“新建文档”对话框中选择“模板”选项卡，在“类别”列表框中选择“幻灯片演示文稿”，就会发现在“模板”下面的文本框中出现“例子”模板。选中这个模板，单击“确定”按钮，即可建立一个以这个模板为基础的 Flash 影片，在影片中做任何改动都不影响这个模板，也可以同时以一个模板为基础建立几个 Flash 影片。

9. 保存文件类型

创建一个 Flash 动画后将它保存，生成的是以.fla 为扩展名的文件，这个文件即是 Flash 源文件，它相对较大，所以不利于传播，但可以随时进行修改。在网页中经常看到 Flash 动画都是.swf 为扩展名的 Shock ware 文件，这个文件是通过 Flash 源文件生成的压缩性播放文件，它与源文件的最大区别是不能再对其进行编辑修改工作，但是生成的文件相对较小，适合在网络上传播。另外，Flash 还可以生成多种文件格式，下面将逐一加以介绍。

(1) 生成 SWF 文件

这里将简单介绍生成 SWF 文件的两种方法。

① 在制作影片的过程中，除了要注意随时按 Ctrl+S 快捷键存盘之外，还应牢牢记住按 Ctrl+Enter 快捷键测试影片，这样就会自动生成一个以.swf 为扩展名的 Shock ware 文件，直接预览到影片的效果。每执行一次测试命令，都会自动将上一次生成的 SWF 文件覆盖。不用为 SWF 文件指定路径存盘，它会自动出现在相应的 FLA 文件所在的硬盘文件夹里。

② 执行"文件"→"导出"→"导出影片"命令,弹出"导出影片"对话框,默认路径为 FLA 文件所在路径,也可以在输入文件名后重新指定路径将其保存。单击"保存"按钮,弹出"导出 Flash Player"对话框,单击"确定"按钮生成 SWF 文件。在该对话框中可以设置 SWF 文件的各种属性。

(2) 生成图像文件

将 Flash 文件生成图像文件后,原有的交互式操作与声音就会丢失,只保留当前帧中所示的图像信息。保存的文件格式有 GIF、BMP、JPEG 与 PNG 等。选择某种图像的格式后,会弹出相应的图像设置对话框,可以对导出的图像进行尺寸与分辨率等方面的设置。保存的图像文件会自动存放在相应的 FLA 文件所在的文件夹中。

(3) 生成多种文件格式

执行"文件"→"发布设置"命令,弹出"发布设置"对话框,如图 1.4.20 所示。在"格式"选项卡中选择多种文件类型,单击"发布"按钮,即可一次性发布多种格式文件。

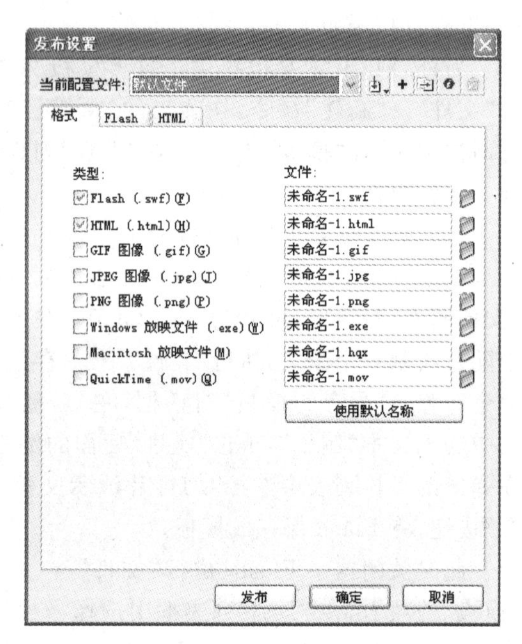

图 1.4.20 "发布设置"对话框

10. 上传影片

存成 SWF 格式的影片就可以直接上传到网站供大家观看学习,但并不是所有的浏览者都可以看到上传的影片,原因是浏览者的机器中没有安装过 Flash 播放器,虽然一些主流浏览器都提供了 Flash 播放器的下载,但如果想保证所有人都能看到你制作的影片,还需要将它保存成 EXE 文件。

EXE 文件是以.exe 结尾的程序文件,它本身自带一个播放程序,无需另外下载播放器就可以直接观看影片,下面介绍制作 EXE 文件的方法。

双击 SWF 格式的文件播放影片,执行"文件"→"创建播放器"命令。弹出"另存为"对话框,在文件名后面的文本框中输入文本,指定路径,单击"保存"按钮即可将影片保存为 EXE 文件。

4.5 Flash MX 中绘图工具和文本的应用

4.5.1 基本绘图工具的应用

1. 色彩填充的魅力——颜色工具的应用

Flash 中用于编辑颜色的工具有:颜料桶工具、墨水瓶工具、填充变形工具与吸管工具。墨水瓶工具应用后的效果虽然属于线条类,但它只可作用于填充色,具有改变边框颜色的作用;颜料桶工具用于设置或改变封闭图形的填充色;吸管工具用于提取对象中的填充色;填充变形工具只通用于设置渐变填充色。

2. 选择的艺术——选取图形工具的应用

选取图形工具包括选择工具与套索工具。它们的基本功能为选择对象。选择工具只能绘制矩形选区,但它还可以用于修改图形形状,在绘图的过程中应用非常频繁。套索工具可以绘制任意形状的选区。掌握它们的各种操作,才能更好地编辑图形。

3. 缩放自如——自由变换工具的应用

任意变形工具用于对图形进行放大、缩小、拉伸、压缩、旋转和扭曲等方面的操作。

4. 方便查看——辅助绘图工具的应用

辅助绘图工具用于帮助调整视图,位于工具栏的中部,包含两个工具,分别为手形工具与缩放工具。

4.5.2 Flash 中文本类型介绍

Flash 中的 3 种文本类型各有其独特的应用领域,其中以静态文本的应用最为广泛,而其他两种文本类型主要应用于交互式操作及数据的更新,属于高级应用,涉及较为复杂的编程知识,在这里不做重点介绍。接下来将针对每种文本类型所特有的属性进行分析,以便更好地理解它们的应用领域。

1. 静态文本

静态文本主要应用于文字的输入与编排,起到解释说明的作用,是大量信息的传播载体,也是文本工具的最基本功能,具有较为普遍的属性。

2. 动态文本

动态文本可以显示外部文件中的文本,主要应用于数据的更新。在 Flash 中制作动态文本区域后,创建一个外部文件,通过脚本语言的编写,使外部文本链接到动态文本框中。要修改文本框中的内容,只需更改外部文件中的内容即可。

3. 编辑文本

与图形一样,也可以对 Flash 中的任何文本类型进行复制、变形和对齐的编辑。

(1) 复制文本

用选择工具选中需要复制的文本框,按住 Ctrl 或 Alt 键单击并拖动鼠标,即可在新的位置上复制文本框。

(2) 变形

用选择工具选中文本框,单击工具栏中的任意变形工具,可以随意调整文本框的纵横比例。

(3) 对齐

用选择工具将多个文本框选中,按 Ctrl+K 快捷键打开“对齐”面板即可调整文本框之间的对齐方式。

4. 利用分离功能制作特效文本

如果浏览者的机器中没有制作者设定的字体,将不能正确显示字体效果,Flash 会自动搜寻浏览者机器中的默认字体,显示文字信息,这样就影响了画面的整体效果。在不能保证每一个浏览者的机器中都包含有设置字体的时候,可以通过“打散”命令将文字打散,以确保每一个浏览者都能看到正确的文字效果,但将文本打散会使 Flash 文件变大,所以不宜过多使用。

(1) 分离文本

分离文本就是将文字完全打散，使文字变成图形，这样就可以对图形进行编辑，制作出各种文字效果。选中所需文字，按住 Ctrl＋B 执行打散命令，将文本打散。

(2) 文字填充色为渐变颜色

用选择工具将完全打散后的文字选中，将填充色设置为渐变填充色，文字呈现填充色效果。

(3) 文字轮廓线

用选择工具将完全打散后的文字选中，选取墨水瓶工具，在“属性”面板中设置笔触颜色、笔触高度和笔触样式，在打散后的文字上方单击，得到文字描边的效果。

(4) 文字阴影

用选择工具将完全打散后的文字选中，按 Ctrl＋C 快捷键复制，按 Ctrl＋V 快捷键粘贴，复制出另一组文字，调整复制文字的颜色与位置，得到文字阴影效果。

(5) 文字填充色为图片

将文字填充色设置为图片有如下方法，分别将文本与位图完全打散，用选择工具选中打散后的文字，在“混色器”面板中设置填充颜色为位图，得到填充色为图片的效果。

(6) 柔化字制作

用选择工具将完全打散后文字选中，执行“修改”→“形状”→“柔化填充边缘”命令，在弹出的“柔化填充边缘”对话框中，设置“距离”为 6，“步骤数”为 6，方向为扩展，单击“确定”按钮，得到柔化的效果。

(7) 不规则的俏皮文字制作

分别给完全打散的文字描边并设置不同的文本颜色，分别选中打散后的文字，用任意变形工具随意调整文字大小、位置，得到俏皮的效果。

4.6 Flash MX 中元件和“库”面板、图层的应用

元件也被称作符号或图符，是 Flash 动画的重要组成部分。元件的主要特性是可以被重复利用，且不会影响影片的大小。所以当 Flash 中的某个对象需要重复利用时，最好将它转换为元件。以同一件元件为基础，创建多个元件，可以分别对元件的尺寸、颜色及透明度进行设置，制作出各种效果的元件。

Flash 中包括 3 种元件类型，分别为图形元件、影片剪辑元件与按钮元件，每一种元件都具有独特的属性。在场景中，元件之间不但可以进行同位置交换，而且可以根据需要改变所选元件的类型。但在场景中改变元件类型不会影响元件在“库”面板中的类型。

Flash 中的所有元件都被归纳在“库”面板中，可以被随时调用，十分方便。即使在场景中将所有元件全部删除，也不会影响“库”面板中的元件。

4.6.1 元件的概念与类型

1. 元件

元件的建立是以重复使用为目的的，不但可以将其应用于当前影片，而且可以将其应用于其他影片。

元件可以被理解成为一种特殊的组合形式，但它与组合不同，当需要重复使用同一组合时，可以通过复制该组合，达到制作影片的目的，由于复制的对象均具有独立的文件信息，所以这样制作出来的影片相对较大，不利于传播。如果将对象制作成元件后，在反复利用这个元件播放影片时，Flash 只调用一个对象的信息，制作出来的影片就相对较小。

元件中可以包含位图、图形、组合、声音甚至是其他元件，但不可以将元件置于其自身内部。Flash 中包括 3 种元件类型，分别为图形元件、影片剪辑元件与按钮元件。其中图形元件是静止不动的，影片剪辑元件中动画在不断地播放，按钮元件可以响应鼠标事件。

在 Flash 中创建的所有元件都会出现在“库”面板中。拖动“库”面板中的元件到场景，就可以反复利用元件，应用于影片的元件被称作“实例”。

每个元件都有具有独立的时间轴、工作区和图层，除此以外，每种元件类型都具有独特的属性。只有了解 3 种元件类型的特性，才能使元件的作用得以充分发挥，下面将针对这 3 种元件类型的特性做详细的介绍。

2. 元件制作入门

在 Flash 中，可以通过两种方式制作元件，分别为创建元件与将对象转换为元件。下面以制作图形元件为例，说明元件的两种制作方式。

(1) 创建元件

选择“插入”→“新建元件”命令，打开“创建新元件”对话框，如图 1.4.21 所示，在“名称”框中输入名称，“行为”选择“按钮”，即可创建一个按钮元件。

(2) 将对象转换为元件

在舞台上绘制一个图形，选中该图形，选择“修改”→“转换为元件”命令，打开“转换为符号”对话框，如图 1.4.22 所示，在“名称”框中输入名称，“行为”选择“按钮”，即可创建一个按钮元件。

图 1.4.21 “创建新元件”对话框

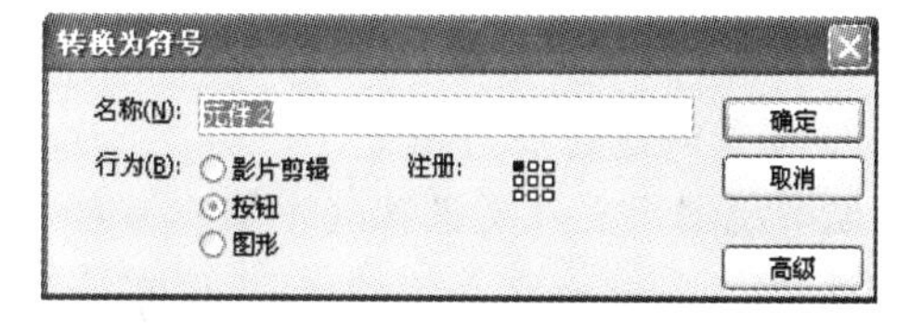

图 1.4.22 “转换为符号”对话框

3. 设置实例属性

应用于影片的元件均被称之为实例，在工作区中选中实例，通过元件“属性”面板里的设置，可以改变尺寸、颜色与元件类型，但这些改动只针对实例本身，不会影响到“库”面板中的元件。

4. 编辑元件与实例

创建好的元件可以进行重新编辑，包括元件的重命名，复制与修改。应用于影片的实例有时也需要进行各种编辑，其中包括实例的交换与分离，尺寸以及旋转角度的设置。

5. 元件的仓库——“库”面板

“库”面板就是一个影片的仓库。所有元件都会被自动载入到当前影片的“库”面板中，以便以后灵活调用。另外，还可以从其他影片的“库”面板中调用元件，更可以根据需要建立自己的“库”面板。

4.6.2 Flash MX 中图层的应用

与许多图形处理软件一样，Flash 中的图层也是组织 Flash 动画的重要工具，它可以区别图形在场景中的前后顺序，就像透明的纸一样，一层层地向上叠加，而互不影响。也就是说，在其中的某个图层中绘制和编辑图形，不会影响到其他图层上的对象。另外，在 Flash 中还提供了两种较为特殊的图层，分别为引导层和遮罩层，通过这两个图层的应用可以创作出很多意想不到的动画特效。

1. 图层的类型与应用

创建一个 Flash 文档后，时间轴中自动包含一个图层。需要时，可以自行添加更多图层，便于在文档中组织对象。图层数量没有限制，而且层的增加不会增加发布影片文件的大小。每一个图层中都可以包含选中这个图层中的对象进行编辑，而如在 Photoshop 中处理图形，就必须首先选中元素所在的图层才能对图形进行编辑。在 Flash 中可以直接在场景中选择某个对象，这时这个对象对应的图层就会显示为高亮状态，直接对其编辑即可。在同一层中的各种对象之间也有它们的前后顺序，改变图层的上下顺序，其内部对象之间的顺序不会发生变化。

2. 遮罩层的原理及应用

遮罩层在 Flash 中有着广泛的应用，可以制作出很多意想不到的效果。遮罩层的实现需要通过两个以上的图层，建立遮罩与被遮罩的关系。也就是说，遮罩层不仅可以与一个普通图层之间建立遮罩关系，也可以同时与多个普通图层之间建立遮罩关系。

3. 引导层的原理及应用

引导层就是起到引导作用的图层，分为普通引导层和运动引导层两种。普通引导层在绘制图形时起辅助作用，用于帮助对象定位；运动引导层中绘制的图形均被视为路径，使其他图层中的对象可以按照路径运动。

4. 场景的概念及应用

如果说图层文件夹是管理图层的专家，那么场景就是管理动画的专家。场景的原理非常简单，操作起来也很方便，熟练掌握场景的基本操作，可以在场景中任意切换，方便地制作 Flash 影片。

4.7 Flash MX 中时间轴与帧的应用

本节将介绍 Flash 动画制作的关键部分——帧的概念及操作。众所周知，动态图像是由许许多多的静态图像构成的，而动画的制作原理就是在画面中连续显示一定数量的静态图像，使肉眼看起来物体是运动的，Flash 就运用了这个原理。所有的静态图像均被置于影片的各个帧，而所有的帧均按照时间的顺序排列在时间轴中，通过改变每一帧的内容，使画面运动起来。

Flash 提供了 2 种创建动画的方式，分别为逐帧动画与补间动画，其中补间动画又可以分为形状渐变动画与运动渐变动画 2 种。用户可以轻易地使对象在场景中来回运动，在运动的过程中还可以伴随有诸如放大、缩小、旋转、变色以及淡入淡出等丰富效果。

4.7.1 Flash 动画管理器——时间轴及其显示设置

时间轴是组织动画的地方，它的主要任务是显示和控制帧，如图 1.4.5 所示。在影片播放时，时间轴上的“播放头”将按照一定的帧速率沿时间线运动，“播放头”经过哪帧，影片就显示哪帧中的内容。在编辑影片的过程中也是如此，场景中仅显示“播放头”所在帧中的对象。

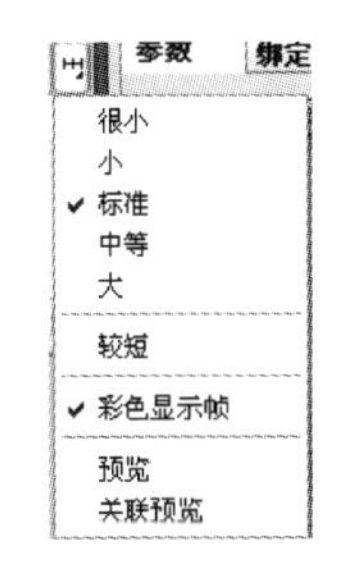

图 1.4.23 “帧视图”选项菜单

用户可以根据需要更改帧在时间轴中的显示方式，单击时间轴右上角的“帧视图”选项按钮，弹出“帧视图”选项菜单，如图 1.4.23 所示。

选择相应的选项，得到不同的时间轴的显示效果。其中的“预览”选项与“关联预览”选项，均用于将帧中的对象以缩略图的方式显示在时间轴中。

4.7.2 Flash 动画核心概念大剖析——帧的概念

帧是决定物体运动的核心，是构成一部影片的基础，它决定影片中的对象何时出现以及对象的运动方式。

帧的种类很多，每一种类型的帧均有其自己的特性，其中关键帧是制作一部影片的基本因素，它是决定动画发生各种变化的帧。换句话说，每一个关键帧中均包含对象，而对象的运动变化就构成了影片。例如在逐帧动画中，每一帧都是关键帧，这与传统动画极为相似，将关键帧之中对象的微妙变化组织在一起构成影片。所以要使帧中的对象有所变化，就必须将帧转换为关键帧，而选中关键帧也就是选中了关键帧中包含的对象。

1. 帧的分类

在 Flash 中，通过时间轴的显示，就可以识别出各种不同类型的帧以及当前影片中帧存在问题。

(1) 关键帧：以实心圆表示，代表这个帧中含有对象。

(2) 普通帧：普通帧中的对象永远和离它最近的关键帧中的对象保持一致。

(3) 空白关键帧：以空心圆表示，代表这个关键帧中没有任何对象，在空白关键帧中加入对象即可变成关键帧。

(4) 一般空白帧：代表空白区域中没有任何对象。

(5) 运动渐变帧：以底色为浅蓝色的箭头符号表示，代表这个区域存在运动补间动画。

(6) 形状渐变帧：以底色为浅绿色的箭头符号表示，代表这个区域存在形状补间动画。

(7) 错误渐变帧：以虚线表示，代表这个区域存在错误的补间动画。

(8) 加入帧标签的帧：标签类型为名称。

(9) 加入帧标签的帧：标签类型为注释。

(10) 加入帧标签的帧：标签类型为锚记。

(11) 加入音乐的帧。

(12) 加入脚本语言的帧。

2. 帧选择

为了查看和修改帧中的对象，需要选中一个或多个帧，具体操作方法如下。

(1) 要选择时间轴上的任意一个帧，只需单击该帧即可。

(2) 要选择时间轴上的所有帧，执行“编辑”→“时间轴”→“选择所有帧”命令或按 Ctrl+Alt+A 快捷键。

(3) 要同时选择多个连续的帧，需要通过单击确定选择范围的起点，然后按住 Shift 键，在选择范围的终点单击即可。

(4) 要同时选择多个非连续的帧，需要按住 Ctrl 键的同时单击所需的各帧即可。

3. 帧的操作

制作影片时需要创建不同种类的帧，具体操作方法如下。

(1) 插入关键帧与空白关键帧

关键帧包括关键帧与空白关键帧两种。在空白关键帧中添加对象，空白关键帧就转换为关键帧。在插入关键帧的时候，如果在它之前有关键帧，则插入关键帧的内容与它之前关键帧中的内容保持一致，插入的帧为实心的关键帧。如果在它之前的帧为空白关键帧，则插入的帧也为空心的空白关键帧。

插入关键帧时，选中时间线上的某帧后，执行“插入”→“时间轴”→“关键帧”命令，或者直接按 F6 快捷键，或者右击某帧，在弹出的快捷菜单中选择“插入关键帧”选项，均可在所选地方插入关键帧。

插入空白关键帧时，选中时间线上的某帧后，执行“插入”→“时间轴”→“空白关键帧”命令，或者直接按 F7 快捷键，或者右击某帧，在弹出的快捷菜单中选择“插入空白关键帧”选项，均可以在所选地方插入空白关键帧。

(2) 插入帧

帧包括普通帧和一般空白帧两种。在制作影片时，经常需要保持某一个画面不动，例如影片背景，这就需要背景图像所在的关键帧在一定的时间范围内保持不变，普通帧就是用于扩展帧范围的帧。

插入帧时，首先要在关键帧中设置好对象，接着在关键帧后面选中扩展范围结束的那一帧，执行“插入”→“时间轴”→“帧”命令，或者直接按 F5 快捷键，或者右击那一帧，在弹出的快捷菜单中选择“插入帧”选项，均可在所选地方插入帧，使前面关键帧中的内容到这帧保持不变。

4.7.3 Flash 中的精确动画——逐帧动画制作例子

逐帧动画的制作方法与传统的动画相似，由于其中的每一帧都是关键帧，所以生成的影片相对较大，仅适用于制作较为精细复杂的小动画。

1. 原理

将对象的运动过程分解成多个静态图形，再将这些连续的表态图形置于连续的关键帧中，就构成了逐帧动画。

2. 洋葱皮工具的应用

Flash 的场景中，只能显示当前帧中的内容。有时为了给对象定位，需要同时查看多个帧中的内容，利用洋葱皮工具就可以做到这一点。

洋葱皮工具主要用于辅助图形调整其位置，例如在两个动作之间确定中间的动作，使物体动作更加流畅，这也是制作传统动画片时用到的原理，特别适用于自行绘制的逐帧动画。

利用洋葱皮工具显示多个帧的内容时，可编辑帧中的内容以正常的颜色显示，其他帧中的内容在默认条件下不可编辑，以透明的颜色或轮廓线的模式显示。

洋葱皮工具共包括 4 个按钮，如图 1.4.24 所示，从左到右的前 2 个按钮分别为“绘图纸外观”按钮和“绘图纸外观轮廓”按钮，分别是用于设置多个帧的显示方式。第 3 个按钮为“编辑多个帧”按钮，用于同时编辑多个帧中的对象。最后一个按钮为“修改绘图纸标记”按钮，用于设定绘图纸的标记，这些按钮的具体操作方法如下。

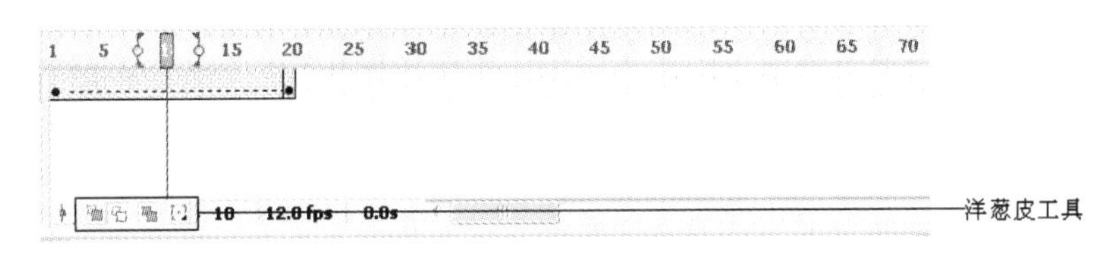

图 1.4.24 “洋葱皮”工具

(1) 绘图纸外观

单击洋葱皮工具中的“绘图纸外观”按钮，此时帧刻度上自动显示定义绘图纸范围的标记，位于标记之间帧的对象均以透明颜色的表现形式显示在场景中。此时可以通过单击时间轴上的帧选中其中的对象，再对其进行编辑。

(2) 绘图纸外观轮廓

单击洋葱皮工具中的“绘图纸外观轮廓”按钮，各帧的动作分解以轮廓线的形式表现。使用洋葱皮工具处理较为复杂的对象时，会影响影片处理速度，而以轮廓线的形式显示多帧，可以加快影片处理速度。

(3) 编辑多个帧

使用洋葱皮工具虽然可以同时看到多个帧，但只能对所选帧中的对象进行编辑。要想同时编辑多个帧中的对象，需要单击“编辑多个帧”按钮，此时绘图纸标记范围内包含的关键帧中的对象均是正常的形式显示，表示可以同时对其进行编辑。

(4) 修改绘图纸标记

单击“修改绘图纸标记”按钮，在弹出的快捷菜单中可以设置绘图纸标记的显示状态与显示范围，下面将对其中的选项逐一进行解释。

① 总是显示标记：选择此项后，不管是否使用洋葱皮工具，在时间轴中均会显示出绘图纸标记。

② 锚定纸图纸：选择此项后，不管选择哪一帧，原来设定的绘图纸显示区域均不会发生变化。

③ 绘图纸 2：用于设定绘图纸的显示区域，选择此项后，绘图纸的显示区域以当前帧为中心，左右各 2 帧的范围，也就是连续 5 帧的内容。

④ 绘图纸 5：绘图纸的显示区域为以当前帧为中心，左右各 5 帧的范围，也就是连续 11 帧的内容。

⑤ 绘制全部：显示当前帧左右两边所有帧中的内容。以上效果均为选择“绘制全部”选项的显示效果。

3. 翻转帧动画

翻转帧就是将选定一组帧按照相反的顺序排列在时间轴中。比如时间轴中的动画为一个在从左向右前进运动,对这组动画执行“翻转帧”命令后,动画就变成一个人在从右向左倒退运动,类似于电影中后退播放时的样子。

具体的操作如下。

选中一组帧(其中至少要包含两个关键帧),执行“修改”→“时间轴”→“翻转帧”命令或者右击“备选帧”,在弹出的快捷菜单中选择“翻转帧”选项即可。

4.7.4 物体的变脸术——形状渐变动画制作

在 Flash 中制作动画通常会采用补间的方式,补间是指在动画的起始帧和终止帧之间,Flash 自动生成的过渡画面。补间的方式有两种,分别为形状渐变与运动渐变。我们将首先介绍形状渐变动画。

1. 原理与创建条件

形状渐变动画就是指对象在两个关键帧之间形状发生变化的动画。例如圆形变成方形的动画效果。

正确的形状渐变动画在时间轴中以浅绿色背景的单箭头符号表示,错误的形状渐变动画以浅绿色背景的虚线表示。

导致形状渐变动画失败有两种可能:第一种为起始帧或终止帧中没有图形对象,第 2 种为起始帧或终止帧中包含元件实例,要正确使用形状渐变必须满足以下创作条件。

(1) 形状渐变只能作用于形状。要对组合、实例、位图或文本对象应用形状渐变,必须先将这些对象打散至形状。

(2) 形状间的渐变只能在同一图层。通常一对一的形状过渡可能产生最佳的渐变效果,当然也可以在同图层中的多个对象间创建形状渐变。

2. 创建形状渐变动画

创建形状渐变时,首先需定义两个关键帧——起始帧和终止帧,并分别在其中绘制好图形。接着就可以在两个关键帧之间创建形状渐变动画了。而动画中过渡的部分,也就是补间,则是由 Flash 自行计算得来的。

如果遇到较为复杂或特殊的形状过渡时,它的变形效果也许不太理想,此时可以借助形状提示,辅助控制形状的变化。

要创建形状渐变动画,具体操作步骤如下。

(1) 要选择一个空白关键帧,在这帧中绘制一个图形,作为形状渐变的起始帧。

(2) 在起始帧后创建第 2 个关键帧,作为形状渐变的终止帧,它们之间的帧数为渐变的过渡范围。在这帧中绘制另一个图形。

(3) 在这两个关键帧之间任意选择一帧,单击“属性”面板中的“补间”后面的文本框,在弹出的下拉列表框中选择“形状”选项,其他均按默认设置,此时按 Enter 键,即可在场景中预览影片效果。

此时形状渐变的“属性”面板如图 1.4.11 所示,下面就对其中的各种选项逐一进行说明。

(1) 补间:用于设置或取消对象之间的运动类型,在弹出的列表中共有 3 个选项可供选择,分别为无、运动和形状。

(2) 简易:用于调节对象运动的速度,是速度变化与时间之间的比率。通过输入数值或拖动滑杆进行设置，数值范围在－100到100之间，默认情况下，简易值为0。

当简易值为0时，物体做匀速运动，当简易值为1～100之间的正值时，物体由快变慢做减速运动，当简易值为－1～－100之间的负值时，物体由慢变快做加速运动。

(3) 混合：用于调节对象变化过程中的形状平滑度。单击“混合”后面的文本框，在弹出的下拉列表框中共有2个选项可供选择，分别为分布式和角形，它们有如下特点。

① 分布式：在这种方式下，可以使过渡动画中的图形较为平滑和不规则。

② 角形：在这种方式下，过渡动画中的图形更多地保留了原来的图形中角度或直线的特性，或关键帧中图形没有角度，那么这两种方式就没有区别。

3. 添加形状提示

形状提示是辅助图形变形的一种提示。在变形的初始图形上指定一些变形的关键点，接着在变形的结束图形上将刚刚指定的关键点置于适当的位置。这样，图形在进行形状渐变的过程中，就会参考定义的关键点之间的联系，计算出过渡效果的部分。

4.7.5 领略运动渐变的魅力——运动渐变动画制作

运动渐变是最常用的一种渐变方式。它的主要功能是计算元件实例从一个地方到另一个地方位置之间的过渡部分。除此之外，运动渐变还可以在元件实例的大小和颜色方面创建过渡动画，在实例运动的过程中，可以根据需要使实例旋转。

1. 原理与创建条件

运动渐变动画是补间动画的一种。通过为对象创建运动渐变，可以改变对象的位置、大小、旋转或倾斜，做出物体运动的各种效果。通过设置实例的颜色属性，还可以制作出丰富的渐变效果，例如实例的淡入淡出效果。

正确的运动渐变动画在时间轴中以浅蓝色背景的单箭头符号表示，错误的形状渐变动画以浅蓝色背景的虚线表示。

导致运动渐变动画失败的原因有很多，但主要是由于以下几种原因：第1种为缺少起始帧或终止帧，第2种为起始帧或终止帧包含多个的对象，第3种为起始帧或终止帧中包含的对象不是元件实例。要正确使用运动渐变必须满足以下创作条件。

(1) 运动渐变只能作用于元件实例。要对形状、组合、位图或文本对象应用运动渐变，必须先将这些对象转换为元件。其中在为组合、位图或文本对象创建运动渐变时，Flash会自动将其转换为元件，并按“补间1”、“补间2”、“补间3”的顺序依次为元件命名。

(2) 运动渐变中的元件只能是一对一的渐变，多对一或一对多均会导致渐变失败。

(3) 运动渐变中的元件只能在同一图层。

2. 运动渐变的类型

运动渐变动画共有4种类型，其中包括位置的移动、大小的变化、旋转和颜色的变化。这些渐变类型均可以互相搭配使用，理解这些渐变类型，可以制作出丰富的动画效果，基本效果如图1.4.25所示。

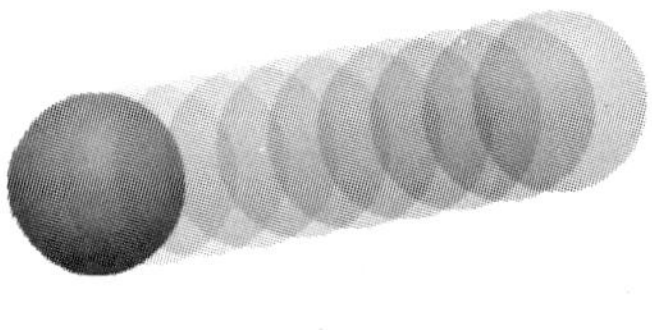

在4种基本渐变类型中，元件实例尺寸的变化、角度的变化以及颜色的变化又可以演变出大量形式多样的渐变效果。例如实例的尺寸变化可以分为等比例变化与不规则变化；实例的角度变化可以分为逆时针旋转与顺时针旋转2

图1.4.25　运动渐变效果图

种。实例的颜色可以分别在实例的亮度、色调或 Alpha 值之间进行变化，其中设置实例颜色 Alpha 值的应用较为广泛，比如利用它制作对象的淡入淡出效果。

3. 创建运动渐变动画

创建运动渐变时，首先需定义一个关键帧，在其中调整好元件的位置与属性，作为运动渐变的起始帧。接着在同一图层中建立另一个关键帧，调整好元件的位置与属性，作为运动渐变的终止帧。这样就可以在两个关键帧之间创建运动渐变动画了。两个关键帧之间的距离为元件运动的范围，是动画的过渡部分，也就是补间。

习题 4

1. 简述动画制作的基本过程。
2. 简述静态文本、动态文本和输入文本的功能特点。
3. 简述引导动画和遮罩动画的制作原理。
4. 简述在动画制作中使用元件的要点。
5. 说明 Flash 的文件格式及其应用范围。
6. 简述时间轴特效功能有哪些方面。

第 5 章

数字音频处理——Cool Edit Pro 2.0

数字音频信号是多媒体技术经常采用的一种形式，它的主要表现形式是语音、自然声和音乐。通过这些媒介，能够有力地烘托主题的气氛，尤其对于自学型多媒体系统和多媒体广告、视频特技等领域，数字音频信号显得更加重要。

数字音频信号的处理主要表现在数据采样和编辑加工两个方面。其中，数据采样的作用是把自然声转换成计算机能够处理的数据音频信号；对数字音频信号的编辑加工则主要表现在剪辑、合成、静音、增加混响、调整频率等方面。

5.1 基本概念

声音是振动的波，是随时间连续变化的物理量。声音有 3 个重要指标。

(1) 振幅(Ampliade)——波的高低幅度，表示声音的强弱。

(2) 周期(Period)——两个相邻波之间的时间长度。

(3) 频率(Frequency)——每秒钟振动的次数，以 Hz 为单位。

声音是人类进行交流和认识自然的主要媒体形式，语言、音乐和自然之声构成了声音的丰富内涵，人类被一直包围在丰富多彩的声音世界当中。

5.1.1 声音的基本特点

1. 声音的传播方向

声音依靠介质的振动进行传播。声源实际上是一个振动源，它使周围的介质(空气、液体、固体)产生振动，并以波的形式进行传播，人耳如果感觉到这种传播过来的振动，再反映到大脑，就意味着听到了声音。

声音以振动波的形式从声源向四周传播，人类在辨别声源位置时，首先依靠声音到达左、右两耳的微小时间差和强度差异进行辨别，然后经过大脑综合分析而判断出声音来自何方。从声源直接到达人类听觉器官的声音被称为直达声，直达声的方向辨别最容易。

在现实生活中，森林、建筑、各种地貌和景物存在于我们周围，声音从声源发出后，需经过多次反射才能被人们听到，这就是反射声。就理论而言，反射声会影响方向的准确辨别。但实际中，反射声不会使人丧失方向感，起关键作用的是大脑的综合分析能力。

经过大脑的分析，不仅可以辨别声音的来源，还能丰富声音的层次，感觉声音的厚度和空间效果。

2. 声音的三要素

声音的三要素是音调、音色和音强。就听觉特性而言，这三者决定了声音的质量。

(1) 音调——代表了声音的高低。音调与频率有关，频率越高，音调越高，反之亦然。当人们提高唱盘的转速时，声音频率提高，音调也提高。当使用音频处理软件对声音进行处理时，频率的改变可造成音调的改变。如果改变了声源特定的音调，则声音会发生质的转变。

(2) 音色——具有特色的声音。声音分纯音和复音两种类型。所谓纯音，是指振幅和周期均为常数的声音；复音则是具有不同频率和振幅的混合音，大自然中的声音大部分是复音。复音中的低频音“基音”，它是声音的基调。其他频率音称为谐音，也叫泛音。各种声源都有自己独特的音色，如各种乐器、不同的人、各种生物等，人们根据音色辨别声源种类。

(3) 音强——声音的强度，也称响度，音量也是指音强。音强与声波的振幅成正比，振幅越大，强度越大。CD 音乐盘、MP3 音乐以及其他形式的声音强度是一定的，可以通过播放设备的音量控制改变聆听的响度。使用音频处理软件可以改变声源的音强。

3. 声音的频谱与质量

声音的频谱有线性频谱和连续频谱之分。线性频谱是具有周期性的单一频率声波；连续频谱是具有非周期性的带有一定频带、所有频率分量的声波。纯粹的单音频率的声波只能在专门的设备中创造出来，声音效果单调而乏味。自然界中的声音几乎全部属于非周期性声波，这种声波具有广泛的频率分量，听起来声音饱满、音色多样且具有生气。

声音的质量简称音质，音质的好坏与音色和频率范围有关。悦耳的音色、宽广的频率范围，能够获得非常好的音质。

4. 声音的连续时基性

声音在时间轴上是连续信号，具有连续性和过程性，属于连续时基性媒体形式。构成声音的数据前后之间具有强烈的相关性。除此之外，声音还具有实时性，对处理声音的硬件和软件提出很高的要求。

5.1.2 数字音频文件

数字音频文件是数字化音频的软载体，主要有 4 种格式，包括 WAV 格式、MIDI 格式、CDA 格式、MP3 格式。CDA 格式是 CD-DA 音频文件的一种表述形式，用于 CD 音乐光盘，可通过音频处理软件将其转换成 WAV、MP3 等其他文件格式。MP3 格式采用 MPEG 数据压缩技术，具有数据量小，音质好，适用的播放器多等特点。

5.1.3 音质与数据量

这里的数字音频主要指 WAV 格式的波形音频文件。数字音频的声音质量好坏，取决于采样频率的高低、表示声音的基本数据位数和声道形式。音频文件的数据量由下式算出。

$$v = fbs/8$$

式中，v 代表数据量；f 是采样频率；b 是数据位数；s 是声道数。例如 CD 质量的参数为：f=44.1kHz，b=16b，s=2，则每秒钟的数据量为：v=(44 100Hz×16b×2)÷8=176 400b

(约合 172KB)。

如果以 CD 激光盘音质(44 100Hz 的采样频率,16 位,立体声,172KB/s)记录一首 5min(300s)的乐曲,则数据量是：172KB/s×300s=51 600KB(即 50.39MB)。

由计算结果看出,音频文件的数据量问题不容忽视。为了节省存储空间,通常在保证基本音质的前提下,适当降低采样频率。在一般场合,人的语音采用 11.025kHz 的采样频率、8b、单声道已经足够；如果是乐曲,22.05kHz 的采样频率、8 位、立体声已能满足要求。

5.2 数字音频采样

将自然声或其他种类的声音转换成可处理的标准数字音频信号,这就是数字音频的采样。这是获得数字化声音的基本手段。

5.2.1 基本概念

1. 采样原理

数字音频采样的基本过程是：首先输入模拟声音信号,然后按照固定的时间间隔截取该信号的振幅值,每个波形周期内截取两次,以取得正、负向的振幅值。该振幅值采用若干位二进制数表示,从而将模拟声音信号变成数字音频信号。模拟声音信号是连续变化的振动波,而数字音频信号则是阶跃变化的离散信号。

截取模拟声音信号振幅值的过程叫做采样,得到的振幅值叫做采样值,采样值用二进制数的形式表示,该表示形式被称为量化编码。

2. 采样频率

在一定的时间间隔内采集的样本数被称为采样频率。采样频率越高,在一定的时间间隔内采集的样本数越多,音质就越好。当然,采集的样本数量越多,数字化声音的数据量也越大。如果为了减少数据量而过分降低采样频率,音频信号增加了失真,音质就会变得很差。

音频数据的采样频率 $f_{采样}$ 与声音还原频率 $f_{还原}$ 的关系如下。

$$f_{采样} = 2 \cdot f_{还原}$$

从式中看出,音频数据的采样频率是还原模拟声音频率的两倍。例如,要求还原的声音频率为 22kHz,则采样频率应取 44kHz。

3. 声道数

声道数是声音通道的个数,指一次采样的声音波形个数。单声道一次采样一个声音波形,双声道(立体)一次采样两个声音波形。双声道比单声道多一倍的数据量。

5.2.2 音频的录制

录制自然声,一般需要专业的录音设备,以便保证良好的信噪比。如果采用计算机进行录音,应配备质量较好的声卡和话筒。如果到野外录音的话,一般采用便携式录音设备录制前期声,然后在室内进行后期加工和处理。

在录音时,应注意调整输入信号的强度,使其不超过录音设备的动态范围,否则将产生削顶失真,音感阻塞,严重时无法辨别声音的内容。信号强度过低,也不能获得满意的声音,原因是信号与噪声的比值小,噪声相对比较明显,影响了音质。

话筒是录制自然声所必需的,话筒主要有动圈话筒和电容话筒等类型。动圈话筒的音质好,动态范围宽,适于录制音乐;电容话筒灵敏度高,频率范围窄,适于录制语音。但话筒类型对录音的影响是多方面的,并不绝对。由于话筒的输出信号非常微弱,因此话筒的输出信号线不宜过长。如果使用无线话筒,则话筒与接收装置的距离不宜太远。

使用软件录制声音的一个重要指标是采样频率。采样频率越高,录制的声音质量越好,但记录声音的数据长度就越长,数据量也就随之增大。一般情况下,语音采用单声道形式,音乐采用立体声形式。在要求不高的场合,音乐也可采用单声道形式。

声音的采样要在占用空间和音质之间寻求最佳点。在满足起码的音质要求的同时,降低采样频率,能大幅度减少数据量。

1. 录音步骤

(1) 把话筒插入声卡的 MIC(话筒)输入插座内。

(2) 在 Windows 的桌面上,单击"开始"按钮,然后选择"程序"→"附件"→"娱乐"→"录音机"菜单,启动"录音机"软件。

(3) 单击录音机上的录音按钮,开始录音。1min 后,录音自动停止。

提示:录音机录制的声音只能采用.wav 格式。

(4) 选择"文件"→"另存为"菜单,指定文件夹、输入文件名,最后单击"保存"按钮。

2. 转换 WAV 格式的采样频率及其他

在制作多媒体产品时,受到存储空间的限制,有时需要降低采样频率或者把双声道改成单声道,以减少数据量,"录音机"可以实现此目的。

音频文件的格式转换步骤如下:

(1) 打开录音机应用程序。

(2) 选择"文件"→"打开"菜单,打开 WAV 音频文件。

(3) 选择"文件"→"属性"菜单,显示属性对话框,在该画面中单击"立即转换"按钮,显示"声音选定"对话框,在"声音选定"对话框中,单击"属性"栏右侧的按钮,显示采样频率和声道形式清单。从中选择需要的采样频率和声道形式,如"22050Hz,8 位,立体声 43KB/s"。最后单击"确定"按钮。转换完毕,自动返回录音机主画面。

(4) 在录音机主画面中,单击播放按钮,聆听声音效果,如果该效果能够接受,就可以选择"文件"→"另存为"菜单,重新起一个文件名,将转换后的文件保存起来。若声音不理想,则放弃当前的文件,重新打开音频文件,再进行转换。

5.3 常用音频编辑软件介绍

音频数据处理软件可分为两大类,即波形声音处理软件和 MIDI 软件。

波形声音处理软件可以对 WAV 文件进行各种处理。常见的有波形的显示、波形的剪贴和编辑、声音强度的调节、声音频率的调节、特殊的声音效果等功能。常用的软件波形声音处理软件有 WAVEdit、Creative WaveStudio、Cool Edit、Sound Forge 以及 Nero 程序组中的 Nero Wave Editor 等。

MIDI 软件是创作和编辑处理 MIDI 音乐的软件，如 MIDI Orchestrator。有一些作曲软件是基于 MIDI 的，其界面通常是像钢琴谱那样的五线谱，用户可用鼠标在上面写音符，并做各种音乐标记。

1. WAVEdit

WAVEdit 是 Voyetra 公司的一套专门用来处理 Windows 标准波形 WAV 文件的软件。它的主要功能有：波形文件的录制，录制参数（采样率、量化位数、单双声道、压缩算法）的设定；波形文件的存储，存储的文件格式（WAV 或 VOC）和压缩标准的选择，文件格式与参数（采样率、量化位数、单双声道）的变换；波形文件选定范围播放，记录播放时间声音的编辑，剪切、复制、插入、删除等操作，音频变换与特殊效果，改变声音的大小、速度、回音、淡入与淡出等。

2. Creative WaveStudio

Creative WaveStudio 又称录音大师，可在 Windows 环境下录制、播放和编辑 8 位（磁带质量）和 16 位（CD 质量）的波形数据。配合各种特殊效果的应用，可用于增强波形数据。录音大师不但可以执行简单的录音，还可以运用众多特殊效果和编辑方式，如反向、添加回音、剪切、复制和粘贴等，制作出独一无二的声音效果。此外，录音大师还能够同时打开多个波形文件，使编辑波形文件的过程更为简单方便。它还可让用户输入及输出声音（VOC）格式文件和原始（RAW）数据文件。

录音大师的主要功能有：录制波形文件；处理波形文件，包括指定波形格式、打开波形文件、保存波形文件、混合波形文件数据；对波形文件使用特殊效果，包括反向、添加回音、倒转波形、绕舌、插入静音、强制静音、淡入与淡出、声道交换、声音由左向右移位与声音由右向左移位、相位移、转换格式、修改频率、放大音量等；自定义颜色，可配置录音大师在编辑或预览窗口中显示波形数据时所使用的颜色；处理压缩波形文件。

3. Nero Wave Editor 和 Nero SoundTrax

Nero 是德国 Ahead Software 公司出品的光盘刻录程序，从 Nero 6 版本以后开始迈向视频音频从采集、编辑到刻录的整个流程解决方案。在 Nero 6 中，集成了强大的视频音频编辑组件 Nero Wave Editor，为用户提供了一个高级音频编辑和录制工具，可生成最高 7.1 声道的高质量音频作品，具备非破坏性编辑和实时音频处理功能，能显示所有编辑步骤的编辑历史记录窗口，支持 24 位和 32 位采样格式的刻录和编辑，其内部效果库包括反射、合唱、镶边、延迟、电子哇哇声、移相器、人声、修改、音调调整，内部增强库包括频带外推、降噪、滴答声消音器、滤波器工具箱、DC 偏移修正，内部增强库包括立体声处理器、动态处理器、均衡器、变调、时间延伸、卡拉 OK 过滤器。组件中的 Nero SounddTrax 是一个专业的混音程序，利用它的混音和编辑功能可以制作音频 CD 作品及 CD 编辑，并可支持最高 7.1 声道的实时环绕混音。Nero SoundBox 是 Nero 7 的新增组件，是一个节拍创建程序，可将节拍、音序和旋律合并到 Nero SoundTrax 项目中。此外，用户还可以使用它将文本转换为语音，生成露天大型运动场、自然效果等逼真的立体环绕声效果。

4. Cool Edit

Cool Edit 是美国 Syntrillium 软件公司开发的一款功能强大、效果出色的多轨录音和音频处理软件。拥有它和一台配备了声卡的计算机也就等于同时拥有了一台多轨数码录音机。一台音乐编辑机和一台专业合成器。

Cool Edit 能记录的音源包括 CD、卡座、话筒等多种，并可以对它们进行降噪、扩音剪辑等处理，还可以给它们添加立体声环绕、淡入淡出、三维回声等奇妙音效，制成的音频文件除了可以保存为多种常见的 WAV、SND 和 VOC 等声音格式外，也可以直接保存为 MP3 或 WMA 格式。

Cool Edit 专门提供了一种“傻瓜”功能，供非专业人员应用。例如，在音效处理方面，新手可以直接选择一种预置(Presets)模式，同样能生成令人吃惊的特殊效果。至于 Cool Edit 的常规编辑功能，如剪切、粘贴、移动等，如在文字处理软件中编辑文本一样方便，而且有 6 个剪贴板可用，使编辑工作更加轻松方便。

Cool Edit 有几个特点很受用户青睐：一是对文件的操作是非损伤性的，使新手尽可放开手脚去尝试各种操作；二是能自动保存意外中断的工作，如遇停电、死机等，当重新启动该系统时，可重新恢复到中断前的工作状态，甚至包括剪贴板中的内容。

5.4 Cool Edit Pro 2.0 操作界面

传统音乐制作人都知道，要成功地制作一首高品质的音乐，一般少不了专业录音棚(包括多轨数码录音机、音乐编辑机、专业合成器等设备)，要具备这样的条件，怎么也得花上数万元，甚至更多，对于一家音像公司来说，这也许不算太难，但对于一名普通发烧友，或者独立音乐制作人来说，恐怕就有些可望而不可及了。不过，现在有一种软件，可以在倾刻之间，将用户的计算机模拟成一座全功能的录音棚，使用户几乎不需增加任何其他投资，就可以制作出同样专业而美妙的音乐，它就是在本章介绍的由 Syntrillium 软件公司发布的 Cool Edit Pro 2.0 软件。

首先，启动 Cool Edit Pro 2.0，可看到它清晰而又实用的操作界面，如图 1.5.1 所示，单击“编辑”→“插入多轨工程”，然后单击页面左上角 “单/多音轨切换”按钮，可切换到多轨界面，如图 1.5.2 所示。

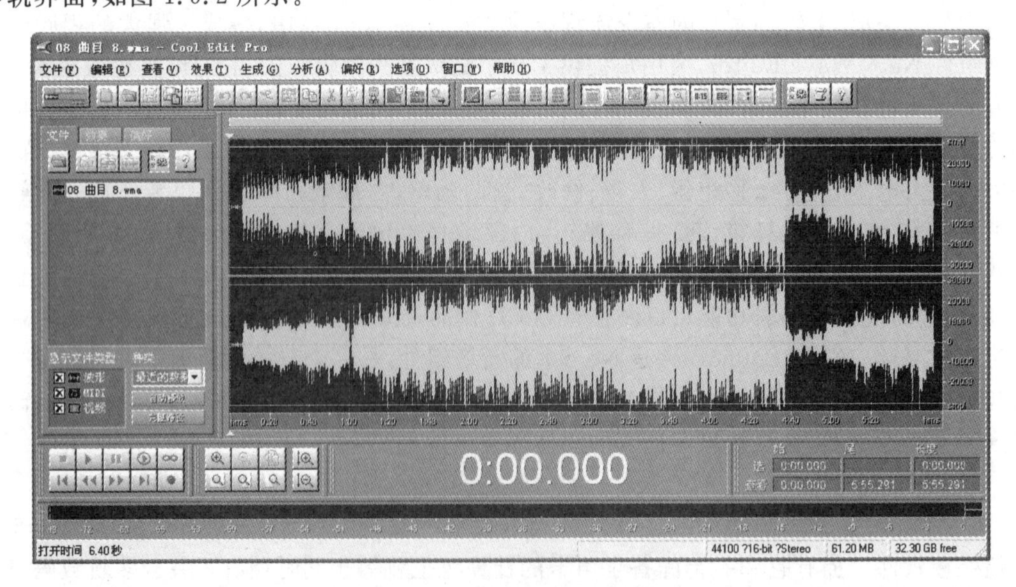

图 1.5.1　Cool Edit 单轨编辑界面

图 1.5.2　Cool Edit 多轨编辑界面

1. 菜单栏

在最顶端标题栏的下面，是 Cool Edit 2.0 的菜单栏，在单音轨编辑界面下，有“文件”、“编辑”、“查看”、“效果”、“生成”、“分析”、“偏好”、“选项”、“窗口”和“帮助”10 个菜单选项。在多音轨编辑界面下，有“文件”、“编辑”、“查看”、“图像”、“颜色”和“帮助”6 个菜单选项。

2. 工具栏

菜单栏下方是工具栏，为用户提供常用的操作按钮，如“复制”、“粘贴”、“波形的转换”等按钮。

3. 编辑界面

工具栏下方是编辑工作界面及左右两个声道的波形显示，用户可以在上面直接对打开的声音文件进行编辑操作，以达到预期的效果。

4. 播放区

在编辑工作界面左下侧有“播放”、“循环播放”、“快进”、“倒退”、“暂停”、“停止”等操作按钮。

5. 放大、缩小操作区

播放区右侧是对波形的水平放大、缩小操作按钮，最右边则是对波形的垂直放大、缩小操作按钮。

6. 进度显示区

下方中间位置是进度显示区，显示在工作区选中点的起始时间及播放进度。

7. 声音强度显示区

最下方是播放时左、右两个声道的声音强度显示区。

5.5 Cool Edit Pro 2.0 的编辑功能

5.5.1 Cool Edit 2.0 的编辑功能

在单轨编辑模式下，可以可视化地编辑某一段声音，完成如复制、剪切、粘贴、追加、混合、转换声音格式等操作。

1. 如何对波形文件混音

打开某一声音文件，选取其中一段，选择“编辑”→“复制(Edit/Copy)”命令，然后选中要被混合的波形的位置，选择“编辑”→“混缩粘贴(Edit/Mix Paste)”命令，打开如图 1.5.3 所示的对话框，此时要混频的文件来自剪贴板，有 4 种混音的方式可以选择，其中“插入”是将当前文件被选中的部分插到当前位置，不影响插入点后方的波形；“替换”是将插入点后方等长度的波形替换为选中的部分；“混合”粘贴是将剪贴板中的波形内容混合到当前波形文件中，还可以选择左右声道的音量，如果要混频的波形来自其他文件，则选择“文件”。

2. 如何转换音频格式

如果在编辑过程中要改变某个声音文件的采样频率、量化精度、声道数，可以选择“编辑”→“转换音频格式(Edit/Conver Sample Type)”菜单项，打开如图 1.5.4 所示的对话框，根据需要选择所需的参数即可。

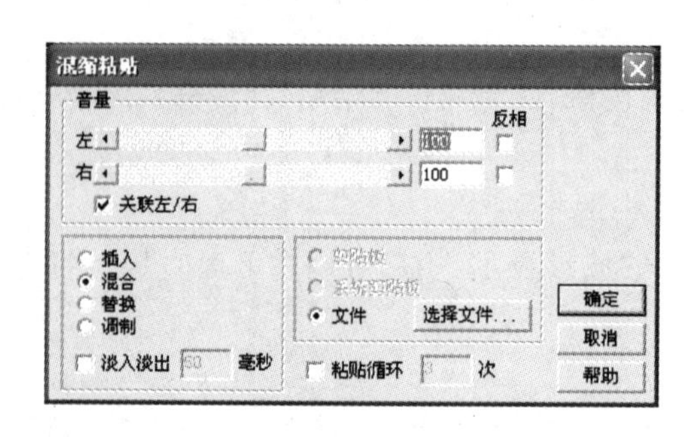

图 1.5.3 “混缩粘贴”对话框

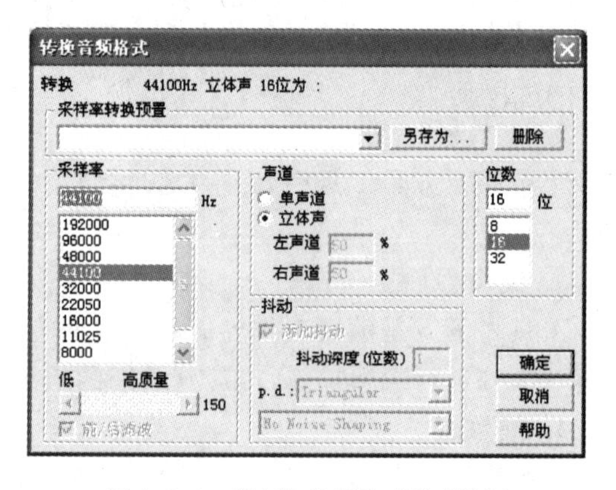

图 1.5.4 “转换音频格式”对话框

3. 如何在多轨模式下混音

如果要给朗诵的声音配上音乐或者让几种不同乐器的声音同步播放，可以单击左上角的按钮切换到多轨编辑模式，选择其中一个音轨，使用“插入”→“音频文件(Insert/Wave from File)”命令，即为该音轨插入一段声音，用同样的方法可以在其他音轨中也插入声音。单个音轨的音量偏大或偏小可以通过右击，选择“调节音频块音量(Adjust Wave Block)”上下调整滑块位置就可以改变音频块的音量了。

5.5.2 音频特殊效果的编辑

1. 淡入与淡出

如果最初音量很小甚至无声，最后音量相对较大，就形成一种淡入，较强的效果；反之，如果最初音量较大,最终音量很小甚至无声,就形成一种淡出,较弱的效果。

实现音频淡入或淡出的方法是:先选择区域,然后从 Effect(效果)菜单中选择 Amplitude(波形振幅)→Amplify(渐变)命令,此时会出现 Amplify(渐变)对话框,并选择 Fade(淡入/淡出)选项卡,如图 1.5.5 所示。

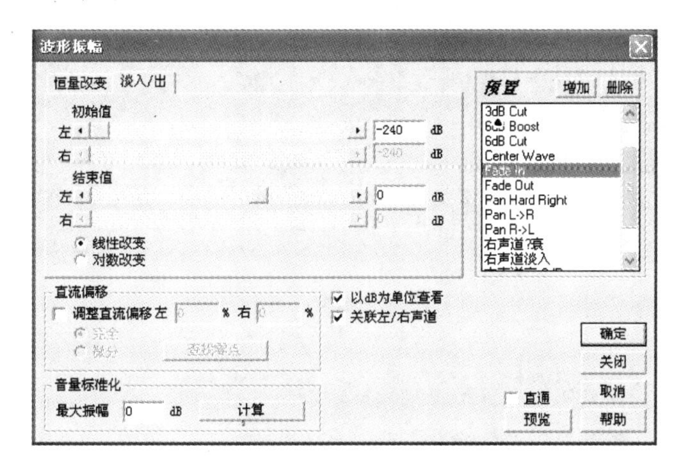

图 1.5.5　“淡入淡出”对话框

在 Presets(预制)框中,可以选择 Fade In(淡入)或 Fade Out(淡出)选项,也可以直接调整 Initial Amplification(开始值)和 Final Amplification(结束值)的滑块,0%相当于音量减少至无声,100%相当于音量没有改变。声音中间部分音量放大的倍数,将按最初和最终音量放大的倍数呈线性变化或对数变化。如果选中 Linear Fades(线性改变)单选框就是线性变化,选中 Logarithmic Fades(对数改变)单选框就是对数变化。

另外,选择 Lock Left/Right(关联左/右声道)复选框将关联左右声道。View all settings in dB(以 dB 为单位查看)是百分数显示和分贝数显示的选项。而 DC Bias(直流偏移)是自动直流微调功能,如果发现原波形中有直流偏移,只要选中该选项,然后输入 0%,就会自动将原波形中的直流的成分调节到零位置(中心位置)。Calculate Now(计算)将根据用户所选波形的最大振幅和在它左边的 Peak Level(最大振幅)中所希望达到的振幅的预设值进行计算,从而自动将音量(振幅)增加到所希望的值。

2. 消除环境噪声

在语音停顿的地方会有一种振幅变化不大的声音,如果这种声音贯穿于录制声音的整个过程,就是环境噪声。消除环境噪声的方法是在语音停顿的地方选取一段环境噪声,让系统记住这个噪声特性,然后自动消除所有的环境噪声。

在语音停顿处选取一段有代表性的环境噪声,时间长度应少于 0.5s,如图 1.5.6 所示。

从 Effect(效果)菜单中选择 Noise Reduction(噪音消除)→Noise Reduction(降噪器)命令,此时会弹出 Noise Reduction(降噪器)对话框,如图 1.5.7 所示。在该对话框的 Noise Reduction Settings(降噪设置)框中设置 FFT Size(FFT 大小)为 8192,其他各项暂取默认值。在 Profilcs(采样)框中单击 Get Profile from Selection(噪声采样)按钮,系统就会把噪声轮廓记录在原先为灰色的 Noise Profile(噪声采样)框中,水平方向表示频率,垂直方向表示噪声的音量。

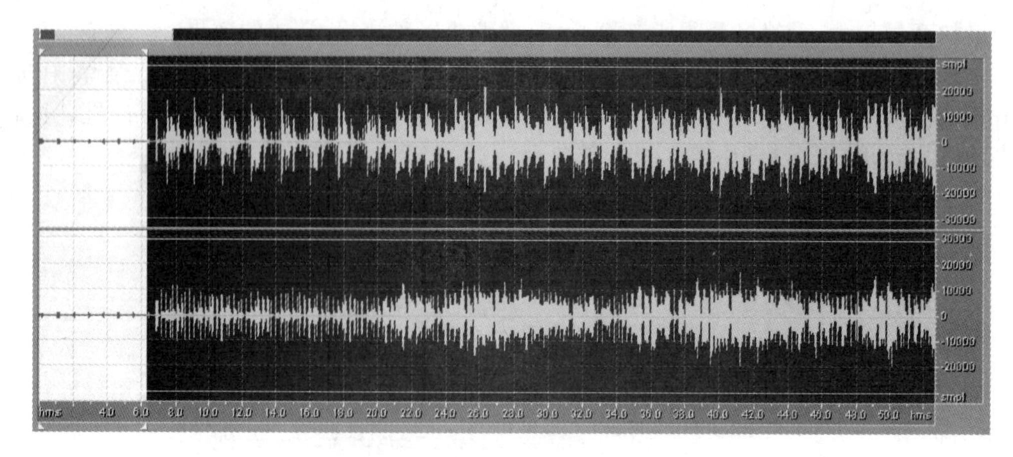

图 1.5.6 “选取噪音”波形

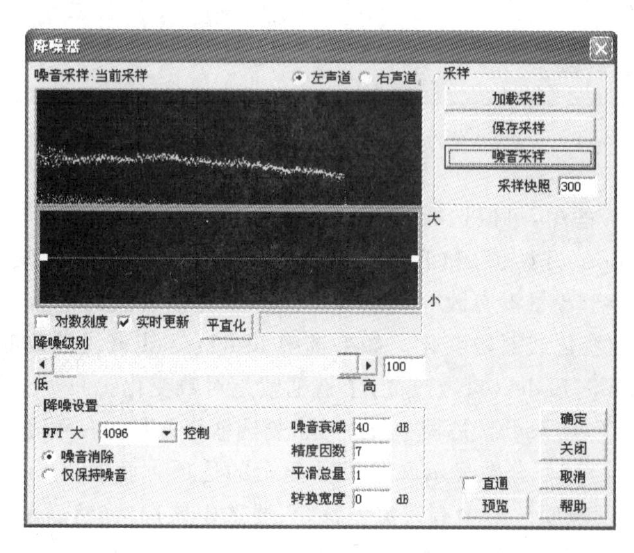

图 1.5.7 “降噪器”对话框

在 Noise Reduction(降噪器)对话框中单击 Close(关闭)按钮关闭对话框,注意,不要按下 Cancel(取消)按钮来关闭对话框。回到系统的现实区页面后,使用水平缩放工具使整个声音波形都显示在波形显示区中,双击波形显示区选取整个波形。然后再次打开 Noise Reduction(降噪器)对话框,会看到噪音轮廓还在那里,这时按下“确定”按钮,系统就开始自动清除环境噪音。清除结束后再听录制的声音会发现确实安静多了。

3. 延迟效果

(1) Delay 延时效果。在左右声道各自选择延时时间和混合比例。延时不仅可以模拟各种房间效果,还能模拟空中回声,隧道,从后方发出,立体声远处延时效果。

从 Effect(效果)菜单中选择 Delay Effect(常用效果器)→Delay(延迟)命令,此时屏幕上出现 Delay(延迟)对话框,如图 1.5.8 所示。在该对话框中,分别有左声道和右声道两部分,都可以通过拖动滑块调整延时时间和混合比例,还可以根据需要设置 Invert(反相)复选框。

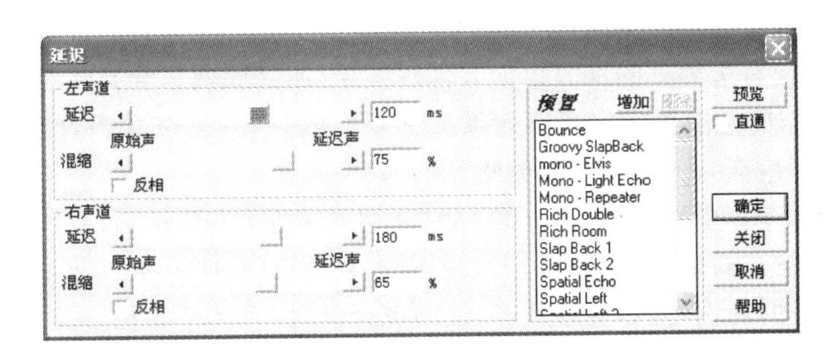

图 1.5.8　“延迟”对话框

利用延时效果进行音频处理，简单可行的方法是使用它的 Presets（预置）选项，用户可以根据素材的不同，以及要达到的目的不同对各种预置选项进行选择，必要时可以调整参数值。

(2) Echo 回声效果。发出的声音遇到障碍物会反射回来，使人们听到比发出的声音稍有延迟的回声。一系列重复衰减的回声所产生的效果就是回声效果。在声音的处理上，回声效果是通过按一定时间间隔将同一种声音重复延迟并逐渐衰减而实现的。回声效果可以模拟许多扬声效果，如礼堂、小房间、峡谷、排水沟、明亮的大厅等，还能模拟老式无线电收音机、机器人声等。

为了使声音听起来更丰满，可以为它增加一些回声效果，方法是：从 Effect（效果）菜单中选择 Delay Effect（常用效果器）→Echo（回声）命令，此时打开 Echo（回声）对话框，如图 1.5.9 所示。

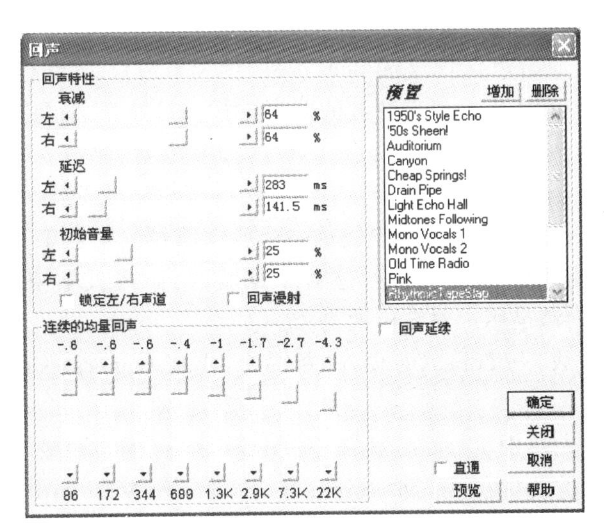

图 1.5.9　“回声”对话框

在该对话框中，通过拖动 Echo Characteristics（回声特性）框中的滑块，可以调节衰减度，延时时间和初次回声的音量。另外，选中 Lock Left/Right（锁定左/右声道）复选框可以锁定左右声道比例，选中 Echo Bounce（回声漫射）复选框可使回声在左右声道之间依次来回跳动，效果明显。

在 Successive Echo Equalization（连续的均量回声）框中，有一个 8 段回声均衡器，用于调节回声的音调(对原始声无作用)。选中 Continue echo beyond selection(回声延续)复选框,可以将所选区域右边界外的部分也加入回声效果,而且此效果会自认衰减到零为止。

(3) Flanger空间感效果。空间感效果又称镶边效果,通过空间感效果的处理,可以找到科幻,火星人,紫色雾,水下,急转等感觉。

从 Effect(效果)菜单中选中 Delay Effect(常用效果器)→Flanger(镶边)命令,此时屏幕上出现 Flanger(镶边)对话框,如图 1.5.10 所示。在该对话框中,可以通过拖动滑块调整原始声音和延迟声音的比例,初始混合延时,最终混合延时,立体声相位以及反馈量等。

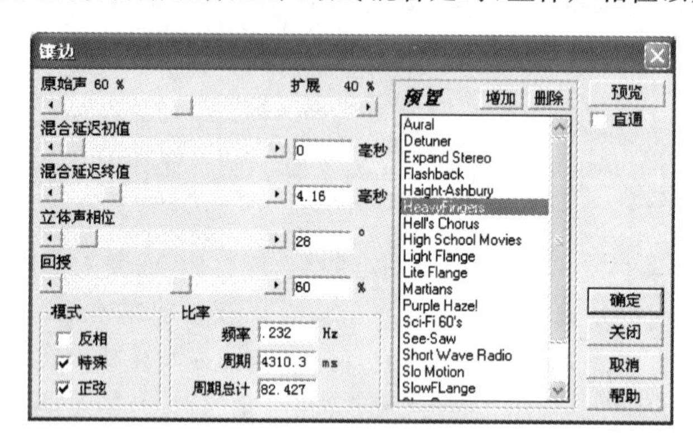

图 1.5.10 “镶边”对话框

在 Mode(模式)框中,有三种模式,即 Inverted(反相),Special EFX(特殊)和 Sinusoidal(正弦)等。当选中 Inverted 效果,而比例为 50%、延时时间为 0 时,原声音与空间感效果音会相互抵消。当选中 Special EFX 效果,则对话框第一行的 Original(原始声)到 Delayed(延迟)就变成了 Original(原始声)到 Expanded(扩展)的调节滑块。当选中 Sinusoidal 效果,初次延时音到最后延时音的产生会以正弦波的曲线进行。另外,Rate(比率)框有三种选项,即 Freqyebct(变化频率),Period(周期),Total Cycles(周期总计)。

4. 正弦波发生器

利用 Cool Edit Pro 2.0 可以为用户提供一个音频信号发生器工具,它包括正弦波发生器,非正弦波发生器以及噪声发生器等,这对于试验,维修或教学演示都非常有用。Cool Edit 能在一定的范围内满足用户对波形的需求。

选择 Generate(生成)→Tones(音调)菜单命令,出现 Generate Tones(生成音调)对话框,如图 1.5.11 所示。

在该对话框中,首先选中 Lock to these settings only(固定设置)复选框,然后将 Base Frequency(基础频率)选为 400Hz,Modulate By(调制)和 Modulation Frequency(调制频率)选项都设置为 0,这是纯正弦波的要求。

由于要求得到正弦波,因此在 Frequency Components(频率成分)框中只把第一个谐波的滑块用鼠标拖到最上位置(100),其余 2,3,4,5 都拉到最底下(0),表示不含其他频率成分。在 General(常规)框中,Flavor(调味)设置为 Sine(正弦),Duration(持续时间)选为 5s。

5. 消除人声

使用该特效可以将歌曲中的人声去除,制作卡拉 ok 伴奏带的效果。具体制作方法为:从 Effect(效果)菜单中选择 Amplitude(波形振幅)→Channel Miser(声道重混缩)命令,选

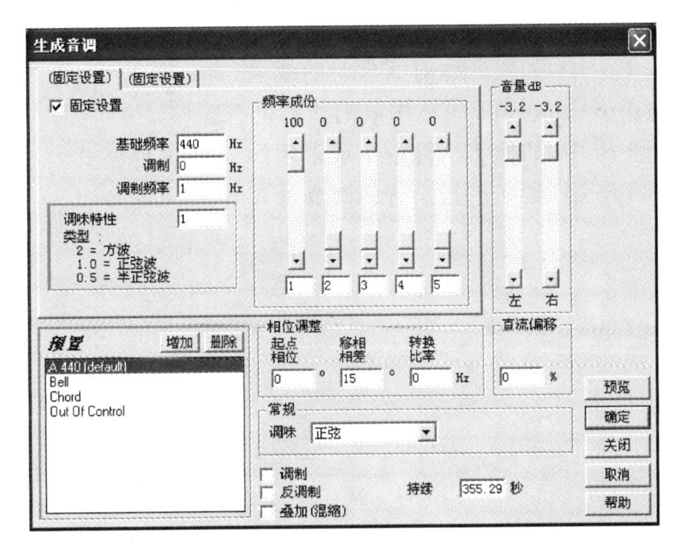

图 1.5.11 “生成音调”对话框

中预置参数为 Vocal Cut，打开如图 1.5.12 所示的对话框。在该参数中，新的左右声道以原来两个声道的信号作为输入源，以不同的比例和相位混合而成，生成新的信号音量要稍小一些。

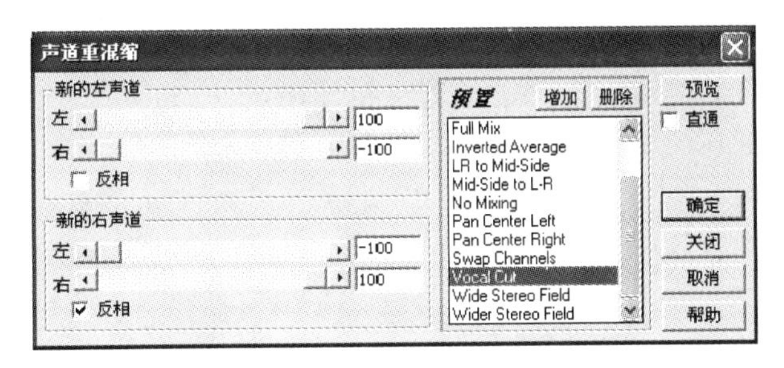

图 1.5.12 “声道重混缩”对话框

5.5.3 音频文件的保存和应用

音频文件编辑好以后就可以保存了，在 Cool Edit Pro 2.0 中提供了“保存”，“另存为”，“另存复制”，“保存选取区域”，“全部保存”多个命令，还可以在保存的过程中转换音频格式，有 WAV、DBL、MP3、AU、WMA、PCM 等多种格式可以选择，还可以在保存之前，单击“选项”按钮调整该压缩方式的参数，保存好后就可以在各种多媒体创作工具中导入音频数据了。

习题 5

1. 在 Cool Edit Pro 中，如何为普通声音添加环境效果？
2. 在 Cool Edit Pro 中，如何调整录音或播放的标准？
3. 在 Cool Edit Pro 中，如何成批地处理相关声音文件？

4. 在 Cool Edit Pro 中,如何生成所需要的声音?
5. 在 Cool Edit Pro 中,如何产生时间延时的效果?
6. 在 Cool Edit Pro 中,如何从 CD 中取出所需的音乐?
7. 在 Cool Edit Pro 中,如何将文件输出成常用的 mp3 文件格式?
8. 在 Cool Edit Pro 中,如何进行声音的降噪处理?

第 6 章

数字视频处理——Premiere Pro

数字视频是将传统模拟视频捕获，转换成计算机能调用的数字信号。数字视频是多媒体中最活跃的元素，具有很强的感染力。将数字视频进行采集，利用数字视频后期编辑软件（如威力导演、会声会影、Premiere、Vegas、Studio 和 Movie Maker 等）进行编辑，然后在多媒体作品中恰当地加以运用可以产生很好的渲染效果，使作品更加生动。数字视频应用广泛，如课件制作、产品演示、多媒体编程及网络视频等。

6.1 数字视频的采集

数字视频的文件格式很多，如 *.avi、*.mpg、*.mpe、*.mpeg、*.mlv、*.dat、*.g2v、*.vob、*.asf、*.mov、*.rm 和 *.rmvb 等，但是在利用数字视频后期编辑软件编辑或在多媒体作品中进行调用时，只有部分格式被支持。由于模拟视频必须转换成数字视频才能被计算机调用，且不是所有格式都会被支持，所以对数字视频素材进行编辑或调用时，有时需要先进行采集。

6.1.1 从 VCD 或 DVD 影碟中获取

1. 复制并改扩展名

将 VCD（或 DVD）影碟中的 *.dat（或 *.vob）文件复制到计算机硬盘上，然后将文件的扩展名 DAT（或 VOB）改成 MPG，就可以被常用的数字视频后期编辑软件导入并编辑，或被常用的多媒体制作软件调用。

2. 截取影片片断

利用“豪杰超级解霸 3500”的“视频解霸”可以截取 VCD（或 DVD）影碟中的视频片断。

（1）在“视频解霸”中打开要截取的视频文件。

（2）如图 1.6.1 所示，单击“循环播放”按钮。只有处于“循环播放”状态下，右边的“选择开始点”按钮和“选择结束点”按钮方可使用。

（3）通过拖动滑块配合“播放”等按钮来定位要截取片段的起始帧，然后单击“选择开始点”按钮。

（4）按同样的方法，定位要截取片段的结束帧，再单击“选择结束点”按钮。

（5）单击“保存 MPG”按钮，在出现的“保存 MPEG 文件”对话框中选择保存位置、文件

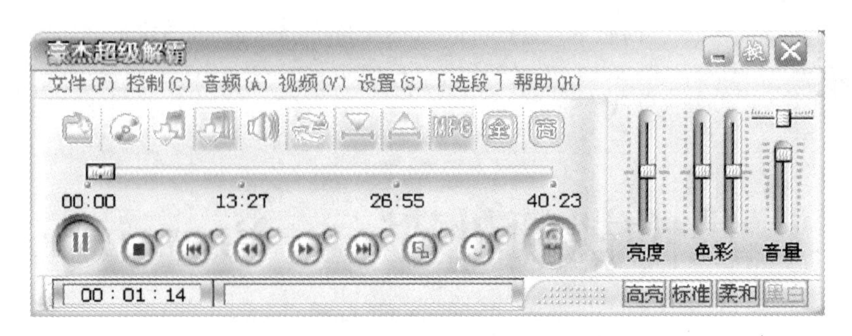

图 1.6.1 “豪杰超级解霸”的“视频剪辑”

类型。若要同时保存图像及声音选“MPEG 系统流(*.mpg)”,若只想保存图像而不要声音则选“MPEG 视频流(*. mpv)”,输入文件名,然后单击“保存”按钮。

6.1.2 利用转换工具进行格式转换

网上提供下载的能够进行数字视频格式转换的软件很多,利用这些软件可以得到我们需要的数字视频文件格式。

1. 利用“豪杰超级解霸 3500”的“视频工具”进行转换

“豪杰超级解霸 3500”的“视频工具”提供了最常用的格式转换,如图 1.6.2 所示。

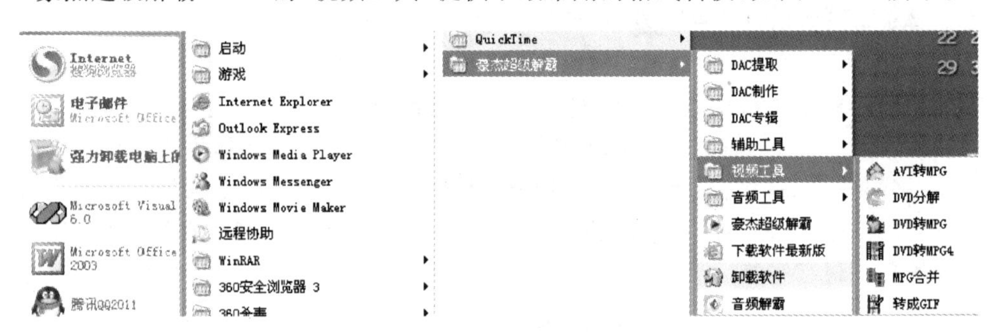

图 1.6.2 “豪杰超级解霸”的“视频工具”

2. 利用“视频格式转换通”进行转换

“视频格式转换通”软件可以将 *.asf、*.wmv、*.rm、*.mov、*.rmvb、*.dat、*.avi、*.mpg 等格式的文件进行相互转换,而且可以将 DVD 光盘中的 VOB 文件转换为其他格式(无需安装 RealOne、Media Plarer 等软件)。并且可以将若干个小的文件合并为一个长文件,合并后的效果与原文件一致。该软件还可以将这些格式的文件转换为 MPG 格式后,再刻录成 VCD,用户从网上下载的流格式电影文件可以直接制作成 VCD。

6.1.3 其他采集方法

1. 利用视频采集卡

数字视频的获取可以通过视频采集卡实现,采集时视频采集卡连接摄像机、录像机、影碟机或 TV 等设备,获取模拟信号后它们转换为数字信号。在转换过程中进行同步压缩,将采集到的数字信号保存为数字视频文件。中低档的视频采集卡可以将数字信号采集

AVI 格式的文件，高档的视频采集卡可以在采集的同时，对信号进行实时 MPEG 标准的压缩。

2. 利用 SnagIt

SnagIt 软件是一个可以将屏幕、文本或视频捕获的程序。它可以捕获 Windows 屏幕、DOS 屏幕、RM 电影、游戏画面、菜单、窗口、用户区窗口、最后一个激活的窗口或用鼠标定义的区域。图像可被保存为 BMP、PCX、TIF、GIF 或 JPEG 格式，对计算机屏幕上的动态内容进行视频捕获时可以保存为 AVI 格式。

6.2 数字视频编辑软件 Premiere Pro

6.2.1 Premiere Pro 概述

Premiers Pro 是 Adobe 公司于 2003 年基于 QuickTime 系统推出的一个多媒体非线性编辑软件，它能对视频、声音、动画、图像和文字等多种素材进行编辑加工，并能根据用户的需要生成电影文件。

Premiere Pro 功能详尽，操作简单，能够满足不同用户的个性化需求。它的最大特点是使用多轨的视频和音频来合成或剪辑 AVI 及 MOV 等各种动态影像格式，同时兼顾了广大视频用户的不同需求，提供了一个低成本的视频编辑方案。Adobe Premiere Pro 软件以其强大的性能和广阔的发展前景，成为最流行的用户级非线性编辑软件之一。

与 Premiere 6.5 相比，Premiere Pro 有下列新的改进。

(1) 编辑时可显示实时全解析度画面。

(2) 实时运动路径、关键帧控制和内建子像素定位可生成更加流畅的运动路径。

(3) 校正色调、饱和度、亮度及其他色彩要素都可以得到实时的画面反馈。

(4) 以实时、全解析度方式生成广播级质量的字幕。

(5) 用多重、可套用的时间线实现自由复杂项目对象的高效控制。

(6) 可固定位置的调色板让用户很容易地组织工作空间。

(7) 增强的交互式项目窗口可调整入点和出点，生成定制的列表选择区域，通过缩略图指示的文件编辑细节、故事板及标准的定位栅格。

(8) 改进了预览所需的渲染时间和预览质量。

(9) 独立素材修剪面板，实时观察修剪效果，并控制其倒转、分割及交叠等。

(10) 增强了音频编辑功能。例如，增强了音频混音器特性，直接录制音频信号到时间线上；支持 5.1 声道环绕立体声；监视话筒，按照顺序把制作者的语音录制到专门的叙述轨中，产生音频注解。

6.2.2 Premiere Pro 主界面

Premiere Pro 启动成功后，主界面的窗口布局是上一次关闭项目时的窗口布局，如果是新建项目，那么打开的是默认布局，如图 1.6.3 所示，主界面中有项目窗口、监视器窗口、时间线窗口、工具窗口、信息面板及历史面板等。可以根据需要调整窗口的位置或关闭窗口，也可以通过菜单栏“窗口”打开更多的窗口。

图 1.6.3 Premiere Pro 主界面

1. “时间线”窗口

“时间线”窗口是 Premiere Pro 中最重要的一个窗口，大部分编辑工作都在这里进行，用于合理组织多媒体素材，添加各种特技、过渡和字幕效果，以形成一部完整的作品。时间线是按时间排列影片片段、制作影视节目的窗口，如图 1.6.4 所示，要想熟练地使用 Premiere Pro，必须了解它的主要按钮的功能。

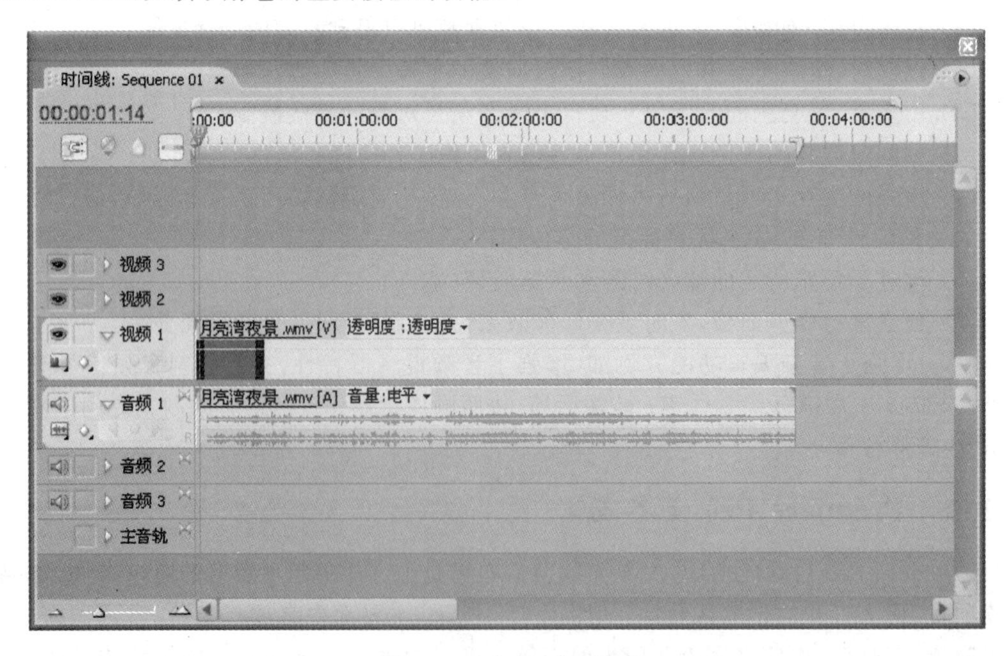

图 1.6.4 “时间线”窗口

(1) 时间标尺：对剪辑的组接进行时间定位。

(2) 预览指示器范围：看预览区域的大小。

(3) 工作区条：指示工作区域的范围。

(4) 编辑线标识：通过编辑线的位置可以知道当前编辑的位置。

(5) 窗口菜单：单击可显示时间线窗口的命令菜单，对时间单位及剪辑进行设定。

(6) 固定轨道输出：当标志消失时，该轨道上素材的内容不能进行预览。

(7) 锁定轨道：当标志出现时，轨道上的素材不能进行编辑。

(8) 吸附：编辑时素材之间是否采用吸附。

(9) 设定未编号标记：在当前编辑线的位置设定未编号标记。

(10) 音频轨道：音频素材必须放置在音频轨道上。

(11) 合上/展开轨道：显示或隐藏轨道的详细内容。

(12) 时间缩放滑块：根据时间线上素材片段的长度来确定合适的时间比例。

2. “监视器”窗口

“监视器”窗口外观上与传统电视编辑中常见的编辑很相似，用于对导入的多媒体素材进行预处理，对拖动到时间线上的多媒体素材（称为剪辑）进行预览、编辑等操作。“监视器”窗口分为“素材”窗口和“时间线”窗口，如图 1.6.5 所示。

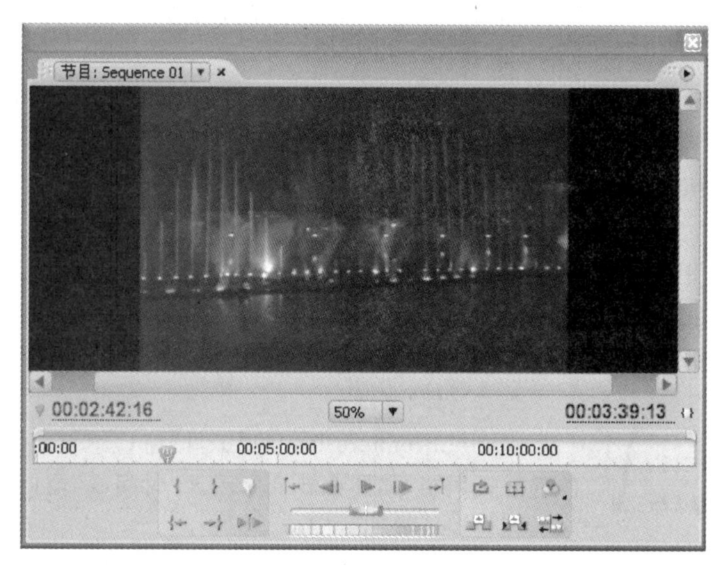

图 1.6.5 “监视器”窗口

播放头：通过拖移此标志来对 Premiere Pro 的内容进行查找。

设定入点：设置当前位置（所在位置）为入点位置，按下 Alt 键同时单击它时，设置被取消。

设定出点：设置当前位置（所在位置）为出点位置，按下 Alt 键同时单击它时，设置被取消。

设定未编号标记：一段素材只能设置一个未编号标记，如果需要设置多个，需使用数字标记。

转到上一个标记：在同一段素材中跳到上一个标记。

单步后退：将节目或者预演原始素材反向播放，单击一次跳一帧。

播放/停止：开始播放节目或者预演素材片断，如果正在播放，则单击停止。

单步前进：将节目或者预演原始素材正向播放，单击一次跳一帧。

转到下一个标记：在同一段素材中跳到下一个标记。

循环：将节目或者预演素材片段循环播放。

安全框：为影片设置安全边界线，以防止影片画面太大播放不出该片段。

输出：单击此按钮后在弹出的菜单中选择输出的形式和输出的质量。

转到入点：跳到一段素材的入点，是非常方便且常用的按钮。

转到出点：跳到一段素材的出点。

从入点到出点播放：播放素材剪辑窗口中用户所设定的入点和出点之间的音视频内容。

慢寻工具：按住按钮拖动可在窗口中逐帧浏览素材。

插入：把选定的原素材插入到序列中的选定位置，即把当前影片放到编辑线位置时，单击此按钮，使重叠的片段后移。

覆盖：把选定的原素材覆盖到序列中的选定位置，即把当前影片放到编辑线位置时，单击此按钮，使重叠的片段被覆盖。

确定抓取音视频：这是素材窗口特有的方式，用来切换获取素材的方式。如果素材或节目有声音和画面时，单击它可以在提取声音、画面或两者兼有之间切换。

提升：用来把时间线上所选轨道中的节目入点和出点之间的剪辑删除，删除后前后剪辑位置不变，会留下空隙。

析取：用来把时间线上所选轨道中的节目入点和出点之间的剪辑删除，删除后后面的剪辑自动前移，没有空隙。

修整：用来修整每一帧的影视画面效果。

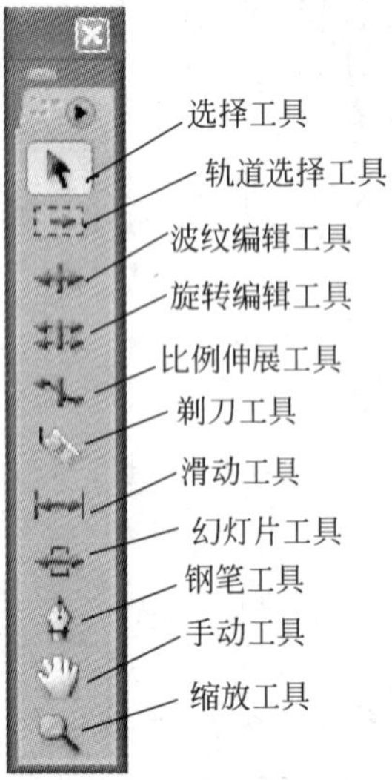

3. “工具”窗口

Adobe Premiere Pro 的“工具”窗口继承了 Adobe 多媒体软件的一贯风格，如图 1.6.6 所示。“时间线”窗口的使用往往需要“工具”窗口上按钮的支持。

图 1.6.6 “工具”窗口

选择工具：单击可以选定一个素材，拖出一个方框可以选择多个素材。在编辑过程中，当鼠标移动到素材边缘时，光标变形，可以对素材进行拉伸。

轨道选择工具：可以把单条轨道上的所有素材选中，进行整体移动，当光标变成此标志时，即可进行选择。

波纹编辑工具：用来拖动素材出点，改变素材长度，相邻素材长度不变，总的持续时间长度改变。在编辑过程中，当鼠标移动到素材边缘时，光标变形，可以对素材进行拉伸。

旋转编辑工具：用来调整相邻两个素材的长度，一个增长，另一个就会缩短，节目总长度不变。

比例伸展工具：用来改变素材的时间长度，调整素材的速率，以适应新的时间长度。素材缩短时，其速度加快。

剃刀工具：用来将一个素材分割成 2 个或者 2 个以上的片断。

滑动工具：用来改变素材的出入点，对时间线窗口中的其他素材不会产生影响。

幻灯片工具：用来改变素材的出入点，与滑动工具不同，滑动工具是对同一个素材操作，而幻灯片工具是改变前一素材的出点和后一素材的入点。

钢笔工具：用来调节节点，如音轨关键帧的音频变换点。

手动工具：当编辑的影片较长时，用来平移时间线上的内容。

缩放工具：用来放大或者缩小窗口时间单位，改变轨道上的显示状态，选中该工具后在轨道上的素材单击则可放大该素材，假如单击的同时按下 Alt 键，则是缩小该素材的显示状态。

4. "项目"窗口

"项目"窗口，如图 1.6.7 所示，可以用来导入原始素材，对原始素材进行调组或管理，以应用文件夹的形式管理影片片段并对片段进行预览。

列表：将素材窗口中的文件以列表形式显示。

图标：将素材窗口中的文件以图标形式显示。

自动到时间线：将选中的素材自动放置到时间线。

查找：快速查找素材。

文件夹：新建文件夹，以便分类管理素材。

新建项目：新建时间线、字幕、标准彩色条、视频黑场或通用倒计时片头等。

清除：将选中的素材文件或文件夹删除。

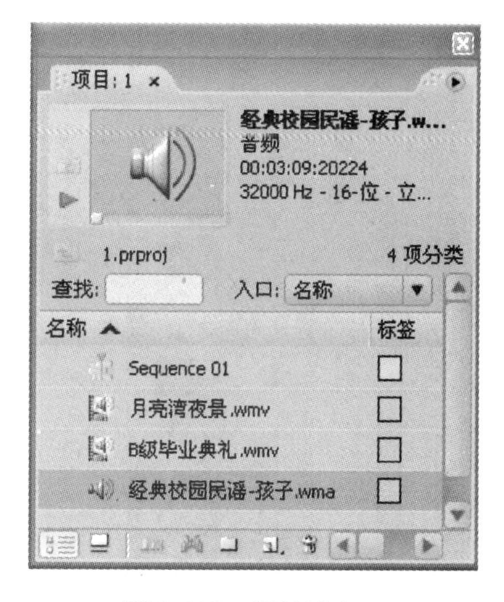

图 1.6.7 "项目"窗口

6.3 数字视频编辑的基本流程

利用 Premiere Pro 进行数字视频编辑的主要任务是将原始素材采集并加工成最终的影视节目。编辑的基本流程为：新建项目，导入素材，编辑素材，添加视频转场特效、视频特效或运动特效，添加声音，添加字幕，输出影片。

6.3.1 新建项目

启动 Premiere Pro 后，出现"欢迎窗口"，如图 1.6.8 所示。选择"新建项目"选项，出现"新建项目"对话框，如图 1.6.9 所示，选择"装载预置"选项卡中的 DV-PAL 预置模式下的 Standard 32kHz 选项，选择保存"位置"，并输入项目"名称"，设置完成后单击"确定"按钮进入如图 1.6.3 所示的 Premiere Pro 主界面。

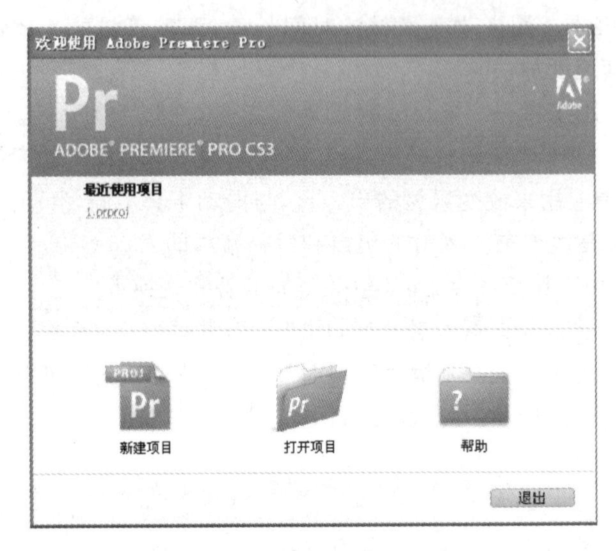

图 1.6.8 欢迎窗口

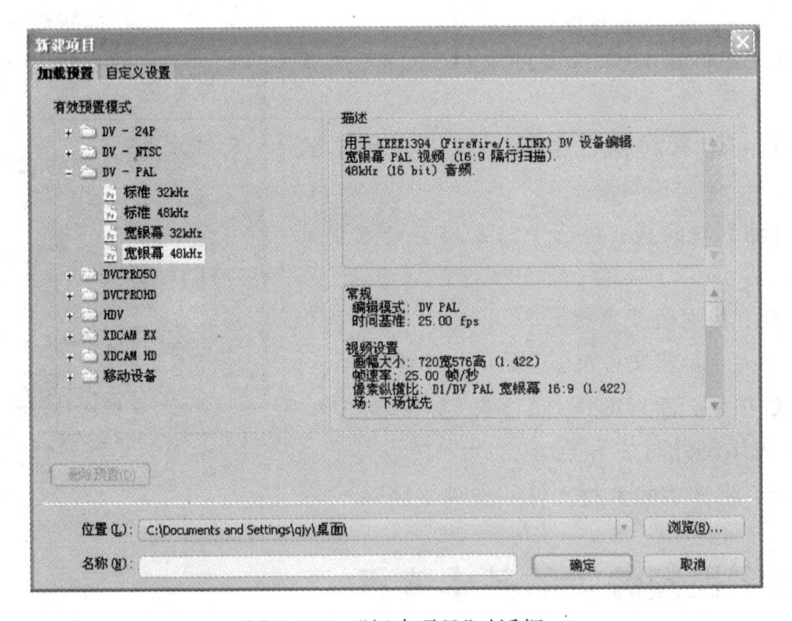

图 1.6.9 “新建项目”对话框

6.3.2 导入素材

素材是数字视频编辑的基石。素材包括各种没有编辑处理过的视频、音频、图像等数字化文件。在使用 Premiere Pro 进行编辑处理前，应先将整理好的各种素材导入到“项目”窗口。

执行“文件”→“导入”命令(或双击“项目”窗口的空白处)，在弹出的“输入”对话框中选择要导入的素材文件，单击“打开”按钮，如图 1.6.10 所示，导入的素材在 Premiere Pro“项目”窗口中出现并可以预览，如图 1.6.7 所示。“项目”窗口中的素材，可以用“项目”窗口下部的按钮进行管理。

图 1.6.10 “输入”对话框

6.3.3 编辑素材

对导入的素材进行编辑，只需在“项目”窗口选中要编辑的素材文件，然后设置编辑点，就能改变素材的长度或者删除不需要的部分。

(1) 双击“项目”窗口中的“B级毕业典礼.wmv”文件，监视器“素材”窗口便出现该素材的预览图，如图 1.6.11 所示。

图 1.6.11 素材出现在监视器“素材”窗口中

(2) 拖动播放头，在“00：00：11：00”位置单击按钮设定入点，当前显示的这一帧为该素材的入点，如图 1.6.12 所示，拖动播放头，在“00：00：21：14”位置单击按钮设定出点，当前显示的这一帧为该素材的出点，如图 1.6.13 所示，中间的深色区域为可使用素材范围，剪辑片段总长度为 10 秒 14 帧。

如果要更改原来的入点(或出点)，可以在按下 Alt 键时单击“设定入点”(或设定出点)按钮，删除原来的入点(或出点)后重新设置。

图 1.6.12　设定入点

图 1.6.13　设定出点

(3) 在监视器“素材”窗口中单击按钮，将剪辑后的视频添加到“时间线”窗口中，如图 1.6.14 所示，“视频 1”轨道和“音频 1”轨道中同时出现该段素材，表示该段素材的音频和视频部分是链接在一起的。

图 1.6.14　将素材添加到“时间线”窗口

(4) 在“时间线”窗口中右键单击刚添加的素材，在出现的快捷菜单中选择“解除音视频链接”命令，解除音频和视频之间的链接关联。

(5) 在“音频 1”轨道中单击选中素材“B 级毕业典礼. wmv”的音频部分，按 Delete 键将其删除。

(6) 将“项目”窗口中的视频素材“月亮湾夜景. wmv”拖入“时间线”窗口的“视频 1”轨道中，如图 1.6.15 所示。

(7) 在“音频 1”轨道中单击选中素材“月亮湾夜景. wmv”的音频部分，按 Delete 键将其删除，如图 1.6.16 所示。

6.3.4　添加视频转场特效

一段视频结束，另一段视频接着开始，在电影中称为镜头切换，为了使切换衔接自然或

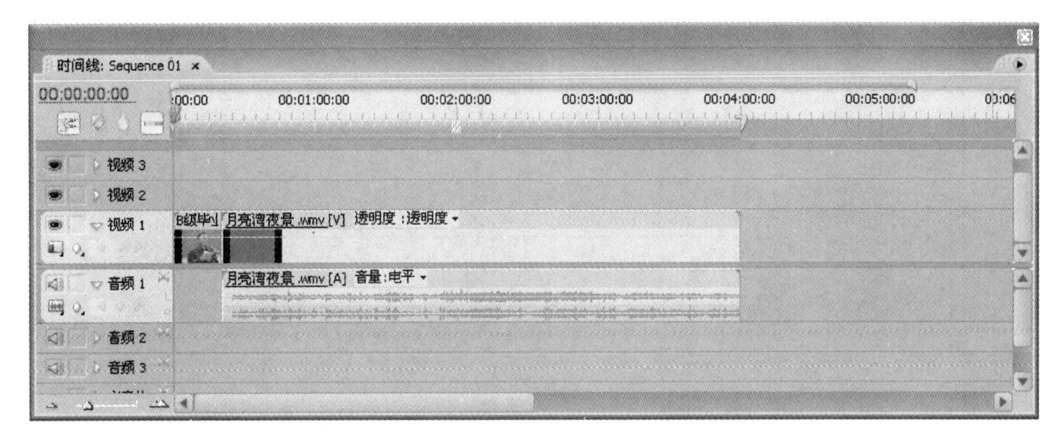

图 1.6.15　两个视频素材添加到“时间线”窗口

图 1.6.16　两个视频素材的音频均被删除

更加有趣，可以使用各种视频转场特效。

(1) 单击“项目”窗口中的“效果”选项卡，选择“视频切换效果”→“3D 运动”→“立方旋转”特效，如图 1.6.17 所示。

(2) 将特效前面的图标拖动到“时间线”窗口中“视频1”轨道上的两个剪辑之间，在两个剪辑的连接处可以看到转场标志，如图 1.6.18 所示。

由于“时间线”窗口中的素材显示比例太小不便于观察转场，可以使用“时间线”窗口左下角的“时间缩放滑块”调节显示比例。

(3) 在监视器的“时间线”窗口中可以预览转场效果。如果需要调整已添加的某个转场特效的效果，可以先在“时间线”窗口中的轨道上单击选中该转场特效，然后单击监视器左边窗口的“效果控制”选项卡，此处可以对转场时间、转场方向及对齐等方面进行调整。监视器窗口中的特效控制与转场效果如图 1.6.19 所示。

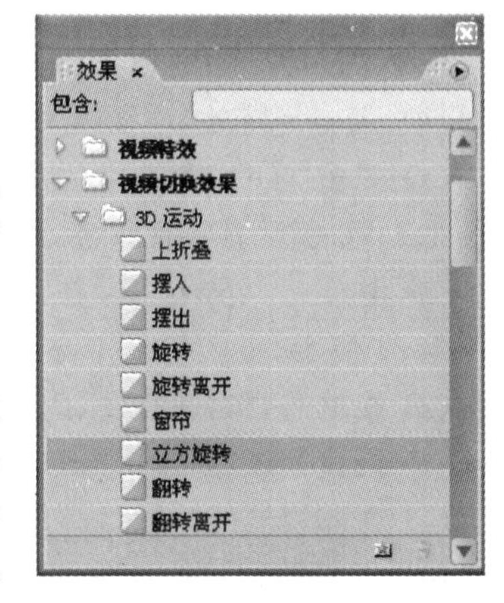

图 1.6.17　选择视频转场特效

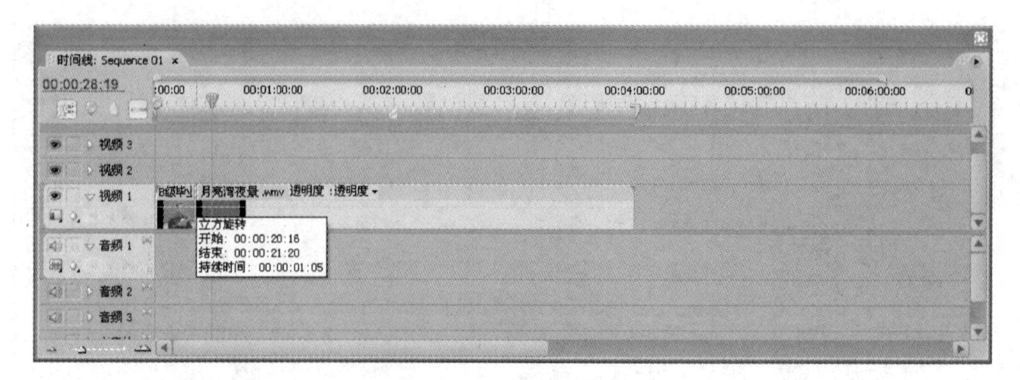

图 1.6.18　添加视频转场

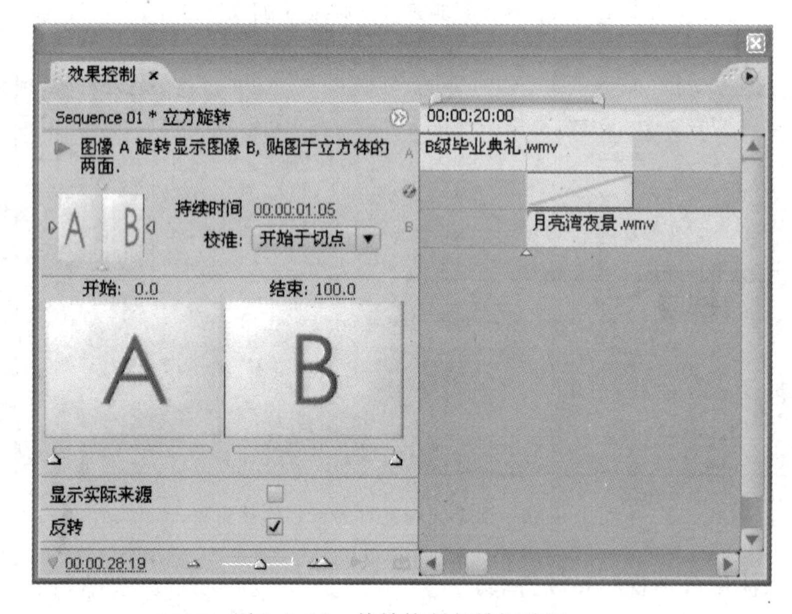

图 1.6.19　特效控制与转场效果

6.3.5　添加视频特效

Premiere Pro 中的视频特效与 Photoshop 中的滤镜相似。视频特效能产生动态的扭曲、模糊、闪电等特效，增强影片的表现力。

(1) 单击“项目”窗口中的“效果”选项卡，选择“视频特效”→“生成”→“镜头光晕”选项，如图 1.6.20 所示。将视频特效前面的图标拖移到“时间线”窗口中“视频 1”轨道上的剪辑“B级毕业典礼. wmv”上，在“效果控制”选项卡中展开特效，可以设置更多选项，如图 1.6.21 所示。

(2) 根据需要调整亮度、闪光中心及镜头类型的参数。

(3) 设置完成后，单击“确定”按钮，“镜头光晕”特效就被添加到视频剪辑上。

(4) 在监视器的“时间线”窗口中可以预览转场效果。

如果给特效设置的参数出现偏差或不正确，可以单击监视器窗口“控制效果”选项卡中的“复位”按钮，将特效参数恢复为默认值。

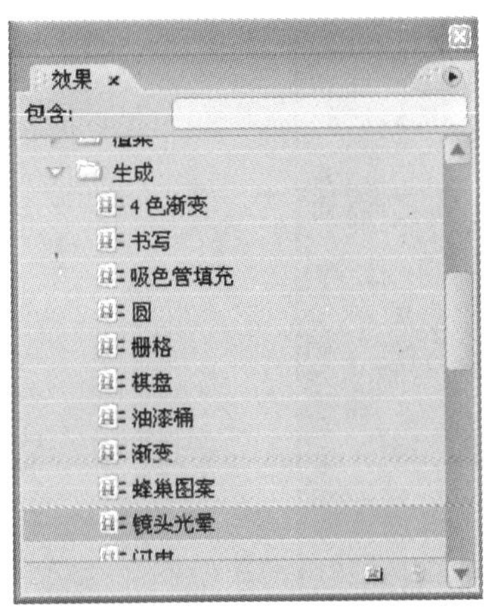

图 1.6.20 选择视频特效

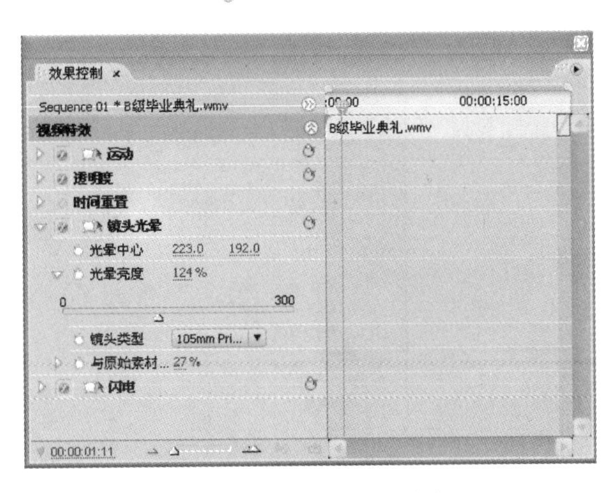

图 1.6.21 效果控制选项设置

在 Premiere Pro 中,可以对一个剪辑添加多个视频特效,相互之间不会产生任何影响。

6.3.6 叠加与运动特效

Premiere Pro 中除了“视频 1”轨道,其他视频轨道都是叠加轨道,可以在叠加轨道上加入其他视频素材,使节目更富于变化。通过“运动”对话框,能轻易地将各个轨道上的图像(或视频)进行移动、旋转、缩放或变形,让图像(或视频)产生运动效果。

(1) 将“项目”窗口中的 52.jpg 图像拖放到“视频 2”轨道上,左侧位置与“B 级毕业典礼.wmv”文件相同,拖动 52.jpg 剪辑边缘,将其右侧调整到与“B 级毕业典礼.wmv”相同,如图 1.6.22 所示。

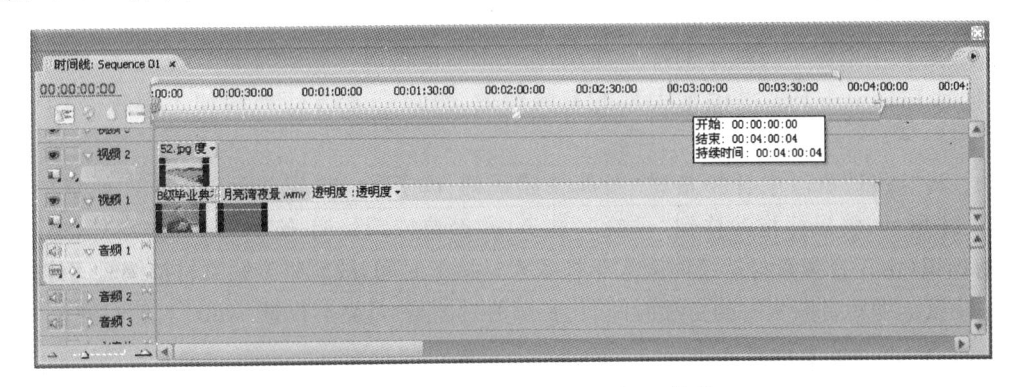

图 1.6.22 52.jpg 添加在“视频 2”轨道

(2) 在监视器的“时间线”窗口中可以预览。

在 Premiere Pro 中,视频轨道越向上优先级越高,上面轨道的视频会将下面轨道上的视频遮住,由于没有对“视频 2”上的图像做“透明度”设置,所以通过监视器窗口看到“视频 2”轨道上的 52.jpg 将“视频 1”轨道上的“B 级毕业典礼.wmv”内容遮住了。

(3) 拖动时间线上的播放头至 52.jpg 左侧,单击“视频 2”轨道上的 52.jpg,单击监视器左侧窗口“效果控制”选项卡,单击选项卡上的“运动”图标(运动特效是 Premiere Pro 内置的视频特效),使监视器“时间线”窗口中的 52.jpg 被选中,如图 1.6.23 所示。

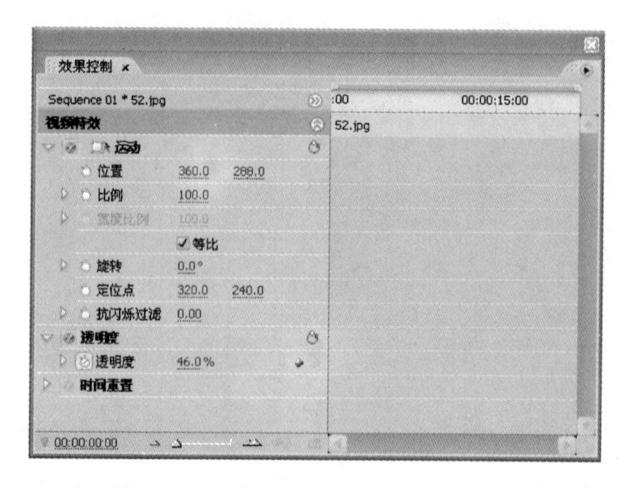

图 1.6.23　单击"运动"图标选中 52.jpg

(4) 单击"位置"(或"刻度"、"旋转"、"锚点")左侧的"固定动画"按钮，右侧会出现"添加/删除关键帧"按钮；拖动时间线上的播放头至 52.jpg 的中间，单击按钮添加关键帧，鼠标指针在数字改变参数，改变"旋转"为 180 度("旋转"角度前面一个参数为圈数，后面一个参数为度数。如 2×60 度表示旋转 2 圈 60 度，即 780 度)，"透明度"为 30。拖动时间线上的播放头至 52.jpg 的右侧，改变其大小和位置，"旋转"为 0 度，"透明度"为 100。

(5) 在监视器的时间线窗口中预览叠加效果及添加"运动"特效的最终画面。

6.3.7 添加声音

声音是数字电影不可缺少的部分，Premiere Pro 既能对视频进行加工，也能对音频进行处理，同时 Premiere Pro 提供了大量的音频特效，可以非常方便地同加工视频一样处理音频。

(1) 将"项目"窗口中音频素材"经典校园民谣-孩子.mp3"拖放到"音频 1"轨道中，如图 1.6.24 所示，将鼠标指针移到"音频 1"轨道中"经典校园民谣-孩子.mp3"末尾处，出现红色修剪标识(由于音频素材持续时间大于视频素材持续时间，故应将音频素材持续时间缩短)，向左拖动鼠标缩短音频素材的持续时间，让音频的右侧与"月亮湾夜景.wmv"右侧对齐。

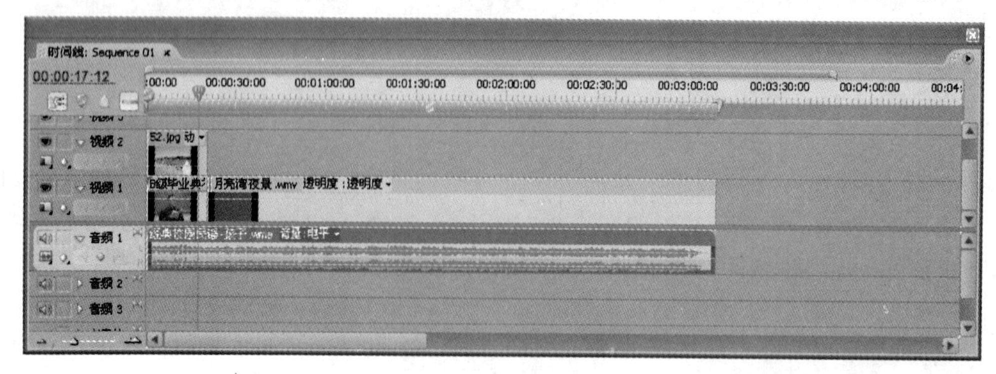

图 1.6.24　音频处理

(2) 在监视器的"时间线"窗口中单击"播放"按钮预览效果。

6.3.8 添加字幕

数字电影的开头或结尾一般会出现字幕，以显示相关信息。在 Premiere Pro 中添加静止字幕或滚动字幕非常方便，Premiere Pro 中字幕是以文件形式存在的，扩展名为 prtl，与其他类型的素材一样被导入到"时间线"窗口中进行编辑。

1. 添加静止字幕

(1) 执行菜单命令"文件"→"新建"→"字幕"，出现"Adobe 字幕设计"对话框，如图 1.6.25 所示。

图 1.6.25 "Adobe 字幕设计"对话框

(2) 在窗口的工具面板中选择类型工具 T，在窗口内单击，出现一个文本区。

(3) 在文本区中输入文本"Adobe Premiere Pro"，单击选择工具，单击输入文本，在文本区周围出现 8 个句柄控制点(通过拖移控制点可调整文本大小)，通过单击右侧"字幕属性"框架内的相应命令或执行"字幕"菜单下的相应命令，可以改变文本的大小、字形、颜色等。还可以通过单击左下角"样式"框架内的图标实现艺术字体的设置。

(4) 关闭"Adobe 字幕设计"对话框，保存字幕文件为 software.prtl，该文件自动被添加到"项目"窗口中。

(5) 将"项目"窗口中字幕文件 software.prtl 拖放到时间线窗口的"视频 3"轨道的最左侧，并调整其长度。

(6) 在监视器的"时间线"窗口中预览字幕效果。

2. 添加滚动字幕

(1) 执行菜单命令"文件"→"新建"→"字幕"，弹出"Adobe 字幕设计"对话框。

(2) 选择左上角“字幕类型”下拉列表框中的“上滚”选项，单击类型工具 T，在编辑区拖出一个矩形区域，该矩形就是编辑滚动字幕的活动区域。

(3) 在编辑区中输入需要显示的文本内容。

(4) 执行菜单命令“字幕”→“滚动/游动选项”，弹出“滚动/游动选项”对话框，如图 1.6.26 所示，设置滚动参数。

(5) 关闭“Adobe 字幕设计”对话框，保存字幕文件为 rolltitle.prt1。

(6) 将“项目”窗口中的字幕文件 rolltitle.prt1 拖放到时间线窗口 software.prtl 的左侧，并改变其播放长度。

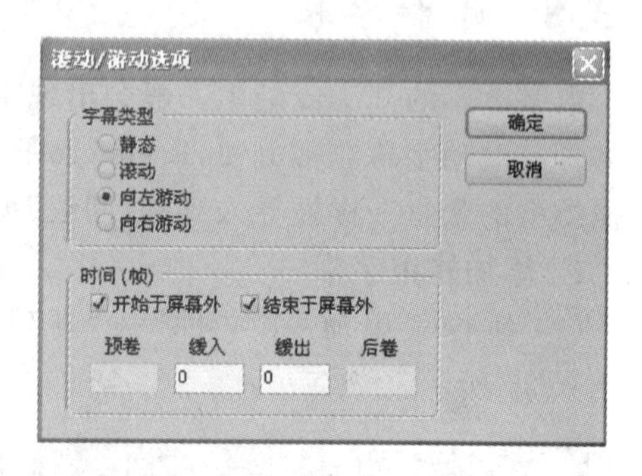

图 1.6.26 “滚动/游动选项”对话框

(7) 在监视器的“时间线”窗口中预览字幕效果。

6.3.9 输出影片

上述过程执行“文件”→“保存”命令保存的是 *.prproj 文件，该文件保存了数字电影编辑状态的全部信息，以后可以打开并继续编辑电影。预览需要在监视器的“时间线”窗口中进行，不能脱离 Premiere Pro 平台。为了生成能独立播放的电影文件，必须将时间线中的素材合成输出为影片。

(1) 执行菜单命令“文件”→“导出”→“影片”，弹出“输出影片”对话框，如图 1.6.27 所示，默认类型为 *.avi 文件。

图 1.6.27 “导出影片”对话框

(2) 如果需要重新设置输出电影的类型，可单击“导出影片”对话框中的“设置”按钮，弹出“导出电影设置”对话框，在“常规”区域中选择其他类型，如图 1.6.28 所示。

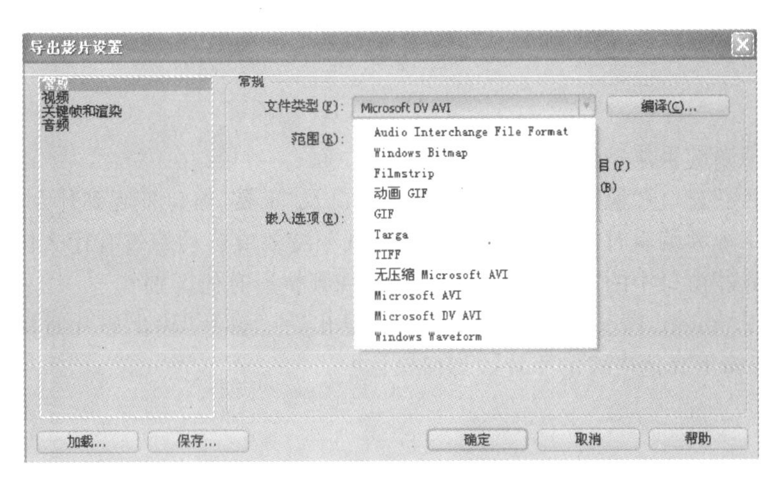

图 1.6.28 “导出电影设置”对话框

(3) 单击“导出电影设置”对话框中的“视频”选项，在“视频”区域“压缩器”的下拉列表中可以选择所需的编码方法。

(4) 设置完成后，在“导出影片”对话框中输入文件名，单击“保存”按钮，Premiere Pro 开始对当前作品进行渲染输出。

通过执行菜单命令“文件”→“导出”→Adobe Media Encoder，在弹出的“转码设置”对话框中进行设置，可以将当前文件输出许多其他格式的电影，如图 1.6.29 所示。

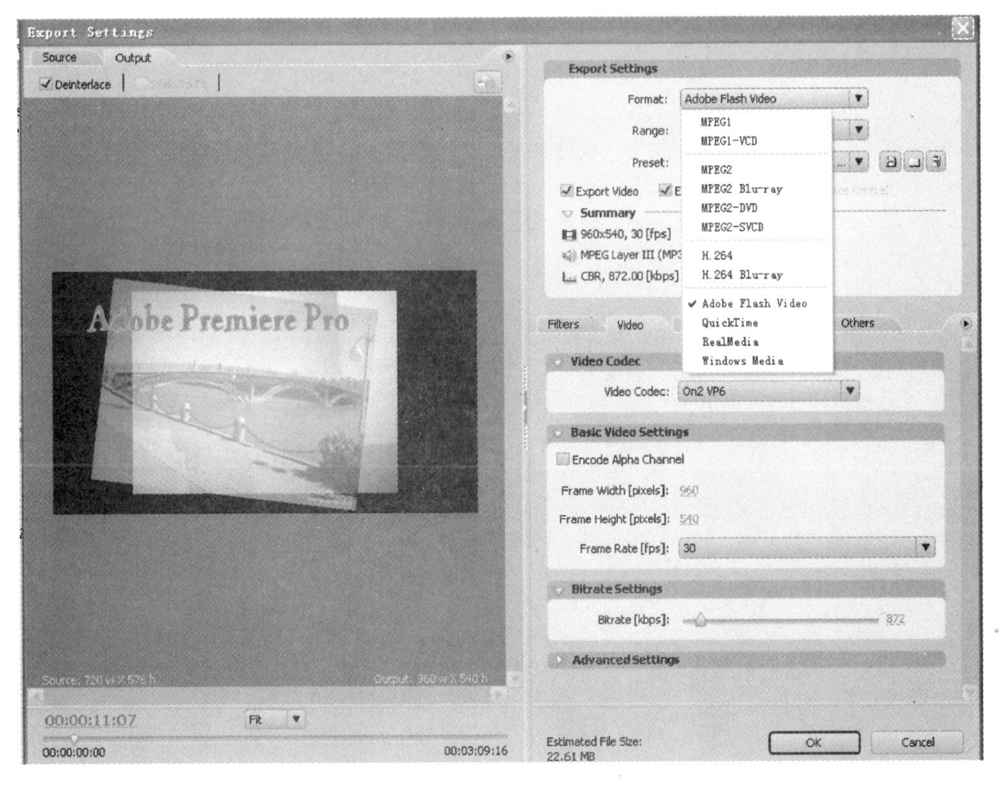

图 1.6.29 转码设置输出格式

习题 6

1. 数字视频的采集一般有哪些方法?

2. “时间线”窗口、“监视器”窗口、“项目”窗口及“工具”窗口各起到什么作用?

3. 在数字视频编辑时添加视频转场特效、视频特效或运动特效有什么作用?

4. “时间线”窗口中的“视频 1”轨道和其他视频轨道有何区别?

5. 执行 Premiere Pro 菜单命令“文件”→“导出”→“影片”输出影片时默认的影片类型是什么?若想输出其他格式的影片该如何操作?

第 7 章

多媒体应用系统的制作——Authorware

Authorware 7.0 是由美国 Macromedia 公司开发的多媒体软件制作系统，被誉为目前世界上最好的多媒体开发平台。它利用基于图标(Icon)和流程线(Line)的编辑环境，把文本、图形、图像、动画、视频和声音等集成为一个有机的整体，并提供友好的人机交互界面，被广泛应用于教学和商业的各个领域。

7.1 Authorware 7.0 概述

7.1.1 Authorware 7.0 的特点

1. 面向对象的可视化编程

这是其他软件所不可比拟的，也是 Authorware 区别其他软件的一大特色。它一改传统的编程方式，提供直观的图标流程控制界面，采用鼠标对图标的拖放来替代复杂的编程语言，以实现整个应用系统的制作，有效地提高了编程效率。

2. 丰富的人机交互方式

对多媒体来说，尤其是交互的教学系统，人机交互是评估整个系统的重要方面。Authoware 提供了最为灵活的人机交互方式，能提供 11 种内置的用户交互和响应方式及相关的函数、变量供开发者选择，以适应不同的需要。

3. 丰富的媒体素材使用方法

Authorware 具有一定的绘图功能，能方便地编辑各种图形，能多样化地处理文字。同时，Authorware 为多媒体作品制作提供了集成环境，能直接使用其他软件制作的文字、图形、图像、声音和数字电影等多媒体信息。

4. 强大的数据处理能力

Authorware 可以提供丰富的函数和变量处理数据，还可以将其他语言创建的程序或其他成果导入程序中。利用系统提供的丰富的函数和变量来实现对用户的响应，允许用户自己定义变量和函数。

5. 高效的多媒体集成环境

通过 Authorware 自身的多媒体管理体制，开发者可以充分使用包括声音、图像、文字、动画和数字视频等在内的多种媒体内容来实现整个多媒体系统。同时，Authorware 提供了对内容库的管理，这就使得庞大的多媒体数据信息独立于应用程序之外，减小了应用程序的空间，提高了处理速度。

7.1.2 Authorware 7.0 的用户界面

启动 Macromedia Authorware 7.0，运行此软件可看到如图 1.7.1 所示的用户界面，Authorware 7.0 的窗口主要由标题栏、菜单栏、常用工具栏、图标工具栏、设计窗口和演示窗口构成。

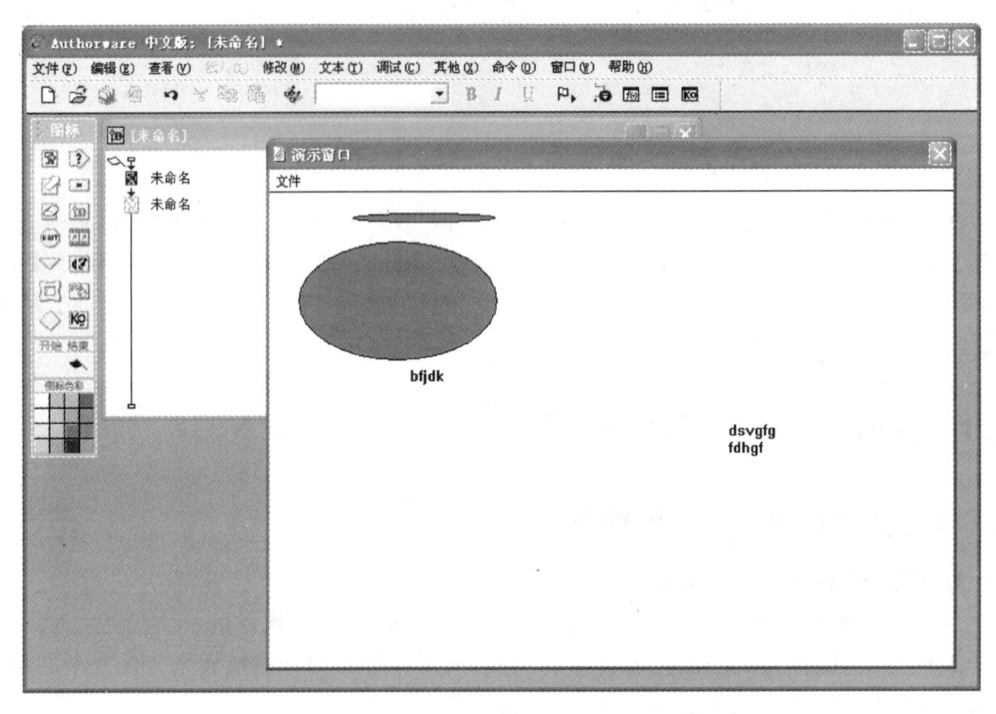

图 1.7.1　Authorware 7.0 用户界面

设计窗口是 Authorware 进行多媒体程序编辑的地方，程序流程的设计和各种媒体的组合都是在设计窗口中实现的。设计窗口中有程序开始标志、程序结束标志、主流程线和手形标志等。手形标志指示了图标粘贴和媒体导入的位置。

演示窗口是用户设计时输入文字和图形的地方，也是程序执行时的输出窗口。

Authorware 7.0 常用工具栏共有 17 个工具按钮和一个文本风格下拉列表框，如图 1.7.2所示。

图 1.7.2　常用工具栏

7.1.3 Authorware 7.0 图标工具栏

Authorware 7.0 图标工具栏包括 14 个设计图标、开始旗、停止旗和图标调色板，如图 1.7.3 所示。图标栏是 Authorware 的核心部分，通过这些图标的播放和设置就能完成多媒体程序的开发，充分体现现代编程思想。

显示图标：用于制作背景或前景，可以显示文字、图形或图像等，可以从外部导入，也可用内部工具箱创建。

移动图标：用于移动指定对象，使其具有动画效果，共有5种移动方式可供选择。

擦除图标：可用各种效果擦除演示窗口中任何对象。

等待图标：一项内容演示后，等待下一项内容的开始。

导航图标：用于确定程序流向，通常与框架图标和交互图标结合使用。

框架图标：建立一个可以前后翻页的控制框架，通常与导航图标结合使用，实现超文本链接及文本检索等。

分支图标：用于实现程序流程的控制，设计出判断分支或循环结构。

交互图标：通常与其他图标结合实现各种交互控制，是 Authorware 最有价值的部分，共提供了 11 种交互方式。

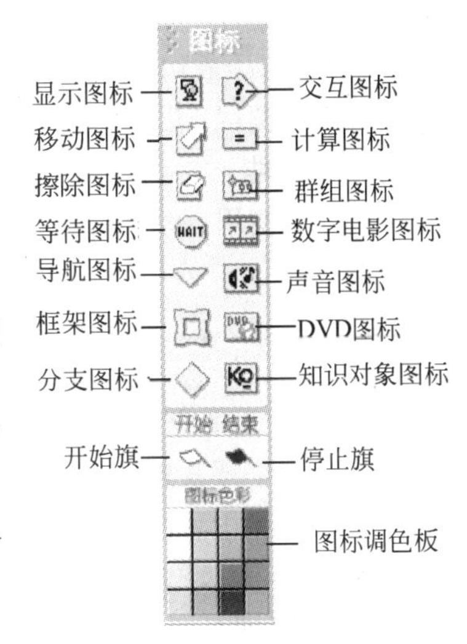

图 1.7.3　常用工具栏

计算图标：用于语句输入，是变量赋值、调用函数及外部接口程序的入口。

群组图标：用于把具有连贯性的、功能相对集中的若干图标建立成组，实现模块化子程序的设计。

数字电影图标：用于导入并播放数字化电影文件(如 *.avi、*.dir、*.flc、*.mpeg 等)，并对其进行播放控制。

声音图标：用于导入并播放声音文件，并对其进行播放控制。

DVD 图标：用于导入 DVD 视频，要求计算机配置 DVD 光驱播放设备。

知识对象图标：用于插入知识对象。

开始旗：调试程序时用于设置调试的开始位置。

停止旗：调试程序时用于设置调试的结束位置。

图标调色板：给流程线上的图标着上不同颜色，用以区别不同区域或模块的图标。

7.1.4　Authorware 多媒体创作流程

多媒体作品在创作时，为了取得满意的效果，必须先进行整体规划。创作一般按照下面的流程进行。

(1) 确定选题：分析用户的要求，明确具体的任务，确定系统的主要功能及主要表现方法等。

(2) 规划设计：根据选题情况，选择能够完成任务的多媒体信息，规划软件封面的显示方式，建立信息间的层次结构和浏览顺序，确定信息间的跳转关系。

(3) 编写脚本：根据选题和规划设计的思想，通过文字描述封面设计、界面设计、结构安排和链接关系等，涉及各种媒体信息内容的位置、大小、屏幕布局、图文比例、色调、音乐节奏、显示方式、交互按钮等。

(4) 准备素材：根据多媒体作品要求，完成文本、声音、图像、动画和影像等多媒体素材的采集、加工处理，并存放在指定位置。

(5) 系统集成：根据规划设计，采用模块化方法进行系统集成，将各种多媒体素材合理地组织为一体，生成用户需要的多媒体应用软件。

(6) 系统调试：以脚本为主线，进行系统功能和性能的检测，改正错误，修补漏洞，完善系统的主要功能。

(7) 打包使用：确认系统符合脚本的要求且能正常运行后进行打包，编写应用软件的使用说明。

7.1.5 人机界面设计原则

1. 以用户为中心的原则

在系统整个开发过程中要不断征求用户的意见，向用户咨询。系统的设计决策要结合用户的工作及应用环境，必须理解用户对系统的要求。最好的方法就是让真实的用户参与开发，这样开发人员就能正确地了解用户的需求和目标，系统就会更加成功。

2. 顺序原则

即按照处理事件顺序、访问查看顺序(如由整体到单项、由上层到下层等)和控制工艺流程等顺序来设计人机对话界面。

3. 功能原则

即按照对象应用环境及使用功能要求，设计多功能区、多级菜单或分层提示信息等人机交互界面。从而使用户易于分辨和掌握交互界面的使用特点，提高其友好性和易操作性。

4. 一致性原则

一致性包括色彩一致、操作区域一致、文字一致等。比如不同设备相同设计状态的颜色应保持一致。界面的美工设计一致性使操作人员感到舒适，对于新操作人员或紧急情况下处理问题的人员，一致性还能减少他们的操作失误。

5. 频率原则

按照交互频率高低来设计人机界面的层次顺序、对话窗口及菜单的显示位置等。

6. 重要性原则

按照操作对象在系统中的重要性来设计人机界面的主次菜单和对话窗口的位置及凸显性，从而有助于操作人员实现最优调度和操作。

7.2 Authorware 7.0 基本操作

7.2.1 文件的新建和保存

新建文件：执行 Authorware 菜单命令“文件”→“新建”→“文件”。

保存文件：执行菜单命令“文件”→“另存为”，选择保存位置，输入文件名，单击“保存”按钮。保存后 A7P 为文件名的后缀。

7.2.2 文件调试运行及环境设置

1. 调试运行

合成多媒体作品的过程实际上是一个不断编辑、调试运行、修改和完善的过程。如果只是调试运行程序的一部分，可将图标工具栏上的开始旗（或停止旗）拖动到流程线上设置调试运行的开始点（或结束点），然后单击常用工具栏上的“运行”按钮。若要取消流程线上的开始旗（或终止旗），只需在图标工具栏中开始旗（或终止旗）所在的位置单击即可。

调试运行时若要回到程序设计窗口，可以将演示窗口关闭，或直接单击设计窗口进行切换。

2. 运行环境设置

文件运行环境设置也就是文件属性设置，在合成多媒体作品时，首先要对作品的背景颜色、演示窗口大小、窗口位置、窗口中的标题栏、菜单栏及任务栏等运行环境进行设置，然后在此基础上进行程序设计。

执行菜单命令“修改”→“文件”→“属性”，出现“文件属性”对话框，如图 1.7.4 所示，根据需要对相应选项进行设置。

图 1.7.4 “文件属性”对话框

7.2.3 图标的操作

用 Authorware 合成多媒体作品的基本步骤是在程序流程线上添加各种图标，然后将各种媒体添加到图标中，并通过图标来设置程序跳转和运行方式。因此，图标操作是 Authorware 用户必须掌握的基本操作。

1. 图标的创建和命名

(1) 在图标工具栏选择需要的图标，按住鼠标左键不放，拖动到流程线上，释放鼠标，流程线即出现一个名称为“未命名”(或 Untitled)的图标。

(2) 单击图标名称“未命名”(或 Untitled)，使其呈蓝底白字显示，根据需要输入该图标的名称，输入完成后，单击程序设计窗口的空白位置，即完成图标的命名。

2. 图标的选择

单个图标的选择，只要用鼠标单击该图标即可；多个连续图标的选择，可将鼠标指针放在图标外空白处，按住鼠标左键，拖动出一个能包围要选图标的矩形框，释放即可；多个不连续图标的选择，按住 Shift 键不放的同时单击要选图标，选完松开 Shift 键即可。被选的图标呈反白显示。

3. 图标的删除

在流程线上选择要删除的图标，按 Delete 键即可删除。

4. 图标的移动和复制

移动图标：在流程线上选择要移动的图标，然后按住鼠标左键将其拖动到目标位置释放即可。

复制图标：在流程线上选择要复制的图标，按 Ctrl+C 组合键执行复制，然后在流程线上单击目标位置，将手形标志移到该位置，按 Ctrl+V 组合键执行粘贴即可。

5. 图标的着色

在流程线上选择要着色的图标，然后单击图标调色板上某种所需颜色。

7.2.4 打包和一键发布

程序制作完成后，如果直接给用户使用 Authorware 源文件（*.a7p），用户的计算机中必须安装 Authorware 软件，使用上不太方便。另外，如果用户直接得到源程序，那么制作者的知识产权不能得到有效保护。为了解决这些问题，程序编写完成后，需要进行打包或一键发布，生成可以脱离于 Authorware 平台而运行的可执行文件（*.exe）。

发行的多媒体软件不仅要包括生成的可执行文件，还要包括软件用到的 Authorware 系统支持文件，以及通过链接使用的一些外部素材文件，如声音、视频和动画文件等。

一般情况下，为了确保打包后的文件能正常运行，在添加声音、视频和动画这些素材或其他链接的素材前，先将这些素材文件或文件夹复制到当前 Authorware 文件所在的文件夹。打包后让这些素材和为这些素材提供支持的 Authorware 的系统支持文件存放在打包文件所在的文件夹中。一键发布相对简便易行。

1. 打包

(1) 确认素材文件或文件夹与当前的 Authorware 源文件（*.a7p）位于同一文件夹中。

(2) 打开 Authorware 源文件，执行菜单命令“文件”→“发布”→“打包”，出现如图 1.7.5 所示的“打包文件”对话框。根据需要对下拉列表中选项和复选框进行选择，单击“保存文件并打包”按钮。如果没有选择“打包时使用默认文件名”复选框，此时会出现“保存文件为”对话框，选择保存位置，输入文件名，单击“保存”按钮。

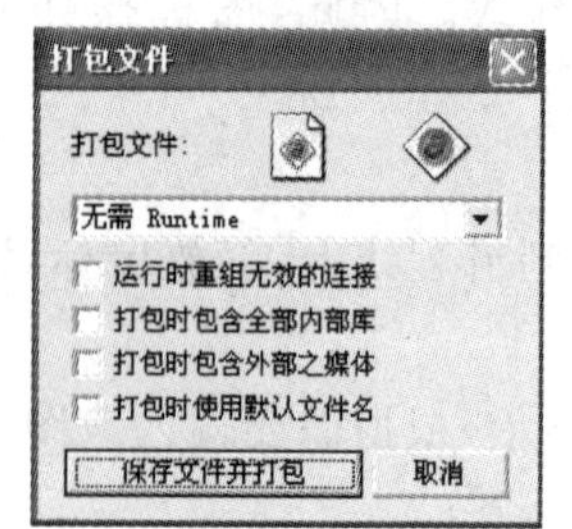

图 1.7.5 “打包文件”对话框

① 下拉列表中选项

“无需 Runtime”：打包时不生成.exe 可执行程序，生成文件的扩展名为.a7r，不能脱离 Authorware 环境独立运行。

“应用平台 Windows XP、NT 和 98 不同”：打包时生成.exe 文件，支持 Windows XP 和 Windows NT 系统，但不支持 Windows 98 系统。

② 复选框

“运行时重组无效的连接”：程序运行时，自动重新链接已经断开链接的图标。选中后可以防止链接断开导致程序运行错误，但会增加程序的运行时间。

“打包时包含全部内部库”：使所有与程序有关系的库文件成为打包文件的一部分。一般该项不被选中，因为库文件只有在需要的时候才被调用，将库文件单独打包可以提高应用程序的运行效率。

“打包时包含外部之媒体”：使所有与程序有链接关系的外部媒体文件（除数字电影）嵌入到程序内部，作为执行文件的组成部分。因为会导致程序文件增大，一般该项不被选中。只要将所链接的外部媒体文件复制到对应的文件夹下，运行打包后的程序，当需要播放媒体文件时，程序会到对应的文件夹下寻找对应的媒体文件。

“打包时使用默认文件名”：打包后的.exe 文件主名与程序文件同名，保存路径与程序文件在同一目录下。

(3) 将 Xtras 支持文件复制到打包文件所在的文件夹。执行 Authorware 菜单命令“命令”→“查找 Xtras”,在出现的 Find Xtras 对话框中单击“查找”按钮,查找结果出现后单击“复制”按钮,在出现的“浏览文件夹”对话框中选择打包文件所在的文件夹,单击“确定”按钮。

(4) 如果打包文件没有存放在源文件所在的文件夹中,再将素材文件或文件夹复制到打包文件所在的文件夹中。

(5) 运行打包文件,运行过程中如果发现还需相关系统支持文件,再从 Authorware 安装目录中将其复制到打包文件所在的文件夹中。

2. 一键发布

一键发布不需人工查找相应的素材文件、系统支持文件和 Xtras 文件,Authorware 提供的一键发布功能可以帮助用户一次性完成,实现快速发布。

(1) 打开 Authorware 源文件,执行菜单命令“文件”→“发布”→“发布设置”,出现如图 1.7.6 所示的 One Button Publishing 对话框。

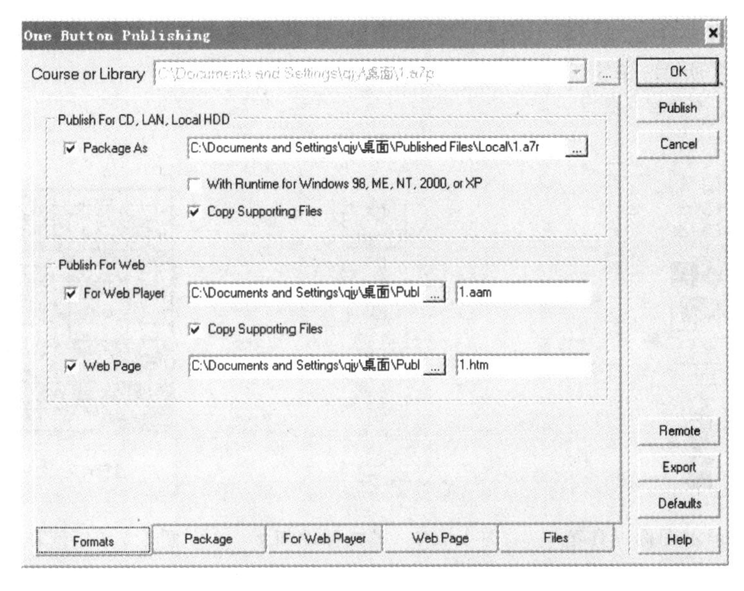

图 1.7.6　“One Button Publishing”对话框

(2) 在 Formats 选项卡中,选取 Publish For CD,LAN,Local HDD 中的复选框 With Runtime for Windows 98,ME,NT,2000,or XP 和 Copy Suppering Files,单击 Package As 文本框右边的 ... 按钮,选择发布的位置并输入发布的文件名(如果不输入文件名,则取默认文件名);不选取 Publish For Web 中的复选框 For Web Player 和 Web Page。

(3) 单击 Publish 按钮即可发布。或者单击 OK 按钮关闭对话框,然后执行菜单命令“文件”→“发布”→“一键发布”。

7.3　添加素材

7.3.1　添加文本

多媒体作品中的标题、简介及变量等文本内容可以通过显示图标来添加。

(1) 将显示图标拖放到流程线上，单击图标名称重新命名。

(2) 双击显示图标。此时会自动打开显示图标工具箱，如图 1.7.7 所示，其中与文本编辑相关的工具有：“ ”选择工具、“ ”文本工具、“色彩”工具和“模式”工具。

(3) 单击文本工具，鼠标指针变成“I”形，进入文本编辑状态。在演示窗口需要插入文字的位置单击，在插入点处可以直接输入文本内容，可以将其他地方的文本复制粘贴到插入点处，也可以用菜单命令“文件”→“导入和导出”→“导入媒体”将某个文本文件或 RTF 文件的内容导入到插入点处。

(4) 单击选择工具，单击文本，单击显示图标工具箱中的“模式”工具，出现模式浮动面板，如图 1.7.8 所示，根据需要选择相应模式。系统默认的文本背景为白色，若要文本与背景图片融合在一起，需单击“透明”项。

(5) 选中文本内容，执行菜单命令“文本”→“字体”→“其他”，设置字体；执行“文本”→“大小”→“其他”命令，设置字的大小；执行“文本”→“风格”命令，设置风格。

(6) 单击显示图标工具箱中的 “文本颜色”工具(“色彩”下方的工具)，出现色彩浮动面板，如图 1.7.9 所示，单击文本所需的色彩。

图 1.7.7　显示图标工具箱

图 1.7.8　模式浮动面板

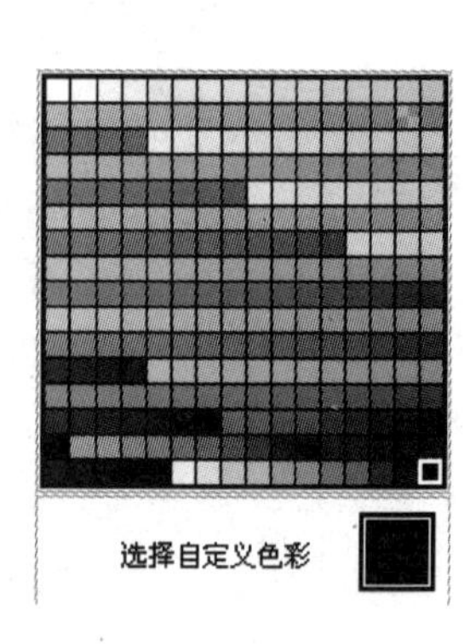

图 1.7.9　色彩浮动面板

(7) 用选择工具将文本内容拖移至合适位置。

如果想在多媒体作品运行时显示变量的内容，可以在显示图标中添加带花括号的变量名，格式设置与一般文本相同。如果变量的值在作品运行时不断变化，需要将此显示图标属性面板中的选项“更新显示变量”选中。

比如要显示系统时间。

(1) 将显示图标拖放到流程线上，单击图标名称重新命名为“显示时间”。

(2) 双击显示图标，在显示图标工具箱上单击文本工具 后在插入点处输入带花括号的系统变量名“{fulltime}”，设置格式为：仿宋字体、大小 18、红色、透明。

(3) 右击显示图标，在弹出菜单中选择“属性”，会出现“属性：显示图标[显示时间]”浮动面板，如图 1.7.10 所示，选中“更新显示变量”选项。

(4) 调试运行。演示窗口中显示不断变化的系统时间。

“层”：设置显示图标内容在演示窗口的显示层次，文本框数值大的，显示在上层。

“特效”：设置显示图标内容在演示窗口显示的过渡效果。

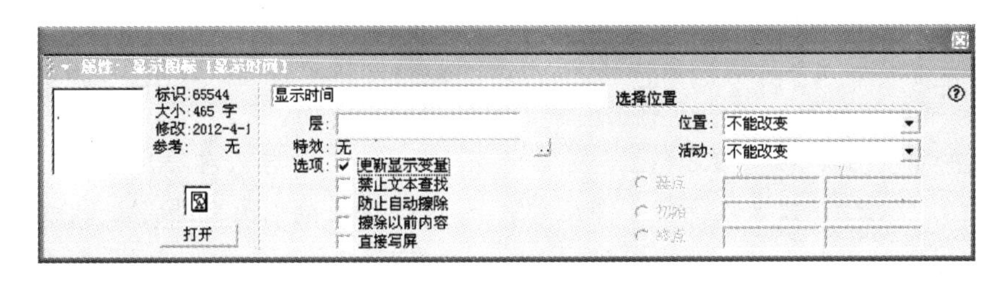

图 1.7.10　显示图标属性浮动面板

“更新显示变量”：当在演示窗口显示的文本对象中的变量值改变后立即更新显示。

“禁止文本查找”：排除搜索文本。

“防止自动擦除”：显示图标内容在演示时要擦除必须用擦除图标。

“擦除以前内容”：显示图标内容出现前，先擦除已显示的同层次或低层次的内容，但是不能擦除数字电影图标显示的内容。

“直接写屏”：直接显示到屏幕，没有过渡效果。

7.3.2　添加图形

多媒体作品中有时需要添加图形，如几何图形、简易房屋及电路图等。简单图形可以通过拖放一个显示图标到流程线上，双击打开显示图标，然后单击显示图标工具栏中的形状工具，拖放鼠标绘制。由于 Authorware 提供的绘图功能非常有限，复杂图形可以通过其他软件如 Word 和 Flash 等绘制好，然后粘贴到显示图标中。

显示图标工具栏中用于绘制图形的工具有 □ 矩形、◯ 椭圆形、▢ 圆角矩形、＋ 直线、／ 斜线和 ⏢ 多边形工具。设置图形色彩的工具有设置线条色彩、设置前景色和背景色工具(单击上面的设置前景色，单击下面的设置背景色)。设置线型可以单击“线型”工具，在弹出如图 1.7.11 所示的线型浮动面板上单击所需线型。设置填充效果可以单击“填充”工具，在弹出如图 1.7.12 所示的填充浮动面板上单击所需填充效果。

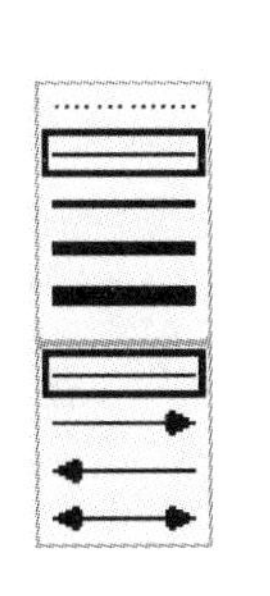

图 1.7.11　线形浮动面板

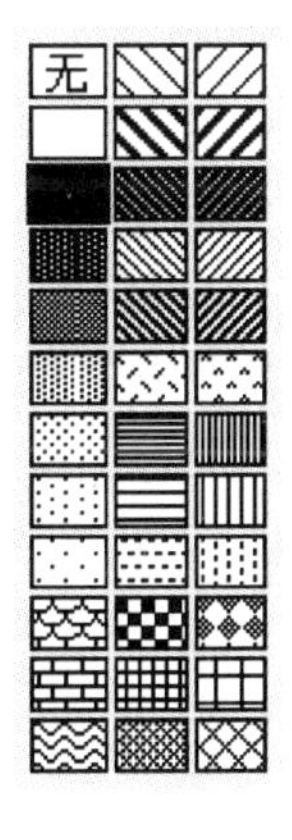

图 1.7.12　填充浮动面板

7.3.3　添加图像

图像是多媒体作品最为常用的素材，有的图像作为背景，有的图像作为装饰，有的图像是显示内容主体。向多媒体作品中添加图像可以通过显示图标实现。

(1) 将一个显示图标拖放到流程线上，单击图标名重新命名，如“背景”。用于添加背景的显示图标，一般拖放在流程线上显示前景内容的图标的上面。

(2) 双击显示图标，执行 Authorware 菜单命令“文件”→“导入和导出”→“导入媒体”，出现如图 1.7.13 所示的“导入哪个文件?”对话框，选择查找范围及文件名。

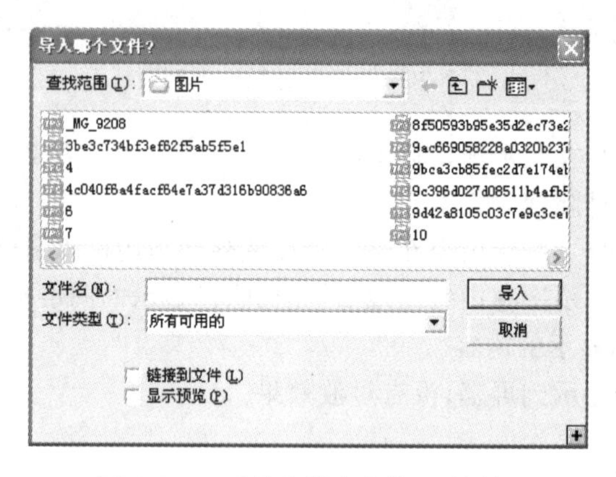

图 1.7.13 “导入哪个文件?”对话框

选中“链接到文件”复选框，导入操作只是建立了 Authorware 和背景图片之间的链接，可以减小 Authorware 程序的大小。如果原始图片被删除、重命名或移走，运行时将不能显示背景图片。

(3) 拖动图像找到句柄，然后拖动句柄调整图像至所需大小。

(4) 调试运行。

7.3.4 添加数字电影

多媒体作品中经常需要用到数字电影，有的作为开始部分封面屏幕，有的是演示内容主体。与图片相比，它有活动的影像，有的还有配音，通过数字电影图标可以向多媒体作品中添加数字电影，可以添加的文件格式有 AVI、FLI/FLC、MPG 及 Director 等。

为了确保多媒体作品在打包后能在其他计算机上正常运行，一般在数字电影添加前，先将数字电影文件或文件夹复制到当前的 Authorware 源文件所在的文件夹中。

(1) 确认要添加的数字电影文件与当前的 Authorware 源文件在同一文件夹中。

(2) 将一个数字电影图标拖放到流程线上，单击目标名重新命名，如“月亮湾夜景”。

(3) 双击数字电影图标，出现“属性：电影图标[月亮湾夜景]”浮动面板，单击“导入”按钮，出现如图 1.7.13 所示的“导入哪个文件?”对话框(此时对话框中“链接到文件”选项为灰色不可用状态)，导入与当前 Authorware 源文件在同一文件夹中的数字电影文件，如“月亮湾夜景.mpg”，如图 1.7.14 所示。

(4) 根据实际需要，在“电影”、“计时”和“版面布局”3 个选项卡中选取相应的选项。比如在图 1.7.14 所示的面板中为“月亮湾夜景.mpg”设置属性：在“电影”选项卡中选择“使用电影调色板”选项，不选“同时播放声音”选项(不播放其自身的声音，准备用其他乐曲作背景音乐)；“计时”选项卡中“执行方式”选择“同时”，“播放”选择“重复”，其他选项为默认。

图 1.7.14　数字电影图标属性浮动面板

(5) 调试运行，如果运行时演示窗口中数字电影画面的位置或大小不符合要求，可以执行菜单命令“调试”→“暂停”，然后单击演示窗口中数字电影画面，拖放句柄可以进行大小缩放，拖动画面可以改变位置。

- “导入哪个文件?”对话窗中的“链接到文件”复选项为灰色，不能选。因为对于数字电影，Authorware 不允许用户自己选择插入或链接。对于扩展名为 FLC 或 FLI 等格式的动画文件，Authorware 只作为插入处理，不能链接；而对于扩展名为 AVI、MOV 或 MPG 等格式的数字电影文件只作为链接处理，不能插入。如图 1.7.14 所示，导入后通过“电影”选项卡“存储”框中内容表明处理情况：“外部”表示链接，“内部”表示插入。
- “电影”选项卡中“文件”框中的“.\月亮湾夜景.mpg”表示相对路径，说明“月亮湾夜景.mpg”文件与当前的 Authorware 源文件在同一文件夹中。

当导入一个数字电影文件时，各项属性都有默认值，一般情况下认可这些默认值即可，如有特殊需要可以在图 1.7.14 所示的数字电影属性面板的 3 个选项卡中进行设置。

1. “电影”选项卡

“层”：设置显示层次。如果是外部数字电影则总是显示在其他对象的最上面。

“模式”：仅对插入的内部视频(如动画文件)有效。

“防止自动擦除”：数字电影图标显示的内容在演示时要擦除必须用擦除图标。

“擦除以前内容”：播放视频前先擦除此前显示在演示窗口中的所有内容。

“直接写屏”：播放的数字电影总是在所有对象的最上层，仅对内部视频有效。

“同时播放声音”：仅对带有伴音的数字视频或动画文件有效。

“使用电影调色板”：仅对一些自带调色板的视频文件有效。

“使用交互作用”：仅对 MacroMedia 公司的 Director 软件制作的视频文件有效。

2. “计时”选项卡

“执行方式”有 3 个选项。

- “等待直到完成”：程序运行遇到此图标开始播放，直到播放完毕，程序才继续向下运行。
- “同时”：程序运行遇到此图标开始播放，同时程序继续向下运行。从而实现并行控制或并行演示几项内容。
- “永久”：与“同时”一样也可以并行控制或并行演示几项内容，区别是当退出数字电影图标不播放电影时仍保持电影是活动的，一旦变量或表达式的值由 False(假)变为 True(真)时，电影又从头开始播放而不必再经过数字电影图标。

“播放”一般有以下几个选项。

- “重复”：循环播放直至被擦除。
- “播放次数”：在下面的文本框中输入循环次数。
- “直到为真”：条件为“真”时停止播放。此时需要在下面的文本框中输入一个条件变量或表达式，当程序运行到此图标后开始播放，直到变量或表达式的值为“真”时停止播放。
- “速率”：单位是帧/秒，在文本框中输入一个数、变量或表达式，其值越小播放越慢，越大播放越快。如果文本框为空，则默认为正常速率播放。
- “播放所有帧”：每帧必播，防止丢帧现象。
- “开始帧”：值不能小于1，从此帧开始播放。
- “结束帧”：播放到此帧结束。在图1.7.14左侧播放控制按钮下面有当前帧和总帧数。

3. “版面布局”选项卡

- “位置”：确定数字电影对象在演示窗口内的位置是否可移动及移动范围。
- “不改变”：对象仅显示在初始时的固定位置，不可移动。这样可以在演示窗口中画一个边框或显示器外观等，在边框内播放视频，更加形象。
- “在屏幕上”：对象可以出现在演示窗口的任何位置，但是必须使整个对象完整地显示出来。其显示位置可以由“初始”框中的变量来控制。
- “沿特定路径”：路径由“基点”和“终点”框中的值来决定，具体位置由“初始”框中的值来确定。
- “在某个区域”：对象可以出现在规定区域中的任意位置。区域由“基点”和“终点”框中的坐标值来决定，具体位置由“初始”框中的坐标值来确定。
- “可移动性”：设定演示窗口内数字电影对象是否可用鼠标移动及如何移动。
- “不能移动”：不允许对象移动。
- “在屏幕上”：允许对象在整个演示窗口中移动。
- “在任何地方”：允许对象在整个屏幕上移动，可能移出程序演示窗口。
- “沿特定路径”：只允许对象在指定路径上移动。
- “在某个区域”：只允许对象在指定矩形范围内移动。

“可移动性”和“位置”的各个选项要配合使用，不同组合会带来不同的可移动性。

7.3.5 添加声音

声音可以作为多媒体作品演示内容的主体、背景音乐，或者是动画或数字电影的伴音，添加声音素材可以借助声音图标实现。Authorware声音图标直接支持的声音文件格式有WAV、MP3、SWA、VOX、PCM及AIFF等。WAV格式的文件较大，如果声音较长，运行时占用的计算机资源较多，此时建议将WAV文件转换为SWA文件再使用。

为了确保多媒体作品在打包后能在其他计算机上正常运行，一般在声音添加前，先将声音文件或文件夹复制到当前的Authorware源文件所在的文件夹中。

(1) 确认要添加的声音文件与当前的Authorware源文件在同一文件夹中。

(2) 将一个声音图标拖动到流程线上，单击图标名重新命名，如“背景音乐”。

(3) 双击声音图标，出现“属性：声音目标[背景音乐]”浮动面板，单击“导入”按钮，出现如图 1.7.13 所示的“导入哪个文件?”对话框，如果声音文件较大选择“链接到文件”复选框，导入与当前 Authorware 源文件在同一文件夹中的声音文件，如“高山流水.mp3”，如图 1.7.15 所示。

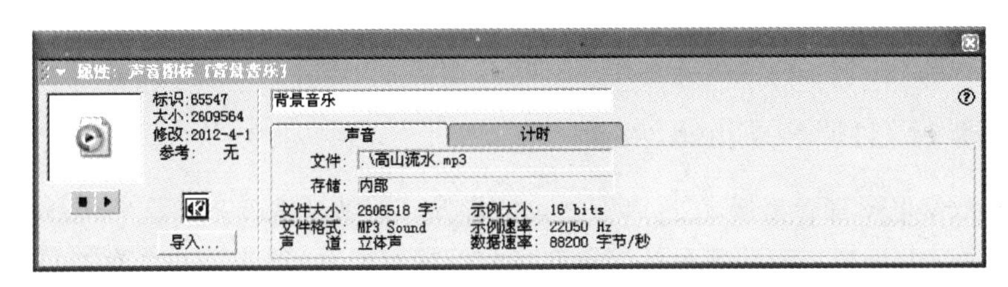

图 1.7.15 声音图标属性浮动面板

“声音”选项卡“文件”框中的“.\高山流水.mp3”表示相对路径，说明声音文件“高山流水.mp3”与当前的 Authorware 源文件在同一文件夹中。

“声音”选项卡“存储”框中内容表明声音文件处理情况：“外部”表示导入时选择了“链接到文件”复选框(若未选，显示为“内部”)。

(4) 根据实际需要，在“计时”选项卡中选取相应的选项。比如为“高山流水.mp3”设置属性如图 1.7.16 所示，将“执行方式”设置为“同时”，“播放”设置为“直到为真”，在其下面的文本框中输入“f=2”，在“开始”文本框中输入“f=1”后按 Enter 键，出现“新建变量”对话框，将变量 f 的初始值设为 1，如图 1.7.17 所示，单击“确定”按钮。当程序运行到此声音图标时，如果 $f=1$，那么开始并行播放背景音乐“高山流水.mp3”，运行过程中当 $f=2$ 时停止播放背景音乐。

图 1.7.16 声音图标属性面板计时选项卡

“执行方式”有 3 个选项，各项作用与数字电影图标相同。

“播放”包含一个列表框和一个文本框，列表框中有两个选项：

- 播放次数：下面文本框中的数值是重复播放的次数。
- 直到为真：当程序运行到此声音目标时，声音连续重复播放，直到下面文本框中的变量或表达式的值为 True(真)时停止播放。

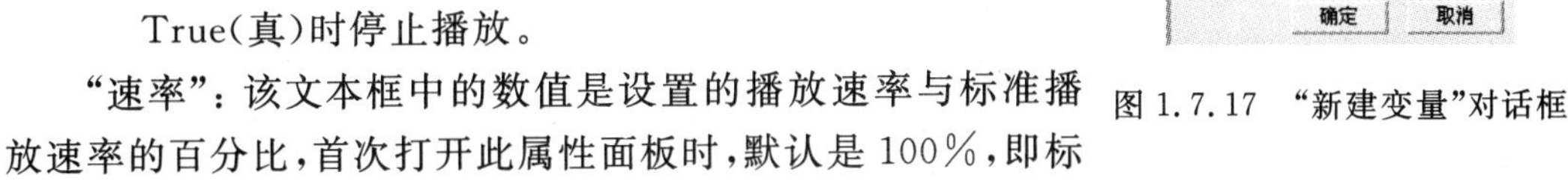

图 1.7.17 “新建变量”对话框

“速率”：该文本框中的数值是设置的播放速率与标准播放速率的百分比，首次打开此属性面板时，默认是 100%，即标准播放速率。如果输入的数值小于 100，则声音减慢播放，数值越小播放速度越慢；而大于 100 则加快播放，数值越大播放速度越快。

“等待前一声音完成”：当程序中有多个声音图标时，若选择此项，则程序运行遇到此声音图标并不一定立即播放本图标导入的声音，而是等到前一声音播放完后才开始播放本声音。若不选此项，则一进入此声音图标就立即中止前一声音图标播放的声音，开始播放此图标导入的声音。

“开始”：当文本框中的变量或表达式的值为 True(真)时，声音才会播放。

7.3.6 添加 GIF 和 Flash 动画

动画和数字电影有着相似之处，都有活动的影像。但动画素材文件较小，不会使作品过大。GIF 和 Flash 等格式的动画是目前最为流行的动画格式，因特网和各种素材光盘中都大量存在。

为了确保多媒体作品在打包后能在其他计算机上正常运行，一般在 GIF 动画(*.gif)或 Flash 动画(*.swf)添加前，先将动画文件或文件夹复制到当前的 Authorware 源文件所在的文件夹中。

1. 添加 GIF 动画

(1) 将 GIF 动画文件(*.gif)复制到当前的 Authorware 源文件所在的文件夹中。

(2) 在流程线上需要添加 GIF 动画的地方单击，让手形标志出现。

(3) 执行菜单命令“插入”→“媒体”→Animated GIF，出现如图 1.7.18 所示的 Animated GIF Asset Properties 对话框，单击 Browse... 按钮，在弹出的 Open animated GIF File 对话框中选择要添加的 GIF 动画文件，如“1.gif”，如图 1.7.18 所示，将复选框 Linked 选中(选中图标链接到 GIF 动画文件；不选，动画文件嵌入到 Authorware 文件)，然后单击 OK 按钮(此时流程线上出现一个名为 Animated GIF…的图标)。

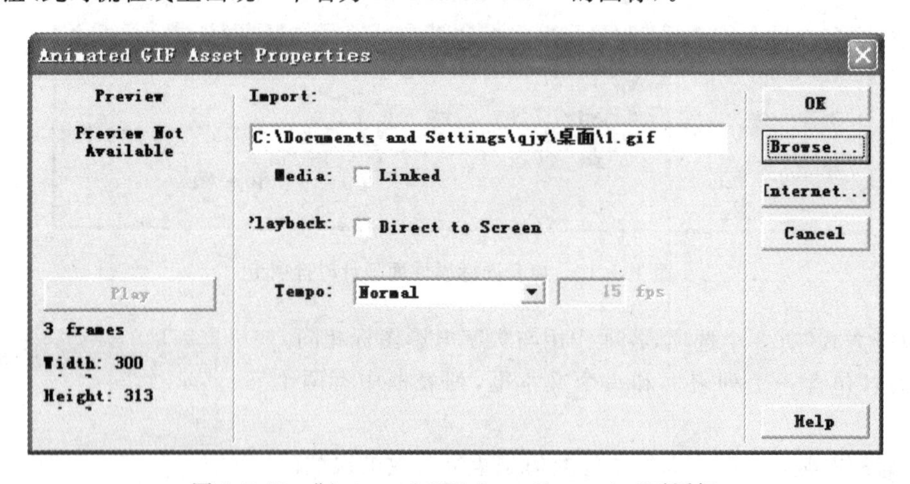

图 1.7.18 “Animated GIF Asset Properties”对话框

(4) 单击 GIF 动画图标名，重新命名，如“1”。

(5) 右击 GIF 动画图标，在快捷菜单中单击“属性”，出现“属性：功能图标[1]”浮动面板，如图 1.7.19 所示，在“显示”选项卡上将“模式”选为“透明”。其他为默认。

“层”：与显示图标中的层作用相同，根据需要可以设置层数，文本框中变量或表达式的值较大的，运行时图标内容显示在上层。

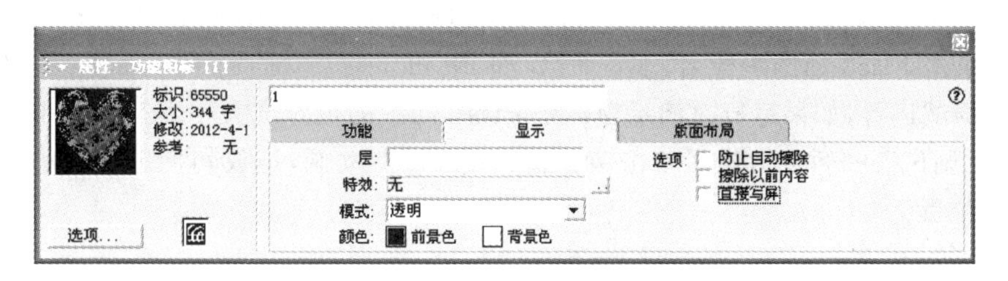

图 1.7.19　GIF 动画图标属性浮动面板

(6) 调试运行，如果运行时演示窗口中 GIF 动画的位置或大小不符合要求，可以执行菜单命令“调试”→“暂停”，然后单击演示窗口中 GIF 动画，拖放句柄可以进行大小缩放，拖动画面可以改变位置。

2. 添加 Flash 动画

方法一：

(1) 将 Flash 动画文件(*.swf)复制到当前的 Authorware 源文件所在的文件夹中。

(2) 在流程线上需要添加 Flash 动画的地方单击，让手形标志出现。

(3) 执行菜单命令“插入”→“媒体”→Flash Movie…，出现如图 1.7.20 所示的 Flash Asset Properties 对话框，单击 Browse... 按钮，在弹出的 Open Shockwave Flash Movie 对话框中选择要添加的 Flash 动画文件，如“2.swf”，如图 1.7.20 所示，将复选框 Linked、Image 和 Loop 选中，Sound 不选(因为准备用声音图标导入的声音做背景音乐。如果需要 Flash 动画中的声音，此项需选中)，然后单击 OK 按钮(此时流程线上出现一个名为 Flash Movie …的图标)。

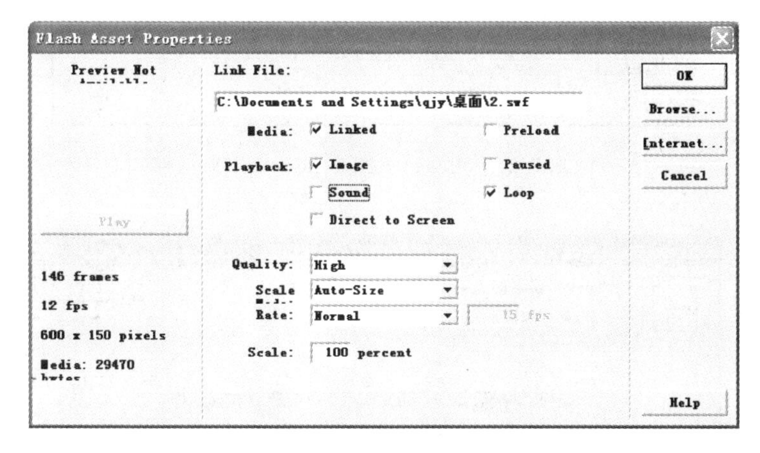

图 1.7.20　“Flash Asset Properties”对话框

“Linked”：选中，图标链接到 Flash 动画文件；不选，动画文件嵌入到 Authorware 文件中。

“Image”：选中，运行时演示窗口显示 Flash 动画的影像；否则不显示。

“Sound”：选中，运行时播放 Flash 动画的声音；否则不播放。

“Loop”：选中，运行时重复播放 Flash 动画；否则只播放一次。

“Paused”：选中，运行时只显示 Flash 动画的第一帧；否则正常播放。

“Scale”：文本框中的数值是演示窗口显示的动画大小与原始画面的百分比。

(4) 单击 Flash 动画图标名，重新命名，如 Flash. mtv。

(5) 调试运行，如果运行时演示窗口中 Flash 动画的位置或大小不符合要求，可以执行菜单命令“调试”→“暂停”，然后单击演示窗口中 Flash 动画，拖放句柄进行大小缩放，拖动画面改变位置。

方法二：

(1) 将 Flash 动画文件（＊. swf）复制到当前的 Authorware 源文件所在的文件夹中。

(2) 在流程线上需要添加 Flash 动画的地方单击，让手形标志出现。

(3) 执行菜单命令“插入”→“控件”→ActiveX…，出现 Select ActiveX Control 对话框，如图 1. 7. 21 所示，选中 Shockwave Flash Object，单击 OK 按钮，弹出 ActiveX Control Propenies-Shockwave Flash Object 对话框，如图 1. 7. 22 所示，单击 Movie 属性，在鼠标指针指向的框中输入“. \补丁的故事. swf”（因为 Flash 动画文件“补丁的故事. swf”与 Authorware 源文件在同一文件夹中），其他属性的值为默认值，单击 OK 按钮（此时流程线上出现一个名为 AchveX…的图标）。

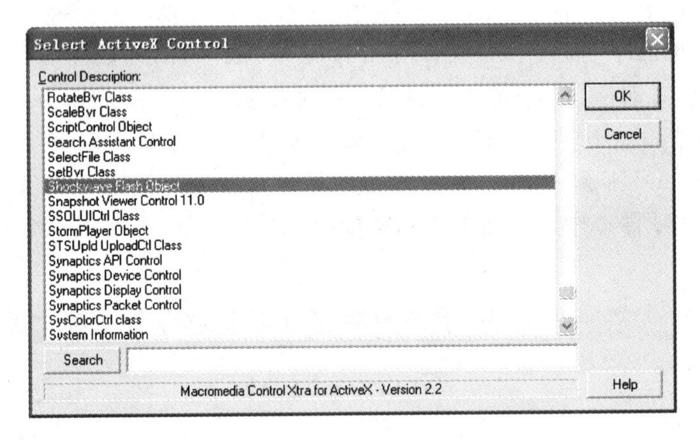

图 1. 7. 21 “Select ActiveX Control”对话框

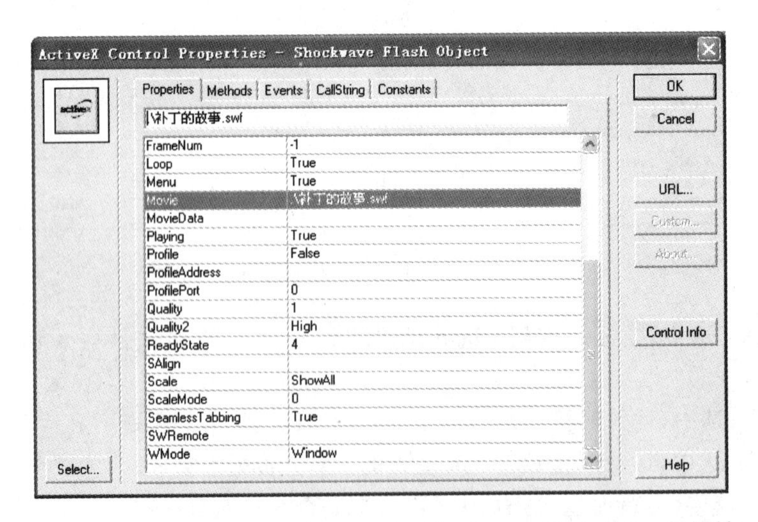

图 1. 7. 22 “ActiveX Control Properties-Shockwave Flash Object”对话框

"EmbedMovie"：值为 False，说明 Flash 动画文件没有嵌入到 Authorware 源文件，与图标只是链接关系。

"Loop"：值为 True，说明此 Flash 动画重复播放。

"Playing"：值为 True，说明程序执行到此图标时，Flash 动画自动播放。

（4）单击控件图标名 ActiveX…，重新命名，如 Logo。

（5）将一个计算图标拖放到流程线上控件图标（Logo 图标）的下面，并改名为"控制 Logo"。

（6）双击计算图标，如图 1.7.23 所示，在打开的控制 Logo 计算图标窗口中输入"SetSpriteProperty(@"Logo",#movie,FileLocation^"补丁的故事.swf")"，然后单击关闭按钮，保存对计算图标的修改。

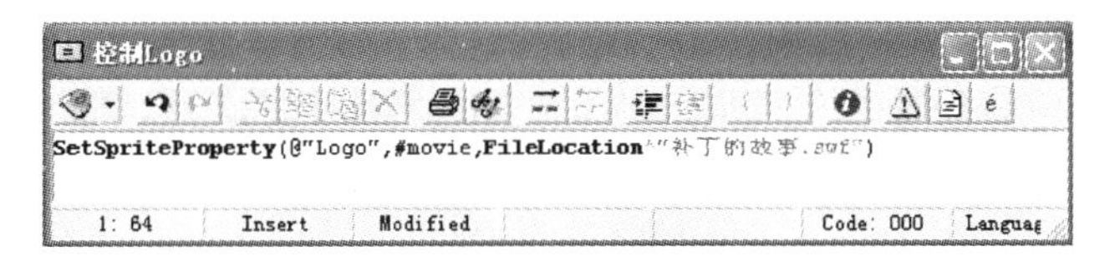

图 1.7.23　"控制 Logo"计算图标窗口

（7）调试运行，如果运行时演示窗口中 Flash 动画的位置或大小不符合要求，可以执行菜单命令"调试"→"暂停"，然后单击演示窗口中播放 Flash 动画的控件，拖放句柄进行大小缩放，拖动画面改变位置。

7.4　等待和擦除

多媒体作品在演示过程中，可以通过人机交互随时让其停止或运行，不需要的内容可以及时擦除，便于后面的内容在演示窗口中显示。

7.4.1　等待

什么时候显示什么内容，显示多长时间，是根据演示需要来确定的，在 Authorware 中只要在两个内容的图标间加入一个等待图标即可。当程序运行到等待图标时则处于等待状态，单击鼠标、按任意键、规定时限后或单击"继续"按钮继续向下执行。

（1）将等待图标 拖放到流程线上需要等待的地方。

（2）双击等待图标，出现如图 1.7.24 所示的等待图标属性浮动面板，根据需要选择相应选项。

图 1.7.24　等待图标属性浮动面板

“单击鼠标”：只需在演示窗口中的任何位置单击鼠标，则继续向下执行。

“按任意键”：按下任意键，则继续向下执行。

“时限”：在该文本框中输入一个数值，等待此时间后会自动继续向下执行。同时“显示倒计时”项可选，若选中，在演示窗口会出现“倒计时”图案。

“显示按钮”：程序运行时演示窗口会出现“继续”按钮，单击此按钮继续向下执行。

(3) 调试运行，如果选择了“显示按钮”复选框，运行时发现演示窗口中“继续”按钮的位置或大小不符合要求，可以执行菜单命令“调试”→“暂停”，然后单击演示窗口中“继续”按钮，拖放句柄进行大小缩放，拖动画面改变位置。

7.4.2 擦除

不需要的内容要及时擦除，在 Authorware 中擦除不需要的内容有两种方法：一种是 7.3.1 节中介绍的，在图 1.7.10 所示的显示图标属性面板中选中复选框“擦除以前内容”，但是这种方法不能擦除数字电影图标显示的内容；另一种方法是利用擦除图标，可以擦除任意已经显示的内容。

(1) 将擦除图标拖放到流程线上需要擦除的内容的下方。

(2) 单击擦除图标名，重新命名，如“保留背景”。

(3) 调试运行，当运行到擦除目标时会出现如图 1.7.25 所示的擦除图标属性浮动面板，根据需要选择单选按钮“被擦除的目标”或“不擦除的图标”，然后在演示窗口中单击相应的画面，对应的目标会出现在右侧的窗口中。比如选中“不擦除的图标”，在演示窗口中单击背景画面，“背景”显示图标出现在右侧窗口中（当前演示窗口中“背景”显示图标的内容将不会被擦除，其他图标的内容都会被擦除）。

图 1.7.25 擦除图标属性浮动面板

“被擦除的图标”：表示被选中的在右侧窗口中出现的图标的内容都是要被擦除的。

“不擦除的图标”：表示在右侧窗口中出现的图标的内容都是要保留的，在演示窗口中的其他图标的内容都是要被擦除的。

“特效”：单击该选项右侧的按钮 ..，在弹出的“擦除模式”对话框中可以选取擦除效果。

“防止重叠消失”：选中该项，擦除工作全部完毕才开始显示下面的图标内容；不选，则在擦除的同时就开始显示下面的图标内容。

7.5　动画制作

动画往往比文字和固定的图像更有说服力，Authorware 中使用移动图标可以制作简单的二维动画。移动图标本身不显示对象，但是它可以驱动其他显示的对象进行移动，这种显示的对象可以是显示图标中的，也可以是数字电影等设计图标里的显示对象。

利用 Authorware 制作动画，流程线上至少有两个图标，一个图标是用来在演示窗口中显示对象（如显示图标或数字电影图标），另一个图标是移动图标，用来移动在演示窗口中显示的对象。一个移动目标只能移动一个图标中的显示对象。

Authorware 可以制作 5 种动画，制作时将移动图标拖放到显示图标（或数字电影图标等其他显示对象的图标）的下面并为图标重新命名，按住 Shift 键不放，先双击已添加显示对象的图标，再双击移动图标，在出现的如图 1.7.26 所示的移动目标属性浮动面板上进行设置。

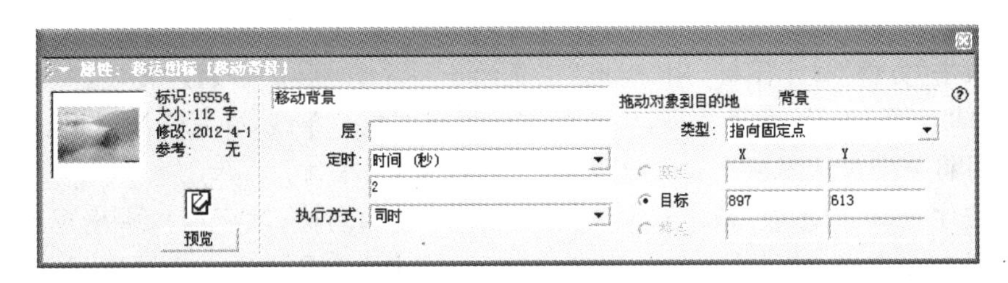

图 1.7.26　移动图标属性浮动面板

“层”：用来设置对象移动时的显示层次，与显示图标、交互目标、数字电影图标等图标的属性面板中的“层”意义相同。文本框为空时，默认为 0 层。如果所有图标的层相同，则按执行的先后顺序依次叠加起来显示，最后执行的显示在最上面。如果在文本框中输入了层值，那么层值最高的显示在最上面，最高可设到 255 层。这个设置只在对象移动时有效，移动前和移动完成后，它们的显示层仍取决于对象所在图标的属性面板中层的设置。

“定时”：起点到终点的定时方式可以设置成“时间(秒)”或“速率(sec/in)”，下面文本框中输入具体数值。

“执行方式”：设置对象移动时与流程线上后续图标的关系，有 3 个选项。

等待直到完成：后续图标的执行要等到对象移动结束后。

同时：对象移动与后续图标的运行同时进行。

永久：表示对象移动永久有效，一般与变量（或表达式）配合使用，当变量（或表达式）的值发生改变时，如果被移动的对象没有被擦除，系统将把它继续移动到新的位置。

“预览”：单击此按钮可以预览移动效果。

“类型”：通过类型下拉列表可以定义 5 种动画。

7.5.1　指向固定点

使显示对象从演示窗口中的当前位置移动到另一个固定位置。这种动画类型产生最基本的动画效果。

(1) 将显示图标拖放到流程线上，并命名为“背景”，将图像.jpg 导入到显示图标中。

(2) 执行菜单命令“插入”→“媒体”→Animated GIF，将 GIF 动画 1.gif 添加到流程线上，显示模式为“透明”，并将演示窗口中的“1.gif”动画移至窗口的右边界(作为初始位置)。

(3) 将移动图标拖放到流程线上，并命名为“动 1”。

(4) 按住 Shift 键不放，依次双击“背景”、“1”和“动 1”3 个图标，演示窗口出现了背景和 1，同时出现如图 1.7.26 所示的“动 1”移动图标属性浮动面板。“类型”选择“指向固定点”，单击演示窗口中的 1 并拖移到目的地，“定时”为 2 秒，“执行方式”为“同时”。

(5) 调试运行。

7.5.2 指向固定直线上的某点

使显示对象从演示窗口中的当前位置移动到一条直线上的某个位置。被移动的显示对象的起始位置可以位于直线上，也可以位于直线外，但终点位置一定位于直线上，该终点位置可以在程序的运行初期定义，也可以在运行期间根据变量值确定。

(1) 将显示图标拖放到流程线上，并命名为“方框”。

(2) 双击“方框”显示图标，用“矩形”工具绘出一个方框，然后通过复制、粘贴得到 6 个方框。单击“选择”工具，选择方框，将 6 个方框紧密排成一条线，并置于演示窗口下部。

(3) 再将一个显示图标拖放到流程线上，并命名为“球”。

(4) 按住 Shift 键不放，依次双击“方框”和“球”显示图标(演示窗口中出现方框的同时出现显示图标工具箱，便于为绘制的球定位)。用“椭圆”工具绘出一个圆形球，并置于演示窗口上部。

(5) 将移动图标拖放到流程线上，并命名为“动球”。

(6) 按住 Shift 键不放，依次双击“方框”、“球”和“动球”3 个图标，演示窗口出现方框和球，同时出现“动球”移动图标属性浮动面板。“类型”选择“指向固定直线上的某点”；选中“基点”单选按钮，将球拖动至左边第一个方框中：选中“终点”单选按钮，将球从左边第一个方框拖动至右边第一个方框(此时基点和终点之间出现一条线段，即移动范围)：“基点”、“终点”和“目标”对应的文本框分别输入 1、6 和 random(1,6,1)；“定时”为 0.5 秒，“执行方式”为“同时”，“远端范围”为“在终点停止”，如图 1.7.27 所示。

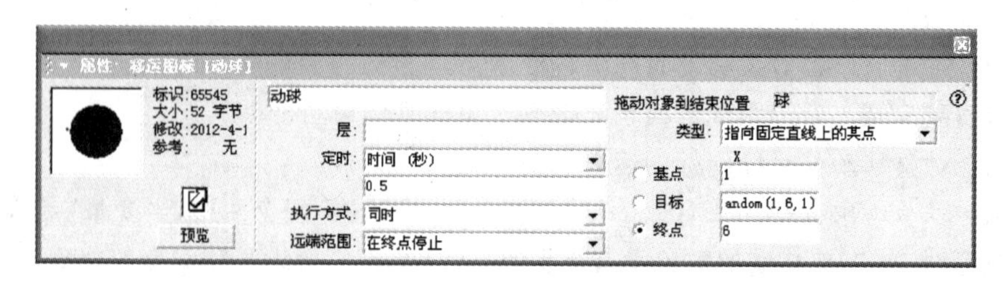

图 1.7.27 “动球”移动图标属性浮动面板

- random(l,6,l)：数值的变化范围是从基点 1 到终点 6，相邻两个数相差为步长 1，在这些数中随机生成一个。
- “远端范围”有 3 个选项：

循环：如果“目标”值不在“基点”和“终点”界定的范围内，则对目标值按范围的整数倍取余作为移动对象的目标点。

在终点停止：如果“目标”值超出范围，则移动对象停在最近端点(基点或终点)。

到上一终点：如果“目标”值超出范围，则移动对象停在基点和终点的延长线上。

(7) 调试运行。流程线及演示窗口如图 1.7.28 所示。

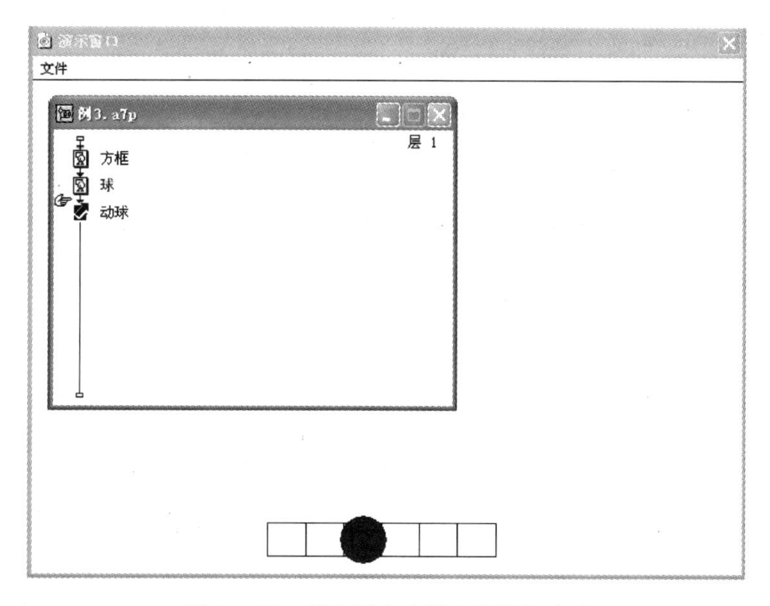

图 1.7.28 指向固定直线上的某点动画

7.5.3 指向固定区域内的某点

使显示对象从演示窗口中的当前位置移动到坐标平面区域内的某个位置。它是“指向固定直线上的某点”类型的扩展，即将被移动的对象终点由一维坐标系确定的直线扩展到由二维坐标系确定的矩形区域。矩形区域由对角的两个顶点的坐标确定：起点坐标和终点坐标。起点坐标和终点坐标由常量、变量或表达式的值来指定。

(1) 将显示图标拖放到流程线上，并命名为“球桌”。

(2) 双击“球桌”显示图标，用显示图标工具绘出一个带有 6 个球洞的球桌。

(3) 再将一个显示图标拖放到流程线上，并命名为“台球”。

(4) 按住 Shift 键不放，依次双击“球桌”和“台球”显示图标(演示窗口中出现球桌的同时出现显示图标工具箱)。用“椭圆”工具绘出一个圆形台球，并置于球桌上。

(5) 将移动图标拖放到流程线上，并命名为“动台球”。

(6) 按住 Shift 键不放，依次双击“球桌”、“台球”和“动台球”3 个图标，演示窗口出现球桌和台球，同时出现“动台球”移动图标属性浮动面板。“类型”选择“指向固定区域内的某点”；选中“基点”，将台球拖动至左下角的洞中；选中“终点”，将台球从左下角的洞中拖动至右上角的洞中(此时以基点和终点为对角顶点出现一个矩形，即移动区域范围)；“基点”、“终点”和“目标”对应的文本框分别输入坐标(1,1)、(3,2)和(andom(1,3,1),andom(1,2,1))；“定时”为 0.5 秒，“执行方式”为“同时”，“远端范围”为“在终点停止”，如图 1.7.29 所示。

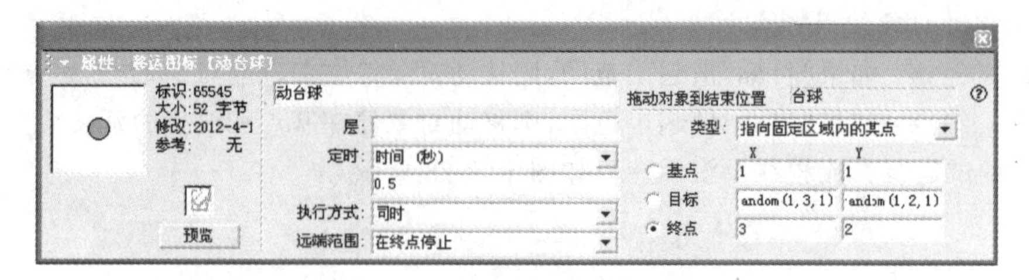

图 1.7.29 “动台球”移动图标属性浮动面板

(7) 调试运行。流程线及演示窗口如图 1.7.30 所示。

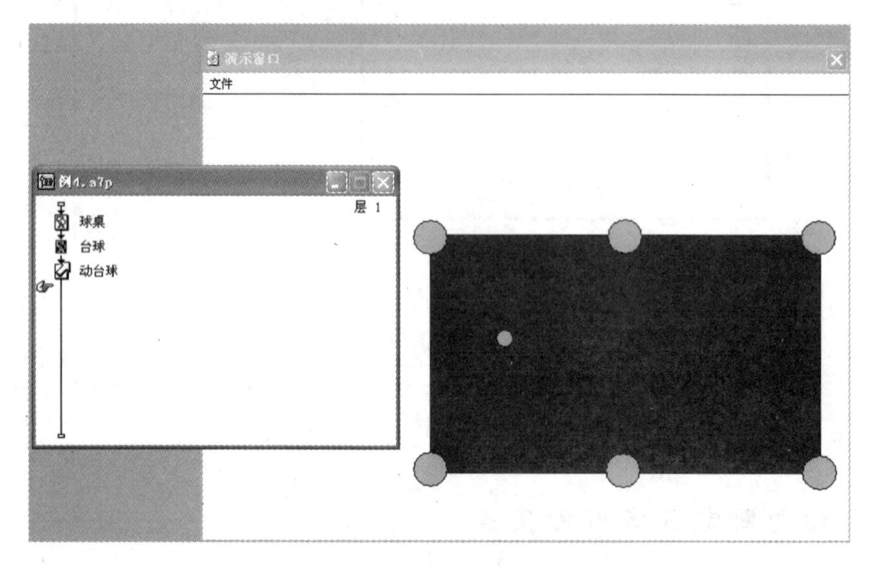

图 1.7.30 指向固定区域内的某点动画

7.5.4 指向固定路径的终点

使显示对象沿预先定义的路径，从路径的起点移动到路径的终点并停留在终点。路径可以是直线、曲线或两者的结合。这种动画的关键是对路径的编辑，根据不同的需求，路径可以编辑成折线型、曲线型和封闭型。

(1) 将显示图标拖放到流程线上，并命名为“台阶”。

(2) 双击“台阶”显示图标，用显示图标工具箱中的多边形工具绘出一个台阶。

(3) 再将一个显示图标拖放到流程线上，并命名为“乒乓球”。

(4) 按住 Shift 键不放，依次双击“台阶”和“乒乓球”显示图标(演示窗口中出现台阶的同时出现显示图标工具箱)。用椭圆工具绘出一个乒乓球，并置于左边台阶上方。

(5) 将移动图标拖放到流程线上，并命名为“动乒乓球”。

(6) 按住 Shift 键不放，依次双击“台阶”、“乒乓球”和“动乒乓球”3 个图标，演示窗口出现台阶和乒乓球，同时出现“动乒乓球”移动图标属性浮动面板。如图 1.7.31 所示，“类型”选择“指向固定路径的终点”；“定时”为 2 秒，“执行方式”为“同时”；单击演示窗口中的乒乓球，在乒乓球的中心出现一个黑色三角形(称为控制点，是路径的转折点)，将鼠标定位在乒乒球控制点以外的区域，移动乒乓球至台阶上，新建控制点，如此反复进行，建立一个乒乓球沿着台阶向下跳动的路径，双击空中的三角形控制点，控制点变为圆形，折线变成了曲线。流程线和路径如图 1.7.32 所示。

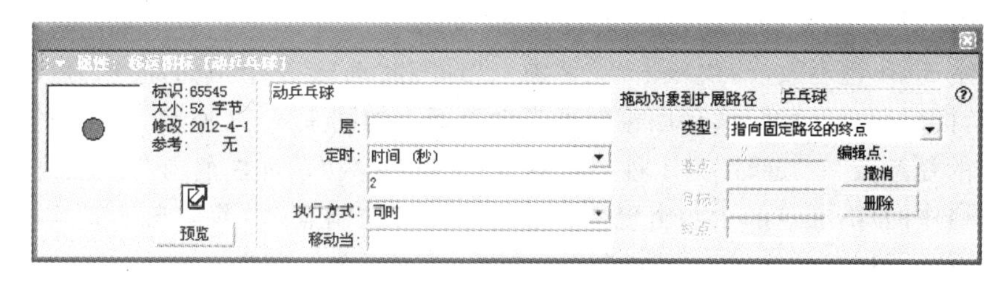

图 1.7.31　“动乒乓球”移动图标属性浮动面板

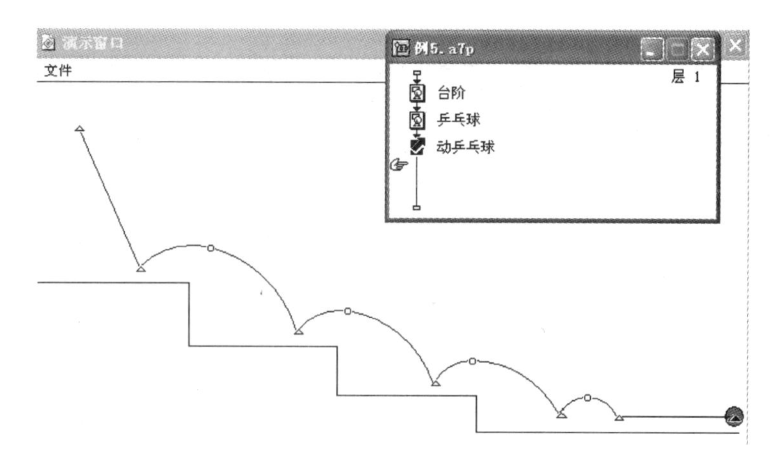

图 1.7.32　指向固定路径的终点动画

(7) 调试运行。

• 控制点的编辑。

添加控制点，只需在路径上要添加控制点的地方单击鼠标。

删除控制点，先单击要删除的控制点，再单击“删除”按钮。

恢复刚删除的控制点，单击“撤销”按钮。

移动控制点，用鼠标拖动控制点。

三角形与圆形控制点转换：双击控制点。

7.5.5　指向固定路径上的任意点

使显示对象沿预先定义的路径移动，但最后停留位置可以是路径上的任意点。它同样需要编辑移动路径，但显示对象不一定沿路径移动到终点，而是移动到路径上指定的目的点。停留的位置由常量、变量或表达式的值来指定。

(1) 将显示图标拖放到流程线上，并命名为“正弦波”。

(2) 启动 Word 应用程序，利用 Word“绘图”→“自选图形”→“线条”命令画一个正弦波图形，画好后复制；切换到 Authorware 窗口，双击打开“正弦波”显示图标，将正弦波图形粘贴到演示窗口，拖动到合适位置。

(3) 再将一个显示图标施放到流程线上，并命名为“球”。

(4) 按住 Shift 键不放，依次双击“正弦波”和“球”显示图标。用椭圆工具绘出一个球，并置于正弦波左边起始点。

(5) 将移动图标拖放到流程线上，并命名为“动球”。

(6) 按住 Shift 键不放，依次双击“正弦波”、“球”和“动球”3 个图标，演示窗口出现正弦波图形和球，同时出现“动球”移动图标属性浮动面板。如图 1.7.33 所示，“类型”选择“指向固定路径上的任意点”；“定时”为 1 秒，“执行方式”为“永久”，“远端范围”为“在终点停止”；单击演示窗口中的球，在球的中心出现一个黑色三角形控制点，参考 7.5.4 节，制作出一条与正弦波图形一样形状的路径；“基点”、“终点”和“目标”文本框依次输入：1、59 和 sec(sec 是系统变量，其值为当前时间的秒)。流程线和路径如图 1.7.34 所示。

(7) 调试运行。

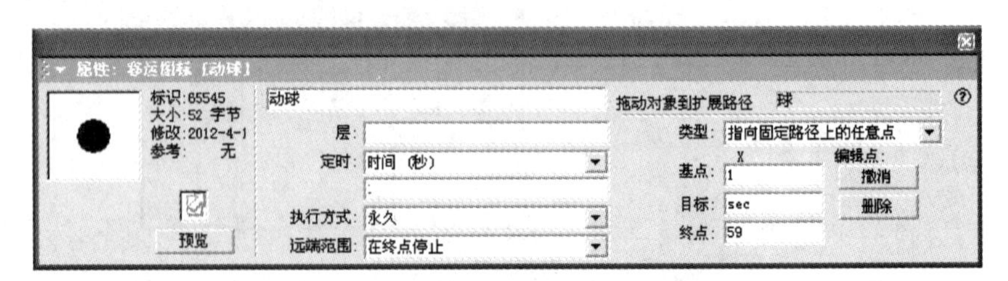

图 1.7.33 “动球”移动图标属性浮动面板

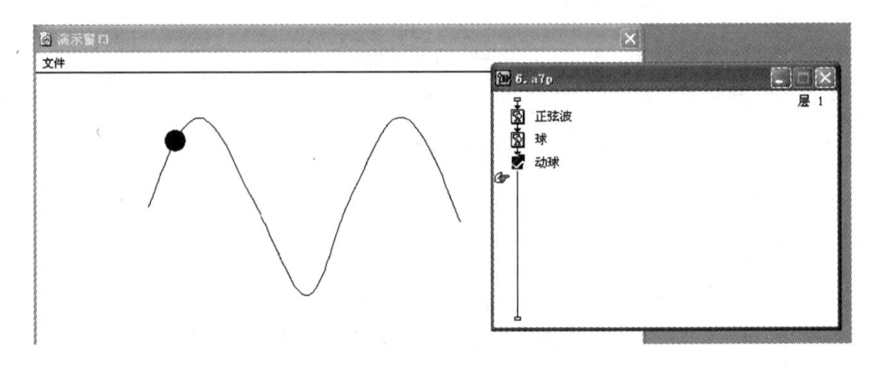

图 1.7.34 指向固定路径上的任意点动画

7.6 多媒体的交互控制

交互性是多媒体的核心，有了交互，多媒体项目才能与用户进行会话。交互改变了用户被动接受信息的局面，用户可以通过键盘、鼠标或者时间等来控制一个多媒体项目的行为。Authorware 最具吸引力的部分是其拥有强大的交互功能，Authorware 提供了 11 种交互类型，如图 1.7.35 所示。

7.6.1 交互图标及其分支结构

交互是通过在流程线上设置交互图标来实现的，每个交互图标都给了用户对程序进行响应的机会。

将交互图标拖放到流程线上适当位置，然后再在交互图标右侧添加响应图标，这些响应图标自动排成流程线，响应图标的名称在所有图标的右边且从上向下排列，对应的图标顺序是从左到右。为了便于在调试运行时通过暂停对交互图标的属性进行设置，在建立交互时应该将交互图标和响应图标的名称重新命名，不宜用默认名称"未命名"。

每一个响应类型标志下面只能放置一个响应图标(除分支、框架和交互3种图标外，另外11种图标都可作为响应图标)，要想执行多个图标就要用群组图标，然后把要执行的多个图标置于这个群组图标中。交互图标及其分支结构如图1.7.36所示。

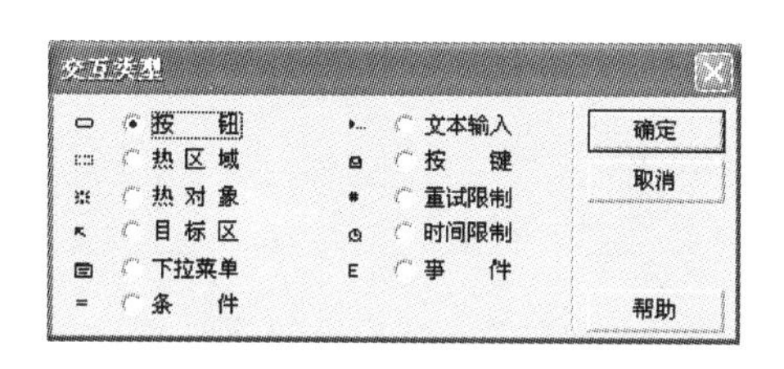

图1.7.35　Authorware交互类型

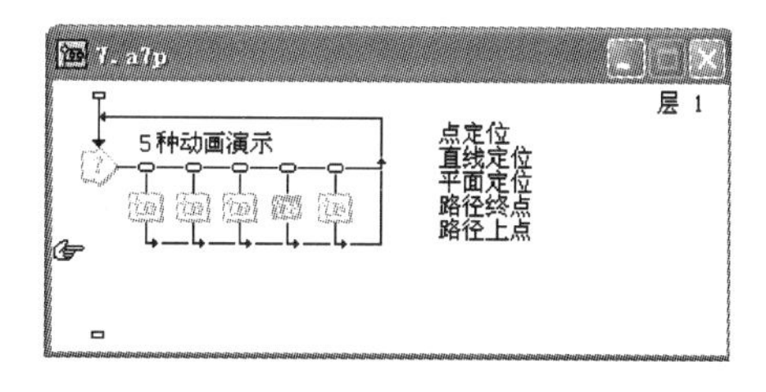

图1.7.36　交互图标及其分支结构

交互图标是每一个交互的核心，是显示图标、等待图标和擦除图标等的组合体，可以提供文本图形、决定分支方向、暂停程序执行和擦除窗口内容。

当Authorware在执行程序遇到一个交互图标时，将显示所有在交互图标中的显示对象(如按钮、菜单或文本框等)，同时程序暂停，等待用户的响应。用户通过键盘或鼠标对交互响应后，Authorware将此响应与交互的各个分支进行比较，找到与之匹配的分支后执行该分支。

响应类型：交互的控制方法。在交互图标右侧放置第一个图标时，会自动打开一个响应"交互类型"对话框(如图1.7.35所示)，每种类型的左边有一个标志，这个标志就是出现在交互图标右侧流程线上的响应类型标志。当放置第二个图标时，其响应类型与第一次放置的相同，如果希望响应类型不相同，可以用鼠标双击响应类型标志，然后进行修改。

响应：一旦用户与多媒体软件交互，则沿相应的子流程线执行，执行的内容称为"响应"，执行的子流程线称为"响应分支"。

7.6.2　按钮响应

按钮响应是多媒体最常用的交互方式，该响应在演示窗口显示一个按钮，程序运行时，当用户单击该按钮，Authorware执行该按钮响应下的图标。Authorware提供了多种按钮形式，还允许用户自定义按钮。以图1.7.36所示为例创建按钮响应，且按钮自定义。

1. 创建按钮响应交互分支结构

(1) 将交互图标拖放到主流程线上，命名为"动画演示"。

(2) 将一个群组图标拖放到交互图标的右侧，出现如图1.7.35所示的"交互类型"对话框，选择"按钮"交互类型。将群组图标命名为"点定位"。

(3) 再拖动一个群组图标到"点定位"组图标的右侧(不再出现"交互类型"对话框)，将其命名为"直线定位"。其他响应按图1.7.36所示创建好。

(4) 双击“动画演示”交互图标，在演示窗口中输入“五种动画演示”文字(与显示图标添加素材相同)。

(5) 双击打开“点定位”组图标，将已打开的文件“例 1. a7p”流程线上的图标(指向固定点的动画)复制并粘贴到此组流程线上。同样，将“例 2. a7p”、“例 3. a7p”、“例 4. a7p”和“例 5. a7p”流程线上的图标依次复制、粘贴到“直线定位”、“平面定位”、“路径终点”和“路径上点”4 个组图标中，如图 1.7.37 所示。

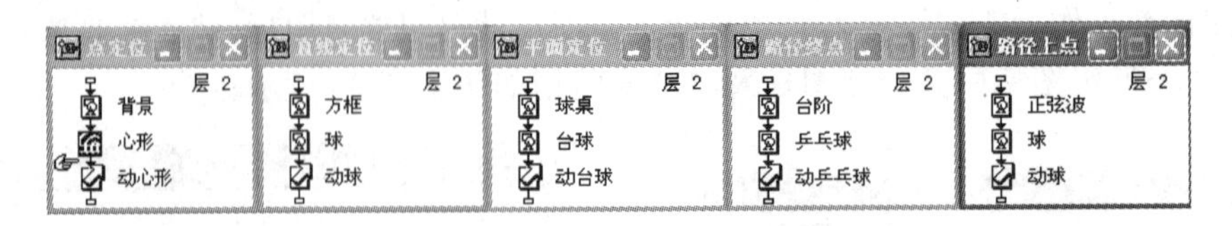

图 1.7.37 按钮响应群组图标

2. 自定义按钮

(1) 双击响应图标“点定位”的响应类型标志，弹出“点定位”交互图标的属性浮动面板，如图 1.7.38 所示。

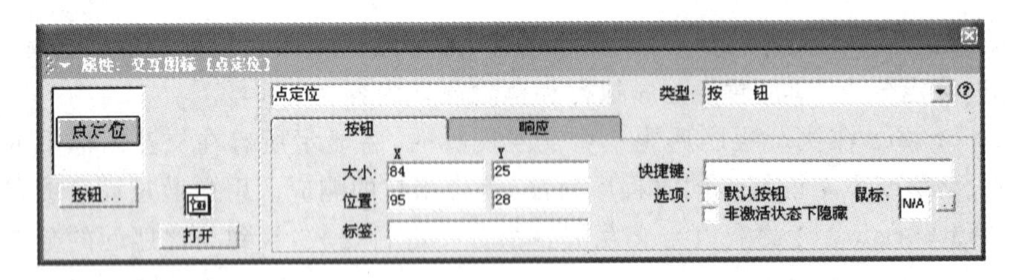

图 1.7.38 “点定位”交互图标属性浮动面板

(2) 单击左边 按钮... ，弹出如图 1.7.39 所示的“按钮”对话框。

- 对话框中提供了几种按钮式样可供选择，通过“系统按钮”右边的两个列表框可改变系统提供的这些样式按钮上文字的字体和字号。

(3) 单击“按钮”对话框左下角的“添加…”按钮，弹出如图 1.7.40 所示的“按钮编辑”对话框。

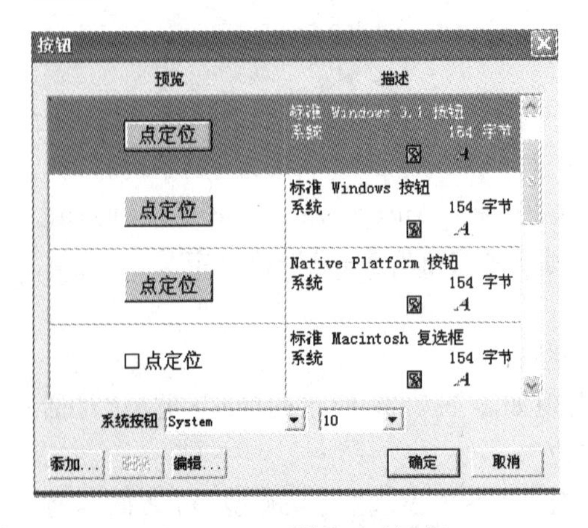

图 1.7.39 “按钮”对话框

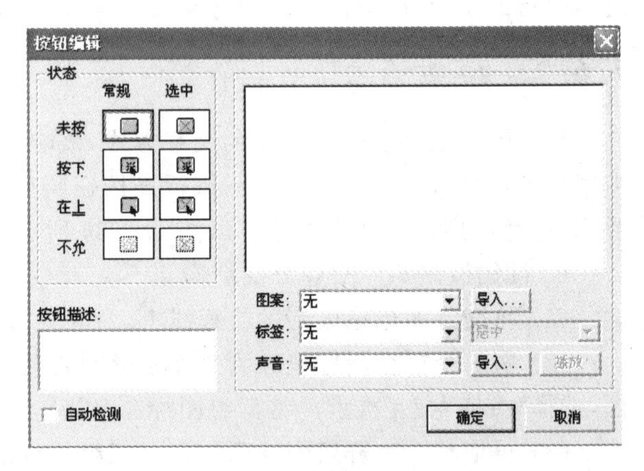

图 1.7.40 “按钮编辑”对话框

- 按钮的“常规”状态是指程序运行后，没有对按钮进行任何其他操作时的通常显示状态。“未按”状态，鼠标指向按钮时的状态。“在上”状态，鼠标在按钮上按下时的状态。“不允”状态，按钮未激活时的状态。每一种状态都可以设置按钮“图案”及“声音”。

(4) 单击“状态”框“常规”列的“未按”按钮，再单击“图案”列表框右边的“导入”按钮，在弹出的“导入哪个文件?”对话框中选中“显示预览”复选框，选择预先画好的按钮图案文件“点定位.psd”导入，此时导入的按钮图案显示在右边窗口。同样，为“按下”和“在上”状态分别导入按钮图案“点定位1.psd”和“点定位2.psd”。单击“确定”按钮，添加的按钮就会显示在“按钮”对话框中供本程序选用。

3. 设置按钮属性

在“按钮”选项卡中进行设置，如图1.7.38所示，单击右下角“鼠标”选项右边的 .. 按钮，在弹出的“鼠标指针”对话框中选择手形指针。其他选项不变，为默认值。

“大小”：设置系统提供的按钮的大小，对自定义按钮无效。

“位置”：设置按钮的位置。

“标签”：设置系统提供的按钮的标签，对自定义按钮无效。

“快捷键”：设置与单击此按钮等效的快捷键。

“默认按钮”：对自定义按钮无效。

“非激活状态下隐藏”：当“响应”选项卡中“激活条件”不满足时，按钮不显示。

“鼠标”：设置鼠标指向按钮时的指针形状。

4. 设置响应

在“响应”选项卡中进行设置，如图1.7.41所示，本例所有选项为默认值。

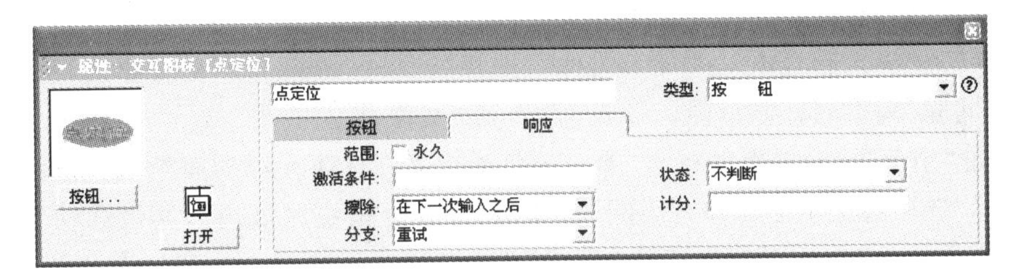

图1.7.41　点定位交互图标属性面板“响应”选项卡

“永久”：选中，此响应在程序运行时一直起作用；否则只在本交互中起作用。

“激活条件”：当文本框中的变量或表达式的值为真时，此响应才起作用。

“擦除”：设置此响应执行后响应图标显示的内容何时被擦除。

“分支”：设置响应图标执行完成后程序的走向，有重试、继续、退出交互和返回等选项，“返回”只在“永久”复选框选中时才会出现。

“状态”：当该响应分支执行时，设置的状态会自动被记录，对应此状态的系统变量值会自动累加。

“计分”：完成此响应分支得到的分数。

重复2～4步，将另外4个按钮响应设置好。

5. 设置交互图标属性

因为按钮在程序运行时应该在最上层，所以需要对交互图标的属性“层”进行设置。与显示图标的属性设置相同，选中"动画演示"交互图标，执行菜单命令"修改"→"图标"→"属性"，在属性浮动面板"显示"选项卡的"层"文本框中输入3(因为每个响应分支中显示内容最多2层)。

6. 调整按钮位置

单击 ▶ 按钮调试运行，执行菜单命令"调试"→"暂停"，单击选中演示窗口中的按钮进行位置调整(按住 Shift 键，可选择多个按钮)。

7.6.3 热区域响应

热区域响应在演示窗口定义一个矩形区域，即热区域，程序运行时，当鼠标单击、双击或指针移到热区域上时，Authorware 执行该热区域响应下的图标。热区域设计时表现为一个矩形虚线框，运行时虚线框不显示。热区域响应优点在于保持画面整体统一。

以图1.7.42所示流程线为例创建热区域响应，用于认识小动物。

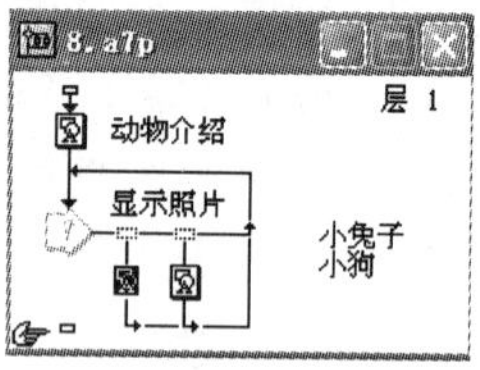

(1) 将显示图标拖放到流程线上，重命名为"动物介绍"；双击打开，输入句子"动物园里有可爱的小兔子和聪明的小狗"。

(2) 将交互图标拖放到流程线上，重命名为"显示照片"。

图1.7.42 认识小动物流程线

(3) 将显示图标拖放到交互图标右侧，在弹出的如图1.7.35所示的"交互类型"对话框中选择"热区域"，重命名为"小兔子"；再在右侧添加一显示图标，重命名为"小狗"。

(4) 双击打开"动物介绍"显示图标，按住 Shift 键同时双击"小兔子"显示图标，执行菜单命令"文件"→"导入和导出"→"导入媒体"，选择"011 小兔子.jpg"文件导入，然后调整好显示位置。同样，为"小狗"显示图标导入1252.jpg文件。

(5) 双击"小兔子"响应类型标志，弹出小兔子交互图标属性浮动面板，在"热区域"选项卡中为"鼠标"选项选定手形指针，"匹配"选择"指针处于指定区域内"，其他选项为默认值，如图1.7.43所示；在"响应"选项卡中"擦除"选择"在下一次输入之前"，其他选项为默认值。为"小狗"响应类型标志设置同样属性。

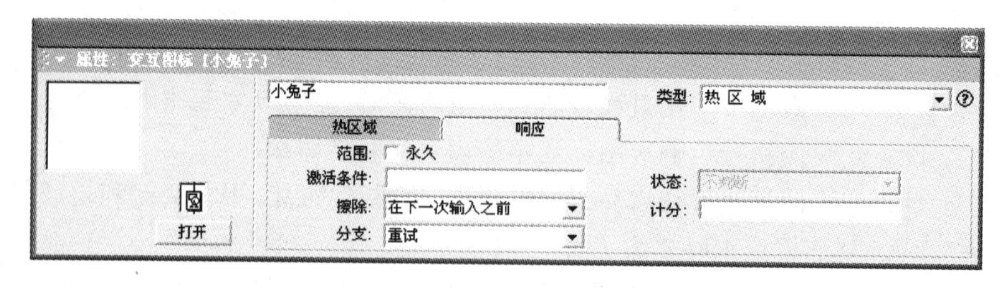

图1.7.43 小兔子交互图标属性浮动面板

(6) 单击 ▶ 按钮调试运行，执行菜单命令"调试"→"暂停"，根据演示窗口中的热区域选框名称单击选择，调整大小并将其拖动到相应位置。

7.6.4 热对象响应

热对象响应在演示文稿窗口定义一个热对象，程序运行时，当鼠标单击、双击或指针在热对象上时，Authorware 执行该热对象响应下的图标。

热对象与热区域不同之处在于：热区域必须是一个矩形，热对象可以是任意形状；热区域只与演示窗口有关系，一个演示窗口可以有多个热区域，热对象只能与显示对象的图标（如显示图标、数字电影图标和 Animated GIF 媒体图标等）有关系，一个图标只能添加一个热对象。从本质上讲，它们没有区别，只是用于激活响应的对象和使用方法稍有不同。

以图 1.7.44 所示流程线为例创建热对象响应，用于辨析动物。

(1) 在流程线上放置 3 个显示图标，“文字”显示图标输入句子“你点击的动物是：”。“企鹅”显示图标导入文件“企鹅.jpg”，“老虎”显示图标导入文件“老虎.jpg”。

(2) 将交互图标拖放到流程线上，重命名为“答案”。

(3) 将显示图标拖放到交互图标右侧，在弹出的“交互类型”对话框中选择“热对象”，命名为“企鹅名”。

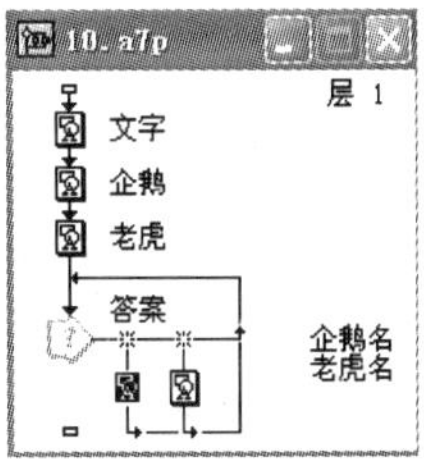

图 1.7.44 辨析动物流程线

(4) 双击打开“文字”显示图标，按住 Shift 键依次双击“企鹅”、“老虎”和“企鹅名”显示图标，利用文本工具在演示窗口中句子的后面输入“企鹅”两字作为“企鹅名”显示图标的内容。

(5) 双击“企鹅名”响应类型标志，弹出企鹅名交互图标属性浮动面板，单击演示窗口中的企鹅图像让其成为热对象（出现在面板上左边的小窗口中），在“热对象”选项卡中为“鼠标”选项设置手形指针，其他选项为默认值，如图 1.7.45 所示。“响应”选项卡各选项为默认值。

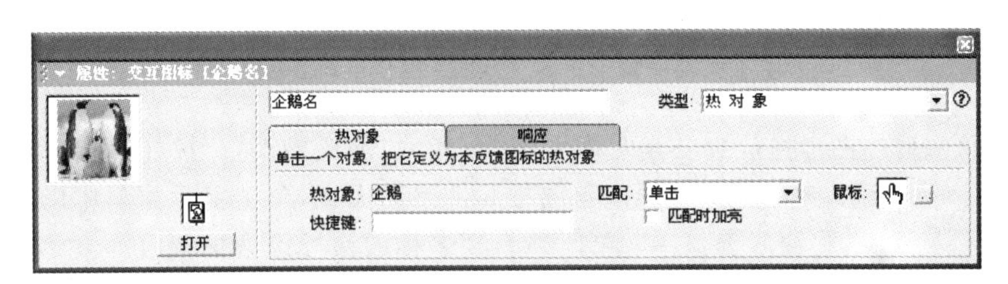

图 1.7.45 企鹅交互图标属性浮动面板

(6) 再将一显示图标拖放到交互图标右侧，命名为“老虎名”。用第(4)、(5)步同样的方法为“老虎名”设置热对象响应。

(7) 单击 按钮调试运行，如果需要修改设置，执行菜单命令“调试”→“暂停”，然后修改。

7.6.5 目标区响应

目标区响应在演示窗口定义一个区域，程序运行时，当用户将目标对象移到该区域时，Authorware 执行该目标区响应下的图标，此时目标对象根据设置或者在目标点放下，或者返回到移动前所在位置，或者将目标对象的中心在目标区中心定位。

一个图标只能放置一个移动的目标对象，当不止一个对象时，应各自放置一个图标。为了达到理想效果，每个对象均应有移动正确与移动错误两种目标区响应。利用目标区响应可以设计出比较有趣味的交互，如辨识物体、拼接地图、搭接电子线路、拼装机器等。

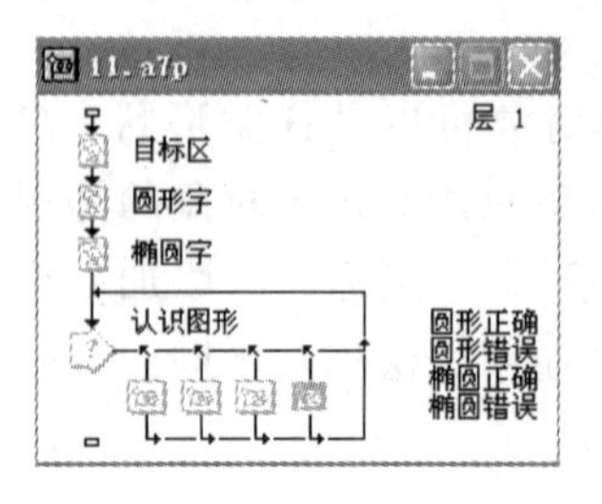

图 1.7.46 认识图形流程线

以图 1.7.46 所示流程线为例创建目标区响应，用于认识图形。

(1) 在流程线上放置 3 个显示图标，“目标区”显示图标画一个椭圆和一个圆形；“圆形字”显示图标输入“圆形”两字；“椭圆字”显示图标输入“椭圆”两字。

打开下面图标时按住 Shift 键，便于参考位置添加内容。

(2) 将交互图标拖放到流程线上，命名为“认识图形”。

(3) 将群组图标拖放到交互图标右侧，在弹出的“交互类型”对话框中选择“目标区”，命名为“圆形正确”。

(4) 按住 Shift 键双击“圆形正确”响应类型标志，弹出圆形正确交互图标属性浮动面板，单击演示窗口中的“圆形”两字让其成为目标对象(出现在面板上左边的小窗口中)，将演示窗口中有“圆形正确”名称的目标区虚框拖动到圆形图上并调整到合适大小，在“目标区”选项卡中的“放下”选项选择“在中心定位”，其他选项为默认值，如图 1.7.47 所示。“响应”选项卡各选项均为默认值。

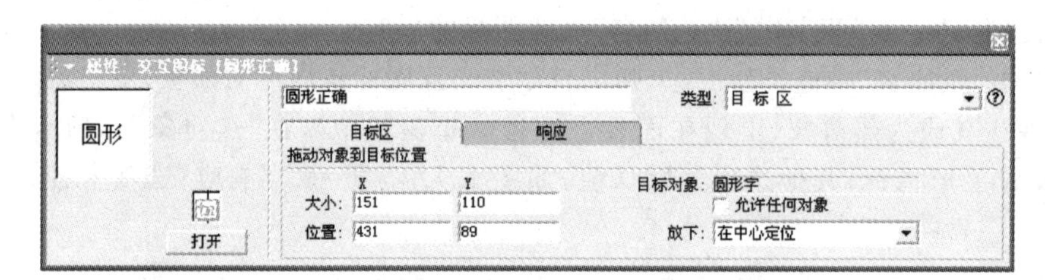

图 1.7.47 圆形正确交互图标属性浮动面板

(5) 再将一群组图标拖放到交互图标右侧，命名为“圆形错误”。按住 Shift 键双击“圆形错误”响应类型标志，弹出圆形错误交互图标属性浮动面板，单击演示窗口中的“圆形”两字让其成为目标对象，将演示窗口中有“圆形错误”名称的目标区虚框调整为演示窗口大小并对位，在“目标区”选项卡中的“放下”选项选择“返回”，其他选项为默认值，如图 1.7.48 所示。“响应”选项卡各选项均为默认值。

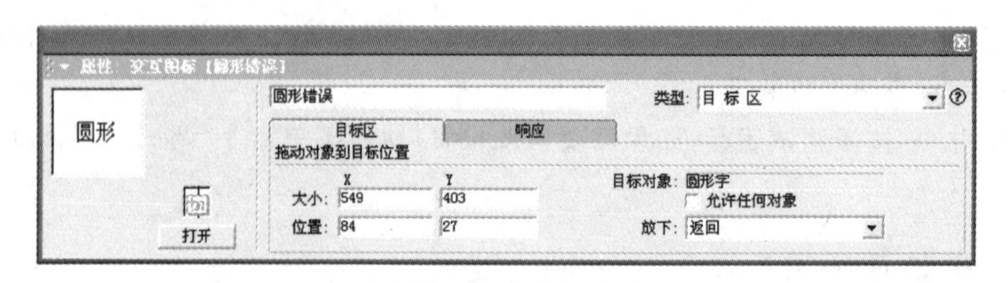

图 1.7.48 圆形错误交互图标属性浮动面板

(6) 用第(4)、(5)步同样的方法为目标对象“椭圆”两字设置正确与错误两种移动的目标区响应。

(7) 单击 按钮调试运行，如果需要修改设置，执行菜单命令“调试”→“暂停”，然后修改。

7.6.6 下拉菜单响应

菜单是应用程序中提供大量功能命令的有效方法，它可以节省屏幕空间，用时拉下，不用时收起。菜单还可以按命令功能分组，使用户易于查找。

下拉菜单响应在演示窗口左上角开始添加下拉式菜单，可以添加多个菜单栏及其选项。一个交互图标只能添加一组菜单，菜单栏的菜单标题就是交互目标名称，菜单项就是响应图标名称，响应图标名称为“－”时，添加一条菜单项分隔线。

默认情况下演示窗口只有“文件”菜单，设计时可以根据需要将其擦除。

以图 1.7.49 所示流程线为例创建下拉菜单响应，用于播放动画。

(1) 将交互图标拖放到流程线上，命名为“文件”。

(2) 将群组图标拖放到交互图标右侧，在弹出的“交互类型”对话框中选择“下拉菜单”，命名为“原文件菜单”。

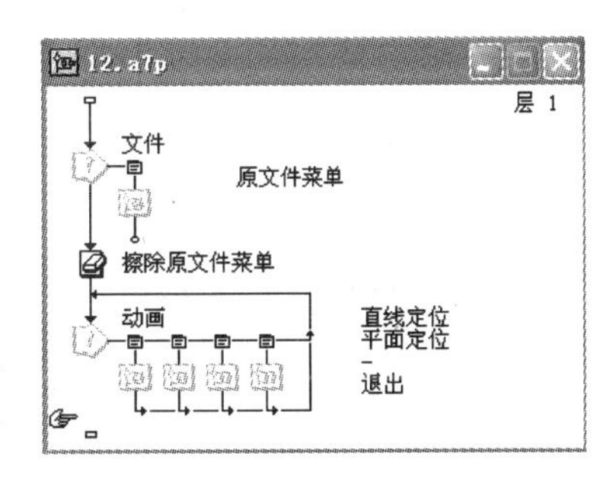

图 1.7.49 播放动画流程线

(3) 双击“原文件菜单”响应图标上的响应类型标志，在属性面板的“响应”选项卡中选中“永久”复选框，在“分支”下拉列表框中选择“返回”选项，如图 1.7.50 所示。

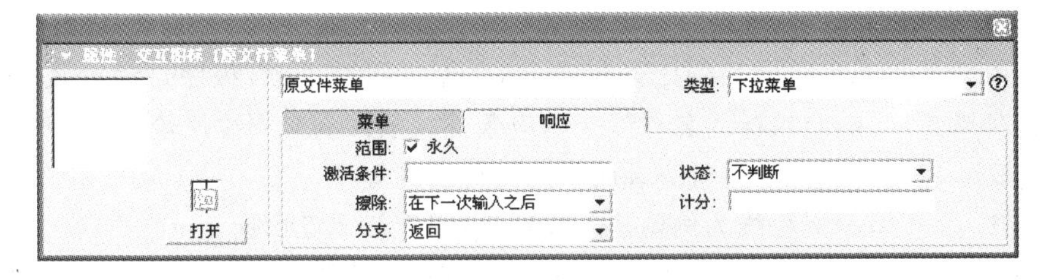

图 1.7.50 原文件菜单交互图标属性浮动面板

(4) 将擦除图标拖放到流程线上，命名为“擦除原文件菜单”，双击打开，系统同时打开演示窗口和属性面板，单击演示窗口中的“文件”菜单，将系统默认的“文件”菜单擦除，如图 1.7.51 所示。

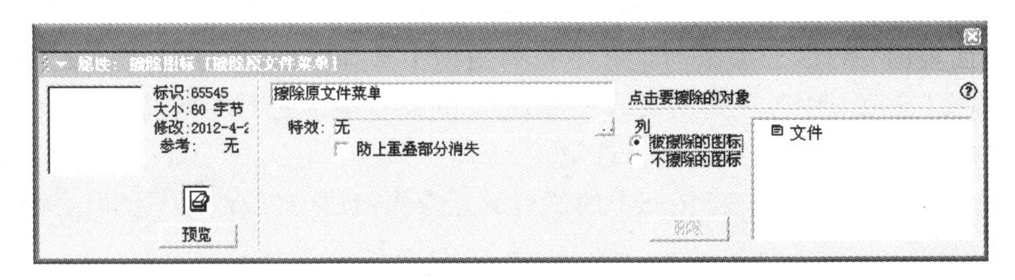

图 1.7.51 擦除原文件菜单交互图标属性浮动面板

(5) 再将一交互图标拖放到流程线上,命名为"动画"。

(6) 将一群组图标拖放到"动画"交互图标右侧,在弹出的交互类型对话框中选择"下拉菜单",再将 3 个群组图标拖放到"动画"交互图标右侧;将从左到右的 4 个组图标依次命名为"直线定位"、"平面定位"、"—"和"退出"。

(7) 将 4 个组图标双击打开,"直线定位"和"平面定位"组图标流程线上分别粘贴来自文件"例 2.a7p"和"例 3.a7p"流程线上图标,"—" 组图标为空,"退出"组图标流程线上放置一个"退出程序"计算图标,双击打开计算图标输入代码"quit()",如图 1.7.52 所示。

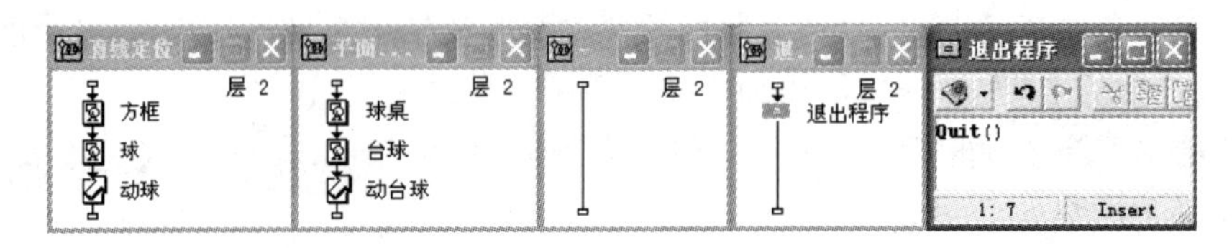

图 1.7.52　群组图标内容及计算图标代码

(8) 调试运行。演示窗口下拉菜单如图 1.7.53 所示。

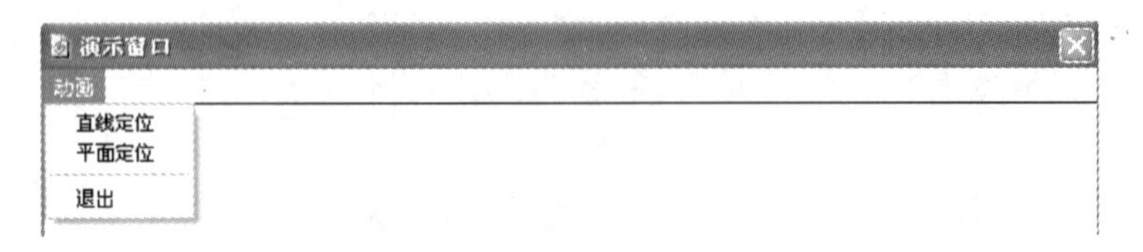

图 1.7.53　演示窗口下拉菜单

7.6.7　条件响应

条件响应是当程序设定的响应条件满足时,无需用户干预,程序自动沿相应的分支执行。在条件响应中,响应目标的名称就是响应条件。条件响应用途比较广泛,比如自动播放图片及与文本输入响应配合进行登录用户的身份识别等。

以图 1.7.54 所示流程线为例创建条件响应,用于红绿灯切换。

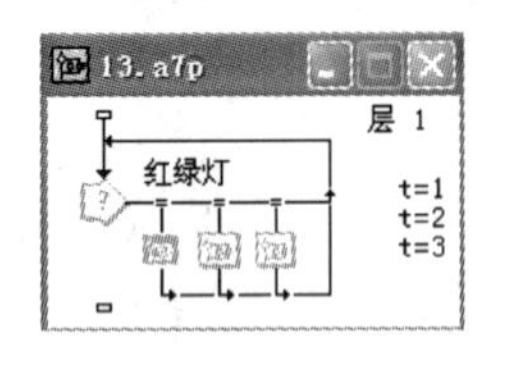

图 1.7.54　红绿灯切换流程线

(1) 将交互图标拖放到流程线上,命名为"红绿灯"。

(2) 将群组图标拖放到交互图标右侧,在弹出的"交互类型"对话框中选择"条件",重命名为 t=1,在弹出的"新建变量"对话框中输入 t 的"初始值"为 1。拖放其他两个群组,分别命名为 t=2 和 t=3。

(3) 双击 t=1 响应图标上的响应类型标志,在弹出的交互图标属性面板的"条件"选项卡"自动"下拉列表框中选择"为真","条件"不变,如图 1.7.55 所示;"响应"选项卡中各项为默认值。为 t=2 和 t=3 响应进行相同设置。

• "自动"下拉列表框中有 3 个选项。

"关":当用户完成本交互图标中的所有交互操作,且指定条件为"真"时,执行此条件响应图标。

"为真":只要条件为"真",就执行此响应。

"当由假为真":只有当条件由"假"变为"真"时才执行此响应。

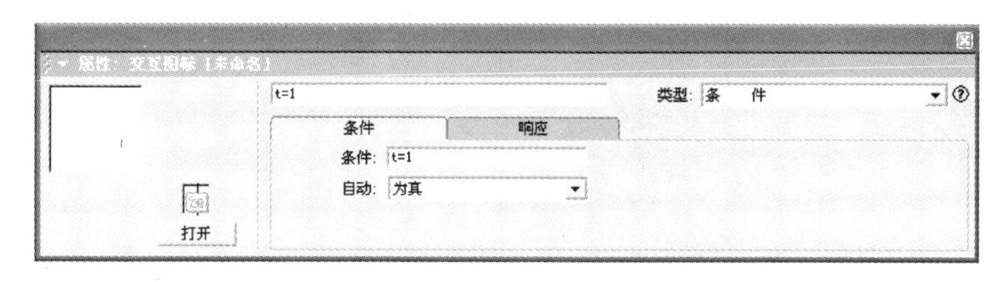

图 1.7.55　“t=1” 交互图标属性浮动面板

（4）双击打开 t=1、t=2 和 t=3 组图标，设置图标让流程线如图 1.7.56 所示。

（5）“绿灯”、“黄灯”和“红灯”显示图标中分别画一个圆，颜色依次是绿、黄和红。

（6）“绿灯 4 秒”、“黄灯 2 秒”和“红灯 4 秒” 3 个等待图标只在属性面板的“时限”文本框中设置，依次是 4、2 和 4，其他选项不选。

（7）“t 为 2”、“t 为 3”和“t 为 1”3 个计算图标的代码如图 1.7.57 所示。

（8）调试运行。

图 1.7.56　3 个群组图标的流程线

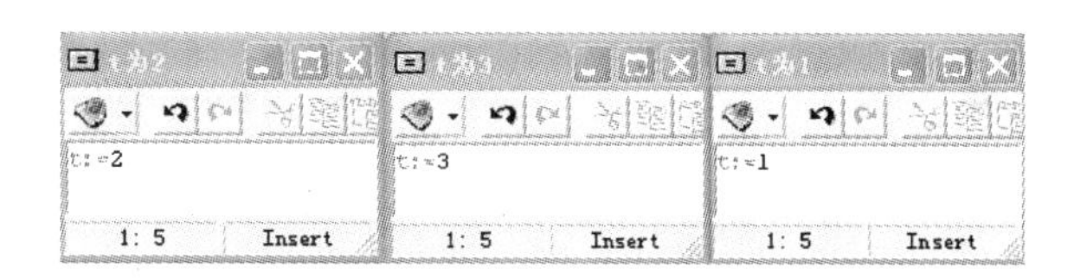

图 1.7.57　三个计算图标的代码

7.6.8　文本输入响应

文本输入响应是在程序运行时对用户输入的文本进行响应，常用于输入密码和回答问题等。一个交互图标只有一个文本输入区域，若图 1.7.59 中“模式”文本框为空，不指定匹配文本，则响应图标名称就是要求用户输入进行匹配的内容，可以使用通配符 * 和?。

以图 1.7.58 所示流程线为例创建文本输入响应，用于密码验证。

（1）将显示图标拖放到流程线上，重命名为“提示”；双击打开，输入文字“请输入登录密码”。

（2）将交互图标拖放到流程线上，重命名为“密码验证”。

（3）将群组图标拖放到交互图标右侧，在弹出的“交互类型”对话框中选择“文本输入”，重命名为 happy；再在右侧添加一群组图标，重命名为 * 。

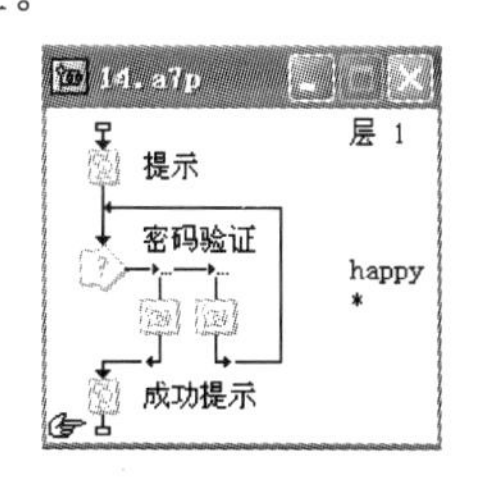

图 1.7.58　密码验证流程线

（4）双击 happy 响应图标上的响应类型标志，弹出交互图标属性面板，如图 1.7.59 所示。在“响应”选项卡的“分支”下拉列表框中选择“退出交互”，其他选项包括“文本输入”选项卡中各项均为默认值。

- happy 是登录密码，其他的字符均为无效密码，当用户输入正确的密码时，程序就会自动退出该分支，执行流程线后面的图标内容，出现成功提示；当用户输入错误的密码后，程序就会执行“ * ”响应图标中的内容，出现错误提示。

（5）双击“提示”显示图标让其内容出现在演示窗口，单击选中“密码验证”交互图标，执行菜单命令“修改”→“图标”→“属性”，在弹出的“密码验证”交互图标属性面板中，单击

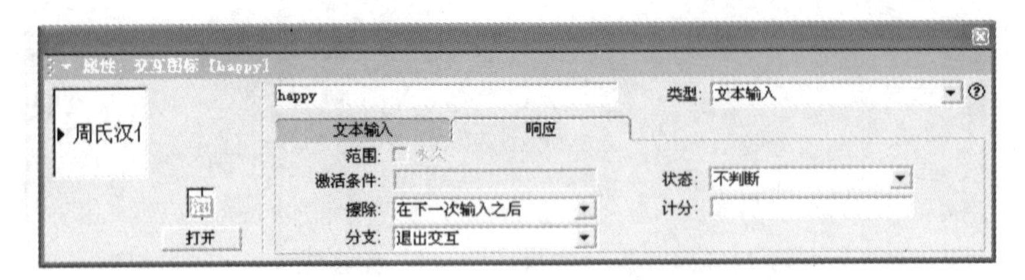

图 1.7.59　happy 交互图标属性浮动面板

文本区域“文本区域”按钮，出现如图 1.7.60 所示的交互作用文本字段面板(双击演示窗口中的文本输入框也可以出现此面板)，在“文本”选项卡中选择合适的字体、大小、文本颜色、背景颜色及透明模式，并在演示窗口中将文本输入框拖动至合适位置。

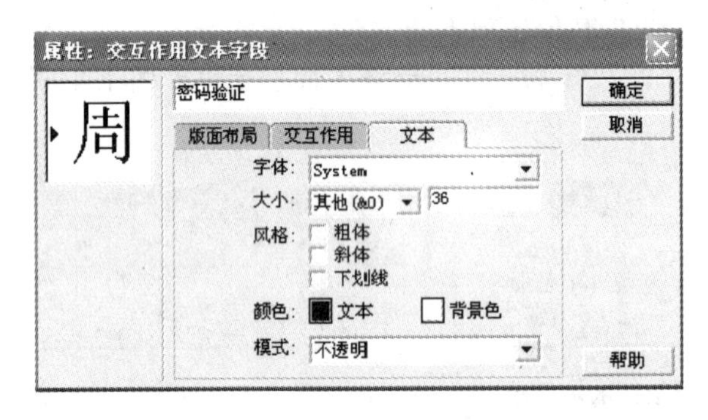

图 1.7.60　交互作用文本字段属性面板

(6) 按住 Shift 键双击打开“成功提示”显示图标，画一个笑脸作为成功提示。

(7) 在 * 群组图标中放置显示图标和移动图标，制作一个苦脸指向固定路径的终点动画(“执行方式”为“同时”)作为错误提示。

(8) 调试运行。演示窗口如图 1.7.61 所示。

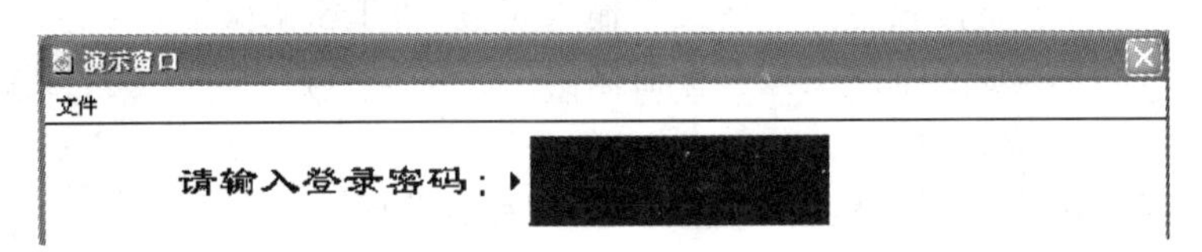

图 1.7.61　密码验证演示窗口

7.6.9　重试限制响应和时间限制响应

重试限制响应，用于限制用户对响应的尝试次数，如身份验证时对密码次数的限制。

时间限制响应，从时间角度限制用户的某项操作，如密码的尝试时间、考试的答题时间限制。时间限制与重试限制的本质是一样的，只是控制方式不同。

以图 1.7.62 所示流程线为例创建重试限制响应和时间限制响应。

(1) 在图 1.7.62 所示的密码验证流程线基础上再将两个群组图标拖放到“密码验证”交互图标最右侧，分别命名为“次数到”和“时间到”。

(2) 双击“次数到”响应图标上的响应类型标志，弹出交互图标属性面板，如图 1.7.63

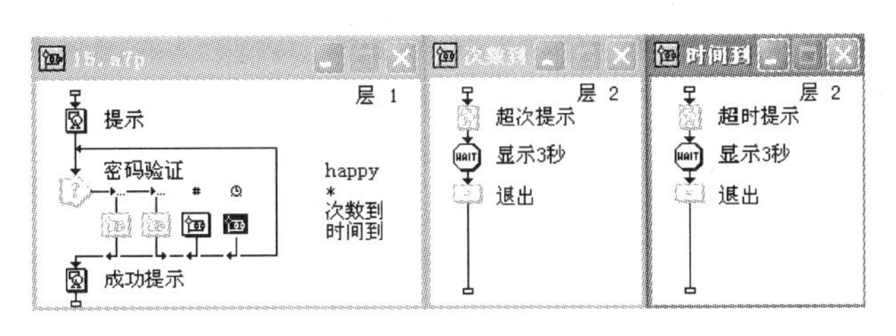

图 1.7.62 重试限制响应和时间限制响应流程线

所示，在“类型”下拉列表中选择“重试限制”，在“重试限制”选项卡“最大限制”文本框中输入 3，“响应”选项卡各选项为默认值。

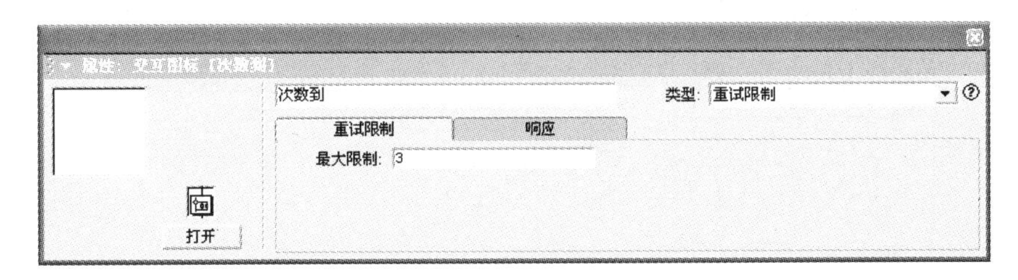

图 1.7.63 次数到交互图标属性浮动面板

(3) 双击“时间到”响应图标上的响应类型标志，弹出交互目标属性面板，如图 1.7.64 所示，在“类型”下拉列表中选择“时间限制”，在“时间限制”选项卡“时限”文本框中输入 15（单位为秒），其他选项为默认值。

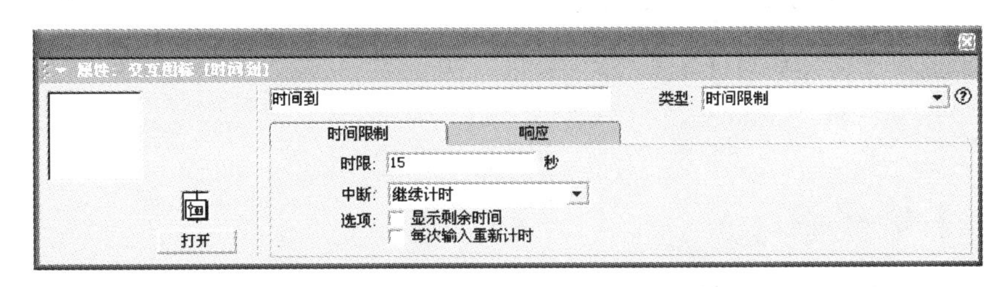

图 1.7.64 时间到交互图标属性浮动面板

(4) 在“次数到”和“时间到”群组图标中放置如图 1.7.62 所示的 3 个图标。

(5) 在演示窗口显示其他内容的情况下（按住 Shift 键打开），在“超次提示”和“超时提示”显示图标中分别输入文字“已试三次，登录失败！”和“时间到，登录失败！”，调整好位置。

(6) 两个“显示 3 秒”等待图标设置相同，在属性面板的“时限”文本框中设置 3，其他选项不选。

(7) 两个“退出”计算图标内的代码相同，均为“quit()”。

(8) 调试运行。

7.6.10 按键响应

按键响应是指在程序运行时可以通过键盘控制程序的运行，Authorware 根据用户按下的键进行相应的响应，响应图标名称就是键盘上响应的键的名称，如果是“?”，则对所有键均响应。比如记忆键盘分布的按键练习或者移动对象的游戏都可以用按键响应。

以图 1.7.65 所示流程线为例创建按键响应,用于按键练习。

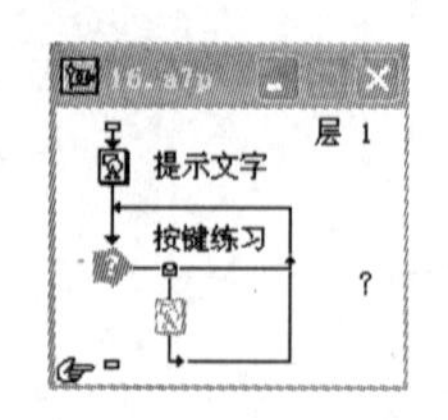

图 1.7.65 按键练习流程线

(1) 将显示图标拖放到流程线上,重命名为“提示文字”;双击打开,输入文字“你按的键是:”。

(2) 将交互图标拖放到流程线上,重命名为“按键练习”。

(3) 将显示图标拖放到交互图标右侧,在弹出的“交互类型”对话框中选择“按键”,重命名为“?”。

(4) 双击“提示文字”显示图标,按住 Shift 键双击“?”显示图标,在演示窗口中“你按的键是:”文字的后面输入“{Key}”,作为“?”显示图标的内容,并为“{Key}”设置文本格式,如图 1.7.66 所示。

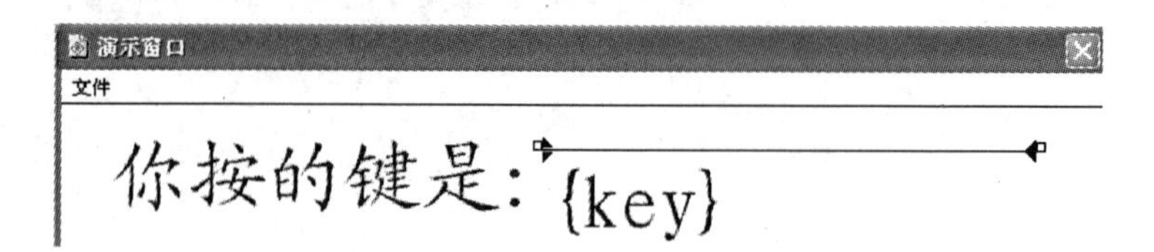

图 1.7.66 演示窗口输入{key}

Key 是系统变量,可以获取用户按下的键的名称。

(5) 调试运行。用户按下键盘上的键,键的名称在演示窗口中出现,如图 1.7.67 所示。

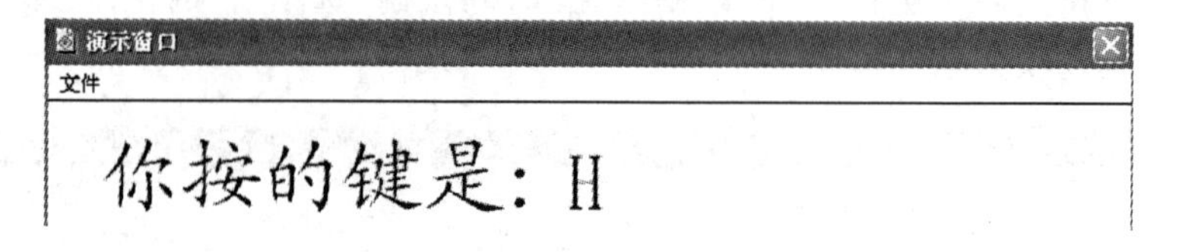

图 1.7.67 按键练习演示窗口

7.6.11 事件响应

事件响应是一种比较特殊的响应方式,主要用于对 Xtras 对象(如 ActiveX 控件)发送的事件(比如单击或双击 ActiveX 控件)进行响应,在程序与 Xtras 对象之间进行交互。

以图 1.7.68 所示流程线为例创建事件响应,用于显示日历控件上的日期。

(1) 执行菜单命令“插入”→“控件”→ActiveX…,在出现的 Select ActiveX Control 对话框中选择“日历控件 12.0”控件(有的对话框中是 Calendar Control 控件),如图 1.7.69 所示,单击 OK 按钮,在随后出现的“ActiveX Control ProPerties-日历控件 12.0”对话框上单击 OK 按钮。流程线上添加了一个名称为 ActiveX…的控件图标,将其重命名为“日历控件”。

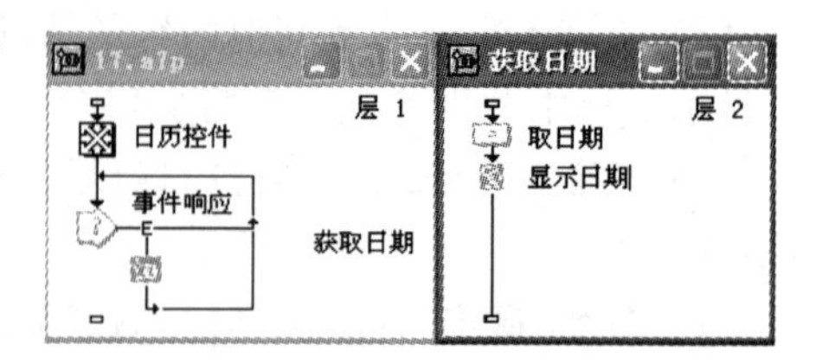

图 1.7.68 显示日历控件日期流程线

(2) 单击 按钮调试运行,执行菜单命令“调试”→“暂停”,单击选中演示窗口中的日历控件,进行大小和位置调整,如图 1.7.70 所示。

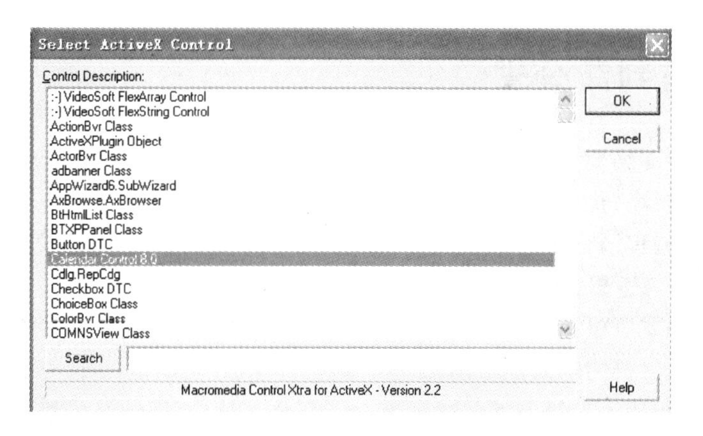

图 1.7.69　“Select ActiveX Control”对话框

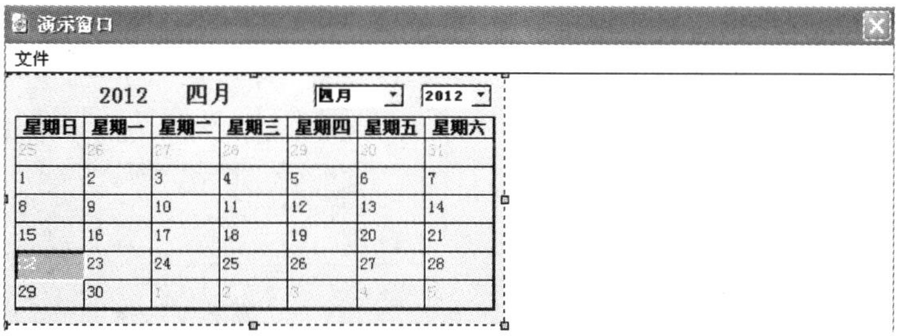

图 1.7.70　调整演示窗口中的日历控件

(3) 在流程线上添加交互图标,重命名为“事件响应”。

(4) 在交互图标右侧添加群组图标,在弹出的“交互类型”对话框中选择“事件”,重命名为“获取日期”。

(5) 双击群组图标上方的响应类型标志,在属性面板的“事件”选项卡“发送”列表框中双击“图标 日历控件”选项,然后在“事”列表框中双击 Click 选项,如图 1.7.71 所示。

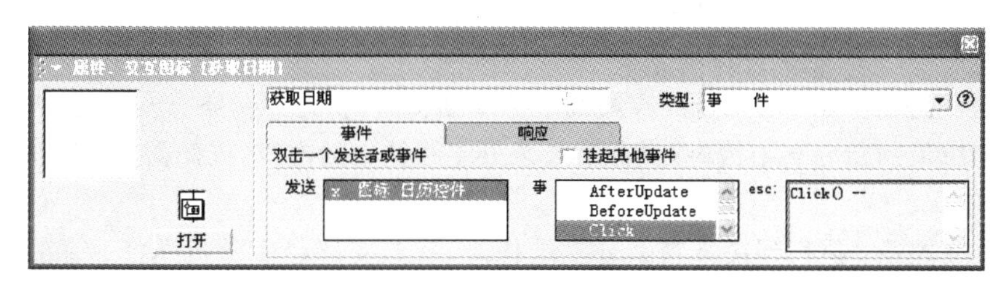

图 1.7.71　获取日期交互图标属性浮动面板

(6) 双击“获取日期”群组图标,如图 1.7.68 所示添加计算图标和显示图标;双击“取日期”计算图标,输入代码:“d:=GetSpriteProperty(@"日历控件",#value)”,关闭计算图标保存修改,在出现的“新建变量”对话框中直接单击“确定”按钮;运行程序,按住 Shift 键同时双击“显示日期”显示图标,在适当的位置输入文字“所选日期是:{d}”。

(7) 调试运行。单击日历中的日期,会在相应的位置显示。

7.7 决策与判断分支

决策与判断分支结构主要用于选择分支流程及进行循环自动控制,决策与判断一些分支是否执行、执行顺序、执行次数及如何结束循环执行。利用它可以实现某些程序语言中的逻辑结构,类似于编程语言中的分支 if-then-else(或 do case-end case)及循环 do while-end do(或 for-end for)等逻辑结构。

决策与判断分支可以由程序自动进行判断并选择相应分支向下执行。此结构用处很多,比如灯光切换、字符闪烁及随机出题的测验程序等。

以图 1.7.72 所示流程线为例创建决策与判断分支结构,用于灯光切换。

(1) 将判断图标拖放到流程线上,重命名为"灯光切换";双击图标,弹出"灯光切换"决策图标属性浮动面板,如图 1.7.73 所示,"重复"选择"直到单击鼠标或按任意键","分支"选择"顺序分支路径"。

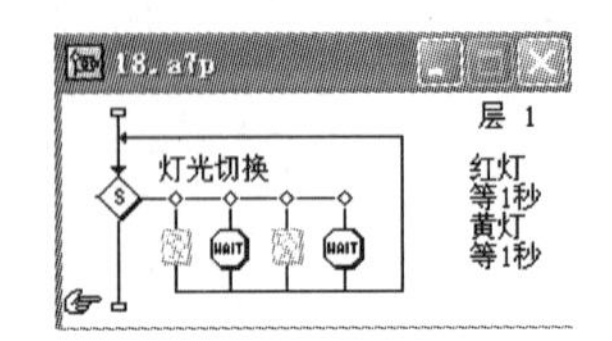

图 1.7.72 灯光切换流程线

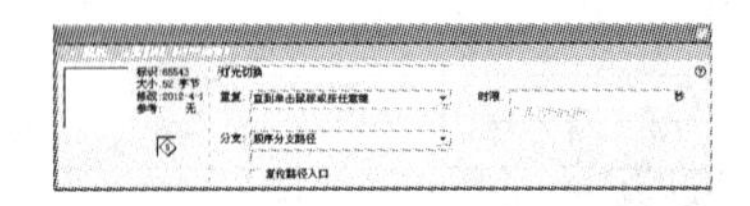

图 1.7.73 灯光切换决策图标属性浮动面板

• "重复"选项决定何时停止重复,退出决策与判断分支结构,有 5 个选项。

固定的循环次数:执行下面文本框指定的次数后停止重复。

所有的路径:所有的分支路径都被执行后停止重复。

直到单击鼠标或按任意键:当用户单击鼠标或按键盘上的任意键时停止重复。

直到判断值为真:当下方文本框中的变量或表达式值为真时停止重复。

不重复:只要有一个分支被执行就停止重复执行决策判断分支,退出决策与判断分支结构返回到主流程线上继续向下执行。

• "分支"选项决定执行哪些分支,有 4 个选项。

顺序分支路径:第一次执行到决策判断分支结构时,执行第一条分支路径中的内容,第二次执行到决策判断分支结构时,执行第二条分支路径中的内容,以此类推自左向右按顺序执行。

随机分支路径:执行到决策判断分支结构时,从分支路径中随机选择一条执行。有可能某些分支多次被执行,某些分支永远没有被执行。

在未执行过的路径中随机选择:执行到决策判断分支结构时,在未执行过的分支路径中随机选择一条执行。确保在重复执行某条分支路径前,将所有分支路径都执行。

计算分支结构:执行到决策判断分支结构时,根据下方文本框中的变量或表达式的值选择要执行的分支路径。

• "复位路径入口"复选框。

仅在"分支"属性设置为"顺序分支路径"或"在未执行的路径中随机选择"时可用。Authorware 用变量记忆已经执行路径的信息,选择此项能清除这些被记忆的信息。

(2) 将显示图标拖放到判断图标右侧，命名为“红灯”。双击打开，画一红色的圆。

(3) 双击“红灯”分支图标上面的分支标志，弹出“红灯”判断路径属性浮动面板，如图 1.7.74 所示，“擦除内容”选择“在退出之前”。

图 1.7.74 红灯判断路径属性浮动面板

(4) 将等待图标拖放到判断图标最右侧，重命名为“等 1 秒”，在“等 1 秒”等待图标属性浮动面板的“时限”文本框输入 1，其他复选框不选中。

(5) 将“红灯”显示图标和“等 1 秒”等待图标复制，粘贴到判断图标最右侧；右侧的显示图标重命名为“黄灯”，双击打开，将红色的圆改为黄色的圆。

(6) 调试运行。演示窗口如图 1.7.75 所示。

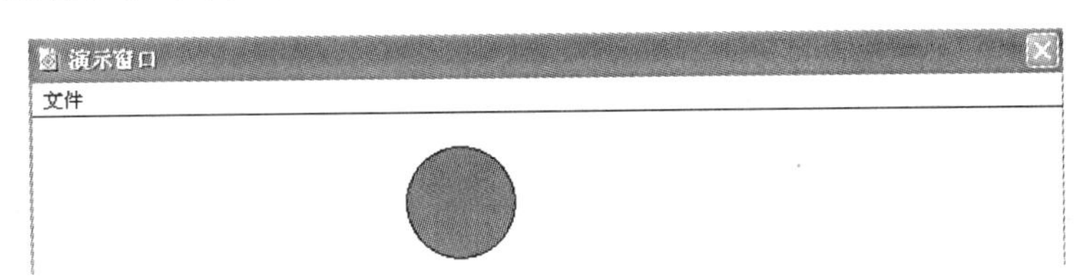

图 1.7.75 灯光切换演示窗口

7.8 框架与导航

在浏览网页时，利用浏览器的导航系统可以非常方便地在各个页面之间进行切换。在许多多媒体软件中，用户希望能够前后翻页、任意跳到某页，或者根据某些条件跳到指定页，Authorware 通过框架图标和导航图标的结合，可以实现多种灵活的跳转。

页式导航结构由框架图标、附属于框架图标的页图标和导航图标共同组成。通过对框架图标内部结构的修改，还可以建立起适合于用户的、形式多样的控制系统，如图 1.7.76 所示，此设计用于产品介绍。

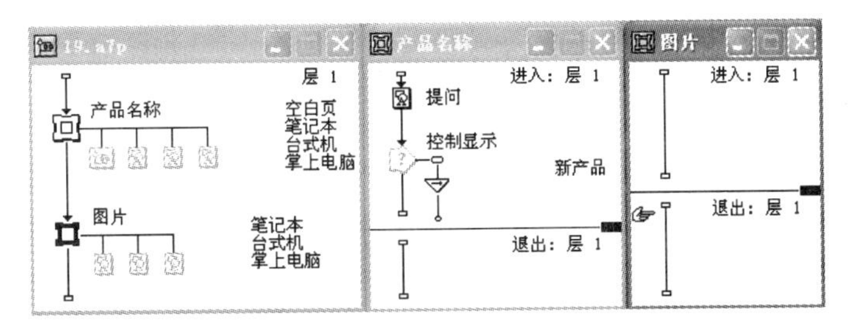

图 1.7.76 产品介绍流程线

以图 1.7.76 所示流程线为例，创建页式导航结构。

(1) 将一框架图标拖放到流程线上，命名为“产品名称”；双击打开，出现如图 1.7.77 所示的“产品名称”框架窗口。

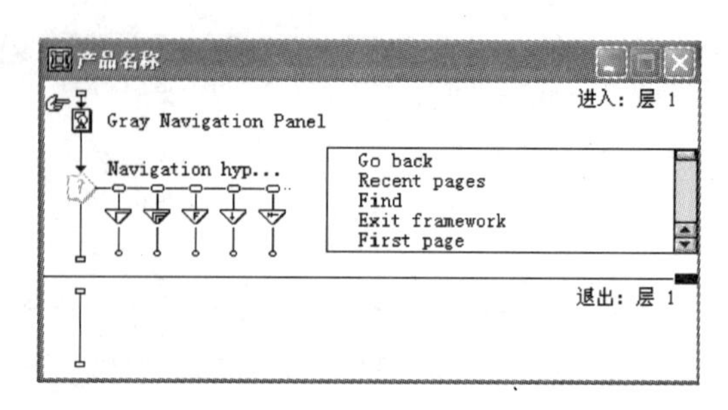

图 1.7.77 “产品名称”框架窗口

- 框架图标是一个具有内部结构的、由许多其他图标构建起来的复合图标，默认的内部结构如图 1.7.77 所示。框架窗口是一个特殊的设计窗口，分隔线将其分为两个窗格，上方是入口窗格，下方是出口窗格。Authorware 执行到一个框架图标时，在执行附属于它的左边第一个页图标前会先执行入口窗格中的内容，如果这里有一幅背景图像，该图像会显示在演示窗口中；在退出框架时，Authorware 会执行出口窗格中的内容，然后擦除在框架中显示的所有内容，撤销所有的导航控制。可以把每次进入(或退出)框架图标时必须执行的内容放置到框架窗口的入口(或出口)窗格中。用鼠标上下拖动分隔线右侧的黑色矩形块可以调整两个窗格的大小。

(2) 将“产品名称”框架图标内原有的图标全部删除；然后如图 1.7.76 所示，在流程线上放置一显示图标，命名为“提问”，双击打开，输入文字“联想公司最近推出了哪些产品?”；将一交互图标放置到流程线上，命名为“控制显示”；将一导航图标放置到交互图标右侧，在弹出的“交互类型”对话框中选择“按钮”响应；双击导航图标，出现导航图标属性面板，如图 1.7.78 所示，在文本框中输入“新产品”，“目的地”选择“附近”，“页”选择“下一页”单选按钮，关闭属性对话框。

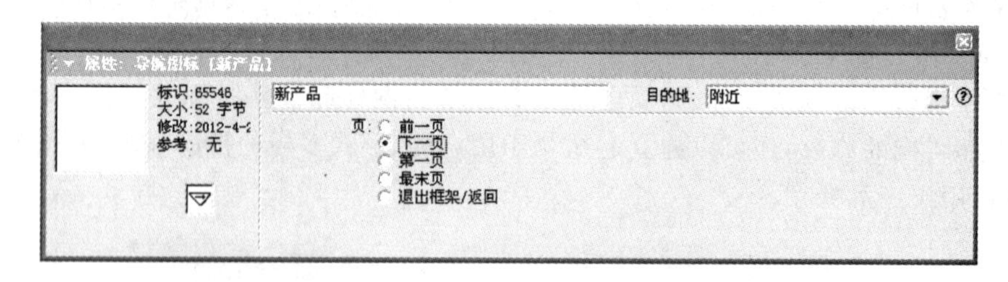

图 1.7.78 导航图标属性浮动面板

- 导航图标用来实现程序流向的跳转，类似于跳转函数 GoTo，但导航图标有更完善的功能。导航图标属性面板中有丰富的选项，通过这些选项的设置，可以用各种不同的查找方式实现程序在同一框架结构内的跳转，以及在不同框架结构之间的跳转。

(3) 双击“新产品”响应图标上方的响应类型标志，弹出新产品交互图标属性面板，在“按钮”选项卡中“鼠标”设置为手形指针，在“响应”选项卡中，选中“永久”复选框，“分支”选择“返回”，如图 1.7.79 所示。

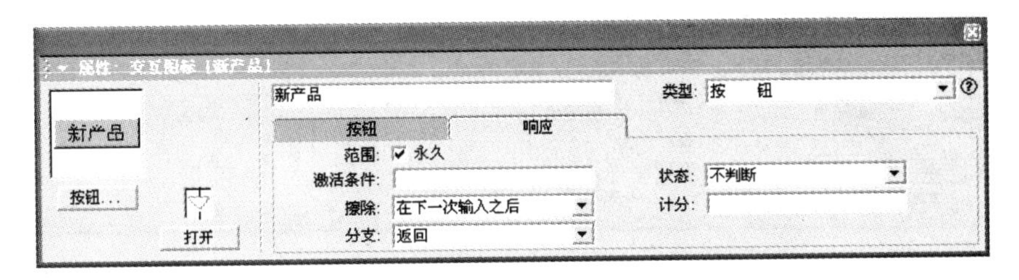

图 1.7.79　新产品交互图标属性浮动面板

(4) 在"产品名称"框架图标右侧放置一个群组图标和 3 个显示图标,并命名,如图 1.7.76 所示。"空白页"群组图标不放置任何图标,"笔记本"、"台式机"和"掌上电脑"3 个显示图标内添加文字,文字内容是各自的图标名称,设置文字格式,模式为"透明"。

(5) 再将一框架图标拖放到流程线上,命名为"图片";双击打开,将框架图标内原有的图标全部删除。

(6) 在"图片"框架图标右侧放置 3 个显示图标,并命名;分别将"笔记本.jpg"、"台式机.jpg"和"掌上电脑.jpg"图像文件导入到"笔记本"、"台式机"和"掌上电脑"3 个显示图标内。

(7) 执行菜单命令"文本"→"定义样式",弹出"定义风格"对话框,如图 1.7.80 所示,单击"添加"按钮;在文本框输入"笔记本"(将新样式命名),选择需要的字体、大小、颜色及风格等,在"交互性"选项组中选中"单击"、"自动加亮"、"指针"和"导航到"复选框;"指针"选择手形;单击"导航到"右侧的按钮,出现导航风格属性浮动面板,如图 1.7.81 所示,"目的"选择"任意位置","类型"选择"调用并返回"单选按钮,"框架"选择流程线上的"图片"框架,"页"选择图片框架的"笔记本"页图标,单击"确定"按钮;单击"定义风格"对话框上的"完成"按钮。

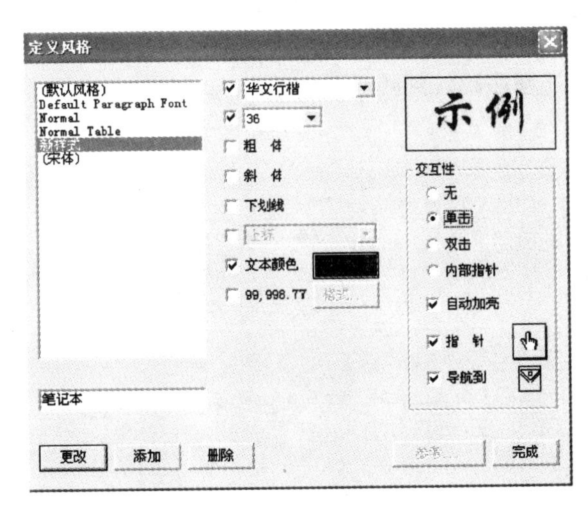

图 1.7.80　"定义风格"对话框

(8) 双击"产品名称"框架右侧的"笔记本"显示图标,在演示窗口中选中文字"笔记本",执行菜单命令"文本"→"应用样式",弹出"应用样式"对话框,如图 1.7.82 所示,选择"笔记本"复选框,然后关闭对话框。

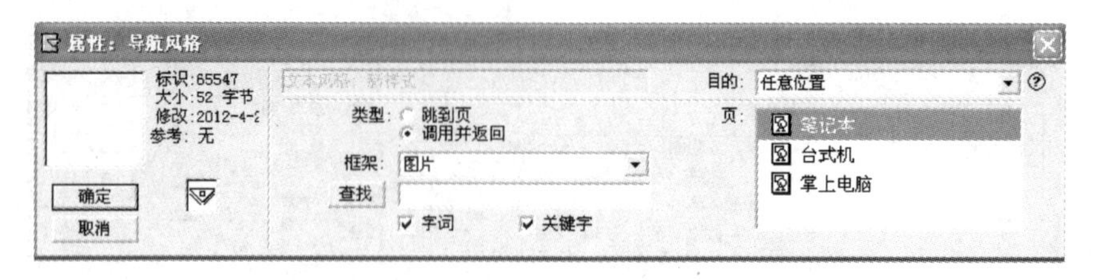

图 1.7.81 导航风格属性浮动面板

(9) 重复第(7)、(8)步，为"台式机"和"掌上电脑"两个显示图标内的文字"定义样式"和"应用样式"，利用这种超文本建立导航链接。

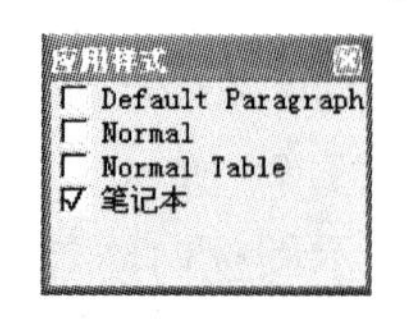

图 1.7.82 "应用样式"对话框

(10) 调试运行。如果文字、图片或按钮的位置需要调整，执行命令"调试"→"暂停"，然后进行调整。演示窗口中单击"新产品"按钮，出现产品名称，将鼠标放在名称上时，鼠标指针变成手形，单击后，演示窗口跳转到指定的图片页上，实现了导航功能。

习题 7

1. Authorware 7.0 有什么特点?
2. 简述 Authorware 多媒体创作流程。
3. 人机界面设计一般要遵循什么原则?
4. 添加图像、声音、动画和数字电影等素材时"链接到文件"复选框的作用是什么?
5. 热区和热对象交互有何区别?
6. 判断决策图标属性面板中"重复"和"分支"选项的作用是什么?
7. 遇到框架图标时程序如何执行?
8. 导航图标可以让程序跳转到哪些目的地?

第8章

光盘制作与刻录

多媒体作品通常保存在某种介质(如硬盘、优盘、光盘等)中。由于光盘容量适中、成本低、性能可靠、便于携带,因而被广泛地使用。本章将介绍光盘制作技术、图标制作技术,并阐述如何缩写使用说明书、技术说明书,以及设计包装。

8.1 基本概念

光盘制作是多媒体制作技术的最后一步,要考虑数据的分类整理、数据存储介质的选择和制作、自动启动文件的运行等技术性问题,还要考虑编写使用说明书、技术说明书,以及包装设计,这样,多媒体作品才能真正完成。本节将向读者介绍什么是多媒体光盘,多媒体光盘包含哪些元素等内容。

8.1.1 什么是多媒体光盘

多媒体光盘是多媒体数据和平台的载体,是提供自动启动、菜单选择、链接应用程序、访问互联网等多种功能的便携式综合平台。

在制作多媒体光盘时,要充分考虑如下问题。

(1) 多种媒体数据之间的协调性、通用性。

(2) 数据量是保证光盘运行效率和稳定性的重要条件。

(3) 光盘界面的功能设置、可操作性、友好性。

(4) 专业化的技术说明、使用说明和美观的外包装。

简而言之.多媒体光盘要体现可靠、友好的特点,以及具有一定的专业水准。

8.1.2 多媒体光盘的元素

多媒体光盘中,包括了媒体数据、平台软件、图标文件、自动启动文件、系统说明、服务信息、外包装等多种元素。

1. 媒体数据

每一种媒体都有自己独特的数据格式和特点,根据数据的特点和应用场合适当地整理数据,是提高数据使用效率和存储效率的重要一环。在实际制作多媒体作品过程中,由于采用的工具软件存在差异,因而采用的数据格式也有所不同。但是,在数据格式上,优先权最大的是多媒体平台软件，所有媒体数据必须采用多媒体平台软件能够接受的文件格式，否则多媒体作品无法完成。

整理数据和文件夹的规则如下。

(1) 按照程序、文件、数据、信息等类别建立一批文件夹。

(2) 程序、工具软件、多媒体应用平台软件所产生的文件放在主文件夹中。

(3) 程序中用到的数据、控制参数、常数，以及函数子程序放在数据文件夹中。

(4) 媒体文件分别放在各自的文件夹中，例如存放动画的文件夹、存放声音的文件夹、存放图像的文件夹等。

(5) 各种说明和帮助信息，例如使用说明书、技术说明书、帮助信息、版权信息、网络登记注册等存放在独立的文件夹中。

(6) 程序中生成的临时文件和信息要保存在特定的文件夹中。

数据整理的一般形式如图1.8.1所示。

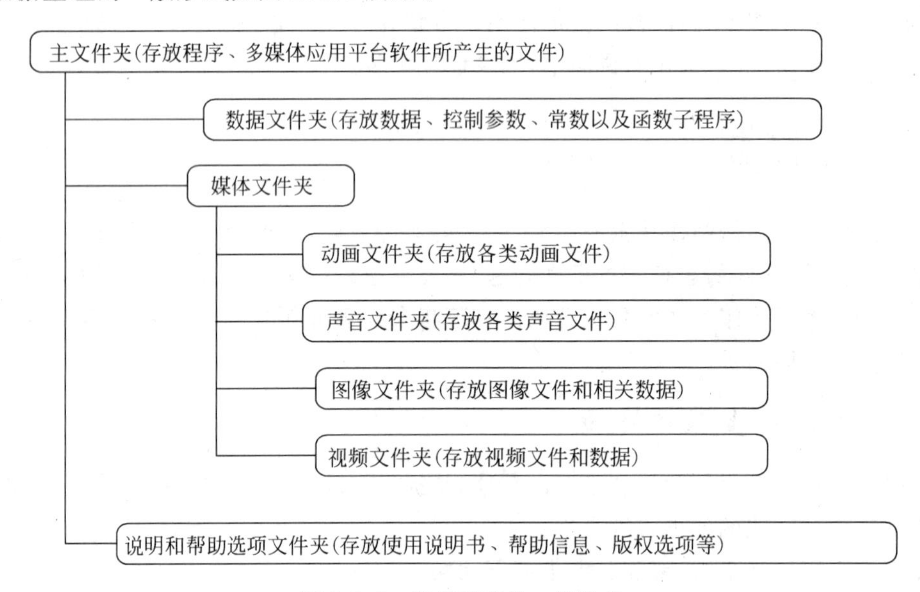

图1.8.1　数据整理的一般形式

为文件夹和文件命名时，应遵循以下原则。

(1) 名字不宜过长，名字基本部分由不超过8个半角字母或数字组成，扩展部分由1个点和3个半角字母或数字组成。

(2) 因为多媒体数据种类繁多，支持系统也五花八门，再加上某些光盘刻录程序和英文版程序不识别中文名，因此文件和文件夹最好用英文命名。

(3) 各种媒体制作软件自动生成的文件扩展名不可随意更改，否则将无法运行这些文件。

2. 平台软件

多媒体平台软件的种类很多，有些需要打包后，才能存放于光盘；有些可直接复制到光盘中。但还有一部分多媒体平台软件无法存放于光盘中，需要额外的系统支持。

3. 图标文件

图标文件用于描述小尺寸的图形，专门用于保存光盘图标或系统图标，采用ICO格式。

多媒体光盘若需要具有个性化的图标，可以利用图标制作软件设计和制作图标，然后保存在光盘上，并在自动启动文件中进行说明。这样，在启动多媒体光盘后，利用资源管理器就能看到该光盘的个性化图标。

4. 自动启动文件

多媒体光盘中的自动启动文件由专用软件生成，避免了编制程序的繁琐。自动启动文件由一组文件组成，其作用是：当光盘插入光盘驱动器后，引导 Windows 系统识别并运行多媒体光盘，并通知系统多媒体光盘使用的图标。

5. 系统说明与服务信息

作为一个完整的多媒体光盘系统，技术说明、使用说明与服务信息是必不可少的。如果该光盘系统作为商品出售，则各种说明和服务信息更要齐备，不能掉以轻心。多数的说明和服务信息都是文档，可在光盘系统中进行阅读，甚至还可以提供打印服务功能。

6. 外包装

多媒体光盘的外包装有两个作用。其一，提供多媒体光盘的各种信息，如光盘标题、内容提要、应用领域、特点、开发者信息等；第二，保护光盘，便于携带。外包装须运用平面设计原理和用户心理学进行设计，不仅美观、信息准确，而且坚固、不易破损。

8.2 光盘自动启动系统

读者使用商品光盘时，都有这样的经历：把光盘插入驱动器后，计算机会自动启动一个美观的界面，在该界面上，可以选择该光盘提供的各种功能，操作起来极为方便。这就是光盘自动启动系统所起的作用。该系统由一组自动启动文件构成，借助专门的工具软件生成，其制作方法即使对编制程序比较陌生的读者也能够轻松掌握。

8.2.1 自动启动原理

光盘自动启动原理参见图 1.8.2。

当光盘插入驱动器后，驱动器发出信号，通知 Windows 系统驱动器中有光盘。随后 Windows 系统寻找光盘中是否有 autorun. inf 文件，该文件提供自动启动信息，是光盘自动启动的关键文件。

若光盘中无 autorun. inf 文件，结束启动过程，Windows 系统不再运行光盘。

若 Windows 系统发现光盘中有 autorun. inf 文件，则执行该文件中的命令。

autorun. inf 文件的首行“[autorun]” 是说明行，说明此后的命令均为自动启动命令。

autorun. inf 文件的第 2 行“OPEN＝Autorun. exe”是命令行，其作用是：通知系统执行光盘中名为“Autorun. exe”的文件。Autorun. exe 文件是核心文件，提供光盘自动启动后的界面和各种选择功能，当选择了退出功能后，则退出光盘启动系统。

autorun. inf 文件的第 3 行是“ICON＝mycd. ico”，其作用是通知 Windows 系统：本光盘使用“mycd. ico”图标文件提供的图标。

8.2.2 工具软件简介

通过了解光盘自动启动原理，可知自动启动的关键是一组自动启动文件。这组文件是：

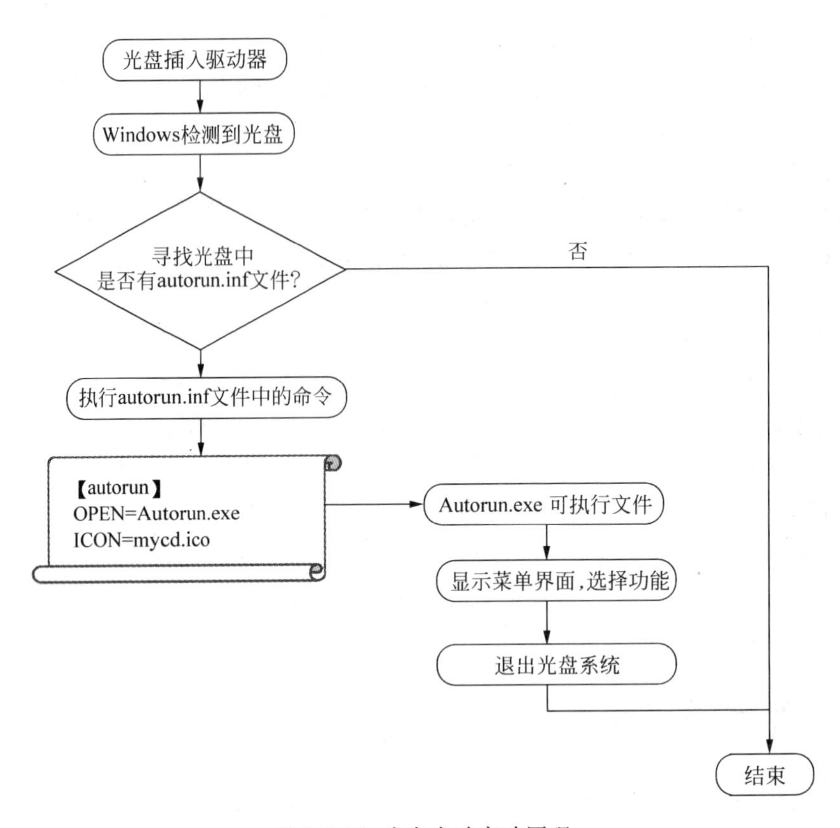

图 1.8.2　光盘自动启动原理

autorun. exe、autorun. inf、autorun. apm 和 Data 文件夹。前两个文件已做过简单介绍；autorun. apm 是辅助文件；Data 文件夹用于存放 autorun. exe 文件使用的所有相关数据。

AutoPlay Menu Studio 是制作光盘自动启动文件的工具软件,可生成上述的一组自动启动文件。该软件由 Indigo Rose Software 公司开发,运行在 Windows 9x/ME/NT/2000/XP 中。

软件具有如下特点：

(1) 适合多媒体光盘的制作,界面具有 Windows 的明显特征,并可根据个人爱好,在窗口背景中贴上图片、设置功能按钮、添加效果音等,使窗口看起来更加漂亮、具有个性。

(2) 鼠标操作具有特色和趣味性。如鼠标移动或点击时可发出声响,而声响既可用该软件自带的,也可由读者自制,采用 WAV 或 MP3 格式。当鼠标滑过按钮、图片、文字或是其他对象时,对象的颜色和形式可发生改变,使窗口内的菜单和按钮更加醒目和富于变化。

(3) 提供炫耀显示功能,将产品商标或公司徽标做成专门的显示画面,在启动光盘时,先显示该画面数秒,然后进入主界面。炫耀显示也可根据事先的设置保留在屏幕上。

(4) 可采用 AVI 格式的视频显示,它的动态显示和同步声音使界面更显华丽。

(5) 能够运行 PowerPoint 制作的演示文稿、运行 Windows 可执行程序、访问互联网、打印文件、浏览文档、发送 E-mail、打开资源管理器等。

(6) 具有读取和改写 Windows 注册表和. ini 文件的功能,使 Windows 环境更加适合运行多媒体程序。

(7) 提供多页面功能，可以交替显示很多页面，其总数达到1000个。每个页面可以安排独立的选择控制功能。

8.2.3　启动与状态设置

启动 AutoPlay Menu Studio 软件，选择标准样板，然后进行工程设置、页面设置等状态设置，是使用该软件首要的操作内容。

1. 启动

设置启动的步骤如下。

(1) 双击桌面上的快捷图标，启动该软件。首先见到的是如图1.8.3所示的“欢迎”对话框。在该对话框中，单击“创建一个新的工程”图标，显示如图1.8.4所示的“工程样板库”对话框。

图1.8.3　“欢迎”对话框

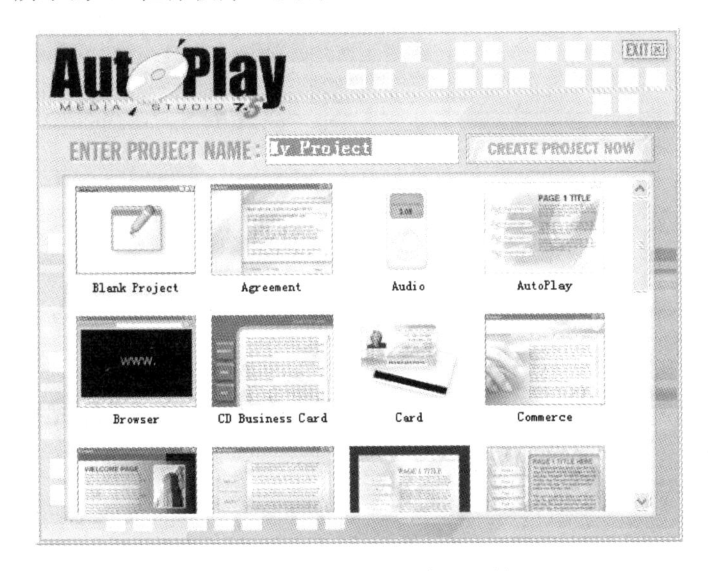

图1.8.4　“工程样板库”对话框

(2) 在“工程样板库”对话框中选择一种样板。除了“空白工程”样板以外，其余样板都有其固定的模式。选择标准化样板，可以减少创建工程的工作量，但缺乏灵活性和个性。

提示：建议选择“空白工程”样板，这样就可以从无到有、循序渐进地逐步熟悉和掌握该软件的使用方法，并制作出有特色的工程。

单击“空白工程”图标，单击“确定”按钮，显示图1.8.5所示的主界面。

主界面的顶部是菜单栏，其下是工具栏，提供各种编辑功能。页面背景是光盘自动启动后的主界面，其中可以安排图片、图形按钮、文字等各种对象，并为其附加控制功能。底部的页面控制工具用于添加、删除、复制页面，每个页面都可提供控制功能，页面之间可跳转。

信息提示栏用于显示编辑工具按钮的功能、操作提示、菜单选项的作用等信息。

2. 工程与页面设置

工程设置主要解决页面尺寸、光盘启动的显示状态、虚拟文件夹、指定光盘使用的图标

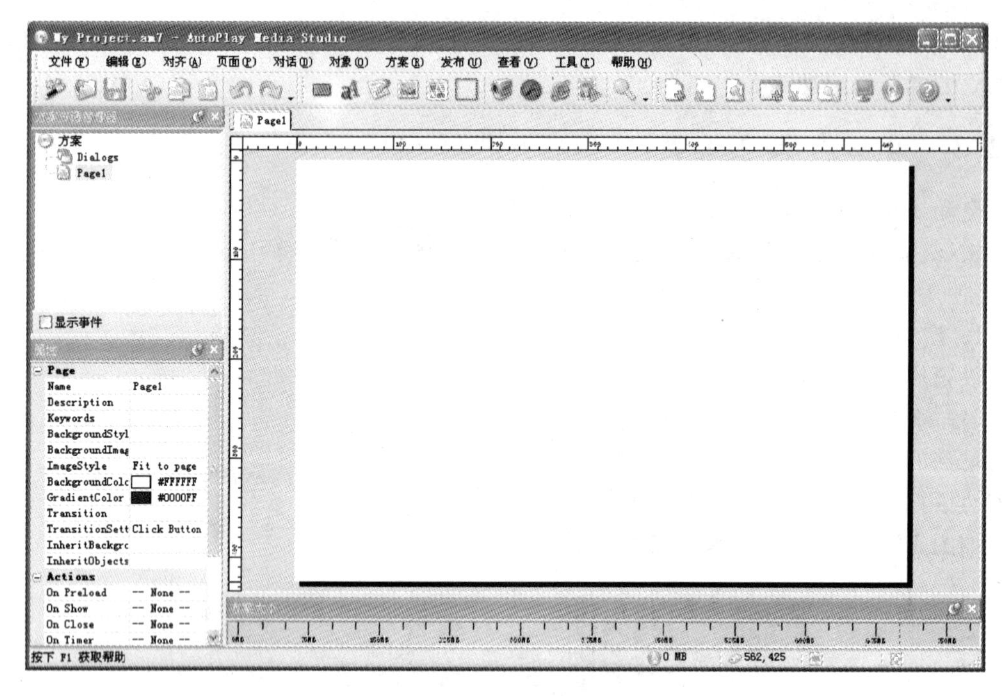

图 1.8.5 主界面

等问题。而页面设置则指定窗口界面的名称、背景颜色、图片背景设置等。

工程设置的步骤如下。

(1) 鼠标右击窗口背景,显示如图 1.8.6 所示的菜单,选择“属性”选项,显示如图 1.8.7 所示的“属性”对话框,在页面名称中改变名称。

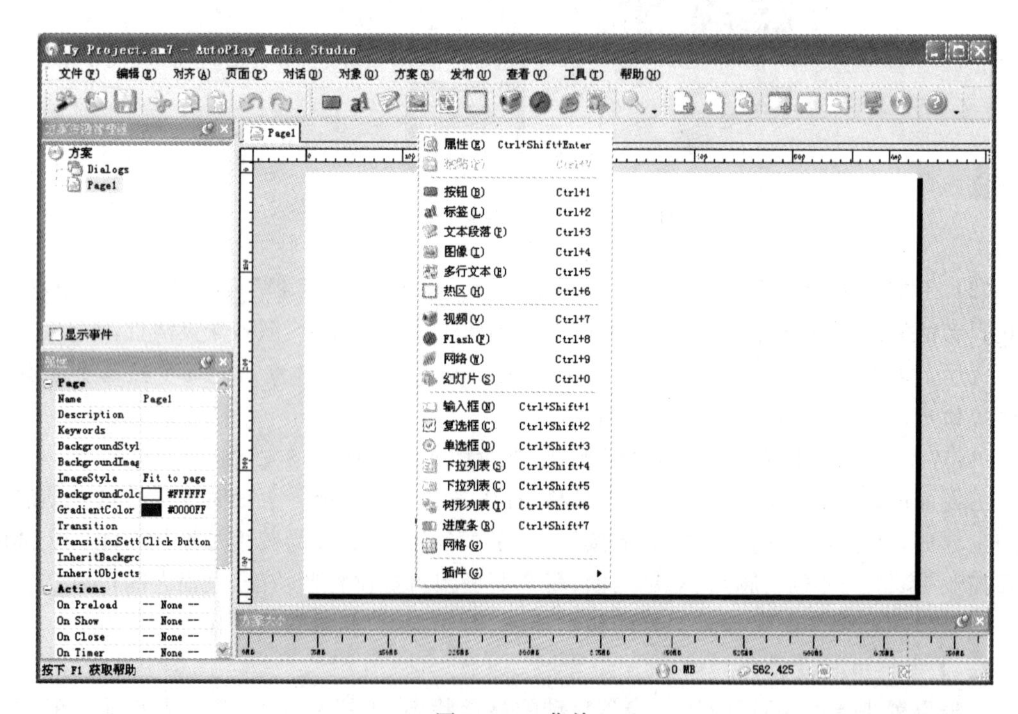

图 1.8.6 菜单

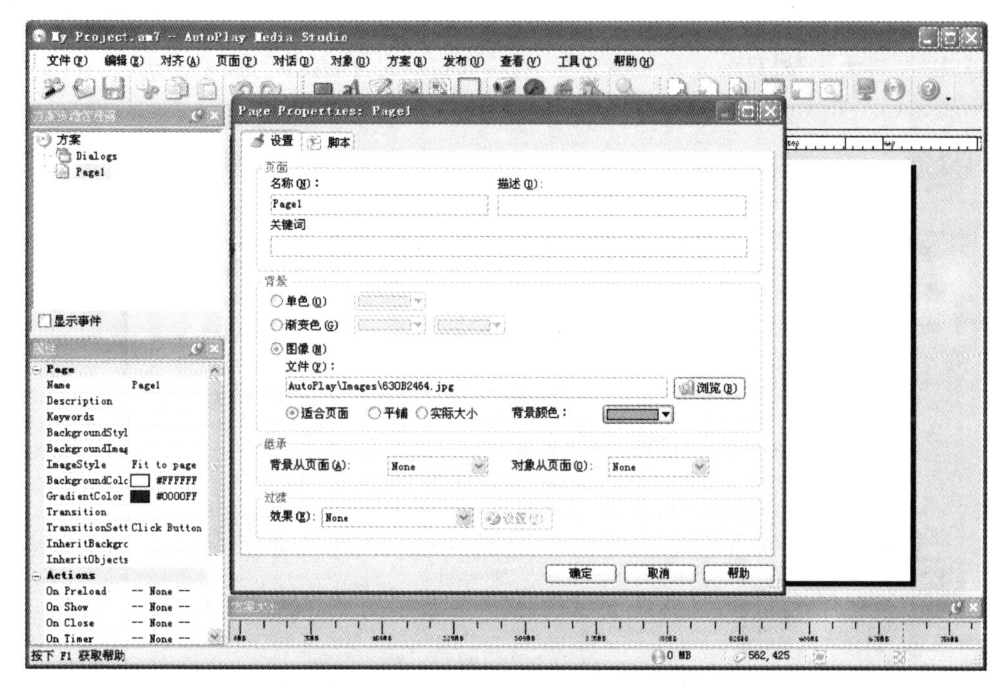

图 1.8.7 “属性”对话框

(2) 设置窗口形式。在背景的“图像”栏目中,设置背景图像。单击“浏览”,可以选择图像的位置,如图 1.8.8 所示。

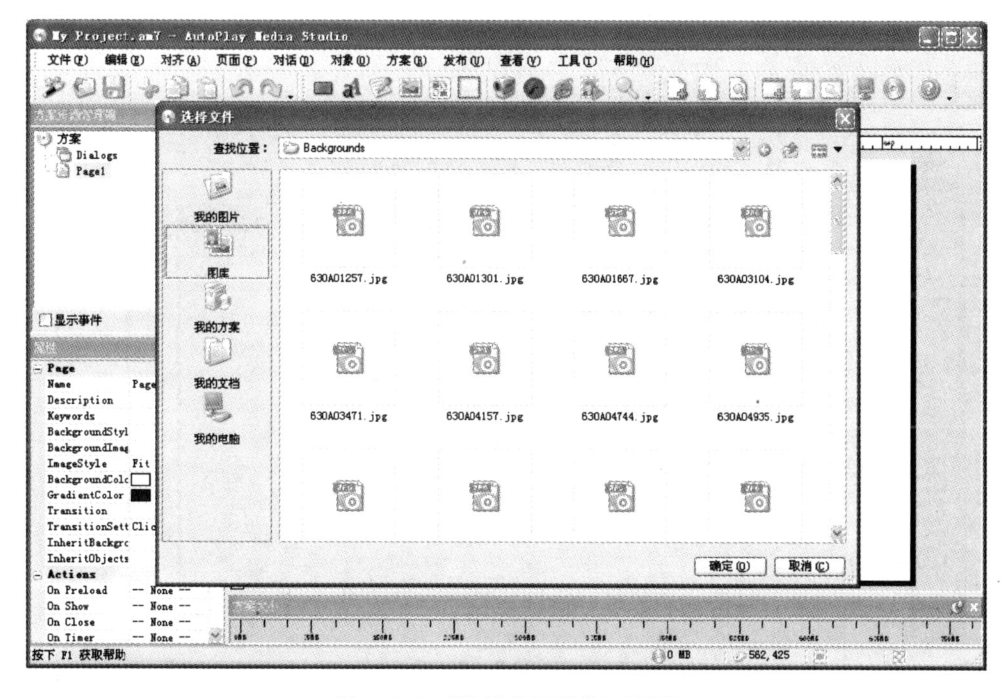

图 1.8.8 “选择背景图像”对话框

(3) 确定窗口尺寸。单击“方案”菜单，选择“设置”选项，打开设置对话框，如图 1.8.9 所示。在“窗口大小”栏目的宽度和高度框中，输入窗口尺寸，单位为像素。默认的窗口尺寸为 630 像素(宽)和 425 像素(高)。

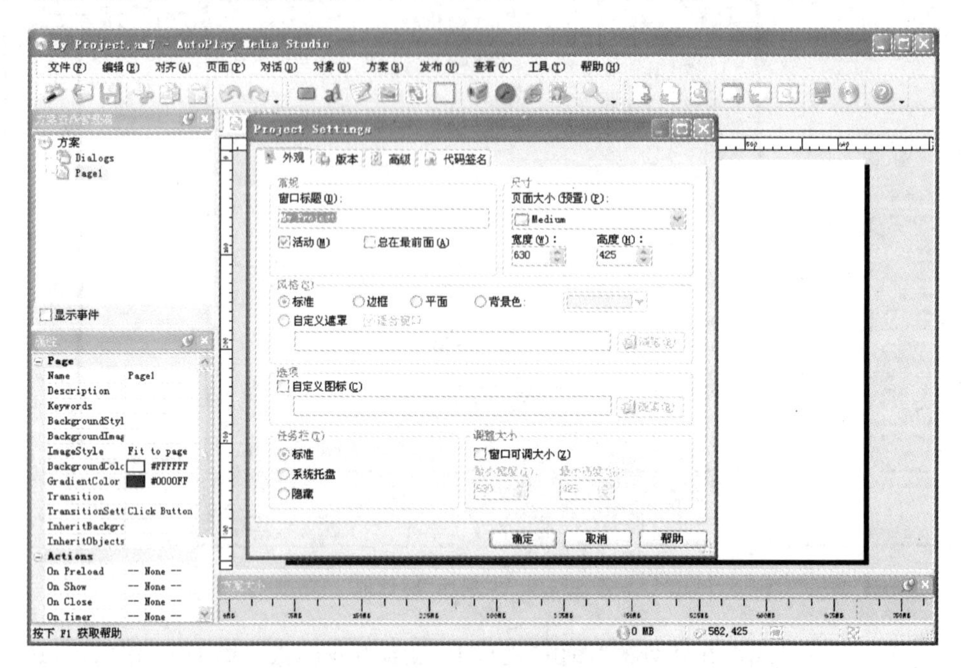

图 1.8.9 “设置”选项

(4) 在页面的背景上右击，选择“按钮”命令，打开按钮设置对话框，如图 1.8.10 所示，选择需要的按钮类型。

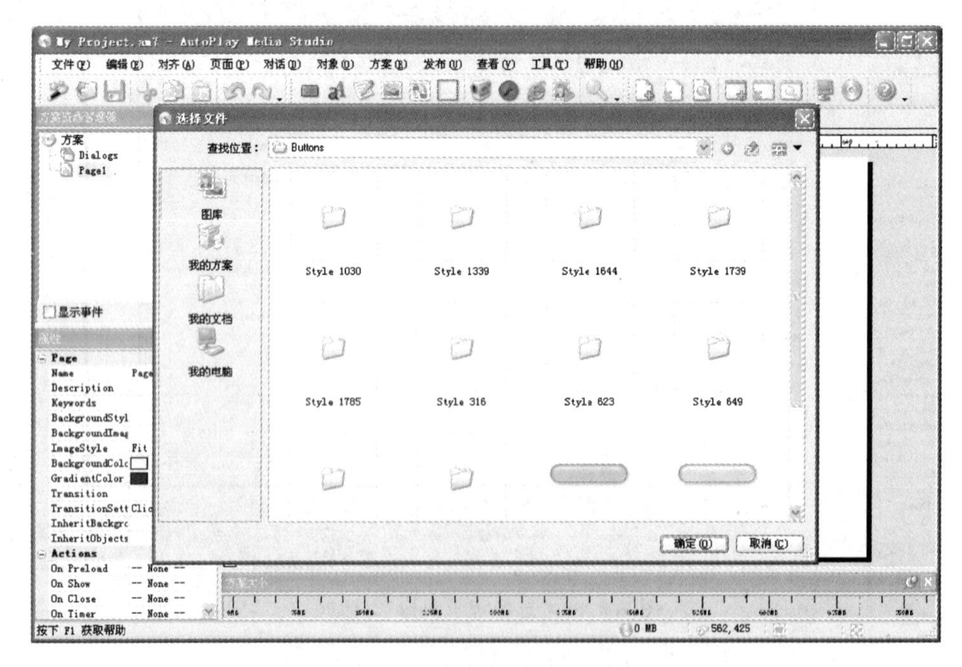

图 1.8.10 按钮设置对话框

(5) 在按钮上右击,选择"属性",打开对话框,如图 1.8.11 所示。

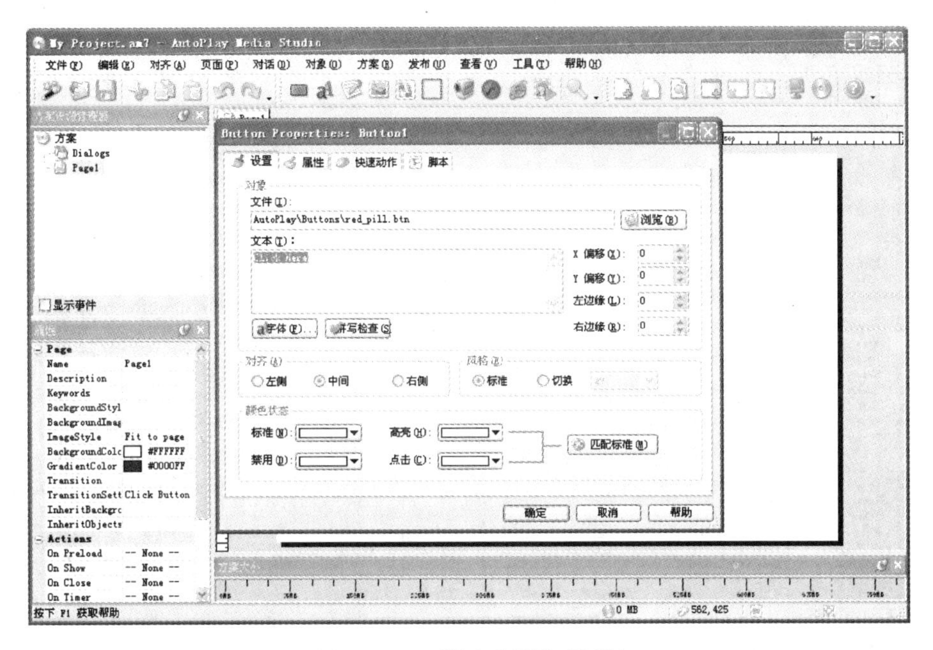

图 1.8.11 "按钮"属性对话框

(6) 在页面菜单中选择"添加"命令,即可添加新的页面,然后和第一个页面一样,添加背景图像。

(7) 在页面 Page1 背景中右击,选择文本段落,然后在文本上右击,选择"属性"命令打开对话框,如图 1.8.12,在对象文本中输入所需的文字,改写文本,如"多媒体技术与应用教学系统",接着根据所需对字体进行设置。结果如图 1.8.13 所示。

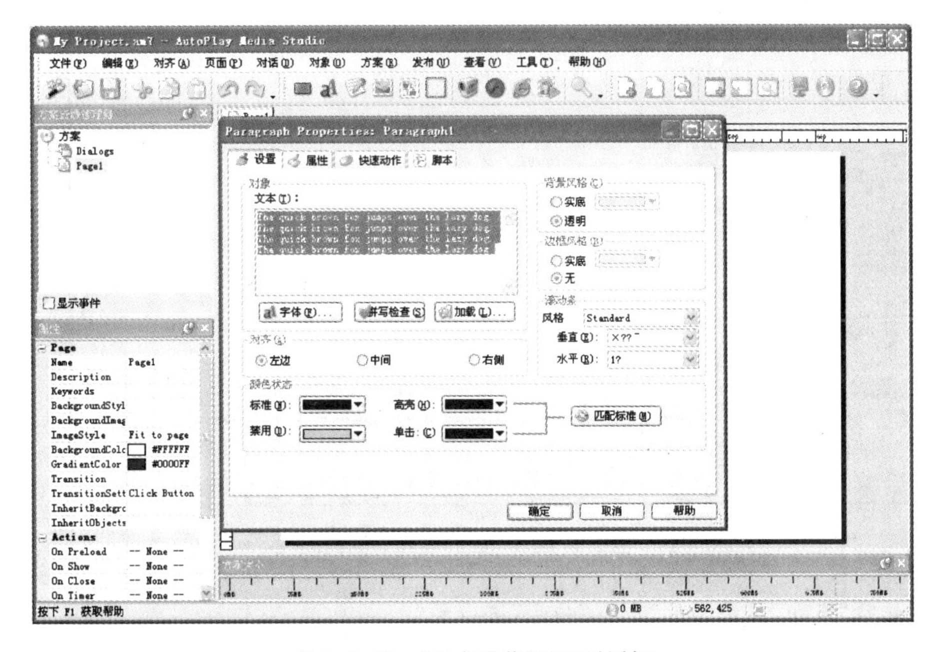

图 1.8.12 "文本段落"设置对话框

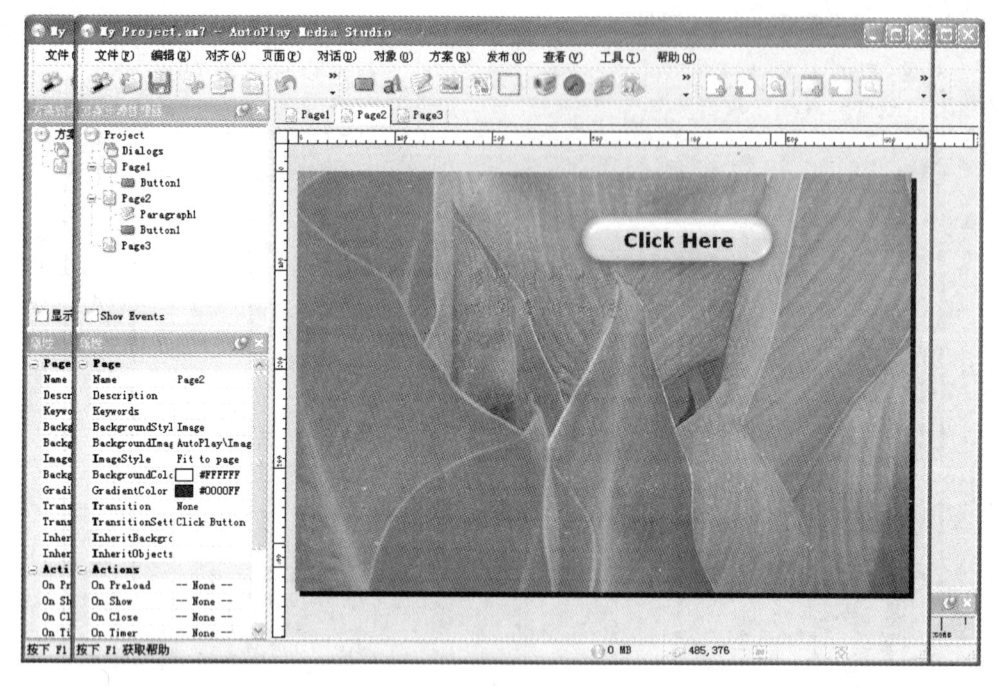

图 1.8.13 文本段落设置

(8) 回到主界面,设置按钮的属性,如图 1.8.14,设置“快速动作”选项。

图 1.8.14 “按钮”属性对话框

(9) 选择“发布”菜单中的“预览”命令,进行预览。

8.2.4　对象设置

页面中可以使用多种对象，并赋予其控制功能。对象包括文字、图像、视频等。就功能而言，可以通过对象打开 PPS 格式的演示文稿、资源管理器、访问互联网等。

1. 文字设置

文字设置的步骤如下。

(1) 鼠标右击页面，在菜单中选择“文本”选项。显示图 1.8.15 所示的“文本对象属性”对话框。当前为“设置”选项卡。

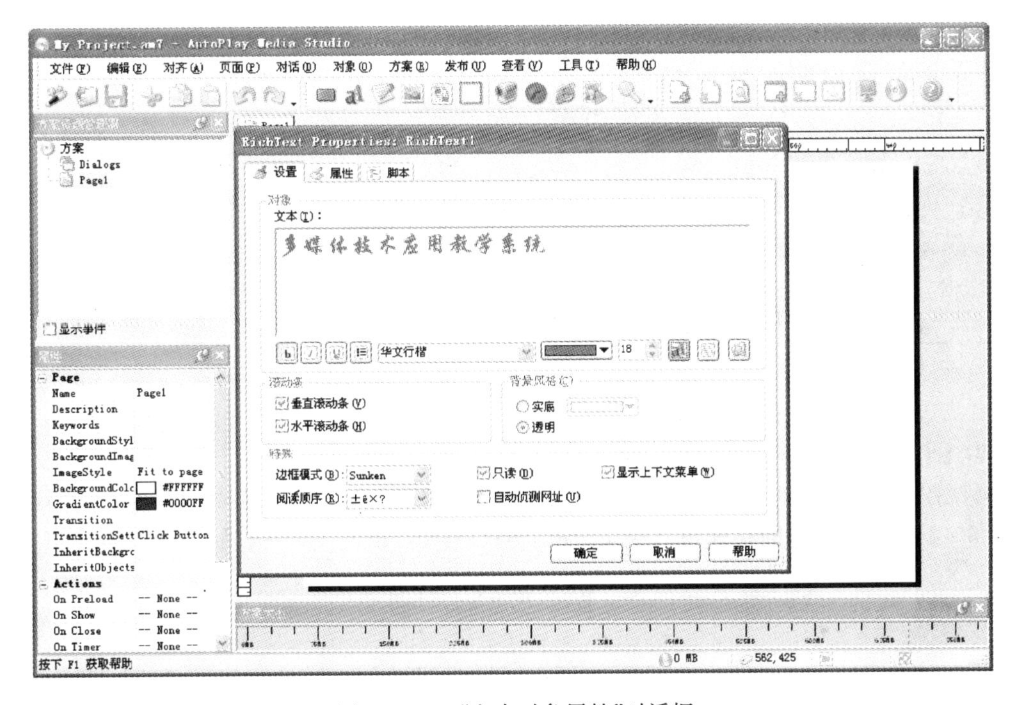

图 1.8.15　“文本对象属性”对话框

(2) 输入文字，如“多媒体技术应用教学系统”。键盘上的 BackSpace 键或 Delete 键可删除文字。根据需要设置字体和颜色。

(3) 在图 1.8.16 所示的对话框中选择对齐方式。选择“左对齐”、“顶部对齐”、“右对齐”、“底部”中的一种。

提示：对齐方式只在文字的文本框内起作用，并不是在整个页面中对齐。

(4) 设置文字的工具提示文本。单击图 1.8.15 对话框中的“属性”选项卡，显示图 1.8.16 所示的“文本对象属性”对话框。在“工具提示”框内输入文字，如“适用于 Office 2003 系统”。

提示：工具提示文本是 Windows 系统中常见的现象，当鼠标移动到文字或按钮上并停留片刻时，会在鼠标位置显示文字提示，这就是工具提示文本。

(5) 预览效果。单击工具栏中的 (预览)按钮，即可预览实际运行的效果。退出预览时，单击窗口右上角的“关闭”按钮。

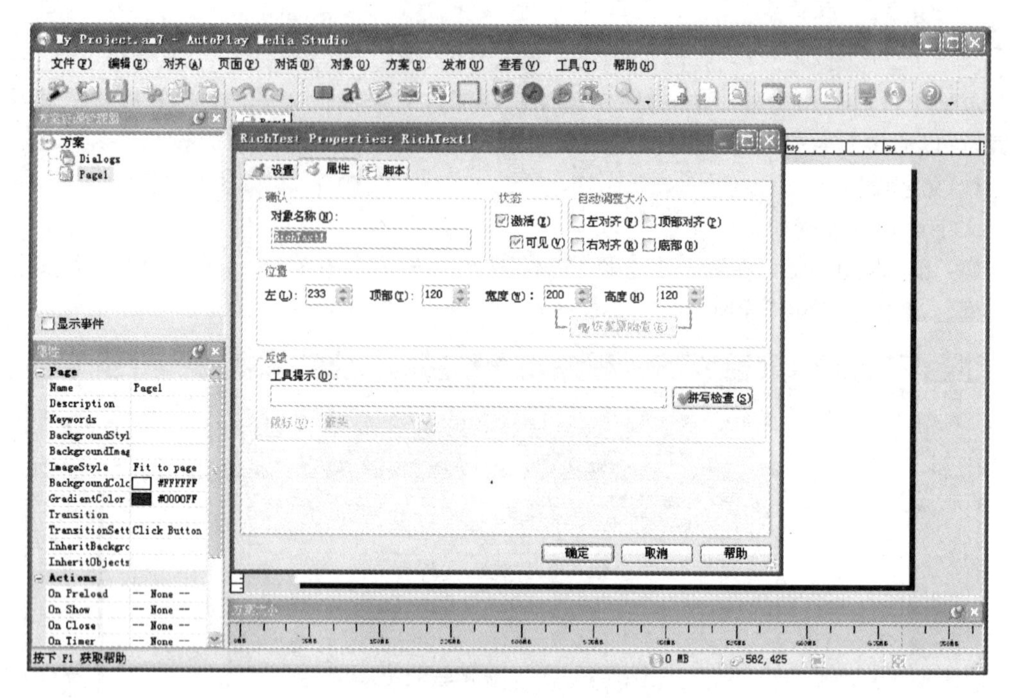

图 1.8.16 “文本对象属性”对话框

2. 图像设置

利用图像设置可制作各种图形按钮。为了表现按钮的动态效果，图像应成对制作，如图 1.8.17 所示。图像的格式可以是 BMP、JPG、PCX、TIF 等，颜色数量不宜过多。

图 1.8.17 成对的按钮图像

图像设置的步骤如下。

(1) 鼠标右击页面，在菜单中选择“图像”选项，插入图像，在图像上右击，选择“属性”，显示图 1.8.18 所示的“图像对象属性”对话框。单击 浏览(B) 按钮，选择图 1.8.17 所示的图像。

(2) 需要图像背景透明时，单击“透明颜色”选项，使其有效。

(3) 鼠标形态设置。在图 1.8.18 所示的对话框中单击“属性”选项卡，显示“图像对象属性”对话框，设置方法也与文字类似。

3. 视频设置

视频影像经常被应用于界面中，鲜活的动态影像具有说服力，效果也非常好。但由于视频影像的数据量很大，因此使用之前要进行加工和剪辑，以便减少数据量，提高运行效率。

视频设置的步骤如下。

(1) 鼠标右击页面，在菜单中选择“视频”选项。随后选择视频的属性，然后在视频上右击，选择“属性”命令，显示图 1.8.19 所示的“视频对象属性”对话框。在对话框中，单击“文件”框右侧的 浏览(B) 按钮，再选择指定文件夹和视频文件。

(2) 根据需要，选择“自动开始”、“维持原始大小” 和“显示边框” 选项。

图 1.8.18　“图像对象属性”对话框

图 1.8.19　“视频对象属性”对话框

提示：若选择了“自动开始”，则当程序进入运行状态后立即演播视频，反之则不播放。

4. 删除与复制对象

删除对象的步骤如下：

鼠标右击欲删除的对象，在菜单中选择“删除”选项，也可以用鼠标单击对象，然后按键盘上的 Delete 键。

复制对象的步骤如下。

(1) 单击对象,单击工具栏中的(复制)按钮,将对象存入剪贴板。

(2) 单击工具栏中的(粘贴)按钮,将剪贴板中的对象粘贴到页面上。

提示: 可以使用 Windows 通用的键盘操作,如 Ctrl+C 键用于复制;Ctrl+V 键用于粘贴。

8.2.5 控制功能设置

各种对象都可以设置控制功能,其设置方法完全相同。主要的控制功能包括。

(1) 播放音频——播放 WAV 格式和 MP3 格式的音频文件、停止播放音频。

(2) 生成对话框——显示提示信息、提示条件判断、提示输入密码。

(3) 执行程序——执行 Windows 程序、打开 PPS 演示文稿、资源管理器、访问互联网。

(4) 页面控制——跳转页面、隐藏对象、显示对象。

(5) 窗口控制——关闭、还原、最小化和刷新窗口。

1. 打开 PPS 演示文稿

PPS 演示文稿是采用 PowerPoint 制作的多媒体演示系统,在光盘启动后,通过单击界面上的对象,即可打开该系统。

制作步骤:

(1) 把 PPS 演示文稿复制到虚拟 CD-ROM 文件夹中,假定文件名为 design01. pps。

(2) 在界面中设置一对按钮。

(3) 在页面上鼠标右击选择按钮,选择所需的按钮,鼠标右击按钮选择"属性"选项,显示"按钮对象属性"对话框。在文本中输入按钮上显示的文字,如图 1.8.20 所示。单击"快速动作"选项卡,在要运行的动作选项中选择 Open Document 选项,然后在要打开的文档中单击 浏览(B) 按钮,选择需要打开的 PPS 文档,如图 1.8.21 所示。

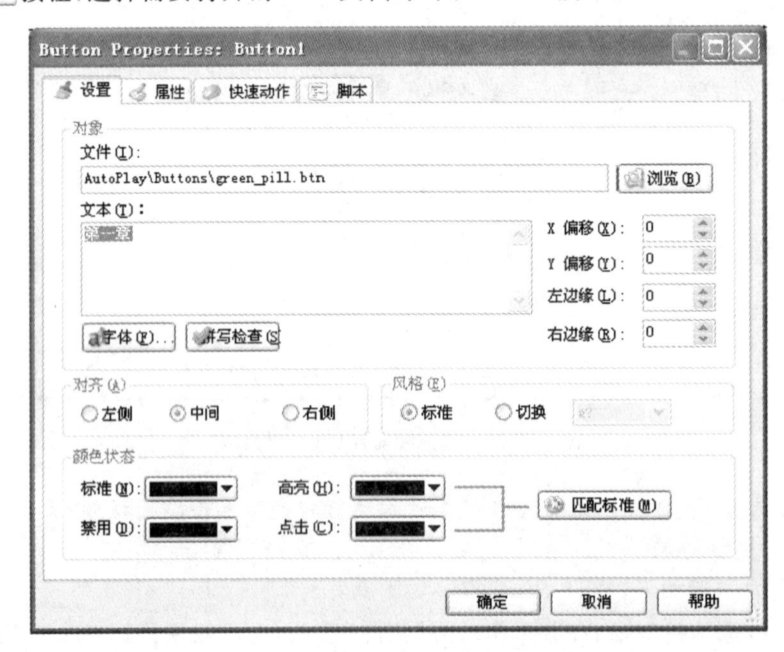

图 1.8.20 "按钮对象属性"对话框

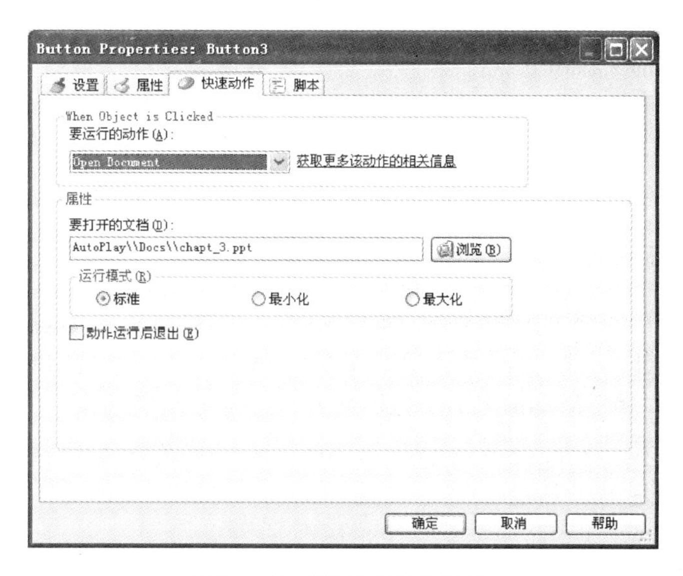

图 1.8.21　“快速动作”对话框

(4) 单击“确定”按钮，结束设置。

(5) 单击工具栏中的预览按钮，预览效果。

2. 播放音频

在界面中，可以安排贺词、祝福语、课间音乐等声音的播放功能。需要时，单击对象即可播放或停止音频文件。

(1) 播放设置步骤

建立一按钮，鼠标右击按钮选择“属性”选项，显示“按钮对象属性”对话框，如图 1.8.20 所示。选择“属性”选项卡，在工具提示栏中输入文字“音乐”。单击“快速动作”选项卡，在要运行的动作选项中选择 Open Document 选项，然后在要打开的文档中单击 浏览(B) 按钮，选择需要打开的声音文档。

(2) 停止播放设置步骤

建立一对图像按钮，鼠标右击对象，选择“属性”选项，如图 1.8.20 所示。选择“属性”选项卡，在工具提示栏中输入文字“结束背景音乐”。单击“快速动作”选项卡，在要运行的动作选项中选择 Play/Pause Background Music 选项，即可关闭背景音乐。

3. 使用资源管理器

资源管理器是 Windows 使用最频繁的工具。在自动启动文件中，往往利用资源管理器浏览光盘内容和提供文件操作平台。

设置使用资源管理器的步骤如下。

(1) 建立一图像按钮，鼠标右击对象，选择“属性”选项，如图 1.8.20 所示。选择“属性”选项卡，在工具提示栏中输入文字“打开文件夹”。单击“快速动作”选项卡，在要运行的动作选项中选择 Explore Folder 选项，如图 1.8.21 所示。单击“确定”按钮。

(2) 单击工具栏中的 (预览)按钮，预览效果，用鼠标单击对象，则会打开资源管理器。

4. 设置退出功能

在自动启动文件的界面中操作完毕，即可退出该界面，返回 Windows 环境中。这个操作通过单击具有关闭窗口功能的对象实现。

设置退出功能的步骤如下：

(1) 准备一个图形按钮，鼠标右击该按钮，选择“属性”选项，如图 1.8.20 所示单击“快速动作”选项卡。在要运行的动作选项中选择 Exit/Close 选项，单击“确定”按钮。

(2) 单击工具栏中的 (预览)按钮，预览效果，用鼠标单击对象，则会退出。

8.2.6 多页面设计

在本节之前，所有对象的设置都在一页内进行。自动启动文件可以有多个页面，用于控制功能较多或内容分类的情况，每页的对象设置方法完全相同。

参见图 1.8.22，界面底部的 Page1 是页面名称，表示当前页是第一页。右上面则还有一组与页面操作有关的按钮，如图 1.8.23 所示，主要用于添加页面、删除页面等与页面有关的操作。

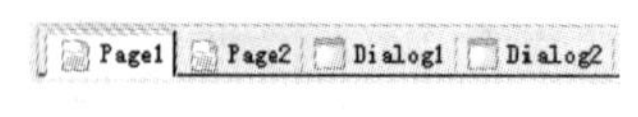

图 1.8.22 页面名称

图 1.8.23 页面操作按钮

1. 添加页面

单击 (添加页面)按钮，随后显示新建页面画面，自动命名为 Page2，界面上部多了 Page2 空白页面。

提示： 单击页面名称，可在多个页面中指定当前页。AutoPlay Menu Studio 软件最多允许 1000 页，但在实际使用中，往往制作 3～4 页也就足够了。

2. 复制页面

单击页面名称，右击选择“复制”命令，即可复制页面。

3. 删除页面

单击某个页面名称，单击 (删除页面)按钮，询问“你肯定要删除……?”，单击“是”按钮。

4. 页面更名

单击某页名称，右击，选择“属性”命令，在名称框中输入页面名称，即可更名，然后单击“确定”按钮。

5. 使用剪贴板

使用剪贴板可以把某页的对象复制到另一页或多个页面中。在某一页中单击对象，按 Ctrl+C 键，把该对象复制到剪贴板中。

选择其他页面，再按 Ctrl+V 键，把对象粘贴到页面中。由于粘贴的次数不限，因此可得到很多对象复制品。

提示： 对象连同控制功能一并被复制。

8.2.7 保存源文件

源文件记录了自动启动文件的所有内部细节，保存该文件很重要。源文件不能直接运行。要得到能够运行的文件，还需要另外生成。

保存步骤。

(1) 选择“文件”→“另存为”选项,显示“另存为” 对话框。

(2) 在该对话框中,指定路径、文件名,文件类型采用默认的工程文件(*.am7)格式,单击“保存”按钮。源文件被保存后,扩展名为.am7。

提示: 源文件是辛苦工作的结晶,一般不宜外泄。因此,该文件不要保存在虚拟 CD-ROM 文件夹中,更不要刻录在光盘中,而要保存在其他可靠的地方。

源文件能够进行再编辑,只需启动 AutoPlay Menu Studio 软件,在欢迎画面中单击“打开存在的工程”选项,随后指定源文件名即可。

重要提示:源文件所使用的所有对象素材不能删除,也不能变更路径和文件名,否则在重新打开该文件进行编辑时,将显示缺少文件的信息。如果只是变更了路径,则可以按照提示“双击文件直到在你的系统上定位为止”,双击信息清单中的第一个文件名,然后指定新的路径即可。

8.2.8 生成自动启动文件

能够运行的文件如下:

autorun.inf——自动启动文件的安装信息,即光盘插入驱动器后系统首先寻找的目标。

autorun.exe——Windows 可执行程序,它是源文件经过编译、链接后形成的文件。

autorun.apm——辅助文件。

Data 文件夹——用于存放 autorun.exe 文件使用的各种素材、数据以及字体文件等。

通过生成操作,可自动生成上述文件,并存放在虚拟 CD-ROM 文件夹中。

生成自动启动文件的步骤如下。

(1) 选择发布菜单,单击“创建发布(B…)”,打开对话框,如图 1.8.24 所示。选择其中“硬盘文件夹”,单击 Next,在下一个对话框中单击 Build,即可创建自动启动文件 autorun.inf、autorun.exe 和存放素材、数据等的文件夹。

图 1.8.24 “发布方案”对话框

(2) 在对话框中,单击“确定”按钮,制作的过程会进入正式运行状态。

重要提示:由于在正式运行状态,虚拟文件夹的路径不存在,完全按照光盘路径运行。因此,某些原来能够顺利预览的文件将会出错。但这不影响光盘的正常使用。

(3) 打开资源管理器,可以看到文件夹中有 autorun. exe、autorun. inf 文件和其他存储数据的文件夹。

提示:不可随意改变文件和文件夹的路径,否则将前功尽弃。

8.3 图标的设计与制作技术

自制图标,会使图标更加个性化,更符合多媒体光盘要表达的内容。图标的制作通常借助工具软件来完成,方法简便、易学。本节介绍目前比较流行的一种图标制作软件 IconCool Editor,使用该软件可以轻松地设计和制作图标。

8.3.1 软件与界面特点

1. 软件特点

IconCool Editor 软件是 Newera Software Technology Inc. 公司的产品,运行在 Windows 9x/Me/2000/XP/NT 中,专门用于图标的设计和制作。该软件容易入门,操作简便,并且具有众多的编辑功能。主要的编辑功能有:

(1) 可同时编辑 10 个图标,并且图标的尺寸随意设置。

(2) 可采用 1b、4b、8b 或 24b 彩色模式制作图标。

(3) 有 21 个图形滤镜,能够对图标进行模糊、尖锐、浮雕花纹等处理。

(4) 可嵌入多种格式保存,如 ICO、BMP、GIF、JPG、PCX、PSD、TIF 等。

(5) 图标可以多种文件格式保存,例如 ICO、BMP、GIF、JPG、CUR、ICL、PNG 等。

(6) 可以从 EXE、DLL、ICL 格式的文件中提取图标。

2. 界面特点

双击 Icon 软件的图标,启动 IconCool Editor 软件,主界面如图 1.8.25 所示。

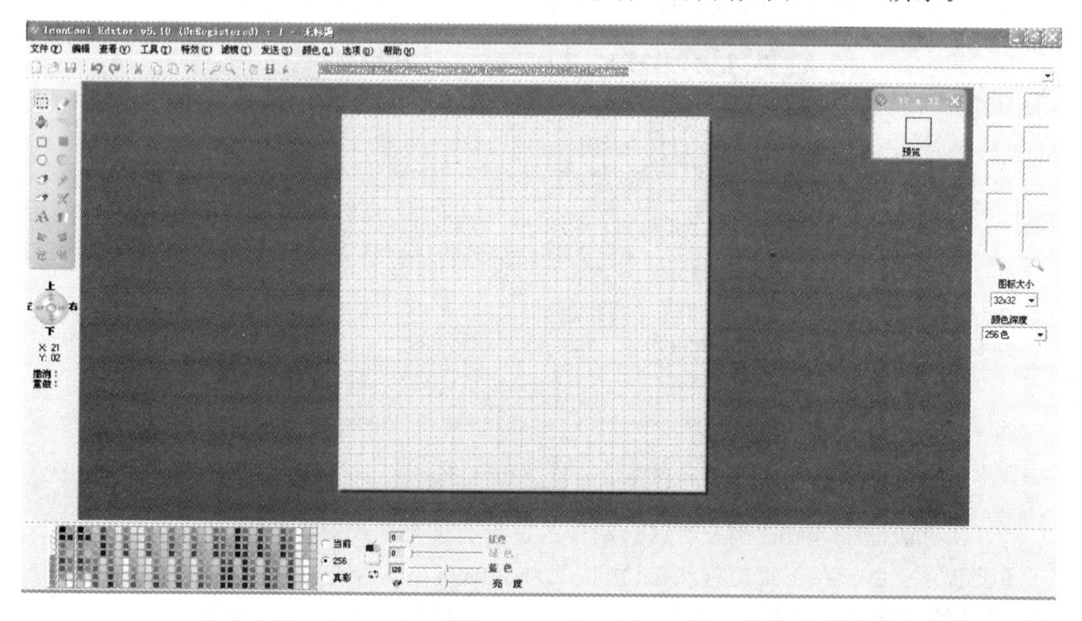

图 1.8.25　主界面

主界面顶部的菜单栏和工具栏提供各种状态、文件操作、常用的编辑工具等；工具盒提供绘制和编辑图标的各种工具；图标编辑区提供绘制图标、编辑图标的场所；右侧图标显示区显示当前制作的10个图标，可选择其中任何一个进行编辑；底部一组与颜色有关的工具，用于调整图标的颜色。

8.3.2　图标编辑技术

图标实际上是一个尺寸很小的图像，由像素点构成，于是，图标的编辑就成了对像素点的编辑。

1. 图标绘制

借助各种工具绘制是制作图标的主要手段。

绘制步骤。

(1) 选择“文件”→“新建”菜单，显示图1.8.26所示的新图标对话框。在大小栏目中指定图标尺寸，如32×32像素；在颜色栏目中指定色彩数量，如256色(8b)。然后单击“确定”按钮。

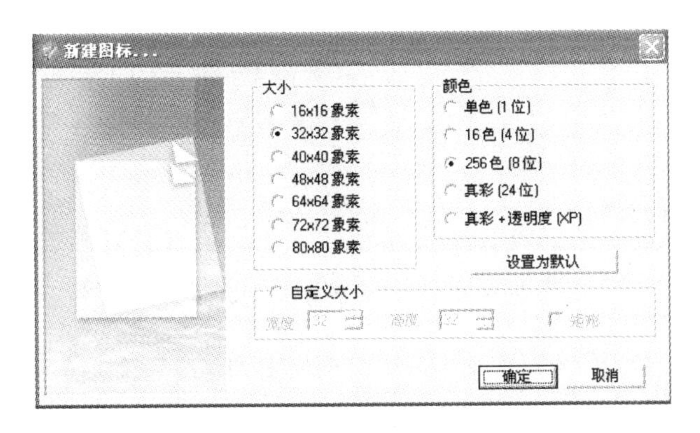

图1.8.26　“新建图标”对话框

提示：上述图标尺寸和色彩数量是Windows默认的常用模式。

(2) 设置绘制颜色。鼠标左键和右键可分别代表不同的颜色。用鼠标左键单击颜色框中的颜色，如红色；用鼠标右键单击颜色框中的颜色，如白色；则鼠标左键代表红色，右键代表白色。

提示：如果希望使用透明色，用鼠标左键单击颜色框左端的透明色框。这时的鼠标左键代表透明色。透明色不能用鼠标右键代表。

(3) 绘制图标。单击（画笔）按钮，然后用鼠标左键或右键在图标编辑区内徒手绘制。

单击（空心方框）按钮，可画方框；单击（颜色块）按钮，画出方框。

单击（填充）按钮，单击图标编辑区中的封闭图形或颜色块，则被填色。

单击（直线）按钮，在编辑区内画直线。

单击（空心圆）按钮，在编辑区内画空心圆；单击（实心圆）按钮，画实心圆。

提示：为了便于观察，编辑区域的显示可放大和缩小，单击工具栏中的（放大）按钮或（缩小）按钮即可。

(4) 编辑图标。需要抹除颜色时，单击（抹除当前颜色）按钮，抹除鼠标所代表的颜色；单击 (全部抹除)按钮，抹除任意颜色。

需要喷绘时，单击 (喷枪)按钮，用鼠标左键将颜色喷到画面上。点击鼠标时间越长，喷出的颜色点就越多，反之则越少。

提示：在图标的编辑过程中，单击工具栏中的 (撤销)按钮，可撤销当前操作。单击 (重做)按钮，可恢复刚撤销的操作。

2. 文字输入

图标中的文字通常只能有一两个，否则不易识别。单击 工具右下角的“ ”，显示图 1.8.27 所示的文字编辑对话框。

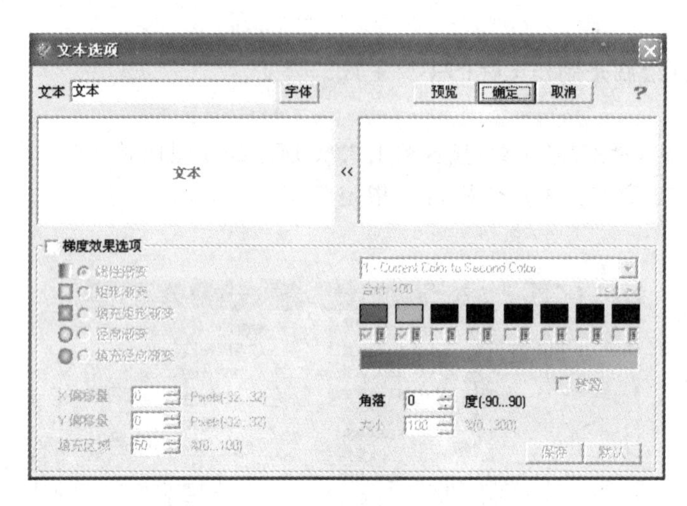

图 1.8.27 “文字编辑”对话框

在对话框的“文本”框内输入文字；单击“字体”按钮，设置文字的字体、字体样式、大小以及颜色，单击 OK 按钮，单击编辑区域。

3. 编辑区域操作

(1) 单击 (选择)按钮，用鼠标划定矩形编辑区域。

(2) 鼠标置于编辑区域内，可移动区域。移到适当位置后，单击非矩形区域，结束移动。

(3) 在编辑区内单击鼠标右键，选择“删除”选项，即可删除编辑区域的内容。

(4) 使用工具盒底部图 1.8.28 所示的移动按钮，可向 4 个方向整体移动构成图标的图形。

4. 制作图像图标

人物照片和风光照片也可以制作成图标，这就是图像图标。

制作图像图标的步骤如下。

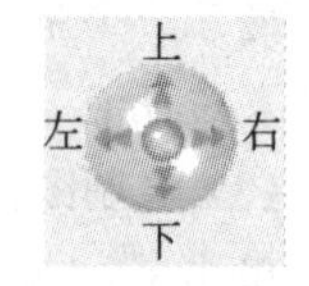

图 1.8.28 移动按钮

(1) 加工一幅图像，取人物或景物的局部，比例为正方形，颜色数量 256 色，以 BMP 格式保存。

(2) 选择“文件”→“从文件输入(I)…”菜单，显示打开文件对话框。指定路径和在步骤(1)中加工的图像文件，单击“打开”按钮。

(3) 显示导入文件窗口。选择一种“图标大小”，如 32×32 像素。单击底部的“立即输入”按钮。

(4) 图像被导入到图标编辑窗口。

(5) 单击界面右侧的“颜色深度”设置框,选择“真彩色”。

8.3.3 文件格式与保存

由于 Icon 软件可以一次编辑 10 个图标,因此该软件有两种保存方式。一种是只保存当前编辑的目标;另一种是一次性把 10 个图标保存在各自的文件中。

1. 保存当前编辑的目标

选择“文件”→“另存为”菜单,显示保存文件对话框。在该对话框中指定文件夹、文件格式和文件名,单击“保存”按钮。也可以用鼠标单击图标显示区中的某个图标,该图标显示在图标编辑区。选择“文件”/“另存为”菜单,把选中的图标保存起来。

提示:在保存图标文件时,均采用默认的.ico 格式,如果保存其他文件格式,可单击“保存类型”框,指定其他格式。

2. 一次性保存 10 个图标

(1) 选择 File Save All 菜单,显示文字保存对话框。

(2) 在对话框中指定文件夹,保存类型取默认的.ico,输入文件名,单击“保存”按钮。随后删除“文件名”输入框的内容,继续输入第二个目标的文件名。单击“保存”按钮。如此进行下去,直至所有 10 个图标保存完毕。

提示:若想观察图标效果,可用鼠标右击 Windows 桌面上的某个图标,选择“属性”功能,在属性画面中单击“更改图标”按钮,然后在更改图标画面中,指定路径和图标文件名,单击“确定”按钮,桌面上图标被更换成自制的图标。

8.4 说明书与包装设计

完整的多媒体作品包括使用说明书、技术说明书以及包装,尤其是多媒体作品作为正式商品发行时,更需要印刷精良的说明书和精美的内外包装。

8.4.1 说明编写规范

为了使用户轻松了解和掌握多媒体作品的性能和使用方法,需要编写多媒体作品的技术说明书和使用说明书,两种说明书的编写侧重点不同。

技术说明书主要叙述多媒体作品的技术细节,例如媒体数据的文件格式、技术数据、程序编制所采用的技术手段、硬件与软件的环境等。

使用说明书则在如何启动多媒体作品、选择功能、演示控制等方面进行说明,并对版权进行说明、对使用中出现的问题进行解释。

1. 技术说明书

技术说明书用于阐述多媒体作品的技术指标和相应的内容,其中包括:

(1) 明确书写各种媒体文件的格式与技术数据。例如声音文件的采样频率、图像文件的分辨率、动画文件的演播参数、整个多媒体作品的总数据量等。

(2) 介绍多媒体程序开发环境。譬如,多媒体程序采用 Visual Basic 程序编写,并采用某某公司开发的动画控件等。

(3) 阐述多媒体程序的运行环境。运行环境分硬件环境和软件环境两大类,对于软件环境,要说明程序可否运行在 Windows 98/Me/2000/XP 环境中、在程序运行中可否允许病毒监控程序同时运行等。对于硬件环境,要清楚写明对计算机 CPU 工作频率、内存容量、存储介质保留空间、声音还原设备指标等的要求。

(4) 写明技术支持的方式。当使用者在技术上发生疑问、遇到问题以及试图提出建议时,应以什么方式与多媒体作者联系,例如国际互联网的网址、联系电话等。

(5) 如果委托技术服务公司进行技术服务,应写明技术服务公司的联系办法和服务范围。

(6) 在多媒体作品中,如果引用了其他公司或个人的作品或成果时,应依据著作权法进行相应的解释和说明。

(7) 进行版权、使用权、转让权的相关说明。

在编写方面,技术说明书应语言简练、条款清晰、引用的技术数据要准确,不能有虚假之辞。在版式设计上,技术说明书要规整,开本要小,如果多媒体作品的存储介质是光盘,开本与光盘盒的效果一致最佳。

技术说明书中,如果引用图片,最好采用准确的素描轮廓图形,以避免误解和分辨不清。对于说明书中的字号、字体和颜色,应以清晰、便于阅读为前提,字体种类过多、文字颜色变化多端,会给人以繁杂、凌乱之感,似"小广告"的风格。

在某些场合,技术说明书可简化成一张小卡片,放在光盘盒中,便于阅读和保存。

2. 使用说明书

使用说明书的阅读对象是多媒体作品的直接使用者,主要介绍如何使用多媒体作品。使用说明书的基本内容有:

(1) 多媒体产品外包装照片及标题。

(2) 目录。

(3) 打开包装、软件安装。

(4) 具体操作说明。对启动、功能选择、演示控制等方面进行说明。这部分内容是使用说明书的主要内容,通常占 90%的篇幅。

(5) 对使用中出现的问题进行解释。

(6) 对于版本更新和修改进行说明。

(7) 联系方法。联系方法通常安排在使用说明书的封底。

由于使用者的文化层次不同、年龄层次不同、理解能力也不同,因此,使用说明书要注重以下几方面的问题。

(1) 语言表达要清晰、简练。

(2) 文字准确。说明书中应避免出现病句和错别字、多字、漏字现象。

(3) 必要时,安排插图,便于说明。

(4) 版式要生动、活泼,富于变化。

如果有条件,使用说明书最好制作成彩色的,封面、封底要精心设计。开本不宜太大,最好与多媒体作品光盘盒的尺寸相当。

8.4.2 包装设计

包装设计是一门学问，需要一定的专业知识。但是，简单地设计具有自己独特风格的包装并不是难事，只需要了解一些基本的设计常识即可。

1. 包装对象

对多媒体作品进行包装的主要对象是：光盘、光盘盒，以及外包装。

对光盘盒的设计分为3部分。

(1) 光盘盒正面。正面是封面，应充分运用平面设计的理念，对其进行精心的设计。

(2) 光盘盒两个侧面。侧面通常只有纵向排列的文字，用来书写多媒体作品的名称。

(3) 光盘盒背面。背面是封底，通常用来描述多媒体作品的文件清单、软件硬件环境要求、应用场合、开发者信息等内容。

外包装设计包括光盘盒的纸封套设计、塑料盒设计、塑料袋图案设计等。当一个多媒体作品成为真正的商品时，外包装设计必不可少。

2. 光盘盒封面设计

光盘盒的封面尺寸为12cm×12cm，光盘盒的侧面和封底是一个版面，尺寸为15cm×11.7cm。

设计步骤。

(1) 启动Photoshop图像处理软件，选择“文件”→“新建”菜单。

(2) 在新建文件画面中，设置封面的宽度和高度值，单位为cm，分辨率取300像素/in，颜色模式为RGB颜色，参数设置如图1.8.29所示。

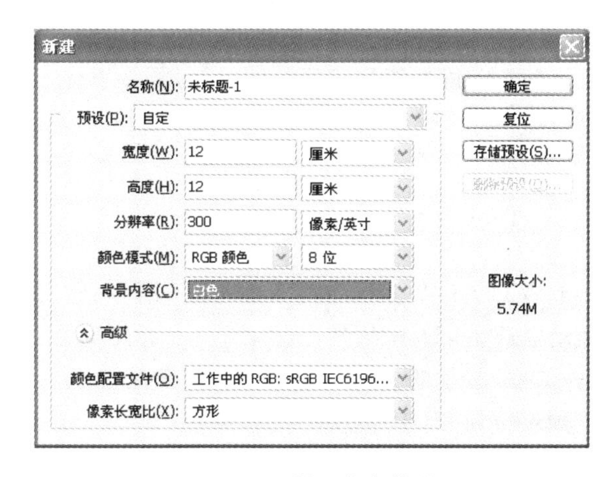

图1.8.29 封面的参数设置

(3) 利用各种编辑手段设计制作封面，最后以TIF格式保存封面文件。

提示：侧面和封底的版面尺寸为：宽0.6cm+13.8cm+0.6cm=15.0cm，高11.7cm。设计、制作与封面相同。侧面和封底之间的折线可利用Photoshop提供的参照线标示。

3. 包装纸袋设计

光盘的包装纸袋最常见，成本低、便于携带。

纸袋可以利用Word自己设计、自己打印版面、自己制作。

设计包装纸袋的步骤如下：

(1) 在 Word 的绘图工具栏中，选择 (矩形)工具、 (椭圆)工具和“自选图形”→“基本形状”→“梯形”工具，制作图形如图 1.8.30 所示，其尺寸不一定非常精确，只要比光盘尺寸略大即可。

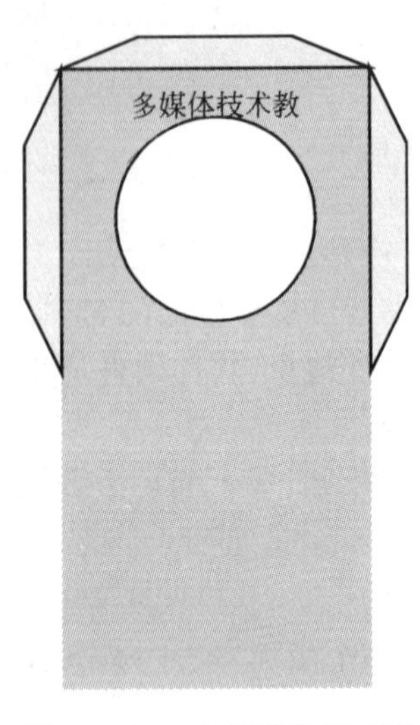

图 1.8.30　光盘纸袋展开图

(2) 在文本框中输入文字，并把文本框置于纸袋展开图上；根据需要，把剪贴画、图像也置于纸袋展开图上，形成具有设计思想的版面。

(3) 设计完毕，选择“文件”→“另存为” 菜单，保存文件。

(4) 选择“文件”→“打印”菜单，打印设计图。

(5) 沿外轮廓线剪下，按照白色线折叠，将正面两侧的衬边与折叠过来的背面粘合。

提示：纸袋中的圆窗可以取消，以便获得较大版面，可安排更多的文字、图片等信息。

4. 包装盒设计

包装盒是光盘盒、说明书等的外包装。

设计步骤。

(1) 利用 Photoshop 或其他软件进行制作。

提示：包装盒的尺寸要略大于光盘盒尺寸。若打算容纳说明书等其他物品，盒的尺寸还要大一些。

(2) 在盒的各个面上安排文字、图形等信息。

(3) 保存设计文件、送交印刷公司进行分色、印刷。

(4) 若自制包装盒，要使用稍厚一些的纸张打印，以保证包装盒的牢固度。

重要提示：并不是所有打印机都能打印很厚的纸张，需要事先了解打印机的性能，然后再打印，否则会损坏打印机。

8.5　光盘刻录技术

人们常把向 CD-R 或者 CD-RW 光盘中写入数据的过程叫做“刻录激光盘”，写入的设备就是 CD-RW 激光驱动器或 DVD-RW 激光驱动器，二者简称为“刻录机”。在购买刻录机时，通常带有刻录软件，刻录软件的作用是驱动刻录机向光盘中写入数据。好的刻录软件可以适用于多种型号的刻录机，并且工作稳定，废盘率低。

8.5.1　刻录软件简介

名为 Nero StartSmart 的刻录软件比较常用，以其工作稳定、适用各种刻录机而著称。该软件具有如下主要功能：

(1) 可以刻录 CD-R、CD-RW、DVD-R、DVD-RW 盘片。

(2) 制作数据光盘。随意性大，可在光盘上组合各种数据。

(3) 制作音频光盘。这是专用音频光盘，用于 CD 播放机、家庭音响、汽车声响等。

(4) 制作视频光盘。这是 VCD、DVD 光盘。可用于家用 DVD 播放机。

(5) 复制光盘。用于盘对盘的复制，两片光盘的容量值应一致。

（6）制作光盘标签或封面。

启动该软件后，显示欢迎画面，如图 1.8.31 所示。

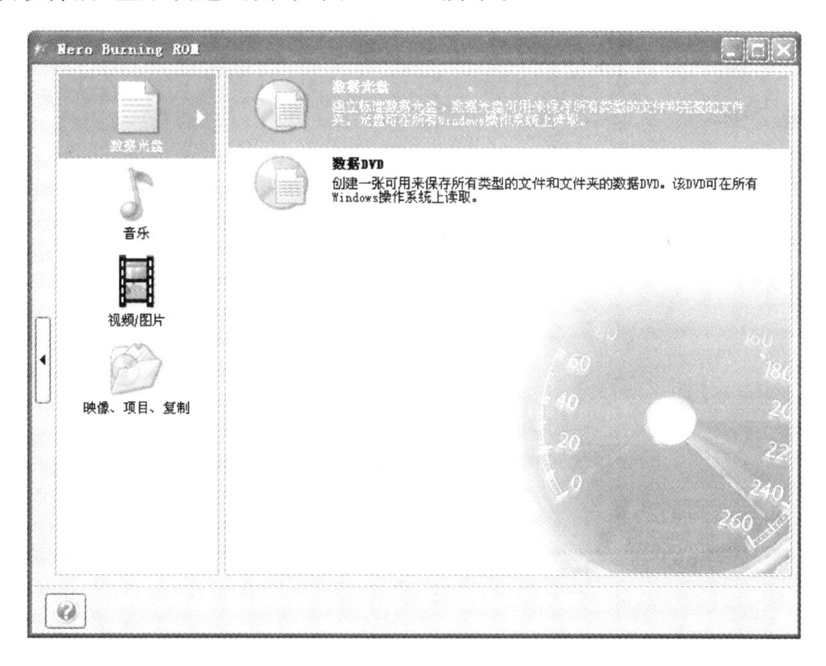

图 1.8.31　欢迎画面及界面

从图中看到，界面的左侧，有一个功能选择区域，可选择刻录何种光盘，如数据光盘（数据光盘、数据 DVD）、音乐、视频图片、映像、项目、复制。

8.5.2　刻录技术

这里以最常见的数据刻录和盘对盘刻录为例介绍操作方法。

1. 数据刻录

数据刻录用于向光盘写入各种数据，多媒体光盘采用的就是这种刻录方式。

刻录光盘的步骤如下。

（1）向刻录机中插入一片可刻录的光盘，如 CD-R。

提示：DVD-R 的操作与 CD-R 完全相同，只是二者容量不同。若刻录 DVD-R 光盘，则必须配备 DVD 刻录机。

（2）单击图 1.8.31 界面左上角的“数据光盘”，然后选择右侧的“数据光盘”或“数据 DVD”光盘选择框，打开如图 1.8.32 对话框。

提示：此选择应与插入到刻录机中的光盘一致。

（3）单击“添加”按钮，打开如图 1.8.33 对话框。

（4）在如图 1.8.33 所示的对话框中，寻找需要刻录的文件夹和文件，然后单击“添加”。如果还有其他文件需要添加，继续采用这种方法添加。窗口底部出现红色，说明要刻录的数据量超过光盘容量，需要删除一部分内容，单击所要删除的文件，单击右侧的删除按钮，即可完成。

重要提示：制作本章前面介绍过的带有自动启动功能的多媒体光盘时，打开虚拟

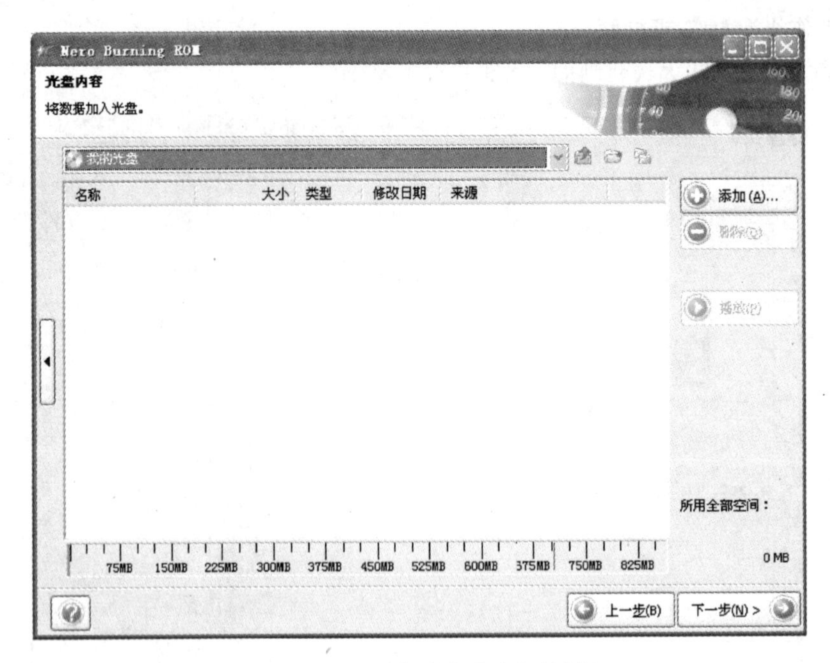

图 1.8.32 “添加光盘内容”对话框

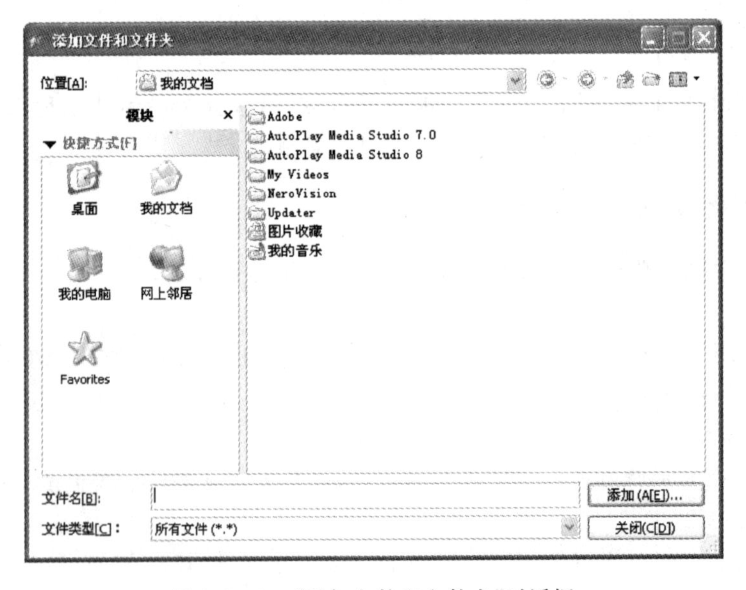

图 1.8.33 “添加文件和文件夹”对话框

CD-ROM 文件夹，如 my_cd。然后将 my_cd 文件夹中的全部内容拖动至图 1.8.32 中刻录数据对话框中，不包含 my_cd 本身。

数据拖动完毕，刻录数据对话框最终呈现如图 1.8.34 所示的形式。

(5) 单击“下一步”按钮，显示图 1.8.35 所示的最终刻录设置对话框。在“光盘名称”输入框中，为自己的光盘起一个名字，如 mult_CD。然后根据需要，决定刻录份数。

(6) 单击“刻录”按钮，显示刻录进程对话框，并开始刻录。

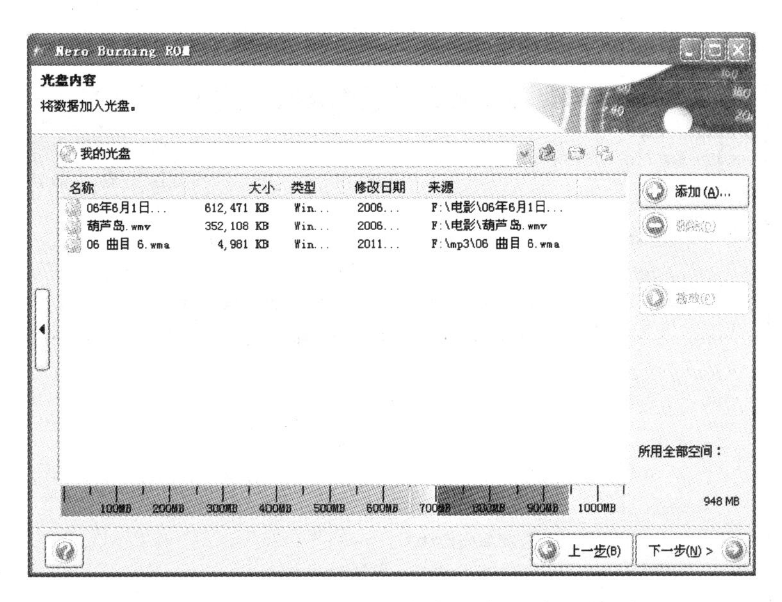

图 1.8.34　自动启动光盘数据被拖动到对话框中

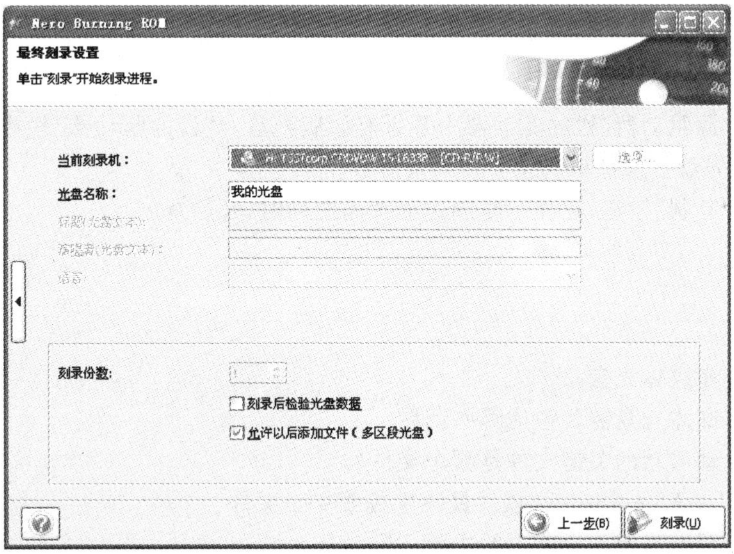

图 1.8.35　“最终刻录设置”对话框

2. 复制光盘

复制光盘也是比较常见的操作，可以制作光盘备份，避免损失。但某些光盘为了保护版权，采取了防复制措施，因而不能进行复制。

提示：复制光盘最好安装两个激光驱动器。其中一个是刻录机，另一个可以是普通的激光驱动器。

复制光盘的步骤如下。

(1) 将原版盘插入普通激光驱动器，将空白可刻录光盘插入刻录机。

(2) 单击如图 1.8.31 界面的左侧选择“映像、项目、复制”选项，然后在右侧选择“复制整张 CD”或“复制整张 DVD”，打开界面如图 1.8.36 对话框。

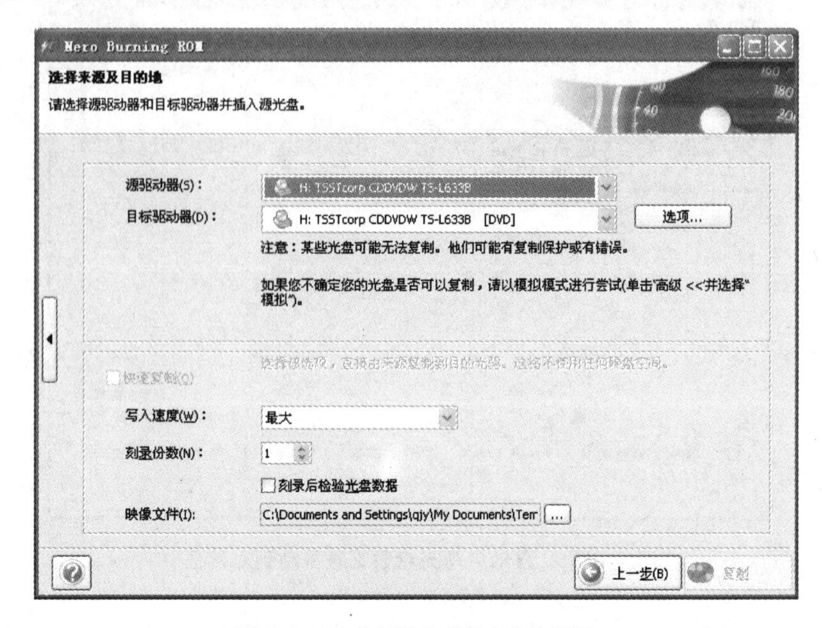

图 1.8.36 “来源及目的地”对话框

(3) 确定“源驱动器”栏的驱动器中是否有原版光盘。“目的驱动器”栏中的驱动器是否有空白可刻录光盘。选择写入速度和刻录份数。

(4) 单击“复制”按钮，在显示复制进程画面的同时，开始复制。

习题 8

1. 什么是多媒体光盘？
2. 制作多媒体光盘需要考虑哪些问题？
3. 光盘自动启动的关键文件是哪个文件？
4. AutoPlay Menu Studio 软件最终生成哪 4 个文件？
5. 技术说明书与使用说明书的主要区别是什么？
6. 制作一个采用自己照片的图标。要求：尺寸为 32×32 像素；色彩为 256 色。
7. 制作自动启动光盘。

启动界面功能。

(1) 自我介绍(播放 PPS 格式的演示文稿)。

(2) 浏览光盘(打开资源管理器)。

(3) 退出光盘系统(要求进行“是”与“否”的逻辑判别后退出)。

要求：启动界面采用图片背景。当鼠标移进 3 个功能区域时，分别改变颜色，并显示提示性文字。

8. 设计并制作一个光盘纸袋。要求纸袋上印有标题、姓名、班级、制作日期。

第 二 部 分

第 1 章

多媒体技术基础实践

本章实验要点

- 了解多媒体个人计算机 MPC 的基本配置及其技术指标。
- 了解多媒体硬件接口标准。
- 了解各种多媒体信息的采集、输出存储设备。

实验一　认识和配置多媒体硬件系统

一、实验目的

认识构成多媒体计算机的各种基本硬件设备，了解各种设备的性能和基本原理。

二、预备知识

1. 了解计算机主板的相关知识
2. 了解中央处理器(CPU)的工作原理和 CPU 的构成
3. 了解主板上的扩展槽

三、实验内容

打开机箱，观察机箱内部结构。计算机可以分为主机、显示器和其他外设几部分，而显示器和其他外设一般不能打开(只有专业维修人员才能打开)，所以这个实验只需要让学生打开主机箱盖。不同的计算机可能其机箱盖会略有不同，一般有立式机箱和卧式机箱，而目前的立式机箱多数都是不用螺丝刀就可以拆开的。

1. 主板、扩展槽(见图 2.1.1 所示)。

观察和了解的内容

- 主板的安装形式。
- 主板扩展槽的个数。
- 识别扩展槽中的板卡类型(如显示适配器、声音适配器、网络适配器等)。
- 主板电源的电压种类。
- 主板上 CPU 的位置和型号。

- 主板上内存储器的位置。

图 2.1.1 主板结构图

2. CPU 和风扇

观察和了解的内容：

- 排风扇、散热器与 CPU 的连接方式。
- 计算机在工作时，排风扇产生的噪声。
- 机箱中什么部件的工作温度最高。

3. 内存储器

观察和了解的内容：

- 了解内存储器的工作原理。
- 观察主板的内存插槽上插有几个内存条。
- 识别内存条的单条容量。
- 了解内存条的工作速度。
- 掌握内存条的更换方法。

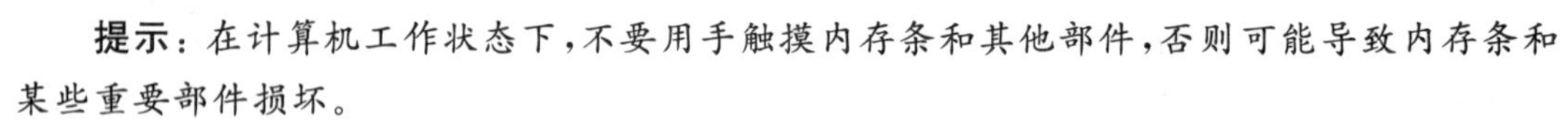

提示：在计算机工作状态下，不要用手触摸内存条和其他部件，否则可能导致内存条和某些重要部件损坏。

4. 外存储器

观察和了解的内容：

- 观察硬盘存储器在机箱内的安装位置。
- 观察硬盘的内部结构。了解盘片的结构、磁头架的动作模式、磁头的工作原理。
- 拆开一个软盘，观察其内部结构。
- 识别光盘的读写类型、尺寸和最大容量。
- 探讨计算机处于关机状态时，如何从光盘驱动器中取出光盘。

5. 声音适配器

观察和了解的内容：

- 观察声卡在机箱内的安装位置。
- 观察声卡的结构，识别声卡各种性能指标。
- 实际安装一个声卡。

6. 显示适配器

观察和了解的内容：

- 观察显卡在机箱内的安装位置。
- 观察显卡的结构。识别显卡各种性能指标。
- 实际安装一个显卡。

实验二 多媒体设备的安装与配置

一、实验目的

1. 认识多媒体个人计算机的若干扩展设备，了解其基本性能。
2. 熟悉和掌握基本硬件设备和若干扩展设备的使用方法。

二、预备知识

1. 了解扫描仪的功能和基本性能。
2. 了解触摸屏的功能和基本性能。
3. 了解数码照相机。

三、实验内容

1. 扫描仪

观察和了解的内容：

- 扫描仪的分类
- 了解扫描仪的基本结构。
- 扫描仪的安装与调试。
- 确认当前使用的扫描仪属于反射式扫描仪还是透射式扫描仪。

2. 打印机

观察和了解的内容：

- 确认当前使用的打印机属于哪种类型。了解打印机的结构、基本原理。
- 了解打印机的打印质量与打印介质之间的关系。如采用普通纸、专用纸、照片纸打印时，彩色喷墨打印机的打印效果有何差异。
- 安装本地打印机。
- 安装网络打印机。

3. 数码照相机

数码照相机的像素总数和成像质量是衡量其优劣的标准。

观察和了解的内容：

- 确认像素总数。如有条件，可通过拍摄照片比较不同相机在色彩和清晰度方面的差异。
- 了解数码照相机的电源形式、镜头规格、存储卡的类型、容量及其特点。

4. 拆开主机箱后，主要完成的实验如下。

(1) 熟悉主板的结构和主板的安装方式。了解主板扩展槽的个数，识别扩展槽中的板卡类型(如显示适配器、声音适配器、网络适配器等)。

(2) 观察主板电源，了解主板电源的电压种类。

(3) 识别主板上 CPU 的位置和型号，了解其工作方式。

(4) 了解主板上的内存储器。识别内存条的单条容量，了解内存条的工作速度以及如何更换内存条。

(5) 了解硬盘存储器。观察其在机箱内的安装位置，观察硬盘的内部结构。了解盘片的结构、磁头架的动作模式、磁头的工作原理。

(6) 了解软盘存储器。拆开一个软盘，观察其内部结构，识别软驱在机箱中的安装位置。

(7) 了解光盘驱动器。识别光盘的读写类型、尺寸和最大容量。探讨计算机处于关机状态时，如何从光盘驱动器中取出光盘。

(8) 在主板上安装声卡和显卡与相应的驱动程序。

思考题

1. 内存储器在突然遭遇断电时,其中的信息仍能保留吗?

2. 观察液晶显示器,是否有对比度调整按钮?为什么?

3. 彩色喷墨打印机在打印时,是先把彩色墨水混合后再由喷嘴喷出,还是由各个单色喷嘴喷出后,再混合成彩色效果?

4. 书写实验报告。要求:

- 简练地写出全部实验过程,并写出实验结果。
- 对于思考题有清晰的分析和思考,并做出相应的结论。
- 篇幅不少于 2000 字,采用 Word 编辑,文件名为“第 1 章实验-报告. doc”。

第2章

多媒体作品美学设计基础实践

多媒体作品的一个设计原则就是它的艺术性，也就是要求多媒体作品要讲求美观，符合人们的审美观念和阅读习惯。这就是多媒体作品开发过程中所要解决的美学问题。美学本身就是一门独立的学科，一直以来都是美术设计的基础课程。而多媒体作品也必须满足人们美学方面的需求，这就要求在软件的设计开发过程中，必须运用美学理论知识，设计出符合人们视觉审美习惯的软件界面。本章从美学的角度介绍多媒体作品制作过程中的美学基础知识和多媒体作品的美学设计法则。

本章实验要点

通过本章的实验，使学习者建立起美学概念，设计出符合审美要求的作品，掌握一定的美学设计方法。主要掌握以下几点：

- 建立美学的基本观念，了解美学设计的要领和基本方法。
- 通过实践练习，掌握平面构图的相关知识和内容。
- 通过实践练习，掌握点、线、面的构图理论和方法。
- 掌握色彩的相关知识和内容。

实验一　平面美学实践

一、实验目的

1. 建立基本的美学观念，了解美学设计的要领和基本方法。
2. 通过实际设计，深化美学知识，掌握基本设计技巧。
3. 强化点、线、面和构图理念与方法。
4. 强化对色彩的认识和敏感程度。
5. 通过设计前后的对比，了解美学的重要作用。

二、预备知识

1. 美学是通过绘画、色彩构成和平面构图展现自然美感的学科。其中绘画、色彩构成和平面构成则称为美学设计的三要素，而自然美感则是美学运用的最终目的。

2. 美学的作用。在制作多媒体作品时使用美学的知识和方法，能达到以下一些作用。

(1) 视觉效果丰富、更具吸引力；

(2) 内容表达形象化；

(3) 增加产品价值。

3. 平面构成是美学的逻辑规则，主要研究若干对象之间的位置关系。

4. 平面构图。

(1) 突出艺术性与装饰性；

(2) 突出整体性与协调性；

(3) 了解点、线、面的构图规则；

(4) 突出重复性与交错性；

(5) 突出对称性与均衡性；

(6) 突出对比性与调和性。

5. 色彩构成与视觉效果。

(1) 了解色彩构成；

(2) 理解三原色(RGB、RYB)；

(3) 了解图像美学、动画美学、声音美学。

利用 Word 和 Photoshop 设计一个环保公益广告作品，主题是利用图片和文字来表现保护自然环境，珍惜水资源的理念。学习者也可以自己选择满足要求的其他主题。

三、实验内容

1. 用 Word 设计宣传海报。

(1) 设计要求。

① 主题：保护大自然。可参照下列主题。

- 保护森林，禁止乱砍滥伐。
- 保护地球物种，避免生物灭绝，恢复生物多样性。
- 减少空气污染，减少污染物排放，减缓全球变暖趋势。
- 保护人文景观，促进文化的延续和发展。
- 推动绿色食品工程，杜绝污染食品入口。

② 构图形式：“点”构图。

③ 版面尺寸：A4。

④ 输出形式：彩色打印输出。

⑤ 保存文件：文件名为“实验 2 报告.doc”。

(2) 设计要点。

① A4 纸的上、下、左、右页边距均为 1cm。

② 彩色图片的内容应与设计主题一致，格式应采用 24 位位图形式，BMP 格式保存。

③ 选择“插入”→“图片”→“来自文件”菜单，插入图片。

④ 若希望随意调整图片位置，单击图片，在“图片”工具栏中单击“文字环绕”按钮，选择“浮于文字上方”。

⑤ 利用绘图工具栏中的“文本框”输入文字，右击文本框，选择“叠放次序”，单击“浮于文字上方”图标，这样文字就可在版面上随意移动。

⑥ 组合版面上的所有元素。单击“绘图”工具栏左侧的选择对象按钮，画一个矩形，把所有元素包围其中。右击某元素，选择“组合”→“组合”选项。此后可整体移动组合后的元素。

2. 操作提示。

如果在 Word 中单击图片后，不显示“图片”工具栏，可右击窗口顶部的菜单栏，在随后显示出来的菜单中，选择“图片”选项。

在设计和编辑过程中，应随时选择“文件”→“保存”菜单保存编辑内容，最大限度地避免由于操作不慎或突然停电而造成的损失。

为了使版面对象能够自由移动，需设置“浮于文字上方”。对象比较多时，为了简化操作，一劳永逸，可用右击已经“浮于文字上方”的对象，选择“设置自选图形的默认效果”选项。此后插入的对象自动处于“浮于文字上方”状态。

做精细调整时，光标移动键只能以字符为单位移动对象，不能准确定位。可按下 Ctrl 键不松开，同时再使用光标移动键，就能精确调整对象的位置。

实验二　多媒体数据描述实践

一、实验目的

1. 认识静态图像、动态图像、视频和音频文件。
2. 了解各种多媒体文件的播放软件和使用方法。

二、实验内容

1. 认识静态图像。

静态图像有多种格式，其数据表示方式、图像质量也存在差异。

(1) 打开 ACDSee 软件，浏览 BMP、TIF、GIF、JPG 格式的静态图像。

(2) 双击各种格式的图片，满屏显示图片。

观察和了解的内容：

- 首次打开图片时，仔细观察各种格式图片的显示顺序。如：TIF、GIF、JPG 格式由上至下顺序显示，而 BMP 格式则相反，由下至上显示。
- 观察不同格式图片的颜色数量是否存在差异。

提示： *颜色数量少的图片，其特点是颜色过渡不好，具有颜色分层的感觉。*

- 观察首次打开不同格式图片的速度差异。

2. 动态图像。

描述动态图像的数据具有 4 个特点：在时间轴上的连续性、延续性、相关性与实时性。利用 ACDSee 软件，浏览动画。

观察和了解的内容：

- 哪些动画的播放是匀速的？哪些动画的演播是变速的？
- 哪些动画的动作不流畅？哪些动画只有两幅画面？

3．视频。

视频文件通常采用 AVI 格式，双击某个文件，如“小动物．avi”，将打开相关联的播放器，播放该视频。

观察和了解的内容：

视频画面的标准尺寸是多少？放大尺寸后的播放效果如何？

4．音频文件。

音频文件有多种格式，音质的差异很大。选择不同音乐格式的文件夹，双击其中的音乐文件，将打开相关联的播放器，播放该音频。

观察和了解的内容：

- 比较 MIDI 格式和 WAV 格式的音乐在音质和数据量方面存在的差异。
- 同样时间长度的音乐，数据量最大的和数据量最小的文件格式分别是哪种？

5．操作提示。

ACDSee 是图像浏览软件。

播放视频和音频通常自动关联 Windows 的 Windows Midea Player。但如果系统中安装了其他类型的播放器，如 RealPlayer，则可能启动该播放器播放。二者的操作界面略有不同，应予以注意。

思考题

1．试采用“线”构图的形式设计作品。

2．成功的设计需要哪些要素？

3．为什么在使用 Word 编辑制作作品时，背景多采用白色？而使用 PowerPoint 设计作品时，却要求背景暗淡一些？

4．书写实验报告。要求：

(1) 写出实验过程、设计思想，以及更多的想法和问题。

(2) 对于思考题有清晰的分析和思考，并做出相应的结论。

(3) 篇幅不少于 800 字，采用 Word 编辑，文件名“第 2 章实验 1_报告．doc”。

5．为什么 BMP 格式图片的显示顺序与其他图片格式不同？

6．为什么有些动画的动作不流畅？与什么因素有关？

7．书写实验报告。

要求：

(1) 写出实验过程、观察的结果，以及发现的问题。

(2) 对于思考题有清晰的分析和思考，并做出相应的结论。

(3) 篇幅不少于 800 字，采用 Word 编辑，文件名为“第 2 章实验_报告．doc”。

第 3 章

平面图像处理
——Photoshop CS实践

Photoshop CS2 是 Adobe 公司推出的 Photoshop 的平面图像处理软件，它界面友好、功能强大、操作简便，已被广泛应用于包装设计、广告设计、插画创作和照片处理等各个领域，深受广大电脑平面设计爱好者的喜爱。

本章实验配合教学进度，从开发环境的熟悉开始，一步步介绍 Photoshop 中各个图像处理工具的使用方法。通过本章实验，使初学者能尽快地熟悉和掌握 Photoshop 的综合应用技巧和构图设计方法，具有一定的平面设计技能。

本章实验要点

- 掌握图形图像的基本概念。
- 设置 Photoshop CS2 的工作环境。
- 掌握 Photoshop CS2 的图像处理技术。
- 掌握 Photoshop CS2 特效处理技巧。

实验一　Photoshop CS2 的基本操作——自制印章

一、实验目的

Photoshop CS2 作为一种图像处理软件，绘图和图像处理是它的看家本领。在掌握这些技能之前，必须掌握好 Photoshop CS2 的一些基本操作，如新建、打开图像文件，辅助工具的使用，图像显示操作和图像简单编辑等。

1. 掌握最常用的图像文件操作方法。
2. 掌握显示图像的基本操作。
3. 掌握辅助工具的应用。
4. 掌握图像与画布尺寸的调整。
5. 掌握设置前景色与背景色的基本方法，认识构成多媒体计算机的各种基本硬件设备，了解各种设备的性能和基本原理。

二、预备知识

1. Photoshop CS2 中，最常用的 4 种文件操作分别是新建文件、打开文件、保存文件和关闭文件。Photoshop CS2 的工作界面主要由标题栏、菜单栏、工具箱、工具属性栏、浮动面板、状态栏和工作区组成。

2. Photoshop CS2 中，对图像进行编辑或处理时，若能够选择合适的图像显示模式，快速地在工作区移动显示图形窗口，或者放大与缩小所需操作的工作区域，会对操作有很大帮助。显示图像的 6 种操作分别是全屏图像显示、缩小图像显示、放大图像显示、观察图像显示、图像窗口显示和 100%图像显示。

3. Photoshop CS2 提供了许多辅助工具供用户在处理、绘制图像时，对图像进行精确定位，它们分别是标尺、测量工具、网格和参考线。

4. Photoshop CS2 进行图像处理过程中，经常需要调整图像的尺寸，以适应显示或打印输出的需要。

5. 使用 Photoshop CS2 编辑或处理图像时，不管是进行颜色填充，还是使用绘图工具在图像上绘画，使用文字工具在图形窗口输入文字或删除图像，其颜色效果全部取决于当前工具箱中的前景色和背景色。设置前景色和背景色的基本方法有使用工具箱中的颜色工具、使用"拾色器"对话框、使用"颜色"面板、使用"色板"面板等。

三、实验内容

1. 新建一个大小为 300×400 像素，分辨率为 200 像素/英寸，模式为 8 位 RGB 颜色的新文件，背景颜色为白色，文件名为"印章"，如图 2.3.1 所示。

2. 在图层控制面板中新建一个图层"图层 1"，用文字蒙版工具输入文字，例如"辽宁工大"(实验时每个同学可用自己的姓名制作印章)，字体设置为隶书、36(可根据自己喜好设定)。如图 2.3.2 和图 2.3.3 所示。鼠标移动到文字边界外，变成移动状态时，移动文字选区到合适位置。然后单击 ✓ 确认按钮。

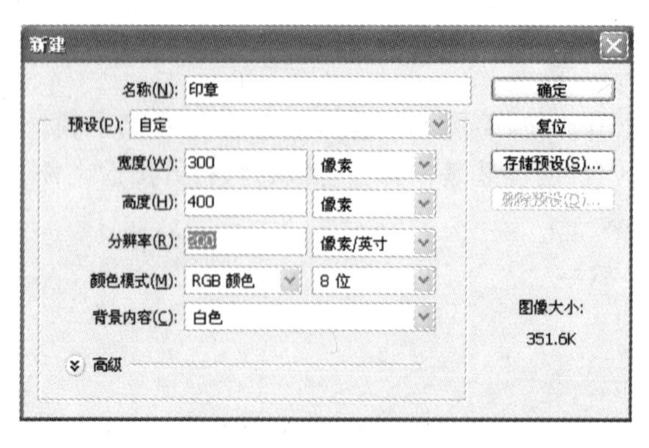

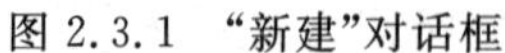
图 2.3.1 "新建"对话框

图 2.3.2 创建新图层

提示：新建图层有两种方法，① 选择"图层"菜单→"新建"→"图层"命令；② 单击图层面板中右下角 (创建新图层)按钮。

3. 执行“选择”→“存储选区”命令，打开如图 2.3.4 所示对话框，单击“确定”按钮，将文字选区保存为一个新通道 Alpha 1。

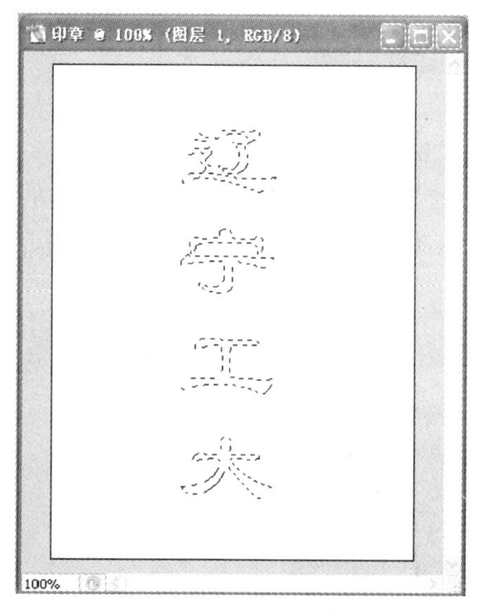

图 2.3.3　用“文字蒙版工具”输入文字

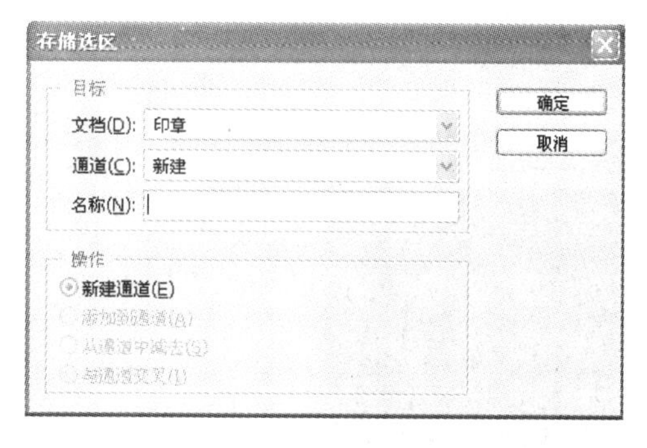

图 2.3.4　“存储选区”对话框

4. 在控制面板中单击 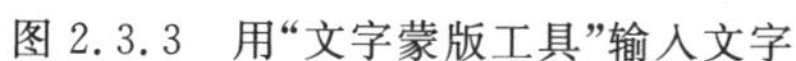

“通道”，打开通道面板。在通道控制面板内，选择“Alpha 1”通道。

5. 执行“滤镜”→“杂色”→“添加杂色”命令，在对话框中设置“数量”参数为 400%，“分布”为“平均分布”，并勾选“单色”复选框(如果单色复选框不可选，就不选择)，如图 2.3.5 所示。

6. 执行“滤镜”→“风格化”→“扩散”命令，在对话框中设置“模式”为“变暗优先”，如图 2.3.6 所示。

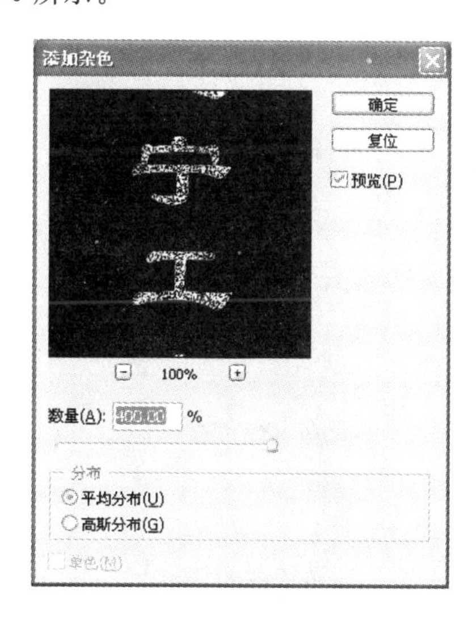

图 2.3.5　“添加杂色”对话框

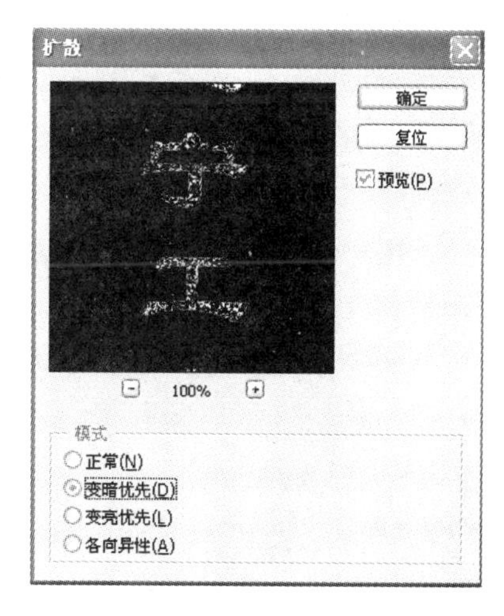

图 2.3.6　“扩散”对话框

7. 按 Ctrl+D 取消选择(或“选择”菜单→“取消选择”)。

8. 执行“滤镜”→“模糊”→“高斯模糊”命令,在对话框中设置“半径”为“0.5 像素”,如图 2.3.7 所示。

9. 执行“图像”→“调整”→“自动色阶”和“自动对比度”命令。

10. 按住 Ctrl 键单击“Alpha1”通道。

11. 切换到图层控制面板,单击“图层 1”,文字选区出现在图像中。

12. 将前景色设置为红色(在工具栏中选择设置前景色工具,显示如图 2.3.8 所示),然后执行“编辑”→“填充”命令,打开对话框,如图 2.3.9 所示,单击“确定”按钮,完成对选区填充,一般填充 3～4 次即可。

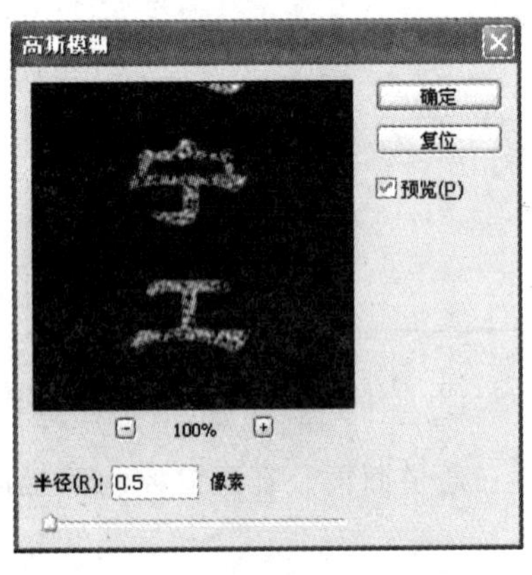

图 2.3.7 “高斯模糊”对话框

拾色器
选择前景色:
确定
取消
颜色库
H: 0 度 L: 54
S: 100 % a: 81
B: 100 % b: 70
R: 255 C: 0 %
G: 0 M: 96 %
B: 0 Y: 95 %
ff0000 K: 0 %
只有 Web 颜色

图 2.3.8 “拾色器”对话框

13. 利用矩形选框工具在文字外围拖一个矩形框,然后利用“选择”→“修改”→“边界”命令调整选区宽度,设置“宽度”为 5 像素。

14. 对矩形框重复步骤 3～12。

15. 再次执行“高斯模糊”命令,“半径”值可视个人喜好设置。效果如图 2.3.10 所示。

16. 保存该文件。

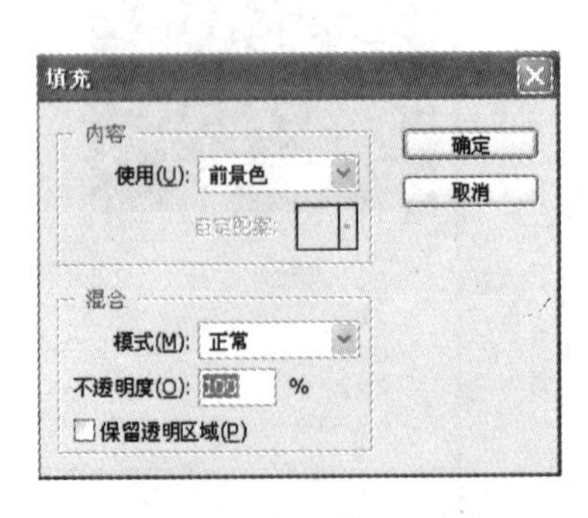

图 2.3.9 “填充”对话框

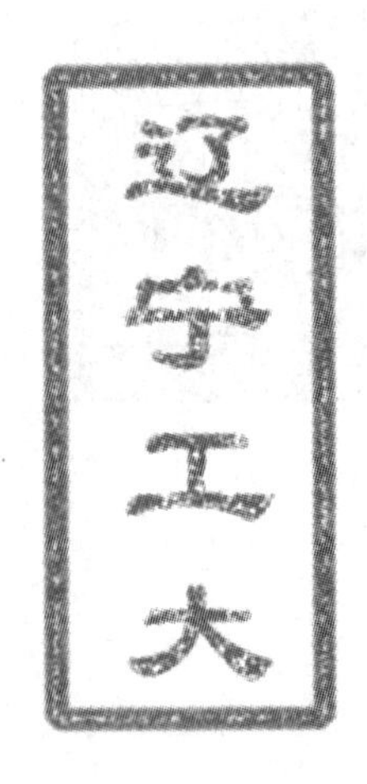

图 2.3.10 效果图

实验二 Photoshop CS2 的基本操作——年轮的制作

一、实验目的

1. 掌握图像处理的基本方法。
2. 掌握文字工具的使用方法。
3. 掌握图层、通道、滤镜的基本操作方法。
4. 掌握图像中色彩和色调的调节。

二、预备知识

预习第 3 章的相关论述。

三、实验内容

1. 执行“文件”→“新建”命令，创建一个大小为 500×500 像素，分辨率为 72 像素 / 英寸，模式为 8 位 RGB 颜色的新文件，背景色设置微白色，文件名为“年轮”，如图 2.3.11 所示。

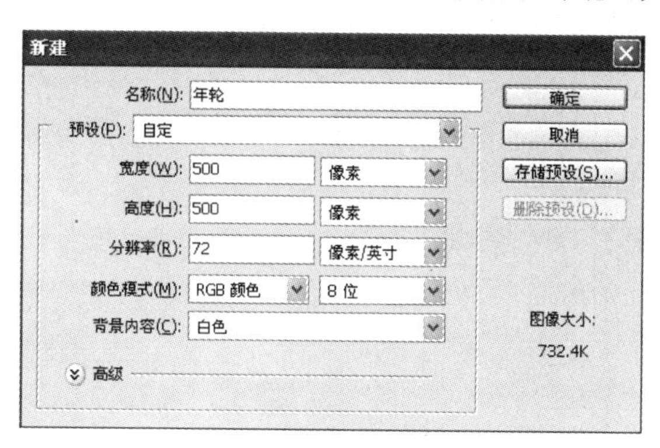

图 2.3.11 “新建”对话框

2. 执行“滤镜”→“杂色”→“添加杂色”命令，在对话框中设置“数量”参数为 40%，“分布”为“高斯分布”，并勾选“单色”复选框，单击“确定”按钮。

3. 执行“滤镜”→“纹理”→“颗粒”命令，在对话框中设置“强度”参数为 72，“对比度”参数为 30，颗粒类型选中“水平”，单击“好”按钮，得到水平的颗粒效果，参数设置如图 2.3.12 所示。

4. 执行“滤镜”→“扭曲”→“极坐标”命令，在对话框中选中“平面坐标到极坐标”单选项，得到的图像呈环状显示，参数设置如图 2.3.13 所示。

5. 执行“图像”→“调整”→“色相/饱和度”命令，在对话框中，首先勾选“着色”复选框，然后设置“色相”参数值为 28，“饱和度”参数值为 80，“明度”参数值为－40，单击“确定”按钮，参数设置如图 2.3.14 所示。

6. 选择工具箱中的“椭圆选框工具”，在图像中绘制一个圆形选区，选中图像中的环状纹理部分，然后执行“选择”→“反选”命令(或利用 Shift＋Ctrl＋I 快捷键)，按 Delete 键，删除选区图像，再次执行“反选”命令，使年轮部分成为选区。

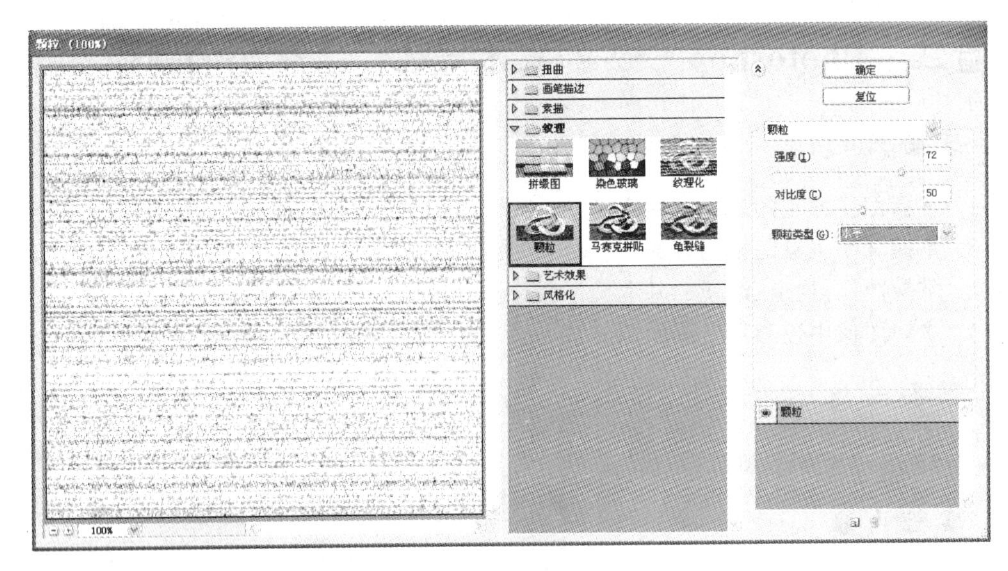

图 2.3.12 “颗粒”对话框

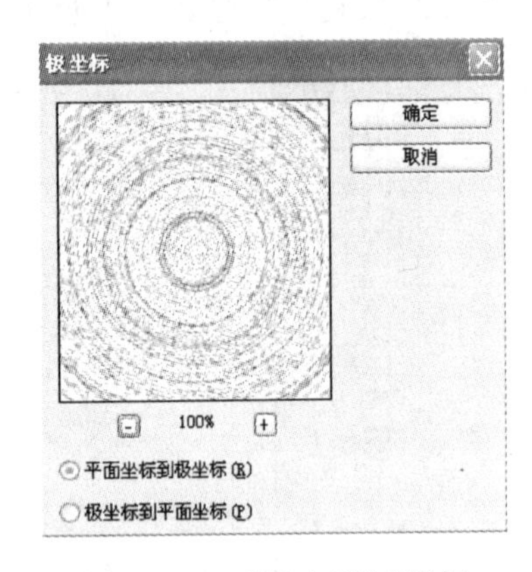

图 2.3.13 “极坐标”对话框

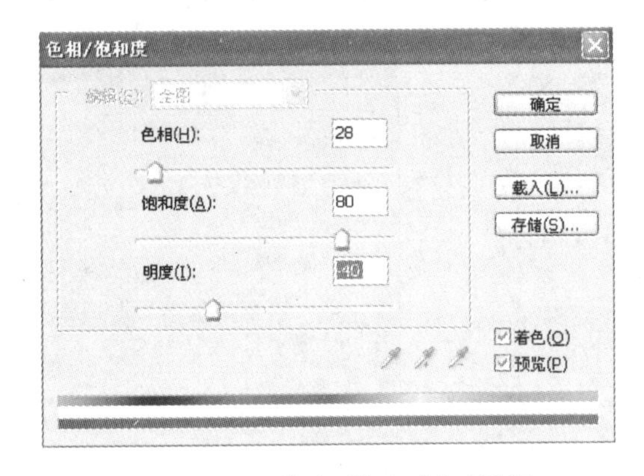

图 2.3.14 “色相/饱和度”对话框

提示：做椭圆选框之前，执行“视图”→“标尺”，然后在标尺上右击，选择“像素”，标尺的单位变为像素。在顶部标尺上拖动，即可看到虚线，移至中心位置松开，即可看到参考线。同样从左侧标尺中拖出参考线，找到中心点(如图 2.3.15 所示)。然后在中心位置按住鼠标拖出选区，同时按住 Shift＋Alt 键即可拖出以中心点为圆心的圆形选区。

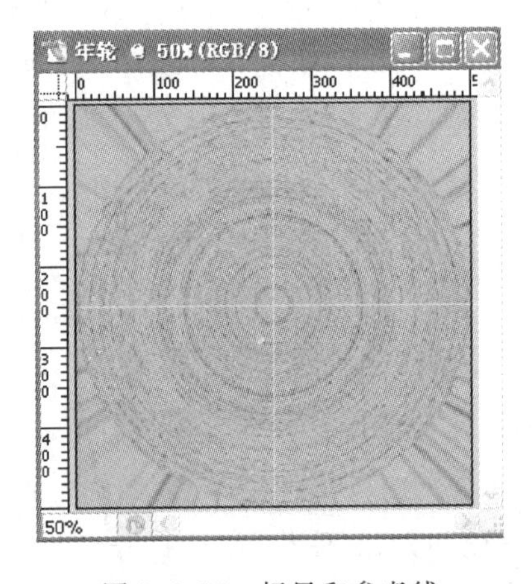

图 2.3.15 标尺和参考线

7. 执行“滤镜”→“液化”命令，“液化”对话框如图 2.3.16 所示。选择适当的笔触大小和压力，根据喜好制作出逼真的大树年轮的效果。

8. 按自己的喜好可以添加一些模糊滤镜效果。例如动感模糊，效果如图 2.3.17 所示。

9. 选择工具箱中的“横排文字工具”，输入“大树的年轮”，字体设置为隶书、48。

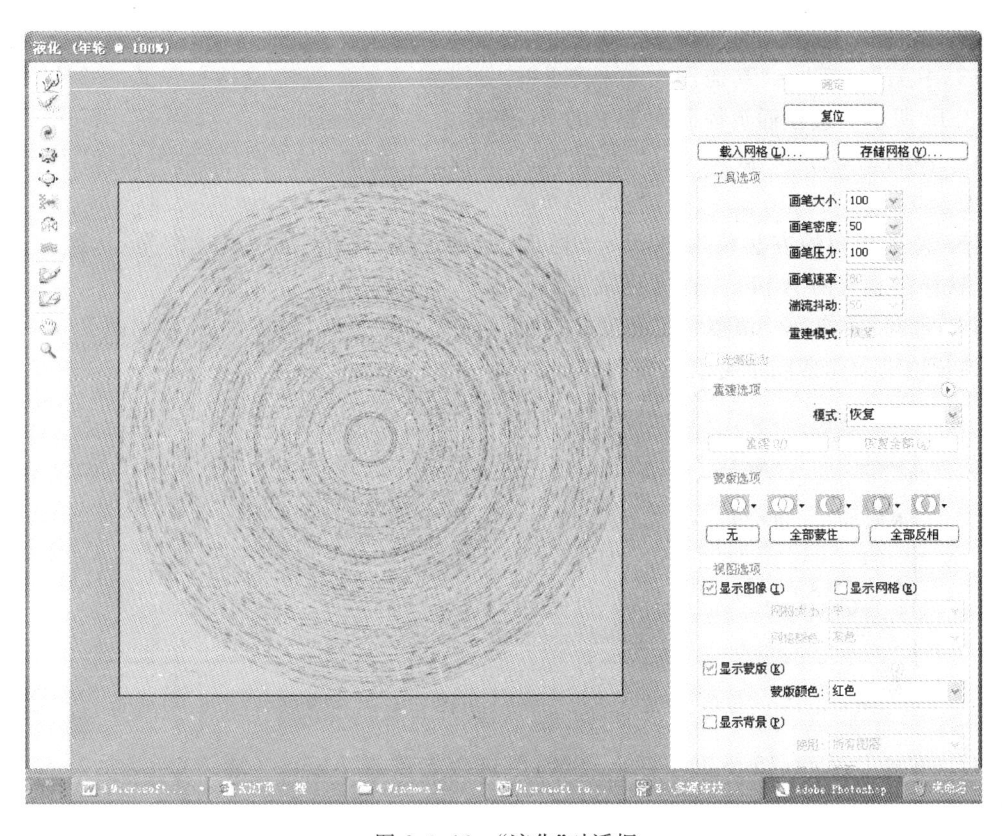

图 2.3.16　“液化”对话框

10. 将文字移动到年轮中央，然后按住 Ctrl 键单击图层控制面板中的文字图层的缩览图，选中文字，如图 2.3.18 所示。

图 2.3.17　年轮效果图

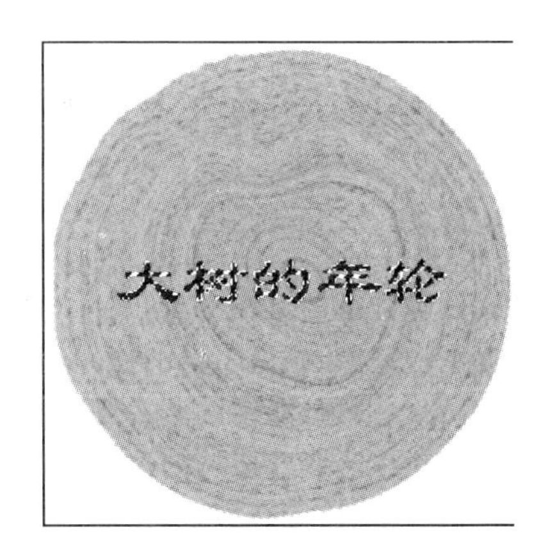

图 2.3.18　选中文字效果图

11. 打开通道控制面板，单击“将选区存储为通道”按钮，将选区保存为一个新通道 Alpha 1。再次单击该按钮，将选区保存为另一个新通道 Alpha 2。按 Ctrl+D 取消选区，然后将文字图层删掉。

12. 在通道控制面板中，单击 Alpha 2 通道。此时图像变为黑体白字，白字部分保存在

Alpha 2 通道中的选区。

13. 执行“滤镜”→“其他”→“位移”滤镜，分别将水平和垂直偏移量设置为 3 和 4，如图 2.3.19 所示。选择通道控制面板上的 RGB 通道，恢复彩色通道。

14. 执行“选择”→“载入选区”命令，载入 Alpha 1 通道。在“操作”栏中选择“新选区”单选项。

15. 使用相同的方法载入 Alpha 2 通道，但是这次“操作”栏中选择的是“从选区中减去”。这样已载入的 Alpha 1 选区将减去 Alpha 2。

16. 选择“图像”→“调整”→“亮度/对比度”命令，将“亮度”设置为 100，如图 2.3.20 所示。该步用于制作透明字突出的亮度部分。

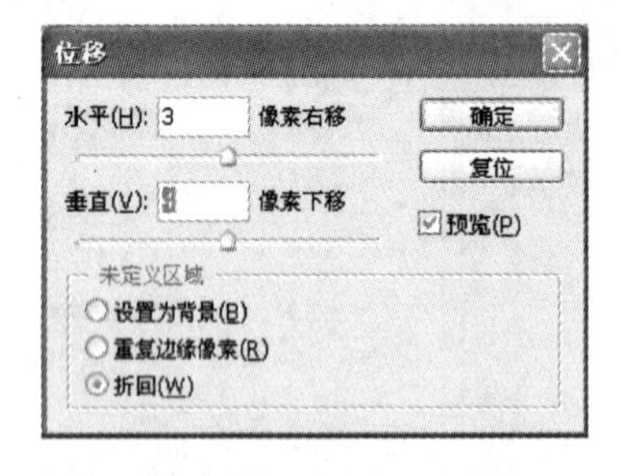

图 2.3.19 “位移”对话框

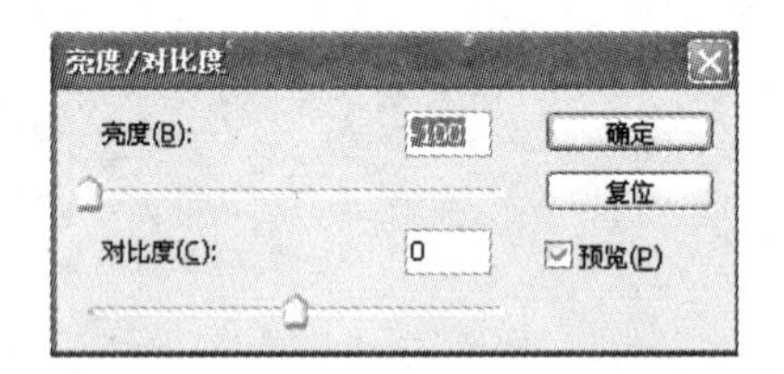

图 2.3.20 “亮度/对比度”对话框

17. 重复上述 14、15 步再次载入选区，但这次先载入 Alpha 2 通道（新选区），再载入 Alpha 1 通道（从选区中减去）。

18. 再次执行“亮度/对比度”命令，将“亮度”设置为－100，用于制作透明字的阴影部分。

19. 按 Ctrl＋D 取消选区，完成文字的制作。

20. 保存该文件。

实验三　Photoshop CS2 的应用篇（一）——如鱼得水

一、实验目的

1. 掌握图像处理的基本方法。
2. 掌握图层蒙版、画笔工具的使用。
3. 掌握图层、通道、滤镜的基本操作方法。
4. 掌握图像中色彩和色调的调节。
5. 掌握修补工具、混合模式、仿制图章工具的使用。

二、预备知识

预习第 3 章的相关论述。

三、实验内容

1. 打开 3 幅图，如图 2.3.21 所示。

图 2.3.21 素材

2. 在工具箱中选择移动工具，将金鱼图片拖到花瓶中来，并将其排放到适当的位置，如图 2.3.22 所示，同时图层面板中也自动添加了一个图层。

3. 在图层面板中单击“添加图层蒙版”按钮，给图层 1 添加蒙版，如图 2.3.23 所示，接着在工具箱中选择画笔工具，并在选项栏中设定“画笔”为“尖角 19 像素”，“不透明度”为 100%，然后在画面中金鱼的边缘进行涂抹，涂抹后的效果如图 2.3.24 所示。

图 2.3.22 复制图像到指定图像后的效果

图 2.3.23 添加图层蒙版

图 2.3.24 隐藏不需要部分后的效果

4. 在画面中右击，并在弹出的画笔调板中选择“尖角 5 像素”，接着放大图像，再次在金鱼边缘上进行细致的涂抹，隐藏不需要的部分，涂抹后的效果图如图 2.3.25 所示。

5. 接着在画面中再次选择画笔工具“柔角 17 像素”，在选项栏中设定“不透明度”为 30%，然后用画笔工具对金鱼的尾巴和鳍进行涂抹，使金鱼的尾巴和鳍有透明的感觉，涂抹后效果如图 2.3.26 所示。

6. 在图层面板中设定图层 1 的“混合模式”为“叠加”，如图 2.3.27 所示，效果如图 2.3.28 所示。

图 2.3.25 隐藏不需要部分后的效果

图 2.3.26 隐藏不需要部分后的效果

图 2.3.27 图层面板

7. 在图层面板中单击背景图层，接着在工具箱中选择仿制图章工具，按住 Alt 键到如图 2.3.29 所示的位置单击，吸取颜色，再在画面上右击，选择“柔角 17 像素”，然后在金鱼身上的花枝上进行涂抹，涂抹后的效果如图 2.3.30 所示。

图 2.3.28　设置混合模式后的效果

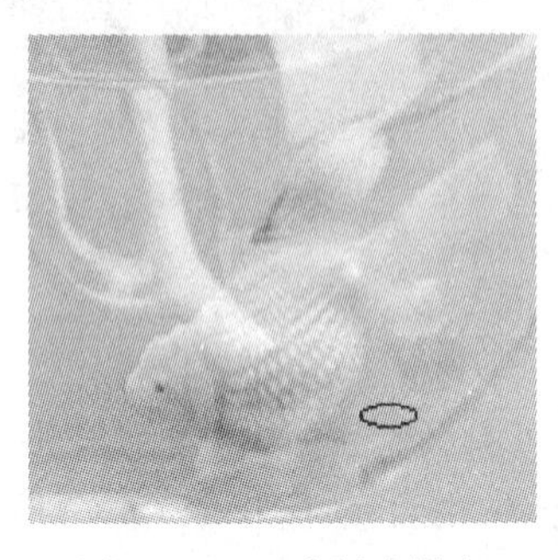

图 2.3.29　选择取样点

图 2.3.30　修复后的效果图

8. 激活图层 1，按 Ctrl+J 复制图层 1 为图层 1 副本，设定图层 1 副本的“不透明度”为 30%，如图 2.3.31 所示，效果如图 2.3.32 所示。

9. 在工具箱中选择移动工具，将另一条金鱼图片拖到花瓶中来，并将其排放到适当的位置，如图 2.3.33 所示，同时图层面板中也自动添加了一个图层。

图 2.3.31　图层面板

图 2.3.32　设定不透明度后的效果

图 2.3.33　复制图像到指定图像后的效果

10. 在图层面板中单击“添加图层蒙版”按钮，给图层 2 添加蒙版，如图 2.3.34 所示，接着在工具箱中选择画笔工具，并在选项栏中设定“画笔”为“尖角 19 像素”，“不透明度”为 100%，然后在画面中金鱼的边缘进行涂抹，涂抹后的效果如图 2.3.35 所示。

11. 在画面中右击，并在弹出的画笔调板中选择“尖角 5 像素”，接着放大图像，再次在金鱼边缘上进行细致的涂抹，隐藏不需要的部分，涂抹后的效果图如图 2.3.36 所示。

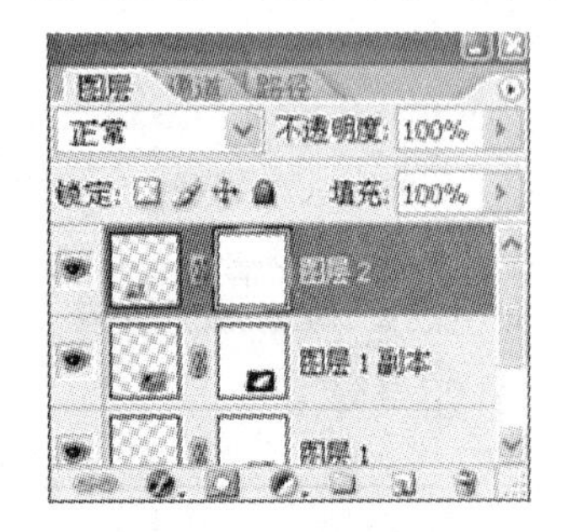

图 2.3.34　图层面板

图 2.3.35　隐藏不需要部分后的效果

图 2.3.36　隐藏不需要部分后的效果

12. 接着在画面中再次选择画笔工具"柔角 17 像素",在选项栏中设定"不透明度"为 30%,然后用画笔工具对金鱼的尾巴和鳍进行涂抹,使金鱼的尾巴和鳍有透明的感觉,涂抹后效果如图 2.3.37 所示。

13. 在图层面板中设定图层 2 的"混合模式"为"叠加",如图 2.3.38 所示,效果如图 2.3.39 所示。

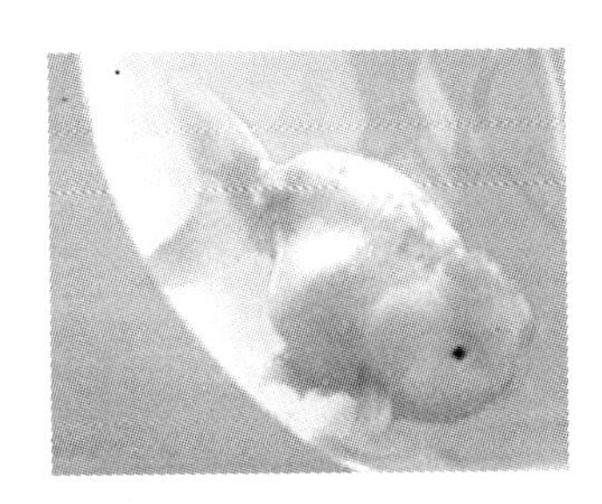

图 2.3.37 隐藏不需要部分后的效果

图 2.3.38 图层面板

图 2.3.39 设置混合模式后的效果

14. 在图层面板中激活背景图层,接着在工具箱中选择修补工具,在画面的蓝色条状图像周围框选出一个要修补的选区,如图 2.3.40 所示。

15. 在选区内按下左键向左上方拖动到适当的位置,如图 2.3.41 所示,松开左键后即可用选取的内容替换选区内容,并与周围环境融合,然后取消选择,得到如图 2.3.42 所示的效果。

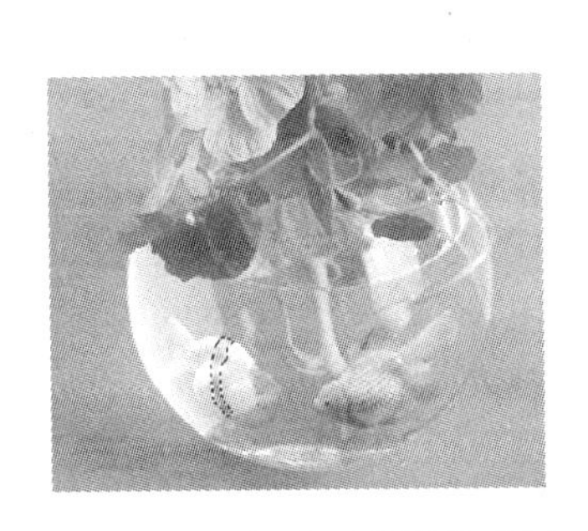

图 2.3.40 框选要修补的选区

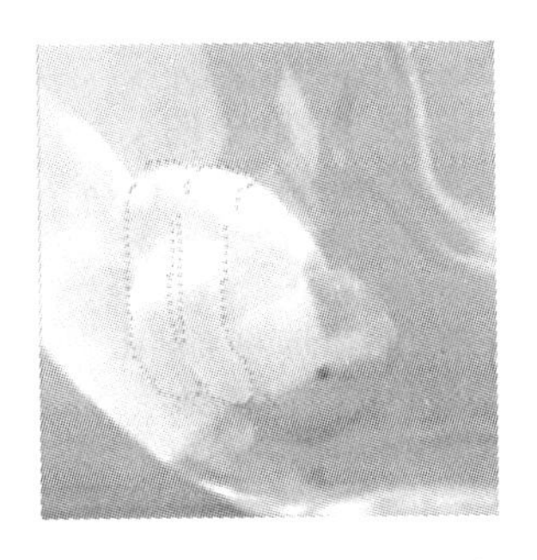

图 2.3.41 拖动时的状态

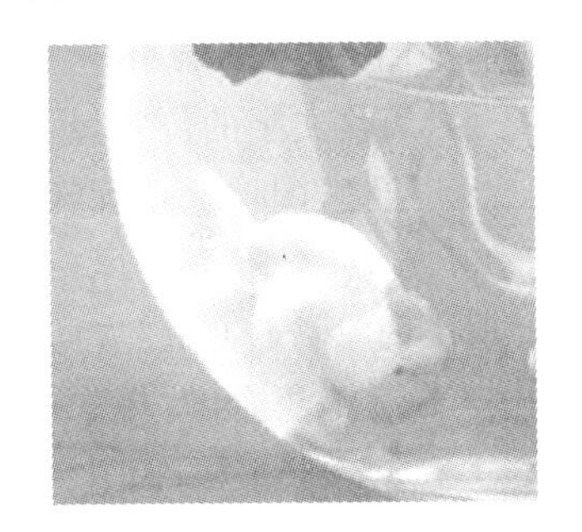

图 2.3.42 取消选择后的效果

16. 激活图层 2,按 Ctrl+J 复制图层 2 为图层 2 副本,设定图层 2 副本的"不透明度"为 30%,如图 2.3.43 所示,效果如图 2.3.44 所示,制作完成。

图 2.3.43 图层面板

图 2.3.44 最终效果

实验四 Photoshop CS2 的应用篇(二)——燃烧字

一、实验目的

1. 掌握图像处理的基本方法。
2. 掌握图层蒙版、画笔工具的使用。
3. 掌握图层、通道、滤镜的基本操作方法。
4. 掌握图像中色彩和色调的调节。
5. 掌握修补工具、混合模式、仿制图章工具的使用。

二、预备知识

预习第 3 章的相关论述。

三、实验内容

1. 打开软件,设置背景色为黑色。

2. 新建一个大小为 300×150 像素,颜色模式为灰度的文件,背景颜色为"背景色",文件名为"燃烧"。

3. 在工具栏中选择"横排文字工具",在图像编辑窗口中输入"燃烧"两字,字体颜色为白色,如图 2.3.45 所示。

4. 调整文字的位置,然后选择"图层"菜单中的"合并图层"命令,完成图层合并。

5. 选择"图像"→"旋转画布"→"90 度(顺时针)"命令,将图像顺时针旋转 90 度。

6. 旋转"滤镜"→"风格化"→"风",打开"风"滤镜对话框,如图 2.3.46 所示。选择"方法"框中的"风"选项;"方向"框中的"从左"选项,单击"确定"按钮,完成风滤镜的设置。然后按 Ctrl+F 组合键,再次使用风滤镜,加强风吹效果。

图 2.3.45 燃烧字

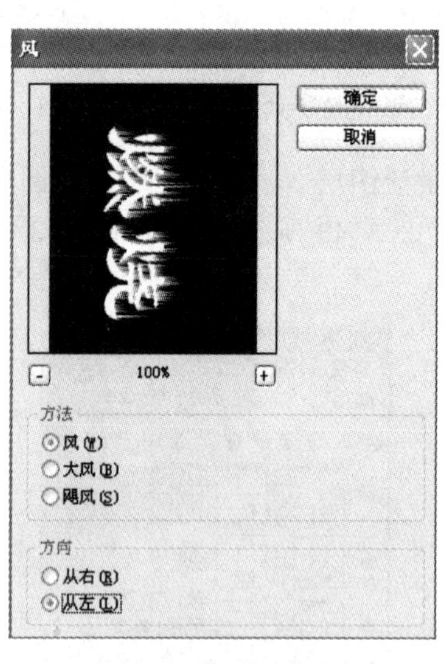

图 2.3.46 "风"对话框

7. 选择“图像”→“旋转画布”→“90 度(逆时针)”命令,将图像顺时针旋转 90 度。

8. 选择“滤镜”→“扭曲”→“波纹”命令,打开“波纹”滤镜对话框,如图 2.3.47 所示,设置“数量”值为“100”,“大小”为“中”,单击“确定”按钮,使火焰飘起来。

9. 选择“图像”→“模式”→“索引颜色”命令,将图像转换为索引颜色模式。

10. 选择“图像”→“模式”→“颜色表”命令,打开“颜色表”对话框,如图 2.3.48 所示,在“颜色表”下拉列表框中选择“黑体”色表。

11. 选择“图像”→“模式”→“RGB 颜色”命令,将图像转换为 RGB 模式。完成燃烧字的制作,效果如图 2.3.49 所示。

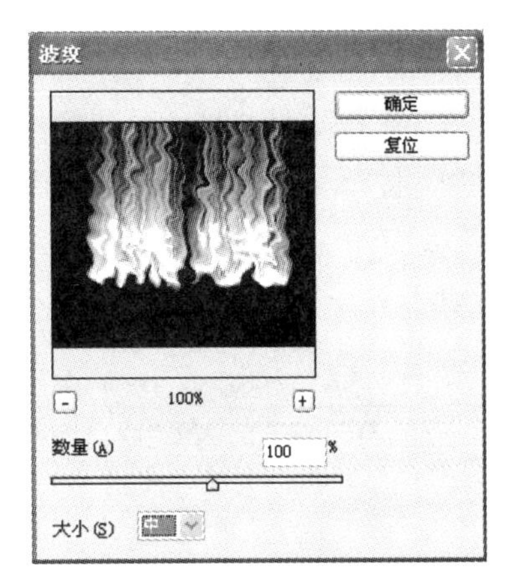

图 2.3.47　“波纹”对话框

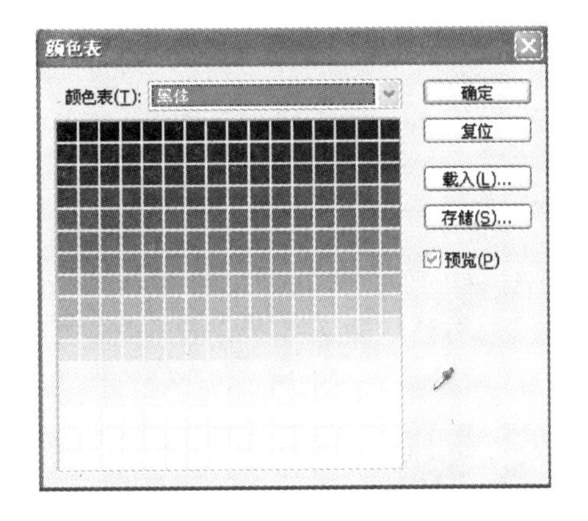

图 2.3.48　“颜色表”对话框

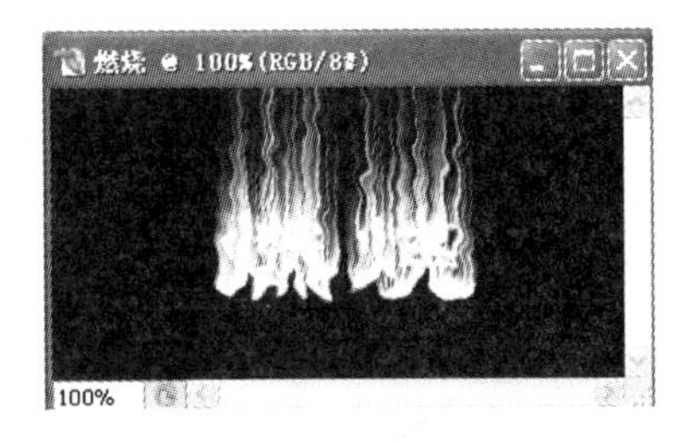

图 2.3.49　最终效果图

实验五　Photoshop CS2 的应用篇(三)——调整光线

一、实验目的

1. 掌握图像处理的基本方法。
2. 掌握魔棒工具、画笔工具的使用。
3. 掌握图层、通道、滤镜的基本操作方法。
4. 掌握羽化、高斯模糊、混合模式等的使用。
5. 掌握修补工具、混合模式、仿制图章工具的使用。

二、预备知识

预习第 3 章的相关论述。

三、实验内容

1. 打开一张需要处理的图像，如图 2.3.50 所示。

2. 按 Ctrl+J 复制背景图层为图层 1，接着在图层面板中单击（创建新的填充或调整图层）按钮，如图 2.3.51 所示，然后在弹出的对话框中将直线调为如图 2.3.52 所示的曲线（输入 83、输出 134），单击“确定”按钮，得到如图 2.3.53 所示。

图 2.3.50 打开的图像

图 2.3.51 选择“曲线”命令

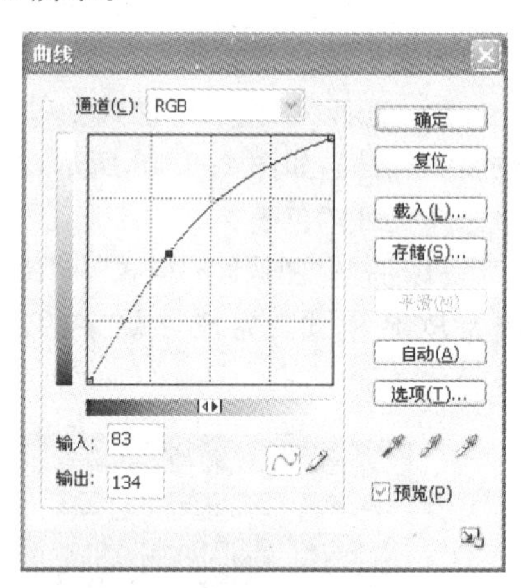

图 2.3.52 “曲线”对话框

3. 在工具箱中选择魔棒工具，并在选项栏中选择“添加到选区”按钮，再设定“容差”为 32。然后移动指针到脸部右边光线较暗的区域单击，得到如图 2.3.54 所示的选区，再在其他较暗的区域单击，得到如图 2.3.55 所示的选区。

图 2.3.53 调亮后的效果

图 2.3.54 选择较暗的区域

图 2.3.55 选择其他较暗的区域

图 2.3.56 “羽化选区”对话框

4. 按 Ctrl+Alt+D 键执行“羽化”命令，并在弹出的对话框中设定“羽化半径”为“10 像素”，如图 2.3.56 所示，单击“确定”按钮，得到如图 2.3.57 所示的选区。

5. 在图层面板中单击（创建新的填充或调整图层）按钮，然后在弹出的对话框中将直线调为如图 2.3.58 所示的曲线(输入 81、输出 165),单击“确定”按钮,得到如图 2.3.59 所示。

图 2.3.57　羽化后的选区

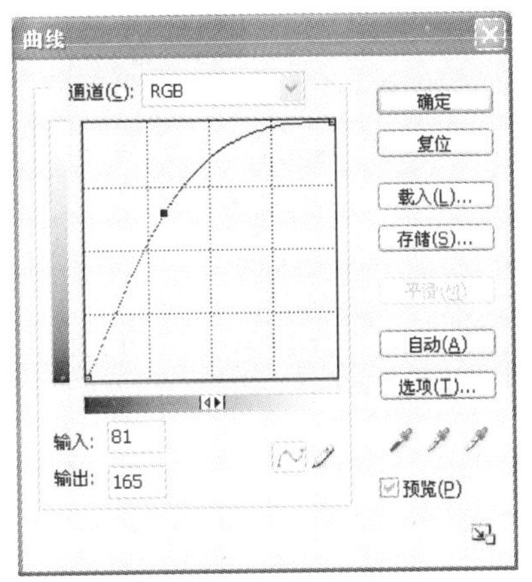

图 2.3.58　“曲线”对话框

6. 在图层面板中单击背景图层,以它为当前图层,然后单击图层 1 的眼睛图标隐藏图层 1,如图 2.3.60 所示。

图 2.3.59　调亮后的效果

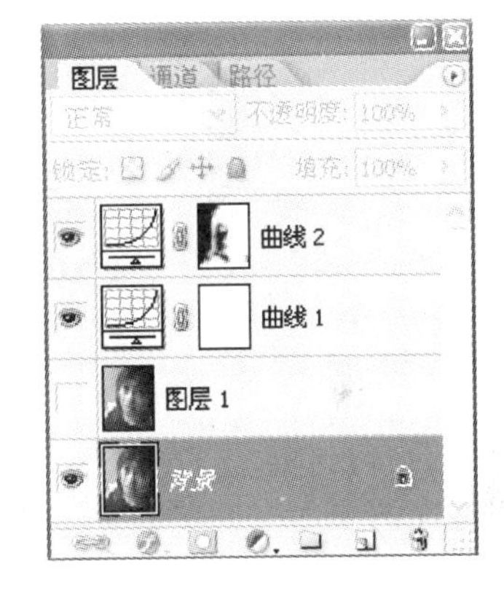

图 2.3.60　图层面板

7. 在菜单中执行“滤镜”→“模糊”→“高斯模糊”命令,并在弹出的对话框中设定“半径”为“8.8 像素”,如图 2.3.61 所示,得到的效果如图 2.3.62 所示。

8. 在图层中单击并显示图层 1,然后给图层 1 添加蒙版。

9. 在工具箱中选择画笔工具,并在选项栏中设定“画笔”为“柔角 45 像素”,“不透明度”为 30%,接着在画面中脸部的右边进行涂抹,涂抹后得到的效果如图 2.3.63 所示。

10. 再在选项栏中设定“画笔”为“柔角 13 像素”,接着在右边暗部的眉头上进行涂抹。

11. 在图层面板中新建图层 2,并拖到最上面,然后设定混合模式为“柔光”,再在工具箱中设定前景色为红色(R255、G0、B0),然后在选项栏中设定“画笔”为“尖角 9 像素”,“不透明度”为 100%,在画面中嘴唇上进行涂抹,涂抹后的效果如图 2.3.64 所示。

12. 在图层面板中设定图层 2 的“不透明度”为 50%,效果如图 2.3.65 所示。

13. 在图层面板中新建图层 3,并拖到最上面,然后设定前景色为白色,然后设定混合模式为“柔光”,“不透明度”为 80%。再在选项栏中设定“画笔”为“尖角 3 像素”,在画面中牙齿上进行涂抹，将牙齿涂亮。

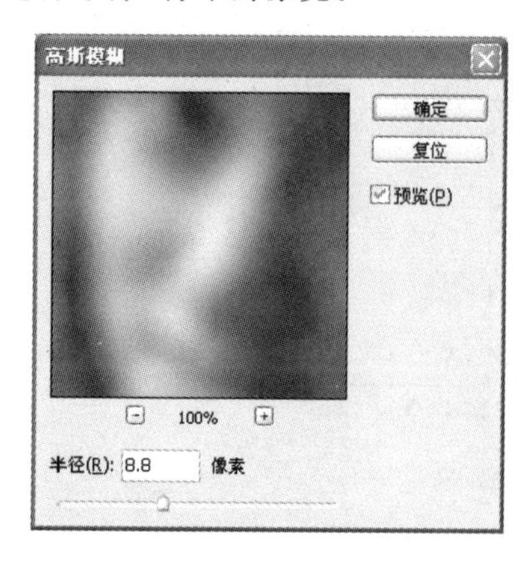

图 2.3.61　高斯模糊对话框

图 2.3.62　执行高斯模糊命令后的效果

图 2.3.63　隐藏部分内容后的效果

图 2.3.64　涂抹后的效果

图 2.3.65　设置不透明度后的效果

14. 接着在图层面板中单击 ◎.（创建新的填充或调整图层）按钮，并在弹出的菜单中选择“可选颜色”命令，接着弹出“可选颜色选项”对话框，并在“颜色”下拉列表中选择“黄色”，再在其下的“黄色”滑杆上拖动滑块至－60，以减少黄色，再拖动“青色”滑块至＋1 处，其他为默认值，如图 2.3.66 所示，最终效果见图 2.3.67 所示，这样就调整完成了。

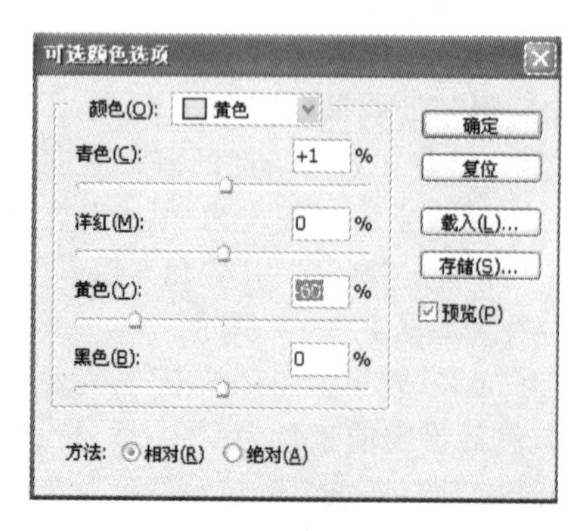

图 2.3.66　可选颜色选项对话框

图 2.3.67　最终效果

思考题

1. 为什么提高了图像的分辨率，图像的几何尺寸会缩小？
2. 在不改动图像分辨率的情况下，直接改变图像的几何尺寸，对图像质量有影响吗？
3. 为什么不可过分地调整对比度和亮度？
4. 滤镜可以对同一图片多次使用吗？
5. 图层之间的透明效果怎样实现？
6. 如果保存带有图层的图像文件，应采用什么文件格式？
7. 书写实验报告。

   要求：

   ① 写出实验过程、操作要点、具体参数，以及产生的问题和解决办法。

   ② 对于思考题有清晰的分析和思考，并作出相应的结论。

   ③ 篇幅不少于 800 字，采用 Word 编辑，文件名为“第 3 章实验_报告. doc”。

第 4 章

动画基础与制作——Flash MX实践

本章实验配合教学进度，以具体实例驱动学习者掌握软件的使用方法和技巧。根据不同类型，不同领域的动画制作要求，从实战的角度介绍 Flash 软件的使用方法。通过本章实验，学习者可以掌握 Flash 软件的基本使用方法，为今后熟练使用软件创作动画奠定基础。

本章实验要点

- 掌握 Flash 中引导线动画的制作方法。
- 掌握 Flash 动画中遮罩和滤镜的使用方法。
- 掌握 Flash 动画中 Actionscript 的使用方法。

实验一　Flash MX 的基本操作（一）——绘图工具与补间动画（直线伸长）

一、实验目的

1. 掌握动画制作的基本方法。
2. 熟悉绘图工具栏中各工具的使用方法。
3. 掌握时间轴的基本方法。
4. 掌握补间动画制作的基本方法。

二、预备知识

预习第 4 章的相关论述。

三、实验内容

1. 新建一个动画文件，其“属性”面板，如图 2.4.1 所示，单击 550 x 400 像素 按钮，打开对话框如图 2.4.2 所示。将其大小设置为 400×30 像素，背景设置为黑色（＃000000），保存文件。

2. 单击“线条工具”按钮，并通过其“属性”面板，将其设置为“实线”、“1”和“白色”，如图 2.4.3 所示。

3. 在舞台画一短横线，10～20 像素，如图 2.4.4 所示，时间轴的第一帧变成黑色实心圆心。

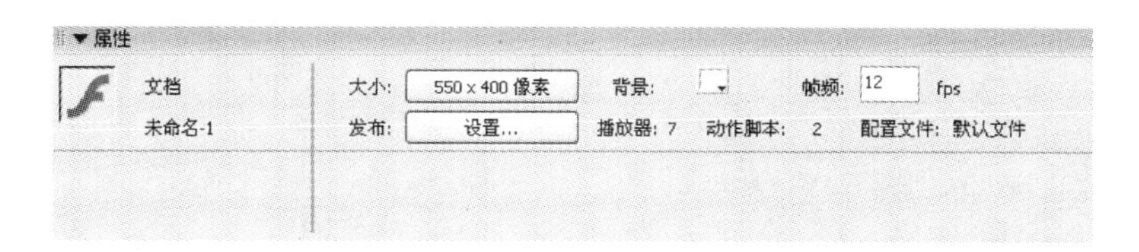

图 2.4.1　新建文件属性面板

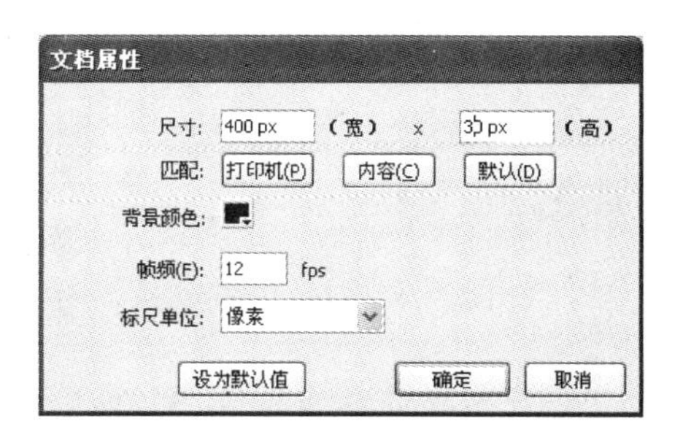

图 2.4.2　“文档属性”对话框

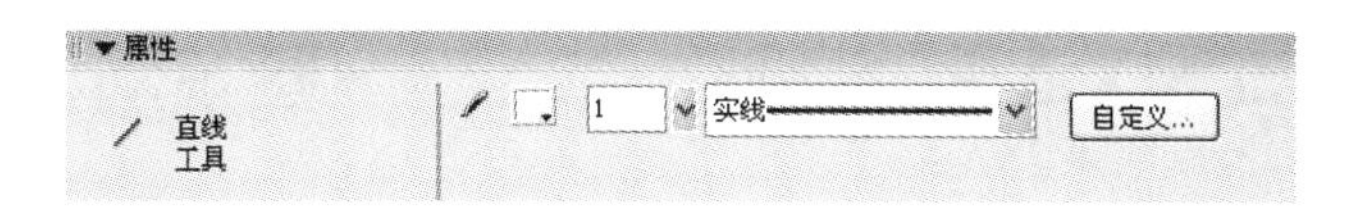

图 2.4.3　“直线工具”属性对话框

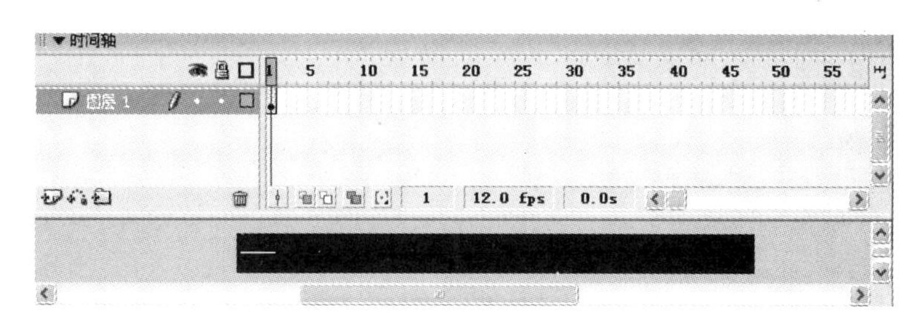

图 2.4.4　画短线效果图

4. 在时间轴的当前层(图层 1)第 20 帧处单击,然后按 F7 插入一个空白帧,如图 2.4.5 所示。

5. 单击“绘图纸外观”按钮(俗称洋葱皮按钮的第 1 个按钮),可以观察到第 3 步所画短线(变灰色)。

6. 在同一起点,用“线条工具”画一条长 400 像素的横线,如图 2.4.6 所示,第 20 帧变成黑色实心圆。

图 2.4.5　插入空白帧　　　　图 2.4.6　效果图

7. 在时间轴的当前层(图层 1)第 1 帧处进行双击(或在第 1 到 20 帧之间任意一帧处单击),在当前帧的“属性”面板的“补间”下拉列表中选择“形状”项,如图 2.4.7 所示。

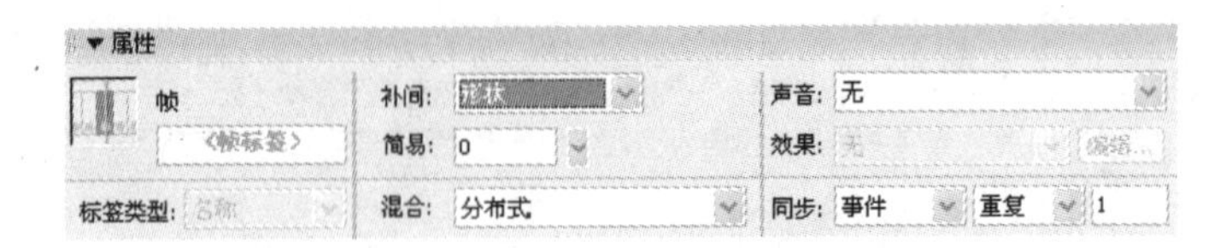

图 2.4.7　补间属性对话框

8. 此时，时间轴的第 1 帧到第 20 帧之间产生一条黑色箭头线，背景变成淡绿色，如图 2.4.8 所示。

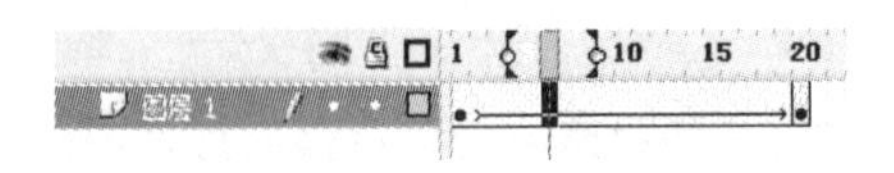

图 2.4.8　“补间”效果图

9. 完成操作，按快捷键 Ctrl＋Enter 或者选择“控制”菜单的“测试影片”命令查看制作效果。

实验二　Flash MX 的基本操作(二)——逐帧动画与遮罩动画

一、实验目的

1. 掌握逐帧动画制作的基本方法。
2. 掌握遮罩动画制作的基本方法。

二、预备知识

预习第 4 章的相关论述。

三、实验内容

(一) 逐帧动画(逐笔写字动画的制作)

该动画描述的是一种书写的效果。其设计思想是：先绘制一个文字块，从第 2 帧到结束帧，按照书写的相反顺序依次擦除字的笔画，从第 2 帧开始，每个关键帧都要延续前一关键帧的内容，然后进行一些修改，最后形成一种倒序书写的效果，将前后关键帧进行交换就可以得到常规顺序的书写效果。

1. 新建一个动画文件，并通过其“属性”面板，将其大小设置为 550×400 像素，背景色设置为白色(＃FFFFFF)，保存文件名为“逐笔写字动画.fla”。

2. 在时间轴中的“图层 1”的第 1 帧处创建起始关键帧。

3. 在舞台中使用 A “文本工具”添加一个文字块，输入笔画较多的汉字，并通过其“属性”面板，将其大小设置为“宋体”、“120”、“黑色”，属性如图 2.4.9 所示。

4. 右击输入的汉字，选择“分离”命令，如图 2.4.10 所示。

5. 右击第 2 帧，并在弹出菜单中选择“插入关键帧”命令，利用“橡皮擦工具”擦除编辑区中汉字的最后一个笔画。

图 2.4.9 “输入文字属性设置”对话框

图 2.4.10 “分离”命令

6. 每增加一个关键帧，擦除一个笔画，直至汉字全部擦完。

7. 为了达到正常的书写效果，选中所有的关键帧，执行“修改”菜单中“时间轴”子菜单的“翻转帧”命令，实现前后帧的交换。

8. 完成操作，按快捷键 Ctrl＋Enter 或者选择“控制”菜单的“测试影片”命令查看制作效果。

（二）遮罩动画(发光字效果动画的制作)

该动画的设计思想是：通过遮罩层让运动的色条透光刚好照到最顶层的字符上。遮罩层中字符的大小比真正的字符稍大一些，色条透光后使得字符有发光的感觉。因此，在制作中至少要用到 3 个图层：一个用于存放正常大小的字符，一个用于存放稍大的字符作为遮罩层，一个用于制作发光效果的矩形渐变色。该运行效果的关键在于矩形渐变色的调制程度，要求用户能够熟练操作“混色器”面板中的渐变色调制(渐变色上的小颜料桶最多只能为 8 个)。

(1) 新建一个动画文件，并通过“属性”面板，将其大小设置为 550×400 像素，背景色设置为白色(＃FFFFFF)，保存文件。

(2)“发光条”元件的制作。

选择“插入”菜单的“新建元件”命令，设置弹出的“创建新元件”窗口，“名称”为“发光条”，“行为”为“图形”，如图 2.4.11 所示。

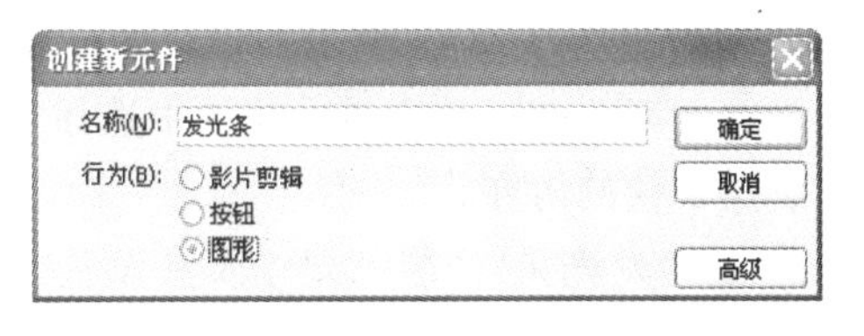

图 2.4.11 “创建新元件”对话框

单击“确认”，进入该元件的编辑模式。

选择“矩形工具”，去除轮廓色，如图 2.4.12 所示，设置线性渐变填充色。利用“混色器”面板调制矩形填充颜色是本动画的关键。

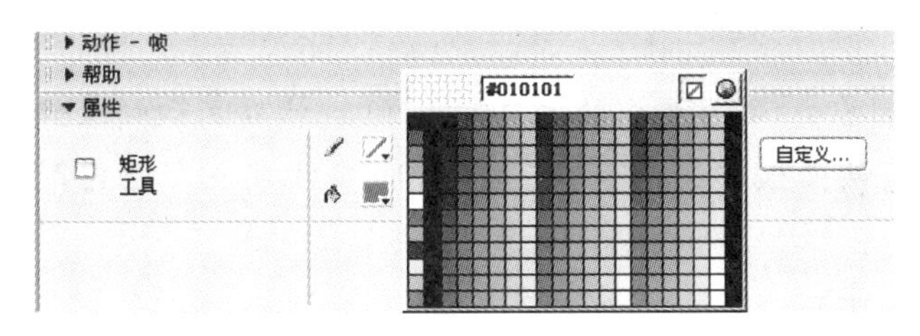

图 2.4.12 去除轮廓色的方法

选择“线性”填充方式，在渐变色上设置 8 个小颜料桶，平均分布，而且每个颜料桶的 Alpha 值按照 100%和 0%的次序从左向右轮流设置，如图 2.4.13 所示。

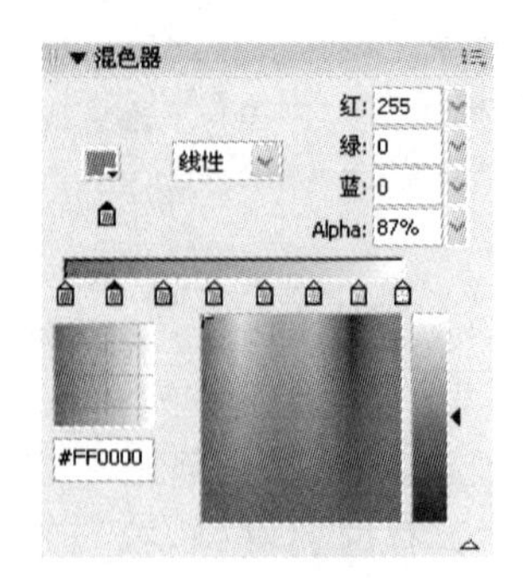

图 2.4.13 混色器设置

选择"矩形工具"直接在"发光条"元件编辑区绘制一个小矩形，然后复制并拼成一个较长的矩形。

(3) 编辑场景。

增加图层，从上到下分别命名为："正常字符"、"大字符"和"发光条"。发光字效果中需要透过"大字符"图层区域，才能看到"发光条"图层的动画效果，所以必须将"大字符"图层放到"发光条"图层的上面。

(4) "正常字符"图层的建立及其设置。

添加图层，并定义其为"正常字符"图层。

单击第 1 帧，选择"文本工具"，在文字块中输入几个字(字体大小设置为 50)。

右击第 30 帧，并在弹出菜单中选择"插入帧"命令，表示从第 2 帧到第 30 帧的所有帧都延续第 1 帧的内容，图层如图 2.4.14 所示。

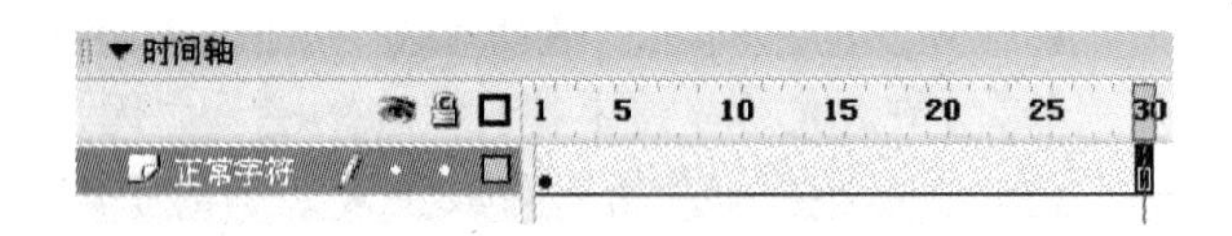

图 2.4.14 "正常字符"图层

(5) "大字符"图层的建立及其设置。

添加图层，并定义其为"大字符"图层。

单击第 1 帧，选择"文本工具"，在文字块中输入几个字(和正常字符图层中的文字相同，字体大小设置为 52)。要求文字块的位置与"正常字符"图层中文字块的位置一致。

右击第 30 帧，并在弹出菜单中选择"插入帧"命令，表示从第 2 帧到第 30 帧的所有帧都延续第 1 帧的内容。

(6) "发光条"图层的建立及其设置。

添加图层，并定义其为"发光条"图层。

单击第 1 帧，从"库"面板中将"发光条"图层元件拖到舞台中文字块的下面。保证所有的字符都在"发光条"原件之上。

右击第 30 帧，并在弹出菜单中选择"插入关键帧"命令，将舞台上的"发光条"元件向右平移一个字符位置。

右击第 1 帧的黑点处，并在弹出的菜单中选择"创建补间动画"(或选择第 1 到 30 帧之间的任意一帧，在属性面板中补间选择"动作")，并且有一个蓝色箭头从第 1 帧指向第 30 帧。

(7) 设置遮罩效果。

右击"大字符"图层的名称处，并在弹出菜单中选择"遮罩层"命令。此时应用了遮罩的图层自动被锁定。

(8) 完成操作，按快捷键 Ctrl+Enter 或者选择"控制"菜单的"测试影片"命令查看制作效果，图层效果如图 2.4.15 所示。

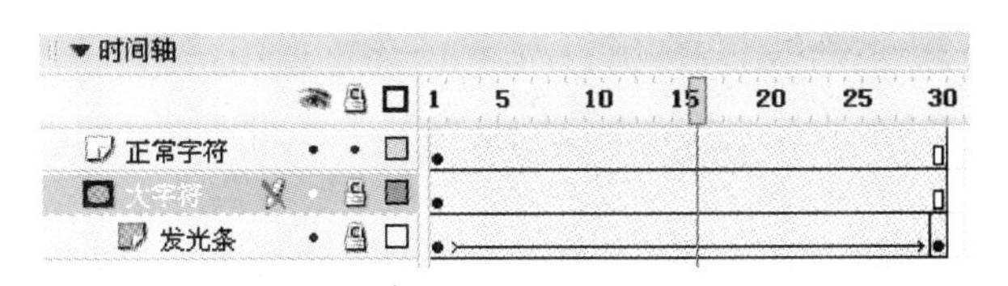

图 2.4.15 最终图层效果

实验三 Flash MX的基本操作(三)——按钮动画和滴水效果

一、实验目的

掌握动画制作的基本方法。

二、预备知识

预习第4章的相关论述。

三、实验内容

(一) 普通按钮动画的制作

1. 新建一个动画文件,并使用其默认的属性,保存文件。

2. 选择"插入"菜单的"新建元件"命令,设置弹出的"创建新元件"窗口,"名称"为"普通按钮","行为"为"按钮"。

3. 单击"确认",进入该元件的编辑模式。时间轴窗口中图层1有"弹起"、"指针经过"、"按下"、"点击"4个鼠标状态,每个状态下的内容分别代表鼠标在相应状态下显示,如图2.4.16所示。

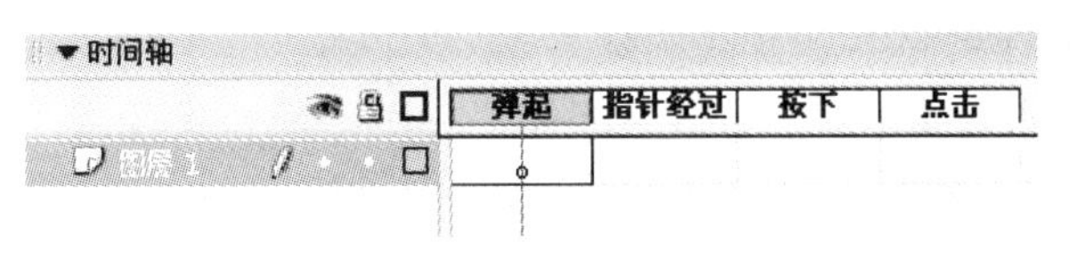

图 2.4.16 图层面板

4. 右击"弹起"帧,选择"插入关键帧"命令后,在该关键帧的编辑区设置内容,选择矩形工具(去除轮廓色颜色),在舞台中绘制一个黑色的矩形,表示当鼠标"弹起"时,该按钮显示为黑色的矩形。

5. 在"指针经过"帧中插入关键帧,将矩形颜色改为红色。

6. 在"按下"帧中插入关键帧,将矩形颜色改为黄色。

7. 在"点击"帧中插入关键帧。

8. 从"库"面板中拖出"普通按钮"元件到场景舞台中,调整位置。

9. 完成操作,按快捷键Ctrl+Enter或者选择"控制"菜单的"测试影片"命令查看制作效果。

(二) 水滴效果动画的制作

该动画描述水滴掉下后引起小小波浪的效果。该动画的设计思想是:水滴从空中落下是一个过程，然后水滴掉到水里引起波浪，波浪用一个个椭圆边框来表示。

1. 新建一个动画文件，并通过“属性”面板，将其大小设置为 450×500 像素，背景色设置为蓝色（#0000FF），保存文件。

2. “水滴”元件的制作。

选择“插入”菜单的“新建元件”命令，设置弹出的“创建新元件”窗口，“名称”为“水滴”，“行为”为“图形”。

单击“确认”，进入该元件的编辑模式。

选择“椭圆工具”在编辑区中央绘制一个图形，利用“混色器”面板调制填充颜色。

选择“放射状”填充方式，在渐变色上设置两个小颜料桶，左边小颜料桶颜色为十六进制#C2C4FE，右边小颜料桶为白色，轮廓色为白色，分别用“颜料桶工具”和“墨水瓶工具”对绘制的圆形进行颜色填充。

选择“选择工具”对绘制的圆形进行变形，使之变为“水滴”的形状。

3. “波浪动画”元件的制作。

选择“插入”菜单的“新建元件”命令，设置弹出的“创建新元件”窗口，“名称”为“波浪动画”，“行为”为“影片剪辑”。

单击“确认”，进入该元件的编辑模式。

单击第 1 帧，选择“椭圆工具”（去除填充色的颜色，轮廓色和“水滴”元件中填充色一样）在编辑区绘制一个椭圆。

右击第 30 帧，并在弹出菜单中选择“插入关键帧”命令，在第 30 帧的编辑区中使用“任意变形工具”放大椭圆，并保持椭圆的中心位置不变。

单击第 1 帧的黑点处，打开第 1 帧的“属性”面板，在“补间”下拉列表中选择“形状”选项后，产生一条黑色的实线箭头，该层的背景色为浅绿色，表示元件动画创建成功。

4. 编辑场景。

要实现水滴掉下后引起小小波浪的效果，必须要创建一个“水滴”图层和至少 5 个“波浪”图层，而且要保证水滴滴下后才有波浪和波浪一圈一圈相接的效果，必须采用时间上不同步的方法。

5. “水滴”图层建立及其设置。

添加图层，并定义其为“水滴”图层。

单击第 1 帧，从“库”面板中将“水滴”元件拖到舞台的上部。

右击第 7 帧，并在弹出菜单中选择“插入关键帧”命令，将舞台上的“水滴”元件向下垂直移动，表示水往下滴的效果。

右击第 1 帧的黑点处，并在弹出菜单中选择“插入关键帧”命令，“水滴”的效果制作完成。

6. “一层层波浪”图层的建立及其设置。

添加图层，并定义其为“波浪 1”图层。

右击第 7 帧（水滴结束帧），并在弹出菜单中选择“插入关键帧”命令，从“库”面板中将“波浪动画”元件拖到舞台的相应部位，使用“任意变形工具”将该元件缩小。

右击第 36 帧，并在弹出菜单中选择“插入关键帧”命令，使用“任意变形工具”将舞台中的元件放大，使用“选择工具”选中元件，打开其“属性”面板，设置颜色选项为 Alpha，值为 0%。

右击第 1 帧的黑点处，并在弹出菜单中选择“创建补间动画”命令，第 1 层“波浪动画”的效果制作完成。

依次添加 4 个图层，并依次定义为"波浪 2"图层、"波浪 3"图层、"波浪 4"图层、"波浪 5"图层。按照"波浪 1"图层的设置步骤，保持各层的"波浪动画"元件中心位置相同，且依次向后推移 5 帧作为延迟效果，完成设置。

7. 完成操作，按 Ctrl+Enter 或者选择"控制"菜单的"测试影片"命令查看制作效果。

实验四　Flash 动画制作——综合实例

一、实验目的

掌握动画制作的基本方法。

二、预备知识

预习第 4 章的相关论述。

三、实验内容

TCL 电脑产品演示动画效果图如图 2.4.17 所示。

图 2.4.17　实验效果图

制作步骤。

1. 新建文档。按 Ctrl+J 键弹出"文档属性"对话框，在其中设置文档的"尺寸"为600×150，"单位"为像素，"背景颜色"为黑色，单击"确定"按钮。

2. 导入素材。双击图层 1，将图层 1 命名为"背景"，接着在第 146 帧按 F5 键插入空白帧，确定影片长度。执行"文件"→"打开"命令，指定路径，在 Flash 中打开素材文件，接着按 Ctrl+A 键将工作区中的对象全部选中；按 Ctrl+C 键复制，回到新建文档；按 Ctrl+V 键粘贴；按 Delete 键删除。此时复制的对象已经被添加到当前文档的库中，可以随时调用。

3. 编辑位图。按下 Ctrl+L 键打开"库"面板，将"库"面板中的位图 4 拖动到场景上方，利用选择工具 选中位图，按 Ctrl+B 键执行打散命令。用选择工具选中位图的左半部分，也就是有字母的图形部分，选中后将其拖动到场景的左上方，接着用选择工具选中位图的右半部分，将其拖动到场景的右上方。

4. 调整位置。利用选择工具将两个打散后的图形全部选中，按 Ctrl+K 键打开"对齐"面板。在弹出的"对齐"对话框中单击"底对齐"按钮，将两个图形的底边对齐。接着利用选择工具将两个打散后的图形全部选中，再次调整它们在场景中的位置，放在如图 2.4.18 所示的位置上。

5. 输入文字。按下 Ctrl＋L 键打开“库”面板，利用选择工具将“库”面板中的位图 2 拖动到场景的右侧。选择文本工具，在“属性”面板中设置文本类型为静态文本，字体为黑体，字号大小为 13，文本颜色为白色，单击 **B** 图标切换成粗体，在场景中输入文字，将接着利用选择工具选中文字放在如图 2.4.19 所示的位置。

图 2.4.18 调整位置

图 2.4.19 输入文字

6. 绘制注册符号。选择文本工具，在“属性”面板中设置文本类型为静态文本，字体为黑体，字号大小为 8，文本颜色为白色，切换成粗体，在场景输入“R”字样。将视图比例调整到 400%。

7. 绘制圆环。选择椭圆工具，在“属性”面板中设置笔触颜色为无，填充颜色为白色。在按住 Shift 键的同时用椭圆工具根据文字“R”的大小绘制一个圆形，如图 2.4.20 所示。接着利用选择工具选中这个圆形，按 Ctrl＋C 键复制，按 Ctrl＋Shift＋V 键在同位置粘贴。执行“修改”→“形状”→“扩展填充”命令，弹出“扩展填充”对话框，设置“距离”为 1，“方向”为插入，单击“确定”按钮，缩小图形。随意改变一种填充色，如蓝色，在场景任意位置单击，使填充色与下面的白色融合，得到如图 2.4.21 所示的效果。再次利用选择工具单击蓝色部分，按 Delete 键删除，得到如图 2.4.22 所示的效果。

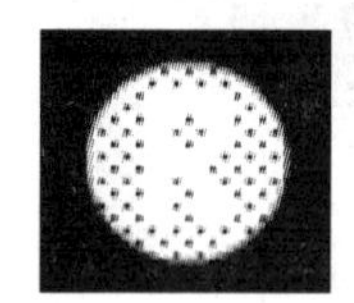

图 2.4.20 绘制圆形

图 2.4.21 修改圆形

图 2.4.22 得到圆环

8. 调整位置。利用选择工具将文字与圆环全部选中，按 Ctrl＋G 键组合，选中组合好的图形，按 Ctrl＋C 键进行复制，按 Ctrl＋V 键进行粘贴，复制出另一个标志，放在如图 2.4.23 所示的位置。

9. 调用位图。将视图比例调整到 400%，在图层“背景”上单击“时间轴”上的“插入图层”按钮，新建图层，双击新建图层，命名为“电脑”。按 Ctrl＋L 键打开“库”面板，用选择工具将“库”面板中的位图 3 拖动到如图 2.4.24 所示的位置，选中位图，按 Ctrl＋B 键执行打散命令。

图 2.4.23 调整位置

图 2.4.24 调用位图

10. 修改位图。选择直线工具，在“属性”面板中设置笔触颜色为白色，笔触样式为实线，笔触高度为 1，为打散的位图绘制一个轮廓线，得到如图 2.4.25 所示的效果，利用选择工具选中多余的线条，按 Delete 键删除。

11. 转化为元件。利用选择工具单击修改后的位图，按 F8 键弹出“转换为符号”对话框，命名为“电脑”，“行为”属性设置为“图形”，单击“确定”按钮，将位图转换为“电脑”图形元件。利用选择工具选中所有轮廓线，按 F8 键，弹出“转换为符号”对话框，命名为“轮廓线”，“行为”属性设置为影片剪辑，单击“确定”按钮，将线条转换为“轮廓线”影片剪辑元件。

12. 调整对象。利用选择工具选中影片剪辑元件“轮廓线”，按 Ctrl＋X 键剪切，在“电脑”图层上单击“时间轴”上的“插入图层”按钮，新建图层，双击新建图层，命名为“轮廓线”。单击“轮廓线”图层第 1 帧，按 Ctrl＋Shift＋V 键在同位置粘贴。

13. 编辑元件。双击影片剪辑元件“轮廓线”进入影片剪辑元件编辑模式，利用选择工具将全部线条选中，在“属性”面板中将笔触高度改为 2。执行菜单栏里的“修改”→“形状”→“将线条转换为填充”命令，得到如图 2.4.26 所示的效果。

图 2.4.25 输入文字

图 2.4.26 将线条转换为填充

14. 绘制矩形。在第 8 帧按 F5 键插入空白帧。在图层 1 上单击“时间轴”上的“插入图层”按钮，新建图层，将图层 2 置于图层 1 的下面。选择矩形工具在“属性”面板中设置笔触颜色为无，填充颜色为线性渐变。

15. 设置填充色。按住 Shift＋F9 键打开“混色器”面板，在弹出的“混色器”面板对话框中设置第 1 个色标为黑色，Alpha 的值为 0%，放在渐变调整滑杆最左侧；第 2 个色标为白色，放在渐变调整滑杆中部；第三个色标为白色，放在渐变调整滑杆中部；第 4 个色标为黑色，Alpha 的值为 0%，放在渐变调整滑杆最右侧。“混色器”面板设置如图 2.4.27 所示，利用矩形工具绘制一个矩形。

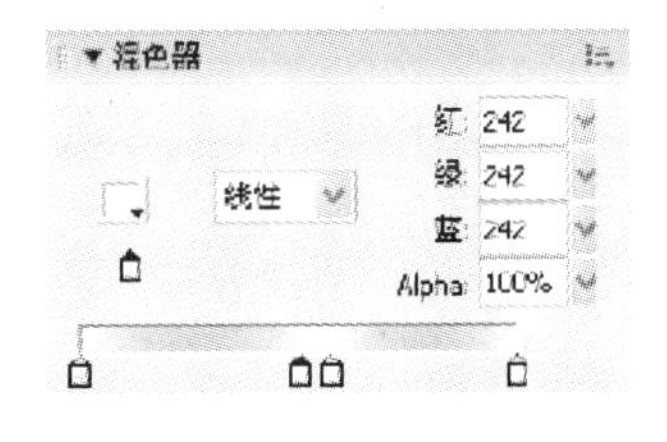

图 2.4.27 混色器面板设置

16. 转换为元件。利用选择工具选中刚刚绘制的矩形，按 F8 键弹出“转换为符号”对话框，命名为“光”，“行为”属性设置为图形，单击“确定”按钮，将对象“光”转换为图形元件，得到如图 2.4.28 所示的效果。

17. 修改线条。利用选择工具选中图形元件“光”，利用任意变形工具进行缩放、旋转的调整，放在轮廓线的右上方如图 2.4.29 所示的位置，在图层 2 第 8 帧按 F6 键插入关键帧。利用选择工具选中图形元件“光”，放在轮廓线的左下方如图 2.4.30 所示的位置，接着在第 1 帧到第 8 帧之间随便选择一帧，右击，在弹出的快捷菜单中选择“创建补间动画”命令，创建补间动画。

图 2.4.28　转换为元件

图 2.4.29　调整位置

18. 制作遮罩效果。用选择工具右击“图层 1”，在弹出的快捷菜单中选择“遮罩层”选项，则该层和下面的图层建立遮罩和被遮罩关系，得到如图 2.4.31 所示的效果。

图 2.4.30　调整位置

图 2.4.31　建立遮罩关系

19. 制作动画。按 Ctrl+E 键返回场景，在“轮廓线”图层第 13 帧按 F7 键插入空白关键帧，利用选择工具单击图形元件“电脑”，在“属性”面板中的颜色选项里，选择亮度，设置为 −100%，使它完全变黑。在“电脑”图层第 11 帧按 F6 键插入关键帧，将图形元件“电脑”的亮度调整到 −80%；在“电脑”图层第 20 帧按 F6 键插入关键帧，将图形元件“电脑”的亮度设置为无。在“电脑”图层第 35 帧按 F6 键插入关键帧，用选择工具选中图形元件“电脑”，按住 Shift+→键快速向右移动到场景右侧。分别在第 11 帧、第 20 帧与第 35 帧之间随便选择一帧，右击，在弹出的快捷菜单中选择“创建补间动画”命令，创建补间动画，得到如图 2.4.32 所示的效果。

20. 调用位图。单击“时间轴”上的“插入图层”按钮，新建图层，双击新建图层，命名为 logo，将 logo 图层置于最下方，在第 20 帧按 F6 键插入关键帧。选中第 20 帧，按下 Ctrl+L 键打开“库”面板，将“库”面板中的位图 1 拖动到场景左侧如图 2.4.33 所示的位置。

21. 转化为元件。利用选择工具单击位图 1，按 F8 键，弹出“转换为符号”对话框，命名为 logo，“行为”属性设置为图形，单击“确定”按钮。在 logo 图层第 136 帧按 F6 键插入关键

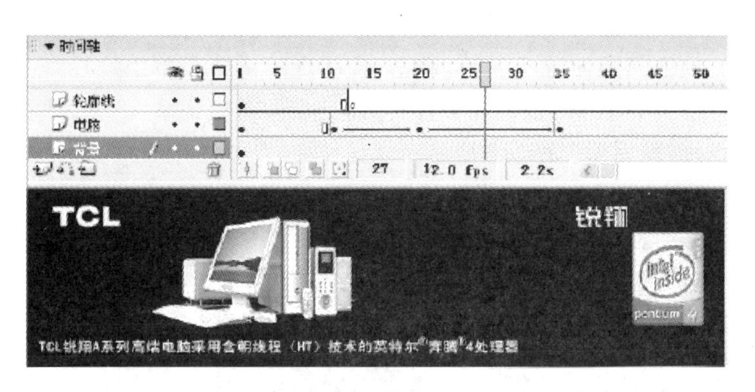

图 2.4.32 创建补间动画

图 2.4.33 调用位图

帧，在第 146 帧按 F6 键插入关键帧。

22. 制作动画。利用选择工具选中图形元件 logo，在“属性”面板中的颜色选项里选择 Alpha 选项，数量为 0%，使它完全透明。在第 136 帧到第 146 帧之间随便选择一帧，右击，在弹出的快捷菜单中选择“创建补间动画”命令，创建一个补间动画。

23. 绘制图形。在图层 logo 上单击“时间轴”上的“插入图层”按钮，新建图层，双击新建层，命名为“黑”。在第 20 帧按 F6 键插入关键帧。单击第 20 帧，选择“矩形”工具，在“属性”面板中设置笔触颜色为无，填充颜色为黑色，用矩形工具画一个矩形，使这个矩形可以将下面的图形元件 logo 完全覆盖，如图 2.4.34 所示。

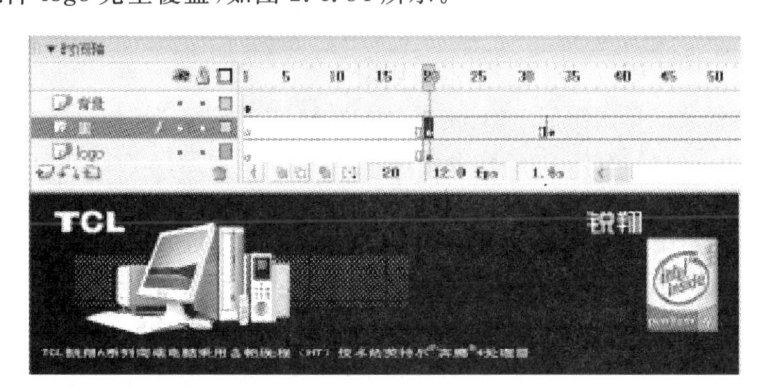

图 2.4.34 绘制图形

24. 转化为元件。利用选择工具选中刚刚绘制的矩形按 F8 键，弹出“转换为符号”对话框，命名为“黑”，“行为”属性设置为图形，单击“确定”按钮。

25. 制作动画。在“黑”图层第 33 帧按 F6 键插入关键帧，利用选择工具选中图形元件

"黑",按住 Shift+→键快速向右移动,移动到场景右侧,使图形元件 logo 完全显现出来。在第 20 帧到第 33 帧之间随便选择一帧,右击,在弹出的快捷菜单中选择"创建补间动画"命令,创建补间动画,得到如图 2.4.35 所示的效果。在第 20 帧到第 33 帧之间随便选择一帧,在"属性"面板中设置"简易值"为-100。

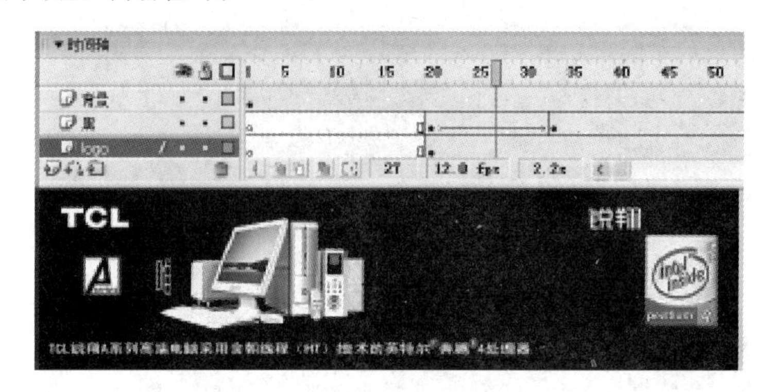

图 2.4.35 制作动画

26. 调用元件。在图层"轮廓线"上单击"时间轴"上的"插入图层"按钮,新建图层,双击新建图层,命名为"海鸥 a",在第 35 帧按 F6 键插入关键帧。按 Ctrl+F8 键弹出"创建新元件"对话框,输入元件名称为"海鸥飞",元件"行为"设置为"影片剪辑",单击"确定"按钮,进入影片剪辑元件编辑模式。按下 Ctrl+L 键打开"库"面板,将"库"面板中的影片剪辑元件"海鸥"拖动到工作区中,利用选择工具单击影片剪辑元件"海鸥",在"属性"面板中设置"颜色样式"为色调,颜色为白色,"色彩数量"为 100%,使元件变成白色。

27. 绘制引导线。在图层 1 上单击按钮新建引导层,选择铅笔工具,单击工具栏中的选项按钮选择其中的平滑属性,在"属性"面板中设置笔触颜色为白色,笔触样式为实线,笔触高度为 1,绘制出海鸥的飞行路线。

28. 制作动画。利用选择工具选中图形元件"海鸥",放在引导线的另一端。在图层 1 第 71 帧按 F6 键插入关键帧,利用选择工具选中图形元件"海鸥",放在引导线的另一端,在第 1 帧到第 71 帧之间随便选择一帧,右击,在弹出的快捷菜单中选择"创建补间动画"命令,创建补间动画,使元件按照引导线运动,得到如图 2.4.36 所示的效果。

29. 加入脚本语言。单击图层 1 第 71 帧,按 F9 键打开"动作"面板。选择"全局函数"→"时间轴控制"→stop 命令,双击 stop 命令给影片剪辑元件"海鸥飞"加入 stop 命令。

30. 调整元件。按 Ctrl+E 键返回场景,单击"海鸥"图层第 35 帧,按 Ctrl+L 键打开"库"面板,将"库"面板中的影片剪辑元件"海鸥飞"拖动到场景中如图 2.4.37 所示的位置。接着在"海鸥"图层第 146 帧按 F7 键插入空白关键帧。

31. 调整其他元件。在"海鸥"图层上单击"时间轴"上的"插入图层"按钮,新建图层,双击新建图层,命名为"海鸥 b"。在"海鸥 b"图层第 65 帧按 F6 键插入关键帧,按 Ctrl+L 键打开"库"面板,将"库"面板中的影片剪辑元件"海鸥飞"拖动到场景中。在图层"海鸥"上单击"时间轴"上的"插入图层"按钮,新建图层,双击新建图层,命名为"海鸥 c"。在第 95 帧按 F6 键插入关键帧,按下 Ctrl+L 键打开"库"面板,将"库"面板中的影片剪辑元件"海鸥飞"拖动到场景中,做出海鸥连续飞出的效果,此时时间轴如图 2.4.38 所示。

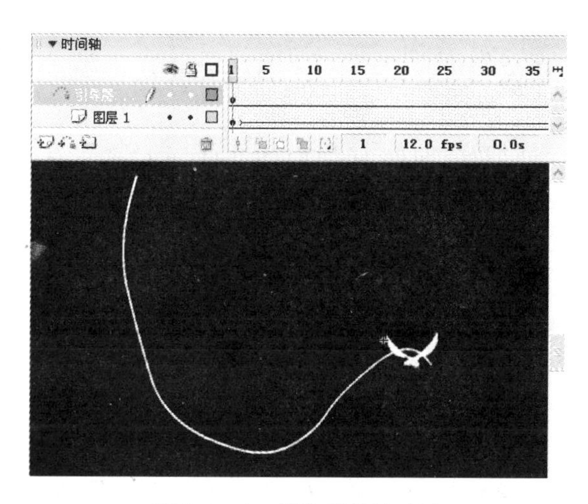

图 2.4.36 制作引导线动画

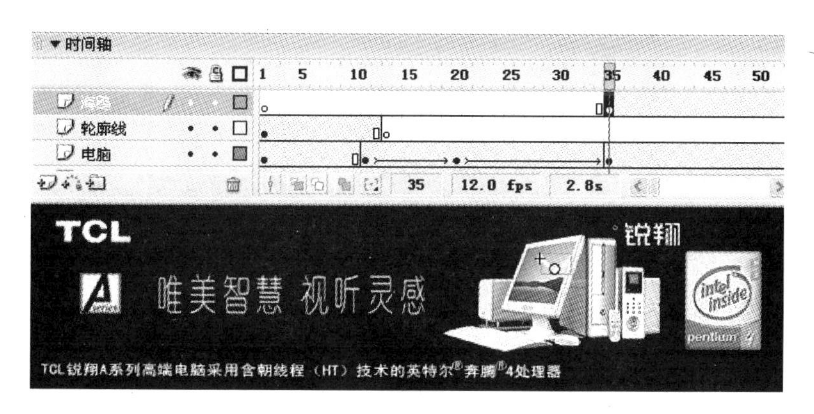

图 2.4.37 调整元件位置

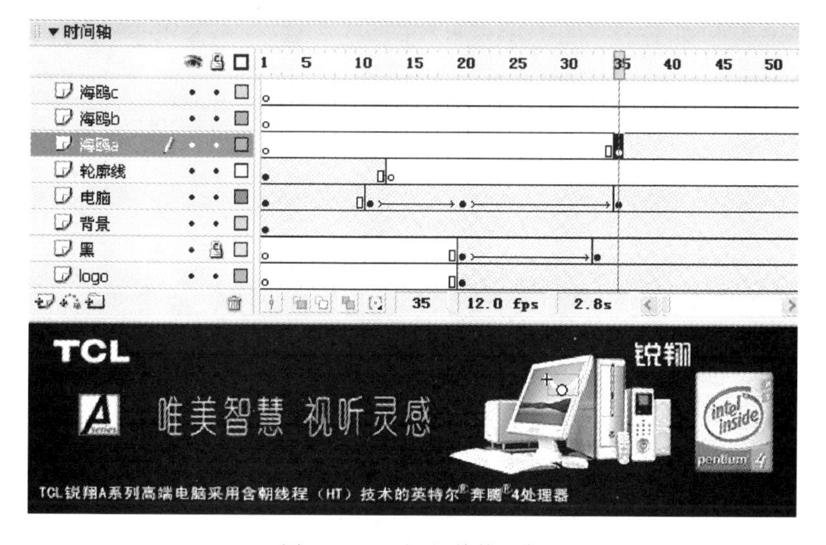

图 2.4.38 调整其他元件

32. 保存文件。测试影片，“文件”→“保存”命令，弹出“另存为”对话框，命名影片并选择适当的路径进行存盘。

思考题

1. 简述 Flash 的文件格式及其应用范围。
2. 简述帧的类型及其各自的功能。
3. 简述铅笔工具和钢笔工具功能上的异同点。
4. 如何实现将文本块按照图像进行处理，并填充颜色？
5. 书写实验报告。

要求：

① 写出实验过程、操作要点、具体参数，以及产生的问题和解决办法。

② 对于思考题有清晰的分析和思考，并做出相应的结论。

③ 篇幅不少于 800 字，采用 Word 编辑，文件名为“第 4 章实验_报告.doc”

第 5 章

数字音频处理——Cool Edit Pro实践

一、实验目的

1. 探讨采样频率对数据量的影响、对音质的影响，以及带来的问题。

2. 学会从 CD 音乐光盘中获取素材，编辑 WAV 和 MP3 音频文件的基本手段。

二、预备知识

预习第 5 章的相关论述。

三、实验内容

1. 启动 Cool Edit Pro 程序，熟悉 Cool Edit Pro 的工作界面。

2. 单击工具栏中的“单/多音轨窗口切换”按钮，进入多音轨编辑窗口。

3. 将伴奏乐曲插入到音轨 1。

4. 选择音轨 2 并按下其中的 R 按钮，在音轨 2 中准备录制用户朗诵的声音。

5. 按下红色录音键，跟随伴奏音乐开始录制，录制内容自定。录制声音结束后再等待几秒钟，录进去一段环境噪音，为后期进行采样降噪获取样本。

6. 右击伴奏乐曲，选择“音块静音”命令，然后单击“播放”键试听，检查录制的声音有无严重的出错，是否要重新录制。

7. 双击录制的波形，进入单轨波形编辑窗口，将文件保存。

8. 在单轨波形编辑窗口中放大波形，找出一段适合用来做噪声采样的波形以消除录制声音中的环境噪音。降噪处理结束，试听确认无误后将文件保存。

9. 对录制的声音文件按照自己的喜好制作一些效果，例如回声、淡入/淡出、镶边等。

10. 将编辑完成的声音文件插入到多轨编辑窗口中，取消伴奏乐曲的静音设置。

11. 试听满意后，将所有的波形文件混缩合成在一起，最后将结果文件保存。

思考题

1. 怎样选择整个波形？怎样移动波形？
2. 怎样从 CD 中摘录乐曲？
3. 怎样实现声音的淡入/淡出效果？
4. 书写实验报告。

   要求：

   ① 写出实验过程、操作要点、具体参数，以及产生的问题和解决办法。

   ② 对于思考题有个清晰的分析和思考，并做出相应的结论。

   ③ 篇幅不少于 800 字，采用 Word 编辑，文件名为“第 5 章实验_报告.doc”。

第6章

数字视频处理
——Premiere Pro 实践

本章实验配合教学进度，以具体实例驱动学习者掌握软件的使用方法和技巧。根据不同类型，不同领域的视频制作要求，从实战的角度介绍 Premiere Pro 软件的使用方法。通过本章实验，学习者可以掌握 Premiere Pro 软件的基本使用方法，为今后熟练使用 Premiere Pro 软件创作视频奠定基础。

本章实验要点

- 掌握将多种媒体数据综合处理为一个视频文件。
- 掌握具有多种活动图像的特技处理功能。
- 掌握配音或叠加文字和图像。
- 掌握实时采集视频信号的方法。

实验一　企业宣传的多媒体作品

一、实验目的

使用 Premiere 制作一个企业宣传的多媒体产品。要求有文字说明；有动画效果；有10张以上的企业图像；有背景音乐；长度为2min；采用通用的 AVI 格式存储。

二、预备知识

预习第6章的相关论述。

三、实验内容

1. 新建项目。

打开 Premiere，在 File(文件)菜单中选择 New Project(新建项目)命令，如图2.6.1所示。然后将项目设置为 Pal Vidco for Windows，选用 Custom(自定义)，在 New Project Settings(新建项目设置)对话框中选择 Video，Frame Size(帧尺寸)设置为320×240，如图2.6.2所示。

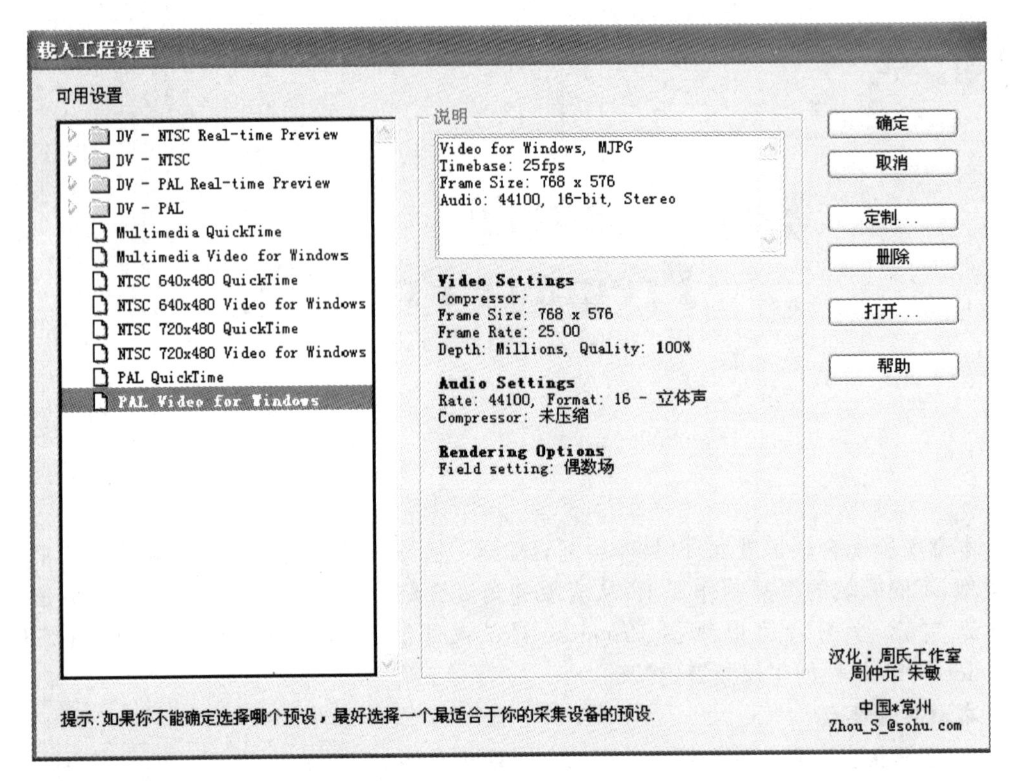

图 2.6.1 “新建项目”对话框

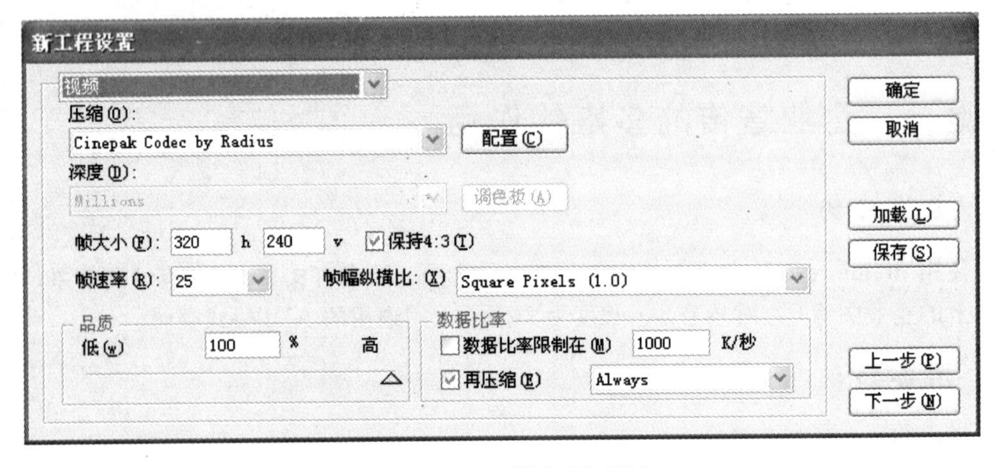

图 2.6.2 “新工程设置”对话框

2. 素材合成。

(1) 双击项目窗口空白处，将选择的素材文件 sound1.wav、sound2.wav、sound3.wav、im1.jpg、im2.jpg、im3.jpg、im4.jpg、im5.jpg、im6.jpg、im7.jpg、im8.jpg、im9.jpg、im10.jpg、wb.jpg、wr.jpg、wy.jpg、an1.avi 和 an2.avi 导入。

(2) 将 an2.avi 拖至 Video 1B 中。将 Sound1.wav 拖至 Audio 1 中，与 an2.avi 对齐。

(3) 将 im1.jpg 拖至 Video 1B 中，连接在 an2.avi 后面。然后设定延续。用鼠标右击

im1.jpg，在弹出的快捷菜单上选择“持续时间”命令，在弹出的“素材持续时间”对话框中设置 0:00:30:00，如图 2.6.3 所示。将 sound2.wav 拖至 Audio 2 中，与 im1.jpg 对齐。

(4) 将 im2.jpg、im4.jpg、im6.jpg、im8.jpg、im10.jpg 依次拖至 Video 1A 中，分别放置在时间线的 35:00、45:00、55:00、01:05:00 和 01:15:00 处，分别设置延续为 06:00。

图 2.6.3 “素材持续时间”对话框

(5) 将 im3.jpg、im5.jpg、im7.jpg、im9.jpg 依次拖至 Video 1B 中，分别放置在时间线的 40:00、50:00、01:00:00 和 01:10:00 处，分别设置延续为 06:00。将 an1.avi 拖至 Video 1B 中，置于时间线的 01:21:00 处。

(6) 将 sound3.mp3 拖至 Audio 3 中，与 im1.jpg 的入点对齐。

(7) 为上述素材设置特效。

3. 叠加效果。

为了使导入的素材展现在不同的轨道上，制作叠加效果，需要增加轨道。然后通过设置透明，起到叠加的效果。

操作步骤如下。

(1) 添加轨道。单击轨道设置按钮，打开 Track Options 对话框，单击 Add(添加)按钮，弹出 Add Tracks(添加轨道)对话框，填入需要增加的轨道数 2，单击 OK 按钮确定后，再次单击 OK 按钮确定。

(2) 重叠放置。将 wy.jpg 拖至 Video 4 中，将 wr.jpg 拖至 Video 3 中，将 wb.jpg 拖至 Video 2 中，使它们与 im10.jpg 的入点对齐。

(3) 设置透明效果。右击 Video 2 中的 wb.jpg，在弹出的快捷菜单中选择 Video Option(视频选项)→Transparency(透明)命令进行设置。对于 wr.jpg 和 wy.jpg 做同样的设置。

4. 动作控制。

具有叠加效果的文字内容，如果平铺摆放在底图上效果比较单调，可以通过设置动作效果改善。

操作步骤如下。

(1) 右击 wy.jpg，在弹出的菜单中选择 Video Option(视频选项)→Motion(动作控制)命令，在弹出的 Motion Settings(动作设置)对话框上选中 Show All(显示全部)复选框。单击 Time(动作时间)控制线的起点，在信息栏中分别输入 −80 和 0，再单击终点，在信息栏中分别输入 80 和 0，Welcome 就沿着设定的轨迹运动。

(2) 用同样的方法为 wr.jpg 进行设置，信息栏数据起点为 −80，0，终点为 80，0。

(3) 用同样的方法为 wb.jpg 进行设置，信息栏数据起点为 80，0，终点为 −80，0。

设置完成后看到的效果如图 2.6.4 所示。

5. 滤镜

Premiere 允许对素材使用滤镜，以制作特殊效果。制作时选择 Window(窗口)→Workspace(工作区域设定)→Effects(效果)选项，然后将使用的滤镜拖至素材进行设置即可。

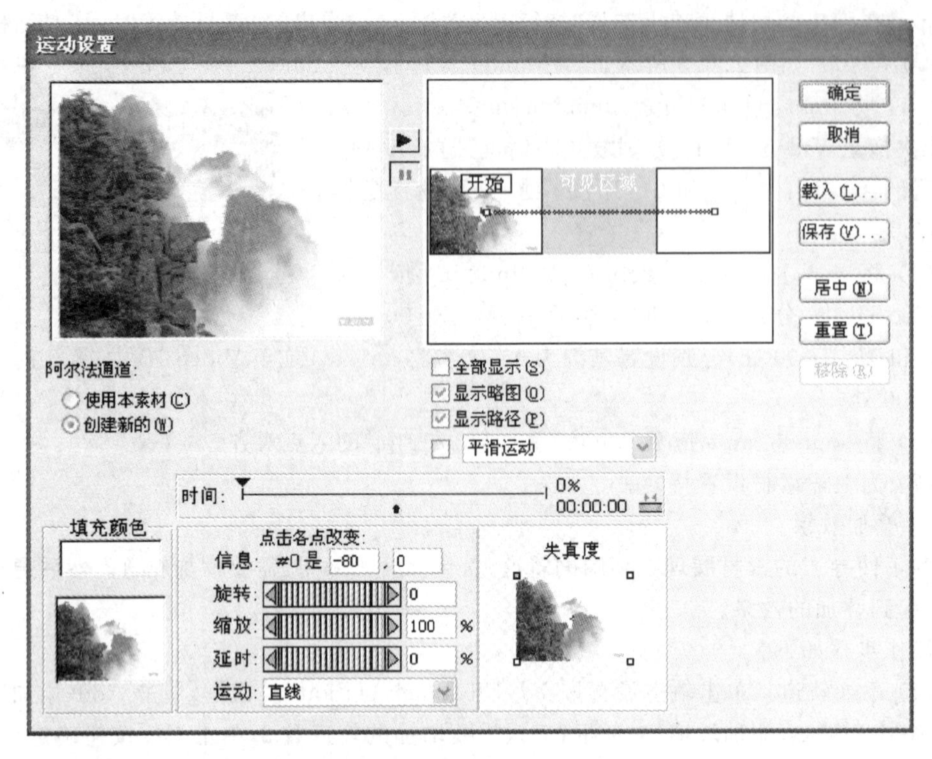

图 2.6.4 “运动设置”对话框

6. 预览效果

设置完成后,可以通过监视器窗口进行预览。

7. 输出 AVI 文件

输出影片,形成 AVI 文件,就可以用于该企业的宣传之用,也可以放在网站上供浏览者点击后观看。

实验二 电子相册的设计与制作(一)

一、实验目的

1. 掌握用 Premiere Pro 进行数字视频编辑的基本流程。
2. 掌握视频转场特效、视频特效及运动特效的添加。
3. 掌握字幕的添加。
4. 掌握背景音乐的添加。

二、预备知识

预习第 6 章的相关论述。

电子相册的设计与制作。用 Premiere Pro 将整理好的摄影照片或艺术创作图片组织成一个图、文、声并茂的视频文件。

(1) 需要添加一些必要的视频转场特效、视频特效及运动特效。

（2）需要添加一些必要的字幕。

（3）需要添加背景音乐。

三、实验内容

1. 新建项目，选择“载入工程设置”选项卡中的DV-PAL预置模式下的Standard 32kHz选项，“位置”选择自己已经设定好的素材文件夹，“名称”文本框输入“电子相册”。

2. 导入素材，在“导入”对话框中，“查找范围”选择已经设定好的素材文件夹，选中所有相片素材。然后单击“打开”按钮，将素材导入到“项目”窗口中。

3. 添加静止字幕，打开“Adobe字幕设计”对话框的文本中输入文本“Our Childhood”。单击选择工具，如图2.6.5所示，选择“风格”栏左边起第2个风格，通过“对象风格”栏“填充”下的“颜色”按钮更改文本颜色，通过拖动句柄控制点调整文本大小，将文本拖动至合适位置。关闭“Adobe字幕设计”对话框，保存字幕文件为title.prtl，该文件自动被添加到“项目”窗口中。

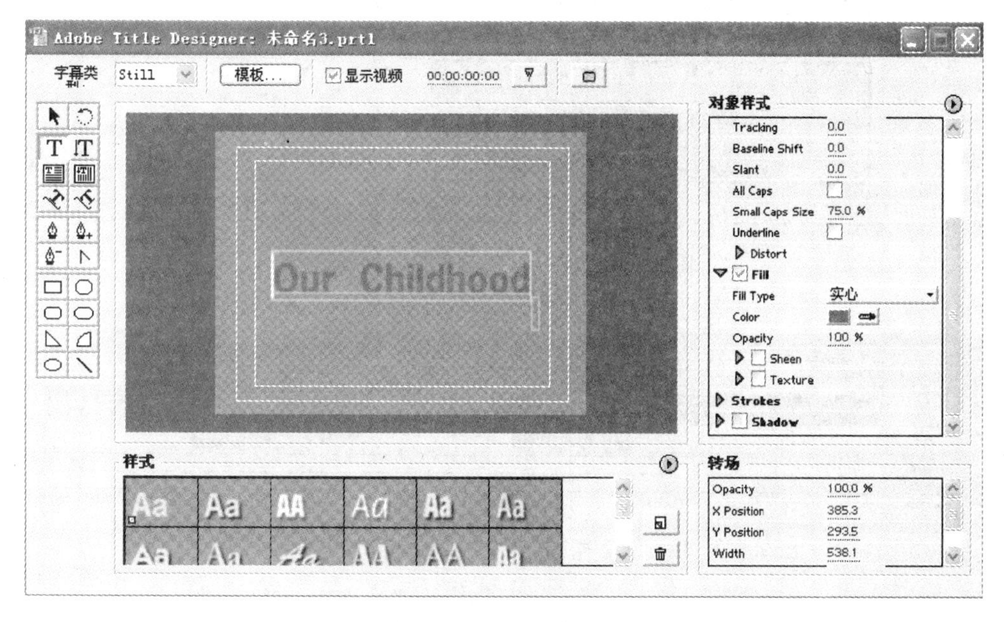

图2.6.5　“Adobe字幕设计”对话框

4. 添加滚动字幕，在滚动字幕活动区的编辑区输入文本“Happy Every Day”。如图2.6.6所示，通过拖动句柄控制点调整字幕滚动区大小。选择“风格”栏左边第2个风格，用“对象风格”栏“填充”下“颜色”按钮更改文本颜色，在“字体大小”右边数字上拖移更改大小，将文本拖动至合适位置，执行菜单命令“字幕”→“左滚”→“上飞”选项。关闭“Adobe字幕设计”对话框，保存字幕文件为end.prtl，该文件自动被添加到“项目”窗口中。

5. 将导入的图片和创建的字幕拖放到视频轨道上，如图2.6.7所示，单击工具窗口中的选择工具，移动鼠标到各个剪辑的尾部，按住鼠标左键左右拖动，调整其持续时间。两个字幕均为6s，图片均为3s。在轨道上拖动剪辑，使相邻间隔均为1s。

6. 在各个视频剪辑之间添加喜欢的视频转场特效，如图2.6.8所示。

7. 为title.prtl剪辑添加“视频特效/光效/闪电效果”。

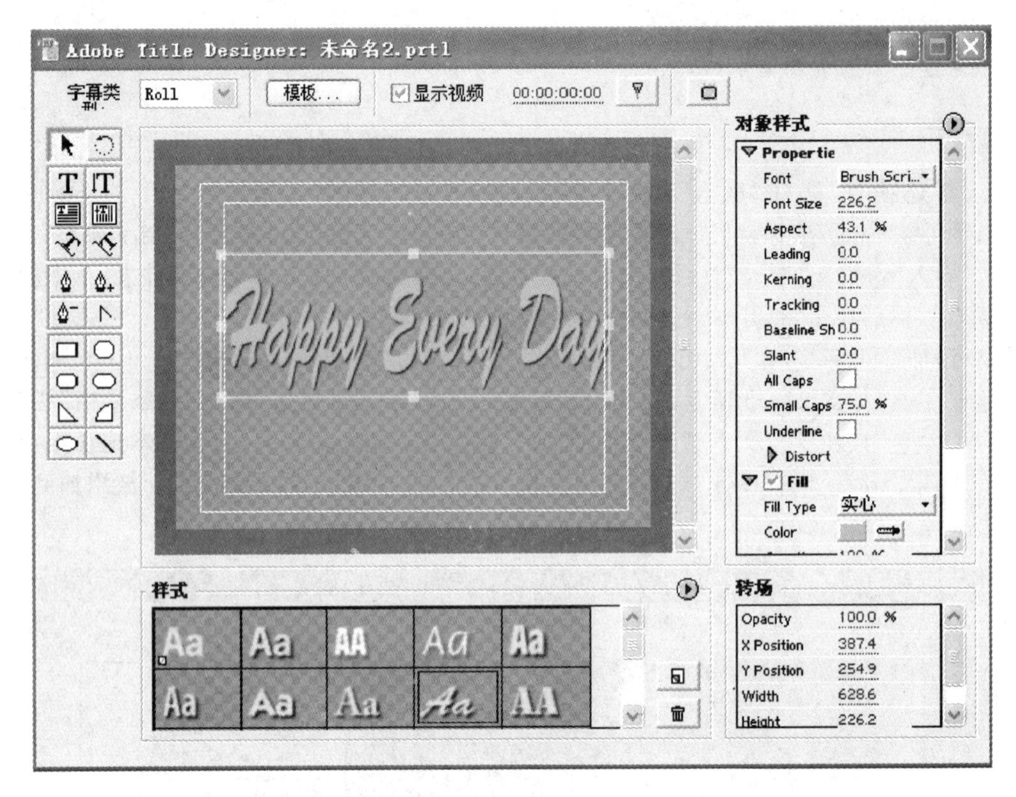

图 2.6.6 “Adobe 字幕设计”对话框

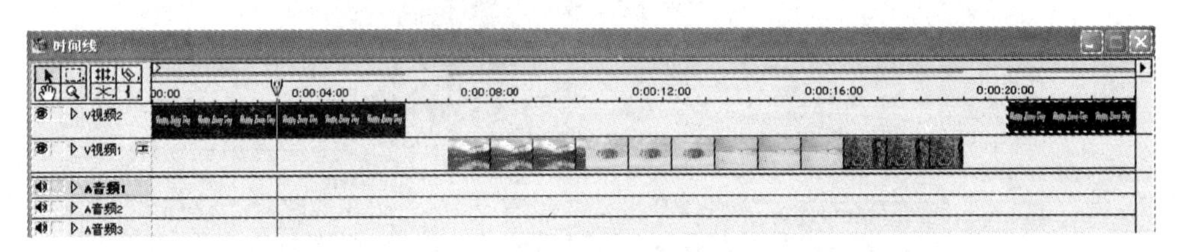

图 2.6.7 图片和字幕被拖放到“时间线”窗口视频轨道上

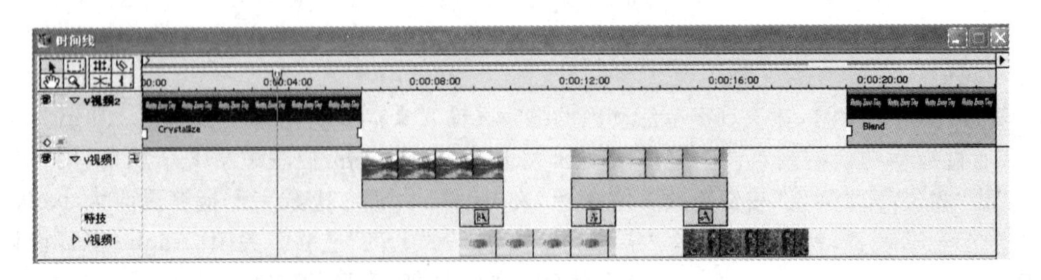

图 2.6.8 视频转场特效添加在视频剪辑之间

8. 为 title.prtl 剪辑添加运动特效。时间线上的播放头在 title.prtl 最左侧时，为“运动”中“位置”添加关键帧，字幕在监视器窗口左边的外部；播放头在 2s 时，添加位置关键帧，字幕在监视器中央。

9. 为影片添加背景音乐。将音频文件导入到“项目”窗口中，然后将其拖放到时间线的

“音频 1”轨道上。将时间线上的播放头拖动至 end.prtl 剪辑的最右侧，选择剃刀工具，在“音频 1”轨道上播放头编辑线所在位置处单击，然后把右侧一段删除，如图 2.6.9 所示。

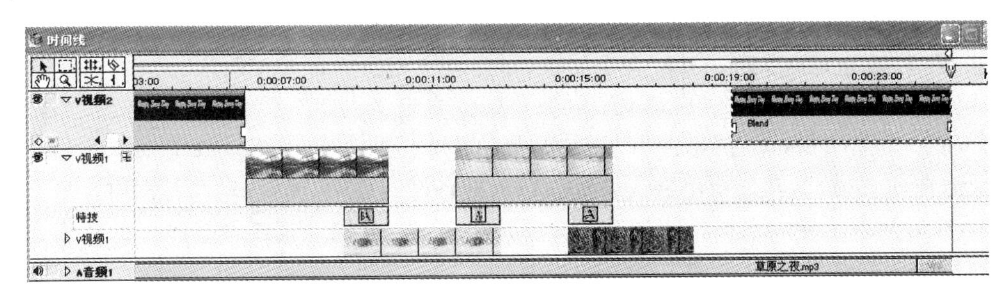

图 2.6.9　添加背景音乐

10. 输出影片。执行菜单命令“文件”→“输出”→Adobe Media Encoder，在弹出的“转码设置”对话框中“格式”选择“MPEG1”，其他选项选择默认，单击“确定”按钮。在出现的 Save File 对话框中“保存在”选择当前项目文件所在的“实验”文件夹，“文件名”文本框输入“电子相册”，单击“保存”按钮。计算机自动进行“渲染”，在“实验”文件夹生成“电子相册.mpg”数字视频文件。

实验三　电子相册的设计与制作(二)

一、实验目的

1. 掌握用 Premiere Pro 进行数字视频编辑的基本流程。
2. 掌握视频转场特效、视频特效及运动特效的添加。
3. 掌握字幕的添加。
4. 掌握背景音乐的添加。

二、预备知识

预习第 6 章的相关论述。

制作一个包含视频、动画、图像等多种素材，以及具有图像遮罩效果、前景动画效果、多种转场特效的“同学录”电子相册。

三、实验内容

操作思路：使用一个视频片段作为片头，使用图片制作图像的遮罩效果，在各个图像之间使用转场特效，在图像最上层添加动画蝴蝶加强视频的特殊效果，在片尾使用字幕模板添加字幕。

操作步骤。

1. 准备各种素材。

① 片头视频使用“同学录.mpg”，查看视频属性可知其分辨率为 352×288 像素。

② 使用 Photoshop 制作遮罩用的图像文件，图像大小统一为略大于 352×288 像素，保存文件格式为 PSD。

③ 将人像素材图片的大小调整为不超过 352×288 像素，保存为 JPG 格式。

④ 在 Flash 中制作蝴蝶舞动翅膀的逐帧动画，保存为 GIF 格式(设置透明背景)。

⑤ 准备“友谊地久天长.mp3”音乐文件，作为电子相册的背景音乐。

2. 启动软件，导入素材。启动 Premiere，选择“自定义设置”→“常规”选项，设置“编辑模式”为 Video for Windows，“屏幕大小”为 352×288，“屏幕纵横比”为 Square Pixels(1,0)，“场”为“无场(向前扫描)”，其他使用默认设置。导入准备好的视频、图像、动画等素材。

3. 在时间线上导入素材。依次将片头视频和多张人像图片拖放至视频 1 的轨道上，并分别添加转场特效 Dissolve(交叉溶解)。

4. 将用于遮罩的图像依次拖放至视频 2 的轨道上，单击选定视频 1 轨道上的第 1 幅人像图像，并将时间线指针拖至第 1 幅人像的位置，然后打开“监视器”窗口中的“特效控制”选项卡，在“特效控制”窗口中选择“运动”选项，这时在“监视器”窗口中可以看到用以调整图像位置、大小的标志，拖动调整效果。

5. 用同样的方法将其他几幅人像图像的遮罩效果进行调整。所有图像调整完毕后，在各图像之间添加转场特效。

6. 设置前景动画效果。在视频 3 的轨道上拖入“蝴蝶.gif”动画。使用选择工具选择该动画，并将时间线上的播放指针拖到该动画素材上，然后打开“监视器”窗口中的“特效控制”选项卡，选择“固定特效”→“运动”选项。此时可在右边的“监视器”窗口中看到蝴蝶的四周出现可以调整其大小和位置的句柄，将蝴蝶拖至花朵上并调整好大小。

这时蝴蝶动画的播放时间还不够长，使用轨道选择工具选定视频 3 轨道，再右击蝴蝶素材，在弹出的快捷菜中选择“复制”命令，将该素材多次粘贴并调整位置。

7. 制作片尾字幕。按 F9 键打开字幕编辑器，单击“字幕模板”按钮，打开“模板”对话框。再选择“字幕预置设计”→Delebrations_7→bb list_7 选项，然后单击“应用”按钮，如图 2.6.10 所示。在模板下输入文字内容，如图 2.6.11 所示。在窗口上方的“字幕类型”下拉列表框中选择“滚动”选项，然后单击“滚动/爬行选项”按钮，打开对话框，如图 2.6.12 所示。设置字幕向上滚动的效果。

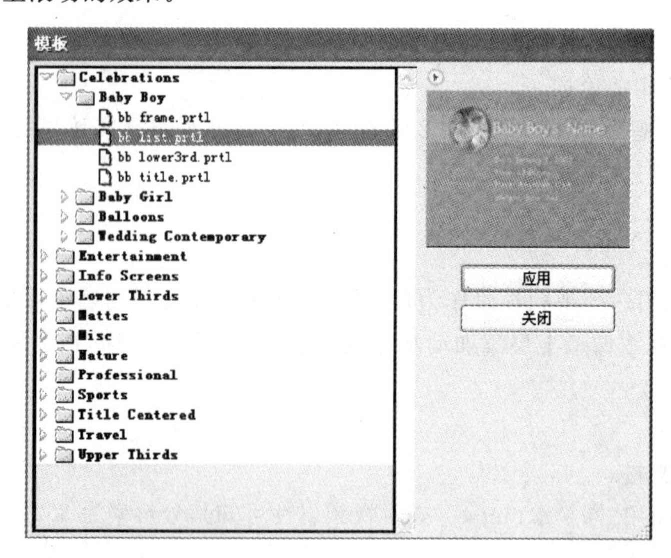

图 2.6.10 “模板”对话框

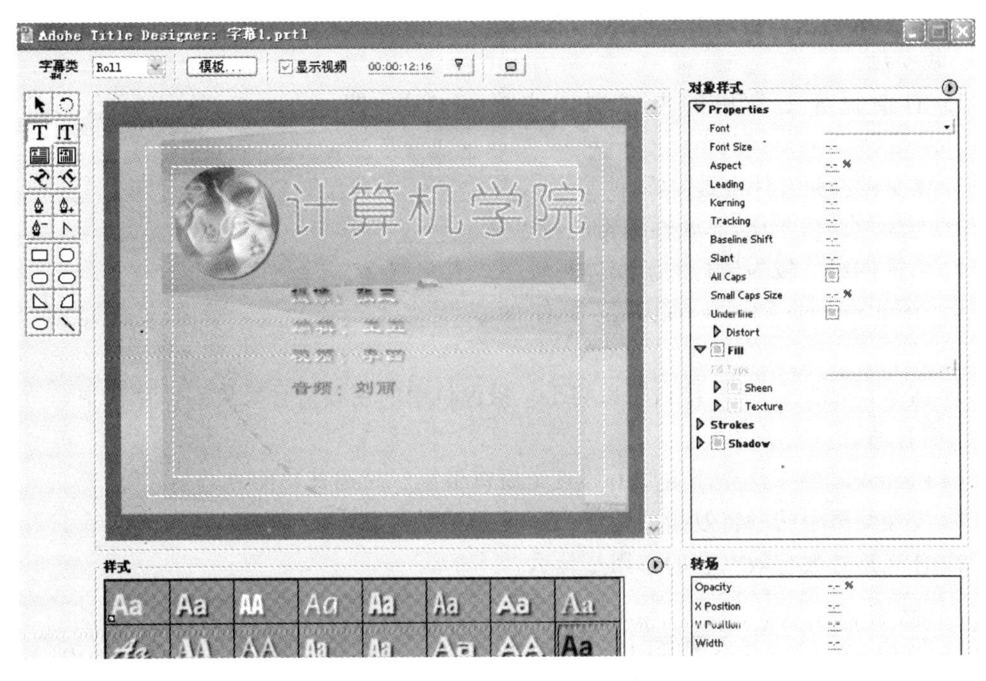

图 2.6.11 片尾字幕的文字设置

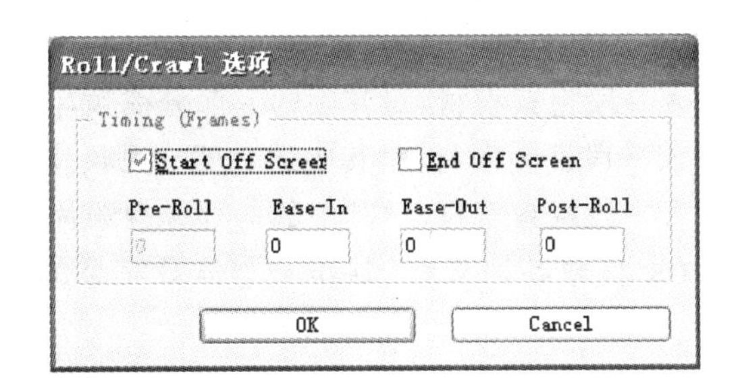

图 2.6.12 “滚动/爬行选项”对话框

8. 将音频素材“友谊地久天长”拖放至音频1的轨道上“同学录”片头音频素材的后面，将长出片尾字幕部分的音乐剪切掉，并对音乐的末尾进行淡出效果处理。

9. 保存项目，输出影片。这时按回车键对编辑好的视频进行渲染和预演，对效果做进一步的修改和调整，满意后先选择“文件”→“保存”命令将工程项目保存，以便于今后的编辑。最后，选择“文件”→“输出”命令输出某种格式的影片。

思考题

1. 数字视频的采集一般有哪些方法？
2. “时间线”窗口、“监视器”窗口、“项目”窗口及“工具”窗口各起到什么作用？
3. 在数字视频编辑时添加视频转场特效、视频特效或运动特效有什么作用？
4. “时间线”窗口中的“视频1”轨道和其他视频轨道有何区别？
5. 执行 Premiere Pro 菜单命令“文件”→“输出”→“影片”输出影片时，默认的影片类型是什么？若想输出其他格式的影片该如何操作？

6. 填空题

(1) 目前世界上常用的电视制式主要有 4 种，即________、________、________和________。

(2) 常见的视频文件格式主要有________、________、________、________、________等。

(3) 与线性编辑相比，非线性编辑的特点是________。

(4) 目前网络上较为流行的流媒体视频格式有________、________、________。

(5) 在 Premiere 中，工程项目文件的扩展名是________，字幕文件的扩展名是________。

(6) 通常，使用________接口可以将 DV 摄像机中的视频信号采集到计算机中。

7. 简答题

(1) Premiere 的工作界面主要由哪几个窗口组成？简述其功能。

(2) 视频编辑中转场特效指的是什么？其主要作用是什么？

(3) 什么是视频特效？它的作用是什么？

8. 操作题

(1) 在 Premiere 中导入两幅图片及两个以上的视频片段，进行编辑合成。以两幅图片为背景制作片头和片尾字幕，并给各片段的过渡添加转场效果。

(2) 使用多幅图片素材制作有多种转场效果的电子相册，并为其添加背景音乐，设置淡入淡出效果，保存为 RM 或 WMV 格式。

(3) 在 Premiere 中导入一段视频素材，对其中的一部分视频片段设置倒放效果。

(4) 在 Premiere 中导入一段视频素材，对其中的一部分视频片段设置慢放效果。

(5) 在 Premiere 中导入一段视频素材，对其中的一部分视频片段添加某种视频特效。

(6) 围绕一个主题，收集整理各种素材，制作一个体裁完整的小影片，保存为 RM 或 WMV 格式。

第 7 章

多媒体应用系统的制作——Authorware实践

本章实验要点：

1. 掌握 Authorware 的流程制作的基本操作。
2. 掌握 Authorware 程序的各种运行和调试方法。
3. 掌握如何在 Authorware 作品中添加和编辑各种多媒体素材。
4. 掌握 Authorware 中各种移动方式的灵活使用。
5. 掌握 Authorware 中 11 种交互方式的独立应用和综合应用。
6. 能灵活使用各种图标，根据内容的需要选择适当的流程结构，创建综合应用作品。

实验一 “我的旅游之梦”

一、实验目的

1. 掌握设置文件属性。
2. 掌握导入图片，输入文字并格式化。
3. 掌握等待图标、删除图标、声音图标的使用。
4. 掌握函数、文件打包等的应用。

二、预备知识

预习第 7 章的相关论述。

三、实验内容

1. 设置文件属性。

多媒体创作的第 1 步是设置舞台或者窗口的大小，这是所有后续设计的平台，必须根据作品的需要慎重设置，千万马虎不得，否则会造成许多返工和修改。启动 Authorware 7.0 后，运行“修改”→ “文件”→“属性”命令，按照图 2.7.1 所示的对话框设置：“大小”选择 640×480(VGA，Mac 13″)；选中“显示标题栏”和“屏幕居中”。

“大小”选项用于设置演示窗口的大小，有 3 类选择：

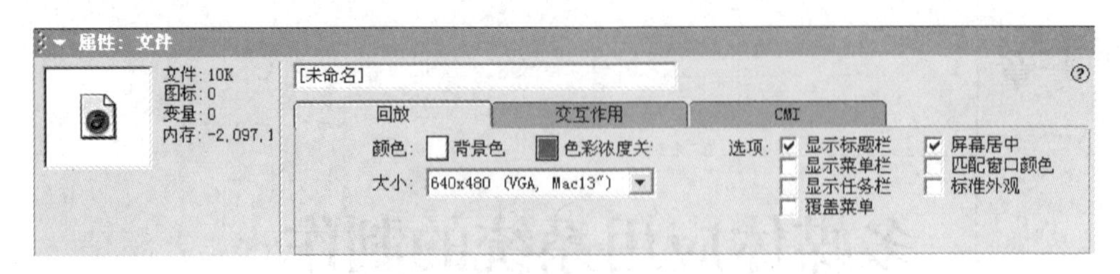

图 2.7.1 “文件属性设置”对话框

① 根据变量。可用 Resizewindow()函数定义。

② 固定尺寸。从 512×342(Mac 9")至 1152×870(Mac 21")，默认大小是 640×480(Mac 13")。

③ 使用全屏。

提示：当选择“显示标题栏”后，窗口实际尺寸会缩小约 22 像素，所以设置图片大小时要考虑此因素。

2. 导入背景图片。

从图标工具面板拖动显示图标到主流程线上，将图标名称“未命名”改为“背景”，如图 2.7.2 所示。

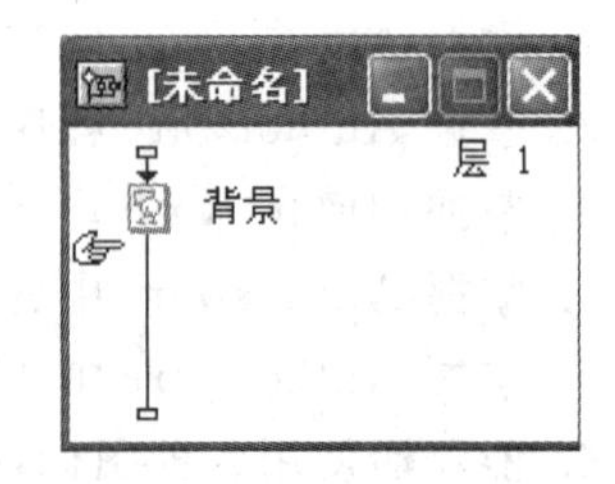

图 2.7.2 插入“背景”显示图标

双击“背景”显示图标，打开其演示窗口，执行“文件”→“导入和导出”→“导入媒体”命令或者单击“导入”按钮，在“导入哪个文件”对话框中，选择事先准备好的图片文件，调节图片大小与窗口基本一致，如图 2.7.3 所示。

运行“文件”→“另存为”命令，以“实例 1 我的旅游之梦_1.a7p”为文件名，存入硬盘相应的文件夹。

图 2.7.3 导入图片后的演示文稿

3. 输入文字并格式化。

再拖动一个显示图标到流程线上。将图标名称改为“我的旅游之梦”。双击打开演示窗口后，会出现如图 2.7.4 所示的绘图工具栏。选择“文本”工具，然后在“文本”→“字体”菜单中，选择隶书（如字体框中无隶书，则先从“文本”→“字体”→“其他”中选择隶书），大小为48，如图 2.7.5 所示。在演示窗口中输入“我的旅游之梦”，如图 2.7.6 所示。

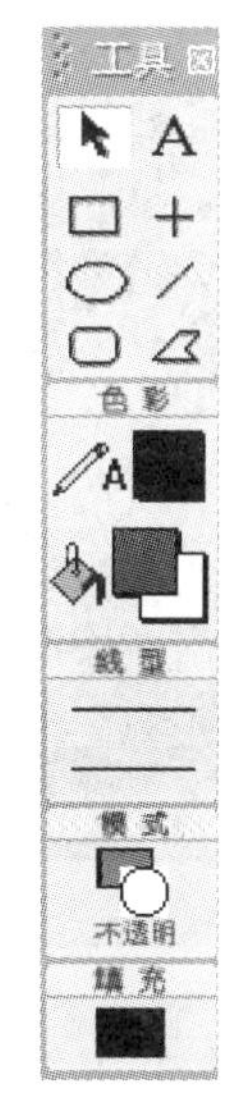

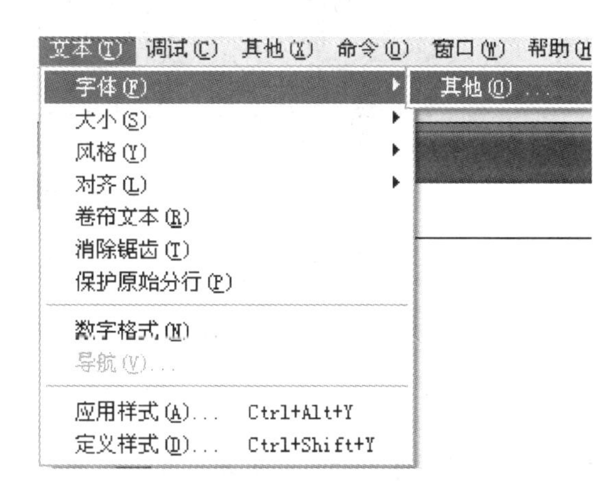

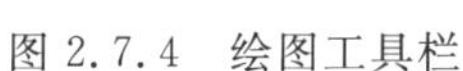

图 2.7.4　绘图工具栏　　　　图 2.7.5　设置文本格式

图 2.7.6　输入文字

提示： 如希望在背景图上输入文字，则先双击打开“背景”显示图标的演示窗口，然后按住 Shift 键的同时，双击“我的旅游之梦”显示图标，就能在显示“背景”图标内容的同时，输入“我的旅游之梦”图标中的内容。

如希望取消输入文字的白色背景，则在绘图工具栏中单击“模式”按钮，在弹出的“模式”对话框中选择“透明”叠加模式，显示效果如图 2.7.7 所示。

图 2.7.7　设置“透明”叠加模式

“模式”工具主要处理当前显示对象与其下面显示对象之间的关系，也称“覆盖模式”或“叠加模式”。它提供 6 种覆盖模式：

- 不透明：覆盖其下面所有的显示对象，而该对象本身并不发生变化。
- 遮隐：移去当前对象封闭区域外的所有白色，但保留封闭区域内的白色。
- 透明：移去当前对象中的所有白色。
- 反转：当前对象以互补色显示。
- 擦除：擦除当前显示对象与其下面的显示对象之间不一致处。
- 阿尔法：如当前对象无阿尔法通道，则与“不透明”模式完全一样；如存在阿尔法通道，则只显示阿尔法通道部分。

4. 设置等待时间(“等待”图标)。

如不设置等待时间，画面将一闪而过。拖动一个等待图标回到流程线的最下面，在“属性”面板中，设置等待时间为 2s，如图 2.7.8 所示。

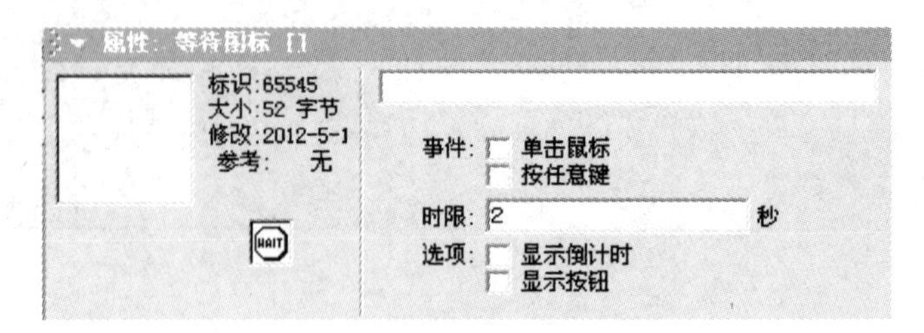

图 2.7.8　设置等待时间为 2 秒

- 事件：选中后，单击鼠标或按任意键即退出等待。

- 时限：设置等待时间。
- 选项：选中后，显示倒计时小时钟或"继续"的按钮。

5. 删除主题文字("擦除"图标)。

由于下面将出现滚动文字，所以主题文字要让位，方法就是将其删除。拖动一个擦除图标到流程线最下面，然后运行程序。由于擦除图标中无内容，程序运行到此处就会停下来，以便进行选择。单击"我的旅游之梦"文字，则此图标会出现在"属性"面板的"列"窗口中，如图 2.7.9 所示。

图 2.7.9　选择要删除的图标

提示：擦除图标只能删除整个图标的内容，而不能仅删除其中一部分，所以前面将主题文字放在了一个单独的显示图标中。

运行程序，可看到主题文字在 2s 后就消失了。

将程序以"实例 1 我的旅游之梦_2.a7p"为文件名存入硬盘。

6. 插入背景音乐(声音图标)。

一个好的多媒体作品，没有声音相伴总是让人遗憾，下面就来插入背景音乐。拖曳一个声音图标到流程线下面，然后在声音"属性"面板中用"导入"按钮导入事先准备好的背景音乐。

选择"声音"标签后，如图 2.7.10 显示声音数据信息，"存储"方式为"内部"表示此声音会随打包文件一起存储，不再需要源文件。

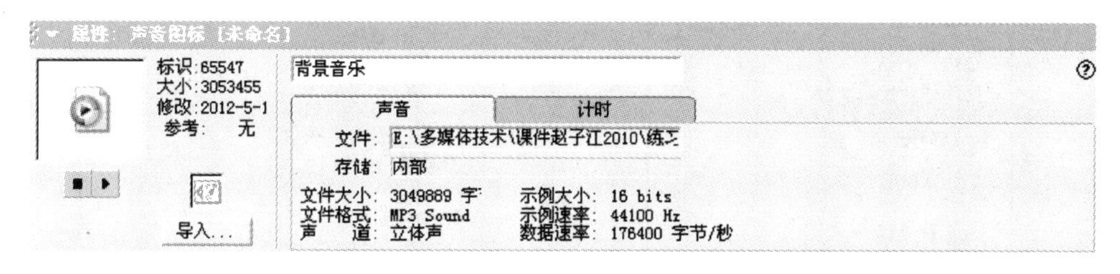

图 2.7.10　声音数据信息

选择"计时"标签后，图 2.7.11 显示此声音的"执行方式"，有下列 3 种。

- 等待直到完成：声音播放完后再执行下面的图标。
- 同时：播放声音的同时，继续执行下面的图标。
- 永久：只要"开始"框中表达式值为真，即播放声音。

如图 2.7.11 所示，设置"执行方式"为"永久"，"开始"框中输入～SoundPlaying。其中 SoundPlaying 是一个逻辑型的系统变量，其初始值为 0(即为假)；～是"取反"的逻辑运算。所以～SoundPlaying 的值为真，程序只要运行到此处，就开始播放音乐。

提示：此例中，如将“执行方式”设置为“同时”也能正常运行。

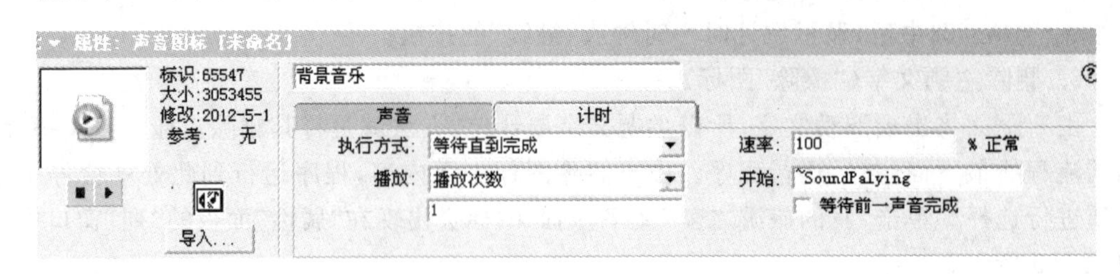

图 2.7.11　声音执行方式

按照图 2.7.11 设置后，运行此程序，即可听到悠扬的背景音乐响起，直到播放结束或者关闭窗口。

将程序以“实例 1 我的旅游之梦_3. a7p”为文件名存入硬盘。

7. 制作白色纱幕(阿尔法通道叠加模式和图片过渡效果)。

假如滚动文字直接出现在背景上，显示效果并不理想。下面制作一个白色半透明的纱幕来遮住背景。此图片已预先在 Photoshop 中以 Alpha 通道的形式制成(. tif 图像格式能保留 Alpha 通道)。

“提示”：导入媒体素材还有更简便的方法，步骤如下：

(1) 用鼠标单击在流程线上要导入的位置，产生手形标志，如图 2.7.12 所示。

(2) 直接用“导入”按钮导入媒体素材。

用此方法导入“半透明纱幕. tif”，如图 2.7.13 所示。这种方式不仅能导入图像，也能导入其他类型素材，如声音等。它有两个优点：第一，快速、简便；第二，直接用文件名作为图标名称，省略了输入图标名称的步骤。

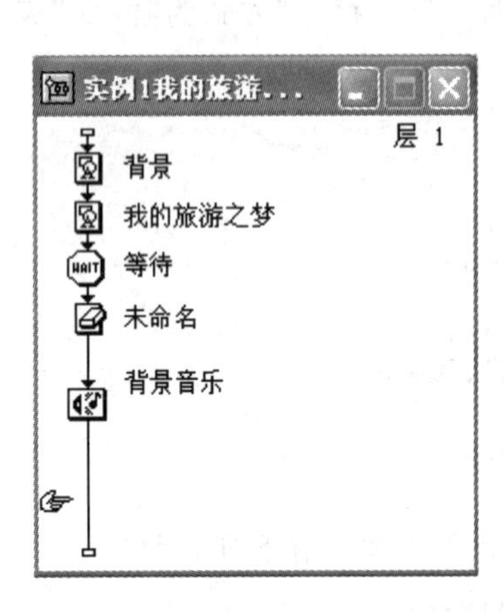

图 2.7.12　用手形定位标志定位

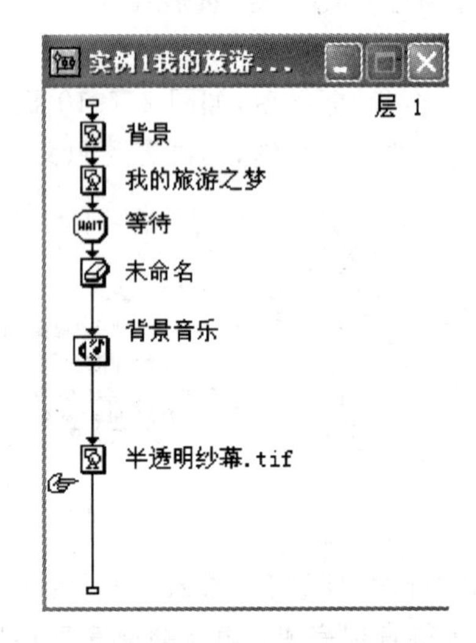

图 2.7.13　直接导入媒体素材

运行此程序，发现屏幕全部变白色，没有产生预期的半透明的效果。因为还缺少一步关键操作：设置“阿尔法”叠加模式。双击“半透明纱幕. tif”显示图标，打开其演示窗口，然后在绘图工具栏的“模式”中设置“阿尔法”叠加模式，如图 2.7.14 所示。再次运行程序，即产生如图 2.7.15 所示的半透明效果。

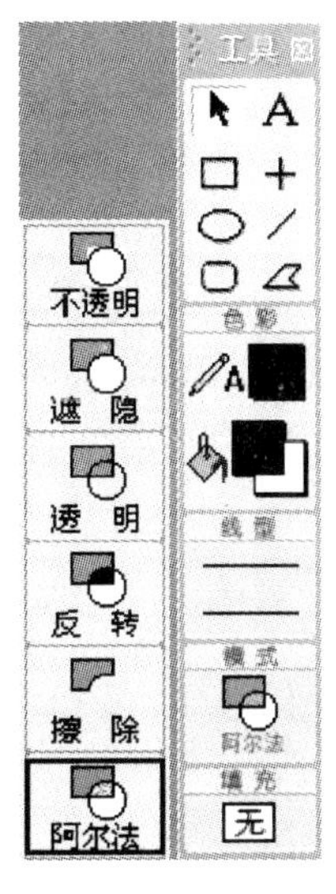

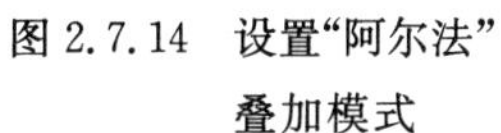
图 2.7.14　设置“阿尔法”叠加模式

图 2.7.15　形成半透明纱幕效果

此纱幕的出现没有动态效果，可通过设置图片过渡效果来实现。制作步骤是。

(1) 如“半透明纱幕.tif”演示窗口没打开，则双击将其打开，这样能预览其效果。

(2) 在“属性”面板中(如没显示，则执行“窗口”→“面板”→“属性”命令，或按快捷键Ctrl+I)，单击“特效”框右面的选择按钮，打开“特效方式”选择对话框，如图 2.7.16 所示，选择“向上解开展示”。在演示窗口打开的情况下，可用“应用”按钮预览图片过渡效果。

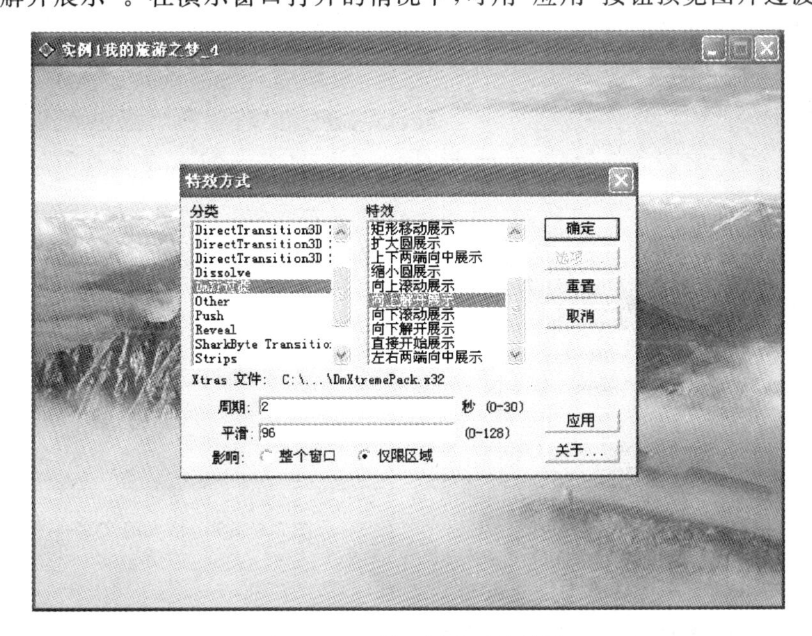

图 2.7.16　设置图片过渡效果

(3) 上升的快慢可在“周期”中设置。再次运行程序，会产生如图 2.7.17 所示的纱幕上升的动态效果。

演示窗口

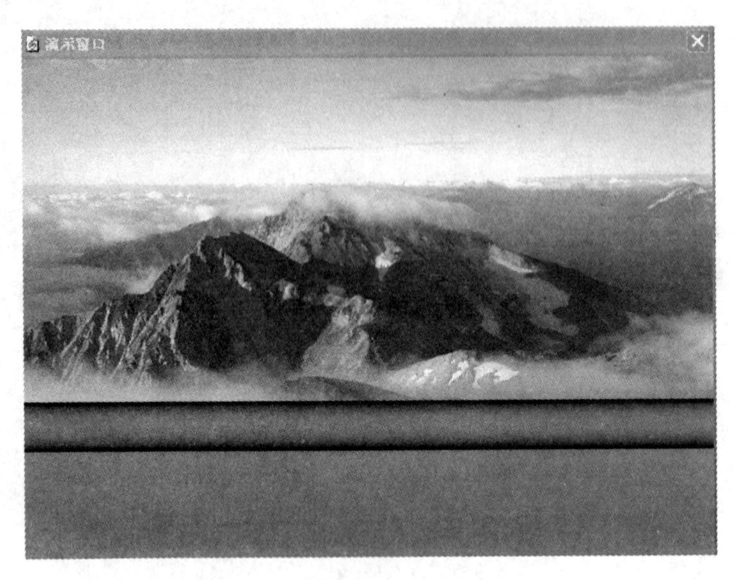

图 2.7.17　形成纱幕上升的动态效果

8. 创建滚动文字(导入 Word 文字和直线运动方式)。

少量的文本，可直接在 Authorware 中创建，如前面的标题文字；而篇幅较大的文本，一般都在其他文字处理程序(如 Word、WPS 等)中输入并编辑，然后再导入到 Authorware 中。Authorware 能导入的文件类型是 TXT 和 RTF。

用手形定位标志定位后，单击“导入”按钮，选择“多媒体介绍 1.rtf”文档后，会出现如图 2.7.18 所示的对话框。单击“确定”按钮后，会自动在流程线上插入“多媒体介绍 1.rtf”显示图标，窗口中的文字如图 2.7.19 所示。

RTF 导入
硬分页符
忽略
创建新的显示图标
文本对象
标准
滚动条
确定
取消

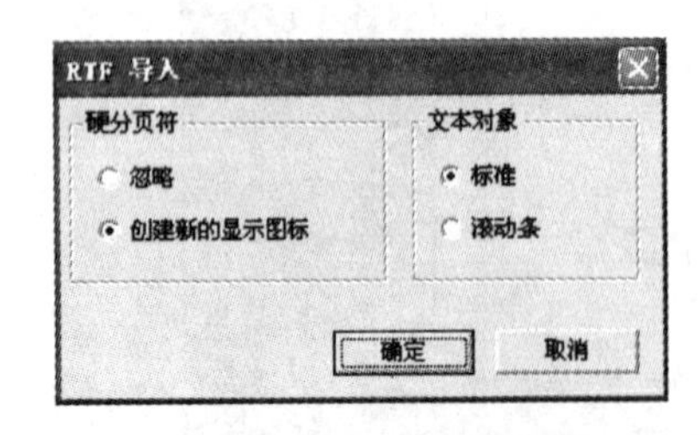

图 2.7.18　“RTF 导入”对话框

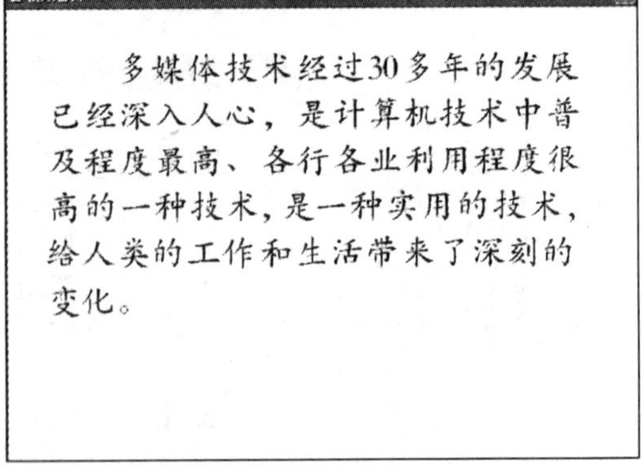

演示窗口
多媒体技术经过30多年的发展已经深入人心，是计算机技术中普及程度最高、各行各业利用程度很高的一种技术，是一种实用的技术，给人类的工作和生活带来了深刻的变化。

图 2.7.19　导入的文字

提示：

① 不要忘记给文字设置“透明”叠加模式，否则会有白色背景。

② 将文字往下拖，直到只显示极少一部分内容，为下面移动文字做准备。

怎么让文字产生滚动效果？可通过 Authorware 中的“移动”图标来实现。拖动一个移动图标到流程线上，然后运行程序，由于“移动”图标中无内容，程序会停下来，让用户进行设置。设置步骤如下。

(1) 选择移动对象：单击演示窗口中的多媒体介绍文字，此图标名称会出现在“属性”面板的“拖动对象到目的地”框中，如图 2.7.20 所示。

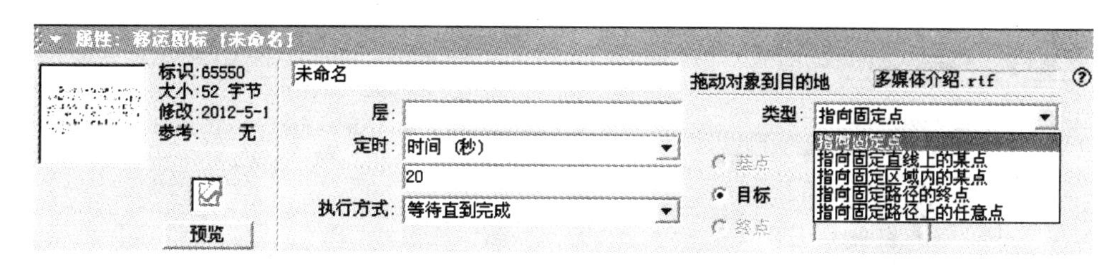

图 2.7.20 设置“移动”图标属性

(2) 选择移动类型：在“类型”下拉列表中选择“指向固定点”，如图 2.7.20 所示。

(3) 设置移动目的地：向上拖动文字，直到基本看不到文字为止。在“属性”面板的“目标”中，会显示移动后的 X 和 Y 坐标。当然也可在此直接输入坐标信息。

(4) 设置移动时间：在“定时”框中输入“20”，表示移动时间为 20s。

(5) 设置执行方式。选取默认的“等待直到完成”执行方式。

(6) 预览。单击“预览”按钮可预览移动效果。

“移动”图标参数说明。

- 拖动对象到目的地，指定移动对象。
- 类型。有 5 种：

①“指向固定点”。沿直线运动到此直线的端点。

②“指向固定直线上的某点”。沿直线运动，但可到达此直线上用户指定的任意位置。

③“指向固定区域内的某点”。沿直线运动到用户指定区域内的任意一点。

④“指向固定路径的终点”。沿用户指定的路径(此路径可直可曲)到达此路径的终点。

⑤“指向固定路径上的任意点”。沿用户指定的路径(此路径可直可曲)到达此路径上的任意点。

- 定时。有两种选择：“时间(秒)”和“速率(s/in)”。选择一种定时类型后，可在下面框中输入具体数值。
- 执行方式。也有两种方式：“等待直到完成”和“同时”。

提示：Authorware 的动画能力不强，因此较复杂的动画可在 Flash 和 Director 中制作，然后再导入到 Authorware 中。

运行此程序，可看到文字滚动的效果。

将程序以“实例 1 我的旅游之梦_4. a7p”为文件名存入硬盘。

9. 图片展示(群组图标和图片转换特效)。

图片展示主要使用“显示”图标和“等待”图标(有时还需要“擦除”图标)。

操作步骤：

(1) 用最简便的方法导入 6 张图片。

(2) 用数值精确调节图片大小的方法：

① 双击“图 1-1.jpg”显示图标，打开其演示窗口。

② 双击演示窗口中的图片，打开图像属性对话框。选择“图像”标签后，图 2.7.21 显示图像的文件信息及其叠加模式。选择“版面布局”标签后，图 2.7.22 显示图像的位置及大小。

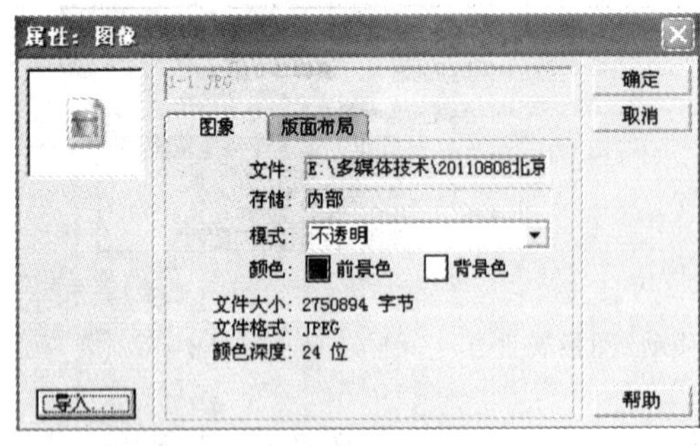

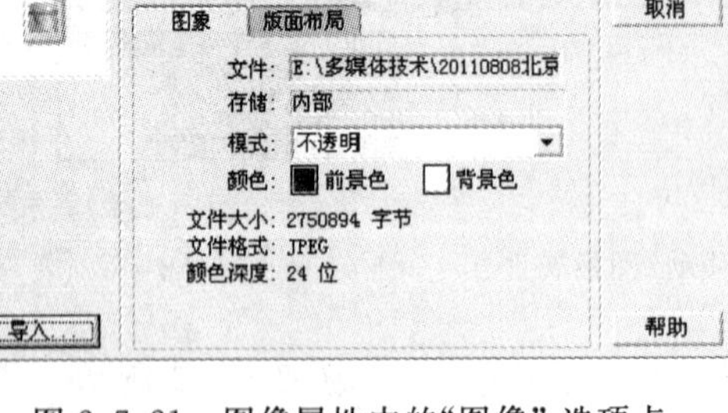

图 2.7.21 图像属性中的“图像”选项卡

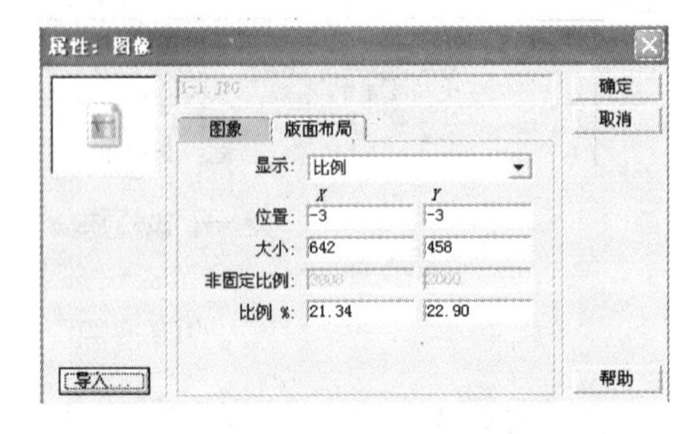

图 2.7.22 图像属性中的“版面布局”选项卡

在“显示”下拉列表中有 3 种选择。

- 比例。可以自定大小和位置，图像根据所定尺寸放大或缩小。
- 裁切。不对图像进行缩放，如尺寸比原图小，会裁切图像。
- 原始。以原始尺寸显示图像。

将“图 1-1.jpg”按照图 2.7.23 进行设置，使图像正好填满整个窗口(请思考一下，为何 Y 的大小设为 458)。

(3) 将其他图片也照图 2.7.23 的参数进行设置。

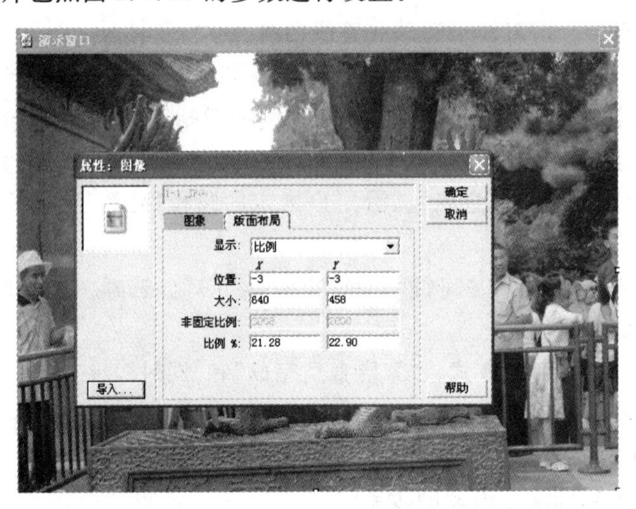

图 2.7.23 用数值设置图像大小

(4) 运行程序，会发现图片都是一闪而过。

① 在“图 1-1.jpg”显示图标下添加一个“等待”图标，等待时间为 2s，参数设置如图 2.7.24 所示。

② 复制此图标到其他图片后面。

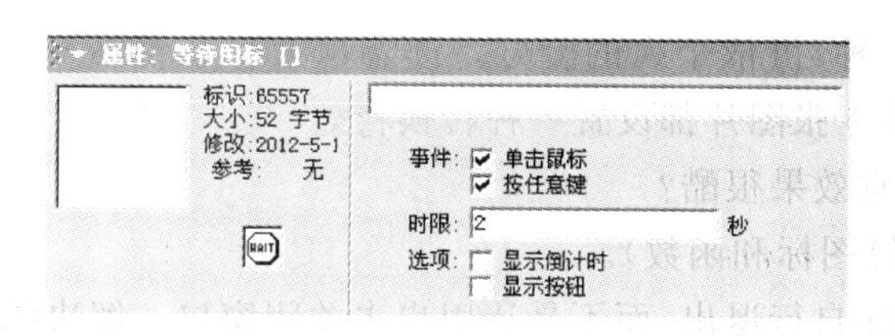

图 2.7.24　设置等待时间为 2 秒

(5) 复制图标过程中，会发现窗口太小了，图标放不下。有两种解决办法：第 1 种，显示滚动条。用鼠标右击窗口，在快捷菜单中选择"滚动条"。设置后的窗口如图 2.7.25(a)所示。第 2 种，用"群组"图标。步骤是：

① 如图 2.7.25(b)所示，用鼠标拉出一个选择虚线框，被选中的图标会变成黑色，如图 2.7.25(c)所示。

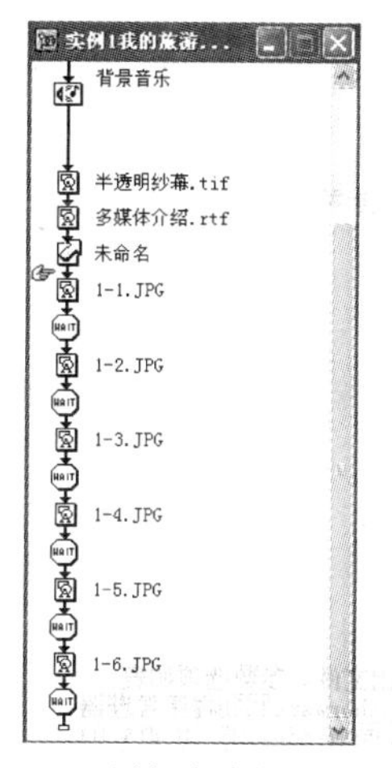

(a) 添加滚动条

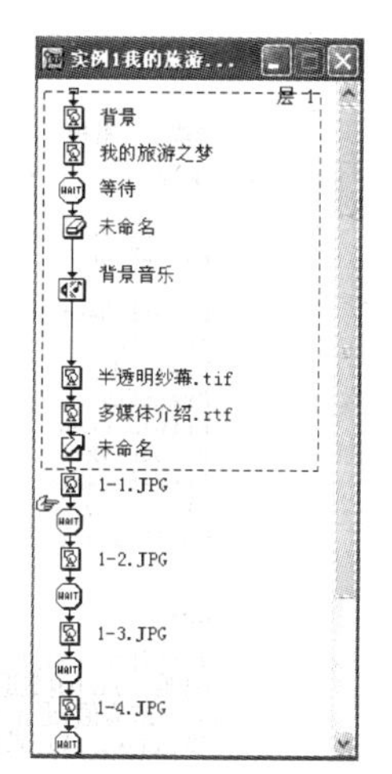

(b) 用鼠标选择图标

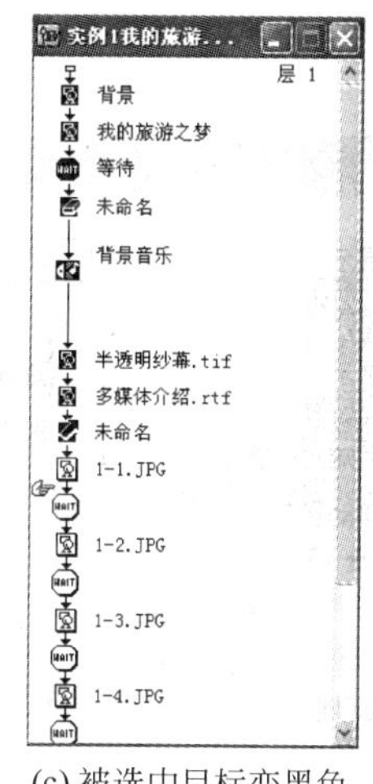

(c) 被选中目标变黑色

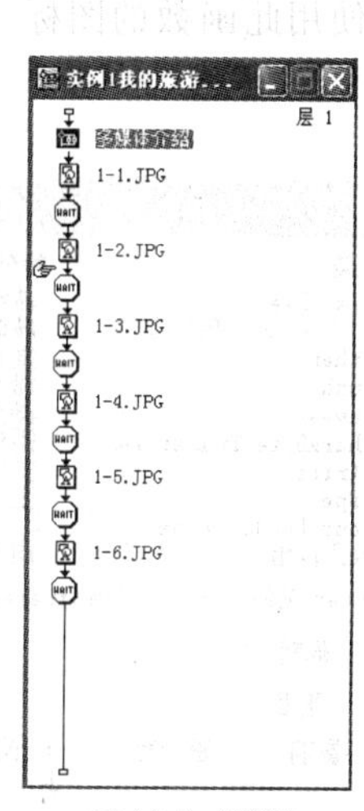

(d) 结合成群组

图 2.7.25　设置"滚动条" 和结合成"群组"

② 执行"修改"→"群组"菜单命令，会把所有选中的图标结合成一个组，将群组图标名称改为"多媒体介绍"，如图 2.7.25(d)所示。双击"自我介绍"群组图标，将打开如图 2.7.26 所示的"多媒体介绍"二级设计窗口。

提示：使用"群组"图标有两个优点：第一，界面简洁；第二，符合结构化设计需要。

(6) 运行程序后发现基本达到设计要求，但图片的切换太单调，为此需要设置图像的过渡特效。步骤如下：

① 双击打开显示图标演示窗口，使能预览转换效果(不打开也能设置，但无法预览)。

② 在图 2.7.27 所示的"特效方式"对话框中选择

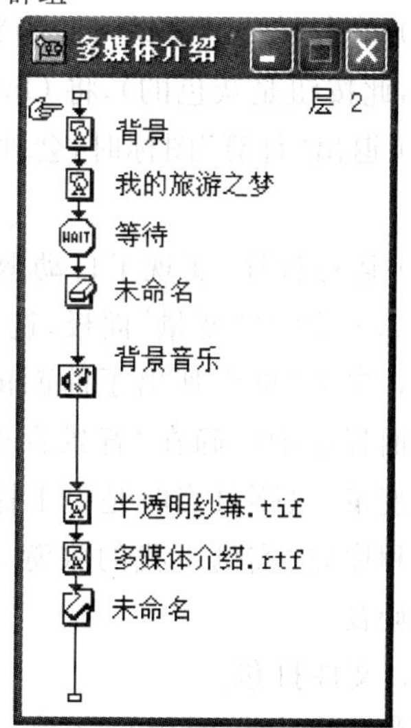

图 2.7.26　"自我介绍"二级设计窗口

转换特效。到底选哪一种,可依个人的爱好。读者可选择各种转换特效,然后单击“应用”按钮去预览其效果。给6张图片都设置一种转换特效。

运行程序,是否发觉效果很酷?

10. 退出程序(计算图标和函数)。

运行结束后,要程序自行退出,而不是让用户去关闭窗口。解决的办法是用计算图标和函数。步骤如下:

(1) 拖动一个“计算”图标到流程线上,双击打开其输入窗口。

(2) 退出程序需要用到“Quit()”函数,初学者可利用Authorware中“函数”面板帮助输入此函数。单击工具栏中“函数”工具,打开如图2.7.28所示的“函数”面板。在“分类”下拉列表中,有18类函数。假如不知道函数在哪一类,那就选“全部”,它以字母排序的方式列出所有的函数。图中已选中Quit函数,“描述”中告诉用户怎么使用此函数,“参考”表中列出所有使用此函数的图标。

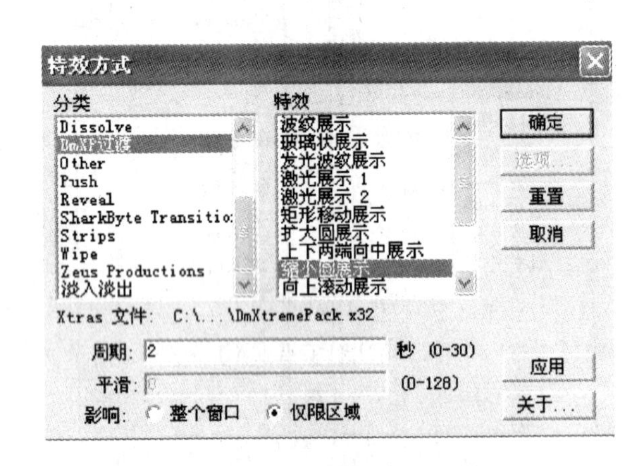

图2.7.27 “特效方式”对话框

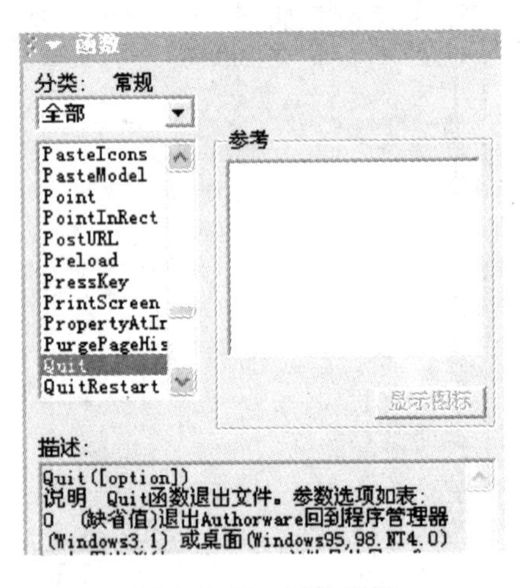

图2.7.28 函数面板

(3) 单击“粘贴”按钮将此函数复制到“计算”图标的输入窗口中(假如“计算”图标窗口没打开,此按钮是灰色的),将Option改为1(具体含义看“描述”)。

(4) 退出“计算”图标时,会弹出警告框,询问“是否保存对计算目标的更改”,单击“是”即可。

(5) 运行程序,实现了自动退出的功能。

图2.7.29是“变量”面板,选中SoundPlaying系统变量,“参考”框中列出了前面的“背景音乐”图标,因为前面程序中的确在“背景音乐”的声音图标中使用了此变量,只不过当时是手工输入的。

将程序以“实例1我的旅游之梦_5.a7p”为文件名存入硬盘。

11. 文件打包。

在将程序发行到用户之前,必须将其打包为可脱离Authorware 7.0设计环境运行的可执行文件。

图2.7.29 “变量”面板

Authorware 提供了强大的"一键发布"功能，自动查找必需的支持文件并可以针对不同的发行目标以不同的方式进行打包。

运行 Authorware 的"一键发布"功能前，需要进行设置。运行"文件"→"发布"→"发布设置"菜单命令。Authorware 将发行方式分为两大类："发行到 CD，局域网、本地硬盘"和"发布为 Web"。第 1 类方式用于本地发行，程序未来的运行环境将是 CD-ROM、硬盘或者局域网；第 2 类方式用于 Web 发行，程序未来的运行环境将是 Internet。

假如选中"集成为支持 Windows 98，Me，NT，2000，或 XP 的 Runtime"复选框，则在相应文件夹下生成.exe 类型的可执行文件；假如没选中此复选框，则在相应文件夹下生成不包含执行部件的.a7r 类型的文件，这类文件必须由 Authorware 提供的 Runa7w32.exe 执行。单击"发布"按钮分别生成这两个文件。运行这两个文件可以发现，"我的旅游之梦.a7r"能顺利运行，但"我的旅游之梦.exe"文件则可能会出现一些警告框，提示缺少一些文件。此类文件往往是一些 Xtras 文件，可在"返回特效方式"对话框中查到此类文件的信息，复制这些文件到.exe 文件夹下的 Xtras 文件夹，就能正常运行程序。

实验二 设计课堂教学软件

一、实验目的

1. 掌握多媒体创作流程。
2. 掌握素材的添加、按钮和菜单响应以及 5 种动画制作。

二、预备知识

预习第 7 章的相关论述。

设计课堂教学软件，教学内容是"多媒体技术及应用"学科的"5 种动画制作"。

(1) 软件分为 4 部分：讲解前、开始讲解、讲解内容和讲解结束。

(2) 讲解前为了营造教学氛围，需要循环播放学科名和背景音乐。

(3) 开始讲解时呈现教学内容标题。

(4) 讲解内容部分为 5 种动画制作的实例演示。

(5) 讲解结束呈现道别语。

(6) 软件可以在不同机器上使用。

三、实验内容

1. 新建文件，另存为"例-实验 2.a7p"，保存在"实验 2"文件夹中。

2. 将运行时演示窗口的大小设置为 640×480。

3. 在流程线上放置 4 个群组图标，规划多媒体作品由 4 部分构成，如图 2.7.30 所示。

4. 将 Flash 动画文件"多媒体技术与应用.swf"复制到"实验 2"文件夹中。双击打开"讲解前"组图标，将此 Flash 动画添加到群组图标中，控件名为"学科名称"，计算图标名为"控制学科名称"，如图 2.7.31 所示。

5. s=1 计算图标中内容为 s:=1；将准备好的声音文件复制到"实验 2"文件夹中。将此声音导入到“背景音乐”声音图标中，“执行方式”为“同时”，“播放”为“直到为真”，下面的文本框中输入“s=2”。

6. 双击打开“开始讲解”群组图标，放置4个图标，如图2.7.32所示。“等待”图标事件为“单击鼠标”和“按任意键”；“擦除”图标擦除“学科名称”控件播放的动画；s=2计算图标中内容为s:=2；“教学内容标题”显示图标中输入文字“5种动画制作”，在面板中将此显示图标的属性选中“直接写屏”，其他不选。

图2.7.30 课堂教学软件流程线

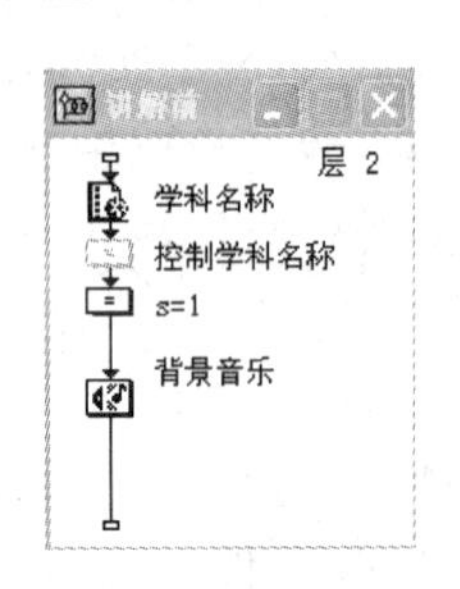

图2.7.31 讲解前组图标流程线

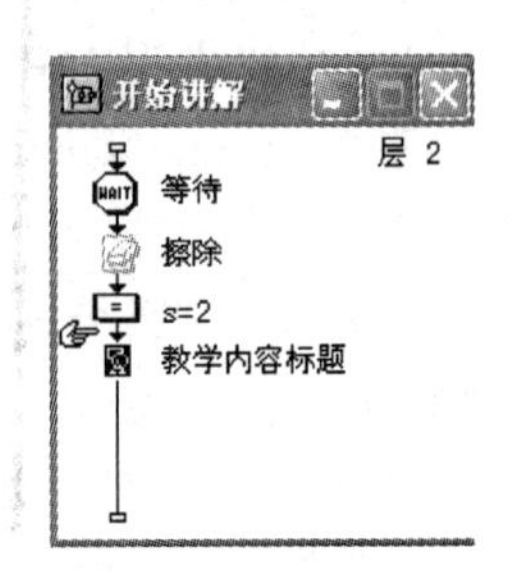

图2.7.32 开始讲解组图标流程线

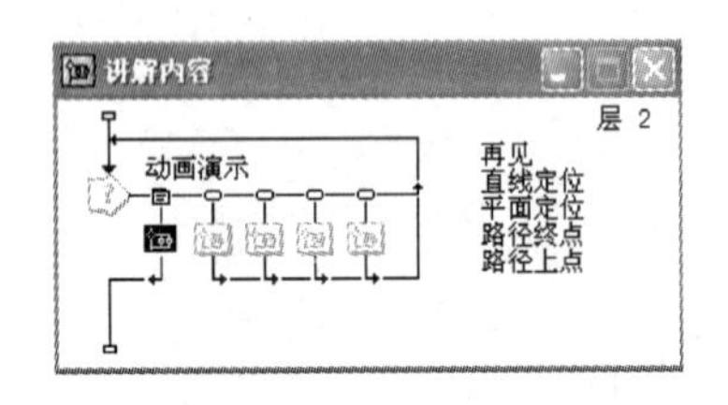

图2.7.33 讲解内容组图标流程线

7. 双击打开“讲解内容”群组图标，如图2.7.33所示。在流程线上放置一交互图标，并命名为“动画演示”；在右侧放置5个群组图标，名称为“点定位”、“直线定位”、“平面定位”、“路径终点”和“路径上点”。交互类型为“按钮”，属性面板中“按钮”选项卡“鼠标”项选择手形指针，按钮为自定义按钮。将一群组图标拖放到“动画演示”交互图标的右侧，命名为“再见”，双击响应类型标志，在属性面板中“类型”选择“下拉菜单”，“响应”选项卡中“分支”选择“退出交互”。

8. 将“点定位”、“直线定位”、“平面定位”、“路径终点”和“路径上点”5个群组图标双击打开，根据群组图标的名称分别在各自的流程线上设计相应的动画，如图2.7.34所示。

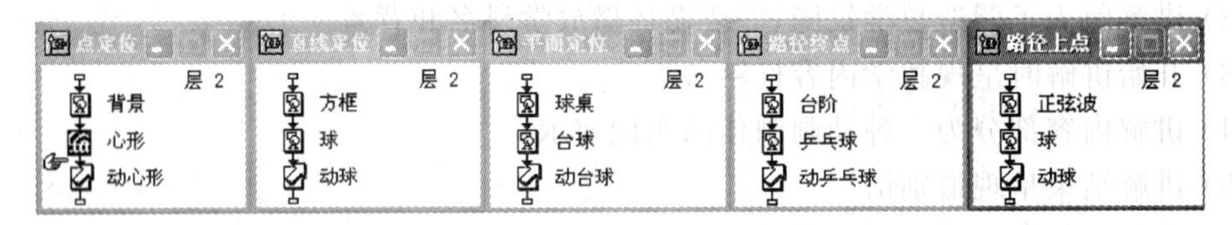

图2.7.34 5个按钮响应图标流程线

9. 双击打开“讲解结束”群组图标，如图2.7.35所示，在流程线上放置两个图标，擦除图标擦除“教学内容标题”，显示图标的内容；“再见”显示图标输入“GoodBye!”。

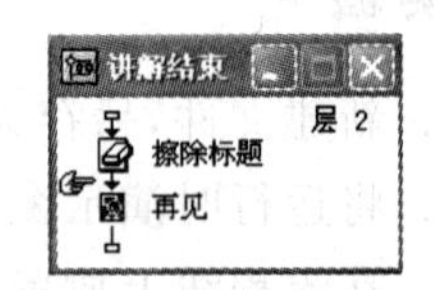

图2.7.35 讲解结束组图标流程线

10. 调试运行。如需调整，执行菜单命令“调试”→“暂停”后进行调整。

11. 对当前文件“例-实验2.a7p”进行一键发布，注意保存位置，文件名默认。

实验三　设计试题测试

一、实验目的

1. 掌握多媒体创作流程。
2. 掌握决策判断分支、热区域和条件响应。

二、预备知识

预习第7章的相关论述。

从试题库中随机抽取问题进行试题测试。

(1) 软件分为4个部分：封面、试题、成绩和评价。

(2) 封面，让测试者了解规则；试题，随机且不重复出题；成绩，显示做对和做错的题数及得分；评价，不同分数段给出不同表情。

三、实验内容

1. 新建文件，另存为“例-实验3.a7p”，保存在“实验3”文件夹中。
2. 将运行时演示窗口的大小设置为“640×350”。
3. 如图2.7.36所示，在流程线上放置显示图标，命名为“封面”，添加测试规则。
4. 在流程线上放置4个图标并命名，用于开始测试且随机出题：“等待单击”等待图标、“擦除封面”擦除图标、“正确 x 错误 y”计算图标和“试题”判断图标。
5. 双击“等待单击”等待图标，属性面板上只选中“单击鼠标”复选框；“擦除封面”擦除图标将“封面”显示图标的内容擦除；“正确 x 错误 y”计算图标内代码对变量初始化，如图2.7.37所示，x 表示做对的题目数，y 表示做错的题目数。

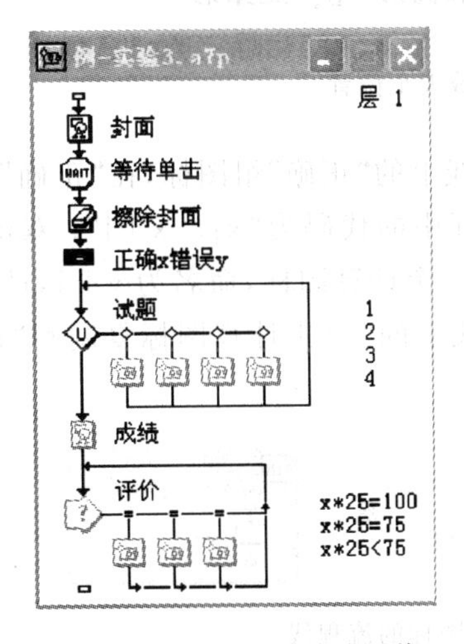

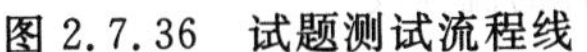
图2.7.36　试题测试流程线

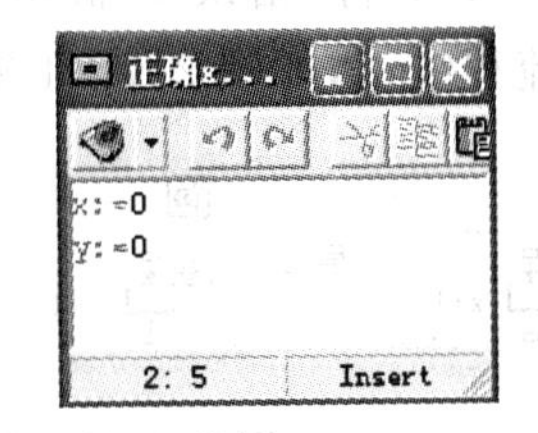

图2.7.37　正确 x 错误 y 计算图标

6. 双击“试题”判断目标，在属性面板上“重复”选择“所有的路径”，“分支”选择“在未执行过的路径中随机选择”。

7. 将一群组图标放置到“试题”判断图标的右侧，命名为 1。

8. 双击打开组图标“1”，如图 2.7.38 所示。将一显示图标放置在流程线上，命 名为“1 题目”，并在显示图标中添加题目；将一交互图标放置在流程线上，命名为“1 答案”。

9. 将一个群组图标放置到“1 答案”交互图标的右侧，在弹出的“交互类型”对话框中选择“热区域”，命名为“正确”；再将 3 个群组图标放置到“1 答案”交互图标的右侧，依次命名为“错误 1”、“错误 2”和“错误 3”。

10. 为 4 个热区域响应图标设置属性，双击热区域响应类型标志，在交互图标属性面板“热区域”选项卡上“匹配”选择“单击”，选中复选框“匹配时加亮”，“鼠标”选择手形指针，“响应”选项卡上“分支”选择“退出交互”。

11. 将开始旗放置在“1 题目”显示图标的上边，单击 按钮调试运行，执行菜单命令“调试”→“暂停”，根据演示窗口中的热区域虚框名称单击选中，调整大小并将其拖动到正确或错误选项上，如图 2.7.40 所示。

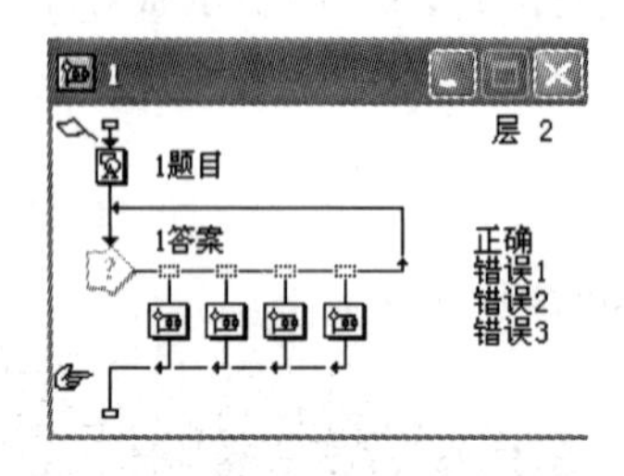

图 2.7.38 组图标 1 流程线

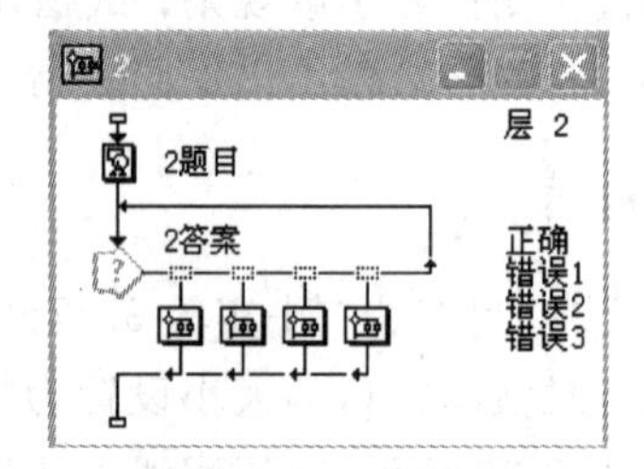

图 2.7.39 组图标 2 流程线

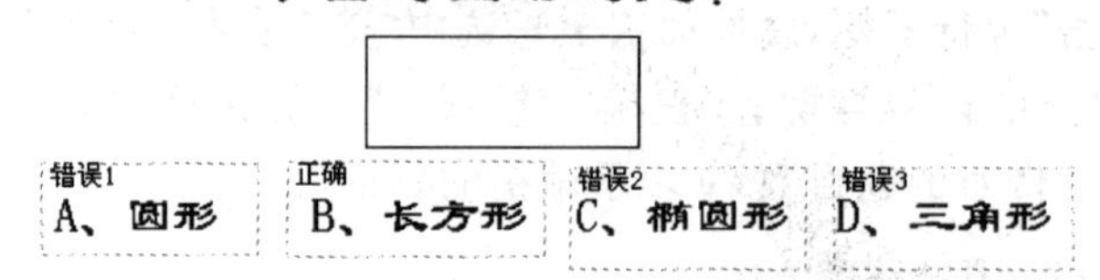

图 2.7.40 调整热区域大小位置

12. 双击打开图 2.7.38 所示群组图标 1 流程线上的“正确”组图标，在“正确”群组图标流程线上放置一个计算图标，命名为 x+1，计算图标中的代码为“x:=x+1”；双击打开“错误 1”群组图标，在“错误 1”群组图标流程线上放置一个计算图标，命名为 y+1，计算图标中的代码为“y:=y+1”；将“错误 1”群组图标流程线上的 y+1 计算图标复制到“错误 2”和“错误 3”组图标流程线上，如图 2.7.41 所示。

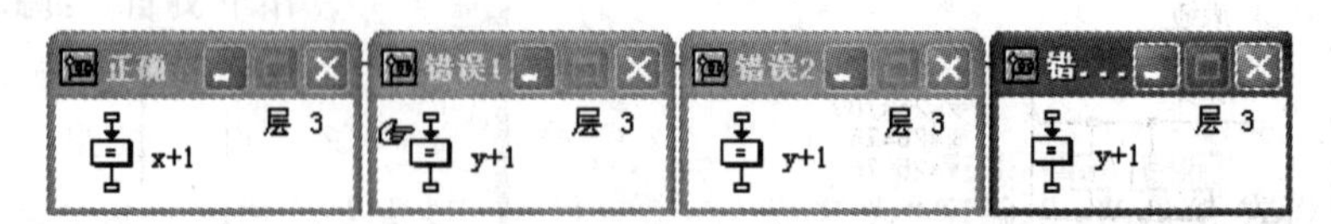

图 2.7.41 正确与错误组图标的流程线

13. 双击打开图 2.7.36 中的群组图标 2，将群组图标“1”流程线上的图标复制，粘贴到群组图标 2 流程线上；将显示图标重命名为“2 题目”，并更改显示图标中的题目；将交互图标重命名为“2 答案”，如图 2.7.39 所示；将开始旗放置在“2 题目”显示图标的上边，与第 11 步相同，单击 按钮调试运行，执行菜单命令“调试”→“暂停”，根据演示窗口中的热区域虚框名称单击选中，调整大小并将其拖动到正确或错误选项上。同样方法，为群组图标 3 和 4 添加内容。

14. 将一个显示图标放置在主流程线上，如图 2.7.36 所示，命名为“成绩”，双击打开，在演示窗口输入“做对了{x}题，做错了{y}题，得{$x*25$}分。”

15. 将一个交互图标放置在主流程线上，如图 2.7.36 所示，命名为“评价”；将一个群组图标拖放到交互图标的右侧，在弹出的“交互类型”对话框中选择“条件”，并命名为 $x*25=100$；双击响应类型标志，在交互图标属性面板“条件”选项卡中将“自动”选择“为真”；再将两个群组图标放置在交互图标右侧，分别命名为 $x*25=75$ 和 $x*25<75$。

16. 在 $x*25=100$、$x*25=75$ 和 $x*25<75$ 3 个群组图标中分别放置 3 个图标，如图 2.7.42 所示。显示图标的内容为各个分数段对应的表情；“等 5 秒”等待图标属性面板中“时限”文本框输入 5，其他不选；“退出”计算图标中的代码为“quit()”。

17. 调试运行。演示窗口如图 7.43 所示。

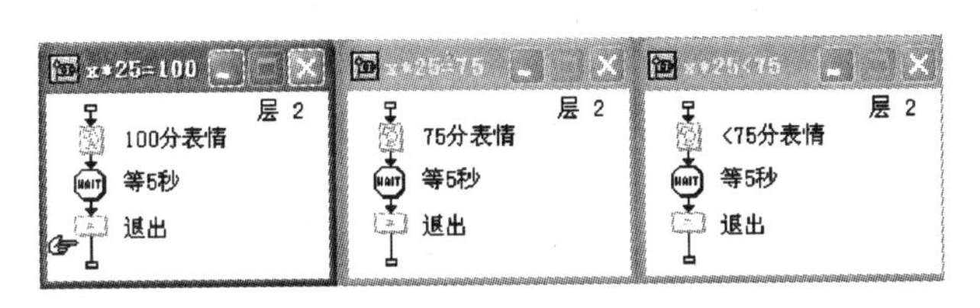

图 2.7.42　条件响应组图标流程线

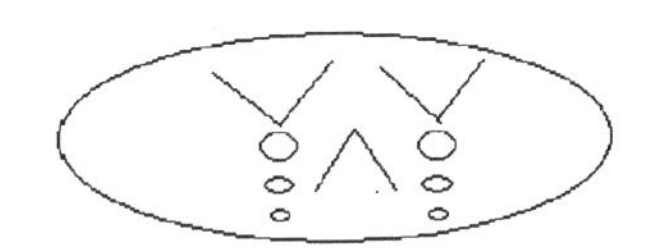

图 2.7.43　试题测试演示窗口

实验四　制作电子相册

一、实验目的

1. 掌握多媒体创作流程。
2. 掌握决策判断分支、热区域和条件响应。

二、预备知识

预习第 7 章的相关论述。

电子相册是将多张图片保存在一个多媒体作品内，当用户选择相同的数字键或者单击按钮时，将打开一幅图片。为了丰富图片的显示方式，还可以定制图片的显示方式。

三、实验内容

1. 单击“新建”按钮，创建新的多媒体作品文件。

2. 执行“修改”→“文件”→“属性”命令，打开文件的属性设置对话框。将演示窗口的大小定义为“根据变量”；将演示窗口的背景定义为深绿色。

3. 将计算图标拖动到流程线上，并命名为“窗口大小”。双击“窗口大小”图标，打开计算图标的编辑窗口，输入 ResizeWindow(400,400)，将演示窗口的大小定义为 400×400 像素。

4. 将显示图标拖动到流程线上，将其命名为“背景”。打开演示窗口，导入背景图片。

5. 双击工具箱的指针工具，将背景图片的显示模式设置为透明。

6. 将交互图标拖动到“窗口大小”的下方，并命名为“相册”。

7. 将群组图标拖动到“相册”图标的右下方，打开“交互类型”对话框，选中“按钮”单选按钮，将群组图标命名为 1。

8. 双击群组图标的响应类型标识符，打开按钮响应的属性设置对话框。选择“按钮”选项卡，打开“按钮”选项卡。将按钮的位置定义为(60,320)。在“快捷键”文本框内输入 1，启用“默认按钮”复选框。单击“按钮”按钮，定制一种新按钮。

9. 双击打开群组图标，将显示图标拖动到流程线上。将显示图标命名为“相片 1”。然后双击“相片 1”打开演示窗口，在演示窗口内导入如图 2.7.44 所示的图片。

10. 使用 Ctrl+I 组合键，打开显示图标的属性设置对话框。将图片的过渡效果设置为“以点式由内向外”。

11. 重复上述 7～10 步骤的操作，添加群组图标 2、3、4，并导入相应的图片。

12. 将计算图标拖动到群组图标 4 的右侧，将它命名为“退出”。双击“退出”图标，打开编辑窗口。在编辑窗口内输入 quit(1)，并保存及关闭对话框，如图 2.7.45 所示。

图 2.7.44 “导入”一张相片

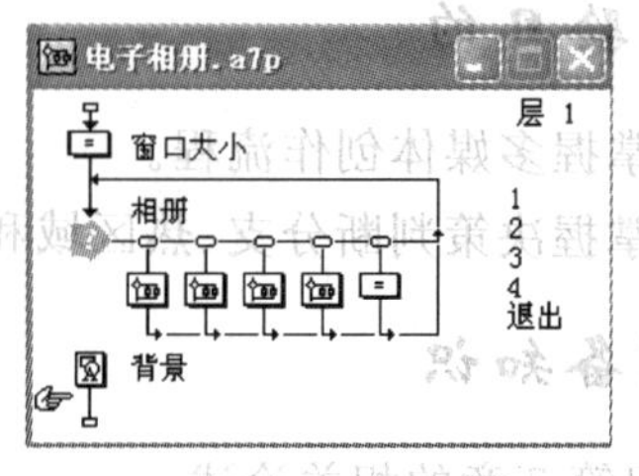

图 2.7.45 电子相册的流程图

13. 单击“播放”按钮，观看并测试多媒体作品文件。

14. 保存多媒体作品文件。

为了将 4 个按钮排列整齐，可将它们的坐标分别定义为(60,320)、(120,320)、(180,320)、(240,320)。由于在“快捷键”文本框内定义了快捷键，它们就是自定义按钮的名称，由此单击键盘上的数字键时，就可以打开相应的相册，如图 2.7.46 所示播放多媒体作品。

图 2.7.46 播放多媒体作品

思考题

1. Authorware 主要的设计图标有哪些？各设计图标的主要功能是什么？

2. 写出将文本设置为超级链接的步骤。

3. 如何在 Authorware 中导入外部图片、声音文件和数字电影文件？

4. 如何使多个对象按照先后次序在展示窗口中运动？

5. 试比较判断图标与交互图标、框架图标的区别。

6. Authorware 支持的声音文件、数字电影文件有哪些格式？

7. 什么是变量？什么是函数？怎样在 Authorware 中运用变量和函数？

8. Authorware 中打包文件时要注意哪些问题？

9. 使用框架结构制作一个 5 页的电子图书，要求在每一页显示页号和总页数，并且有两行显示文字，第 1 行显示系统日期，第 2 行显示浏览时间。

10. 综合运用所学 Authorware 知识，设计制作一个个人简历的多媒体作品。

第8章

光盘制作与刻录实践

本章实验要点

掌握光盘制作与刻录的方法。

一、实验目的

1. 实际策划、设计、制作一个多媒体光盘系统。
2. 熟悉和基本掌握全部素材的制作技巧。
3. 把美学设计理念应用在产品设计上。
4. 建立商品化观念，与社会需求接轨。

二、实验内容

1. 自制图标。

(1) 启动 Photoshop，打开一张准备的图片素材。

(2) 把该图片的头部截取成正方形。转换256色，保存 GIF 格式文件。

(3) 启动 Icon Cool Editor，选择“File”→“Import From Files…”菜单，制作图像图标。

(4) 保存图标文件。采用 ICO 格式，文件名为“实验8_图像图标.ico”。

2. 设计光盘纸袋包装。

(1) 构图形式：点构图。

(2) 纸袋尺寸：13cm×13cm。

(3) 封面内容：

主标题：“自我介绍”。

副标题：多媒体课程设计作品。

个人信息：××班×××(姓名)制作。

(4) 保存设计文件。使用 Word 设计时，文件名为“实验8_光盘纸袋设计.doc”；使用 Photoshop 设计时，文件名为“实验8_光盘纸袋设计.bmp”。

3. 制作自动启动文件。

(1) 在硬盘上建一个文件夹，名为“my_cd”。

• 表现题材：自我介绍和制作完成的所有实验习题。

(2) 启动 AutoPlay Menu Studio。

(3) 设置虚拟 CD-ROM 驱动器。选择“使用外部图标文件”,指定自制图标。

(4) 为首页命名:“我的多媒体光盘”。

(5) 制作界面。

设置图像背景。

制作界面内容,自上而下:

- 主标题:“自我介绍”。
- 副标题:多媒体课程设计作品。
- 个人信息:××班×××(姓名)制作。
- 设置功能按钮。

提示:单击按钮 4 退出时,提示输入“Y”或“N”,然后根据选择,决定是否退出。

(6) 保存可编辑的源文件。AM3 格式,文件名为“实验 10_自动启动源文件. am3”。

(7) 单击(建造)按钮,正式生成自动启动文件系统。

(8) 刻录光盘。

三、操作提示

(1) 图标应采用 256 色,由于图标很小,很难辨认细节,因此使用真彩色没有什么意义。

(2) 设计光盘纸袋包装时,其尺寸应根据光盘盒内装资料决定。

(3) 正式生成自动启动文件系统后,运行可能出错,这是正常的,直接刻录光盘即可。

思考题

1. 优化数据对光盘制作有很大的影响,主要影响有哪些?

2. 如果 PowerPoint 演示文稿演播结束后不能自动返回光盘自动识别程序,应如何解决?

3. 书写实验报告。

要求:

① 写出实验过程、操作要点、具体参数,以及产生的问题和解决办法。

② 对于思考题有清晰的分析和思考,并做出相应的结论。

③ 篇幅不少于 1200 字,采用 Word 编辑,文件名为“实验 8_报告. doc”。

参 考 文 献

1. 耿国华.多媒体艺术基础与应用.北京：高等教育出版社，2003.
2. 倪洋、龙怀冰，张大地.完全征服 Flash 动画设计.北京：人民邮电出版社，2007.
3. 许华虎.多媒体技术应用.上海：上海大学出版社，2005.
4. 庄燕滨.多媒体技术及应用教程.北京：电子工业出版社，2010.
5. 肖平.多媒体技术应用基础.北京：北京：科学出版社，2008.
6. 赵子江.多媒体技术应用基础.北京：机械工业出版社，2010.
7. 孔令瑜.多媒体技术及应用.北京：机械工业出版社，2009.